军队院校使用教材

大 学 化 学

(第2版)

主　编　贾　瑛
副主编　杜金会　崔　虎　田晓霞　李舒艳　黄智勇

国防工业出版社

·北京·

内 容 简 介

本书作为军事院校大学化学课程的基础教材,将化学基本原理与军事应用密切联系,具有内容简洁明快、理论联系实际、军事特色突出的特点。全书共分6章,包括化学反应的基本规律、物质的结构基础、溶液中的化学平衡、氧化还原反应与电化学、化学与军事武器、实验部分。

本书可作为军事院校非化学化工类各专业大学化学课程的教材或教学参考书,也可供地方院校师生参考使用。

图书在版编目(CIP)数据

大学化学/贾瑛主编. —2版. —北京:国防工业出版社,2025.6重印
ISBN 978-7-118-11557-4

Ⅰ.①大… Ⅱ.①贾… Ⅲ.①化学—高等学校—教材 Ⅳ.①O6

中国版本图书馆 CIP 数据核字(2018)第 235413 号

※

国防工业出版社出版发行
(北京市海淀区紫竹院南路23号 邮政编码100048)
北京虎彩文化传播有限公司印刷
新华书店经售

*

开本 710×1000 1/16 印张 22¾ 彩插 1 字数 408 千字
2025 年 6 月第 2 版第 4 次印刷 印数 6001—7000 册 定价 68.00 元

(本书如有印装错误,我社负责调换)

国防书店:(010)88540777   书店传真:(010)88540776
发行业务:(010)88540717   发行传真:(010)88540762

前　言

"化学——人类进步的关键",这是美国著名核化学家、1951年诺贝尔化学奖得主格林·西博格在美国化学学会成立100周年纪念大会上所做的著名论述,精辟地阐明了化学的地位和作用。纵观人类社会发展史,化学不仅为人类进步提供了物质基础,而且在整个自然科学的发展中发挥了牵头作用,它始终处于世界科学研究的中心。可以说,化学在推动人类进步和科技发展中起到了核心科学的作用。

"大学化学"课程是军队院校理工科非化学专业必修的一门公共基础课,它将化学思维和方法原理应用于物质结构、材料、能源、环境、生命、信息和通信等工程实践中,是当代军队院校素质教育不可缺少的一门具有独特思维方式、研究方法和实验手段的重要课程。该课程在拓宽学员知识面、增加专业能力和提高学员科学素质方面具有非常重要的作用。

《大学化学》第2版在内容安排上,依据军队院校新版"大学化学"教学大纲,以化学原理为经,从物质的化学组成和化学反应基本原理两条主线展开,突出能量变化;以化学在工程实际中的应用为纬,从军事、材料、能源、环境和生命等领域入手,突出化学原理、化学知识的应用;加强化学与工程学的相互渗透、相互联系和相互融合,并根据学员未来工作的实际需要,组织和取舍内容。本书对"大学化学"的结构重新进行了梳理,优化了教学内容,不再过分强调有关理论计算,而更多关注知识的介绍,增加了许多与军事密切相关的化学知识以扩大学员的视野,使之更加适应军队院校的教学,并且军事应用特色鲜明。在第1版的基础上增加了实验部分,丰富了与内容相关的图片,优化了相关内容和阅读材料,如增加了元素化学、生命体系中存在的元素及其作用、分子轨道理论、共价键理论对几类常见的有机化合物和有机反应的解释、金属键的自由电子理论、能带理论以及氢键和分子间力在生命体系生物大分子中的作用等内容。将化学武器一节改写为生化武器,在核武器与化学一节增加了大纲要求的"核燃料的浓缩与核废料的处理方法"的内容;另外,还对习题进行了修订和完善。全书共分6章:第1章化学反应的基本规律、第2章物质的结构基础、第3章溶液中的化学平衡、第4章氧化还原反应与电化学、第5章化学与军事武器、第6章实验部分。

本书作为军队院校推荐使用教材,特别适宜理工类军队院校使用。

本书可作为理工类军事院校或高等院校国防生教育非化工类专业的大学化学课程的教材或教学参考书,也可供地方院校学生参考、使用,是军队高等院校新版教学大纲规定使用的教材。

感谢第1版和第2版参与编写的各位老师。本教材第1版被评为2018年度陕西省优秀教材二等奖。由于时间匆忙,书中难免存在纰漏和不足,敬请读者批评指正。

编者

2018年6月

目 录

第1章 化学反应的基本规律 ·· 1
  1.1 化学反应中的能量关系 ·· 2
    1.1.1 热力学概述 ·· 2
    1.1.2 热力学第一定律 ·· 6
    1.1.3 化学反应的热效应与焓变 ··· 9
    1.1.4 盖斯定律及化学反应热效应的计算 ·· 12
  1.2 化学反应的方向和限度 ··· 16
    1.2.1 化学反应的自发性 ·· 16
    1.2.2 标准摩尔熵和标准摩尔熵变 ··· 17
    1.2.3 化学反应的方向与吉布斯函数变 ··· 18
    1.2.4 化学反应的限度与化学平衡 ··· 22
  1.3 化学反应的速率 ·· 27
    1.3.1 化学反应速率及其表示方法 ··· 27
    1.3.2 反应速率理论 ·· 28
    1.3.3 影响反应速率的因素 ·· 30
  1.4 阅读材料——燃烧反应与爆炸反应 ··· 35
    1.4.1 链反应 ·· 35
    1.4.2 链反应的特征 ·· 37
    1.4.3 热爆炸反应的基本特征 ··· 38
    1.4.4 液体燃料的燃烧与变质 ··· 40
    1.4.5 燃料在发动机中的燃烧 ··· 41
    1.4.6 燃料着火前的氧化过程 ··· 42
    1.4.7 防火防爆炸以及减慢燃料变质的方法 ·· 48
    1.4.8 灭火措施 ·· 49
  本章小结 ··· 49
  习题 ·· 53

第2章 物质的结构基础 ... 60

2.1 原子核外电子运动的特征 ... 61
2.1.1 电子运动的特征 ... 61
2.1.2 原子轨道和电子云 ... 63
2.1.3 量子数 ... 65
2.1.4 多电子原子的电子排布 ... 67

2.2 元素的性质与周期律 ... 69
2.2.1 元素周期表 ... 69
2.2.2 元素性质的周期性 ... 71
2.2.3 周期表中的金属元素 ... 73
2.2.4 周期表中的非金属元素 ... 77
2.2.5 生命体系中的元素及其作用 ... 82

2.3 化学键与分子间力 ... 84
2.3.1 化学键与分子空间构型 ... 84
2.3.2 分子间力和氢键 ... 96

2.4 晶体结构 ... 101
2.4.1 非晶体 ... 101
2.4.2 晶体 ... 105
2.4.3 晶体的缺陷及应用 ... 112

2.5 阅读材料——军用新材料 ... 113
2.5.1 元素、物质与材料 ... 115
2.5.2 材料中的化学 ... 116
2.5.3 材料的组成、结构与性能的关系 ... 117
2.5.4 军用新材料概述 ... 119

本章小结 ... 131
习题 ... 132

第3章 溶液中的化学平衡 ... 136

3.1 溶液的通性 ... 136
3.1.1 分散系的基本概念 ... 136
3.1.2 溶液的组成和浓度表示法 ... 137
3.1.3 溶液的通性 ... 139

3.2 弱酸弱碱溶液中的平衡及其应用 ... 145
3.2.1 酸碱理论 ... 145
3.2.2 酸碱的解离平衡 ... 147

  3.2.3 同离子效应和缓冲溶液 ·············· 150
  3.2.4 pH值的测定 ·············· 151
 3.3 沉淀溶解平衡及其应用 ·············· 153
  3.3.1 溶度积 ·············· 153
  3.3.2 溶度积和溶解度的关系 ·············· 154
  3.3.3 溶度积规则 ·············· 155
  3.3.4 沉淀与溶解反应应用举例 ·············· 157
 3.4 配位平衡及其应用 ·············· 158
  3.4.1 配位化合物的概念 ·············· 158
  3.4.2 配离子的解离平衡 ·············· 161
  3.4.3 配位平衡的转化 ·············· 162
  3.4.4 配位反应的应用实例 ·············· 162
 3.5 阅读材料——水质与水体保护 ·············· 163
  3.5.1 水资源概况 ·············· 163
  3.5.2 水体质量 ·············· 164
  3.5.3 水体污染 ·············· 165
  3.5.4 水体污染的控制与治理 ·············· 173
 本章小结 ·············· 174
 习题 ·············· 176

第4章 氧化还原反应与电化学 ·············· 179
 4.1 氧化还原反应和原电池 ·············· 179
  4.1.1 氧化还原反应概论 ·············· 179
  4.1.2 原电池 ·············· 182
 4.2 电极电势 ·············· 184
  4.2.1 基本概念 ·············· 184
  4.2.2 电极的种类 ·············· 185
  4.2.3 电极电势与能斯特方程 ·············· 185
  4.2.4 电极电势的应用 ·············· 191
 4.3 金属的腐蚀及其防止 ·············· 193
  4.3.1 金属腐蚀的发生 ·············· 193
  4.3.2 电化学腐蚀中的极化作用 ·············· 197
  4.3.3 金属腐蚀的速率 ·············· 198
  4.3.4 金属腐蚀的防止 ·············· 201
 4.4 电化学腐蚀的利用 ·············· 206

        4.4.1 阳极氧化 ·· 206
        4.4.2 电解抛光 ·· 207
        4.4.3 化学铣削 ·· 208
    4.5 阅读材料——化学电源及能源的开发利用 ··············· 209
        4.5.1 化学电源 ·· 209
        4.5.2 能源的开发利用 ·· 212
        4.5.3 能源化学学科重点发展的研究领域 ····························· 213
    本章小结 ··· 217
    习题 ·· 218

第5章 化学与军事武器 ·· 223
    5.1 火炸药与军事四弹 ·· 223
        5.1.1 火炸药概述 ·· 223
        5.1.2 现代炸药——混合炸药 ·· 228
        5.1.3 军事四弹 ·· 229
    5.2 生化武器简介 ··· 233
        5.2.1 概述 ·· 233
        5.2.2 生化战剂的分类 ·· 236
        5.2.3 典型的生化战剂 ·· 239
        5.2.4 生化武器的防护 ·· 250
    5.3 核武器与化学 ··· 257
        5.3.1 核化学基础 ·· 257
        5.3.2 原子弹 ·· 265
        5.3.3 氢弹 ·· 267
        5.3.4 中子弹 ·· 270
        5.3.5 核武器损伤及防护 ··· 271
        5.3.6 《防止核武器扩散条约》的签署与实施 ···················· 274
    5.4 推进剂化学 ··· 275
        5.4.1 推进剂概况 ·· 275
        5.4.2 液体火箭的氧化剂 ··· 283
        5.4.3 液体火箭的燃烧剂 ··· 288
    5.5 阅读材料——化学类新概念武器 ······························ 293
        5.5.1 新概念武器概述 ·· 294
        5.5.2 非致命性武器 ·· 295
        5.5.3 地球环境武器 ·· 302

本章小结		307
习题		308

第6章 实验部分 ... 311

6.1 热力学实验 ... 311
实验一：锌与硫酸铜置换反应热效应的测定(验证性) ... 311
实验二：萘的燃烧热的测定(验证性) ... 315

6.2 动力学实验 ... 317
实验三："碘钟"反应(综合性) ... 317
实验四：乙酸乙酯皂化反应的速率常数及反应活化能的测定(综合性) ... 321
实验五：化学反应速率常数的测定(综合性) ... 324

6.3 化学平衡实验 ... 326
实验六：污水的处理及水质检测(设计性) ... 326
实验七：纯水的制备及检验(设计性) ... 327

6.4 电化学实验 ... 328
实验八：金属的电化学防腐及极化曲线的绘制(综合性) ... 328
实验九：原电池电动势的测定(综合性) ... 331

附录 ... 336
附表1　本书常用的符号 ... 336
附表2　国际单位制的基本单位 ... 336
附表3　国际单位制中具有专门名称的导出单位 ... 337
附表4　用于构成十进倍数和分数单位的词头 ... 337
附表5　一些基本物理常数 ... 338
附表6　常用单位换算 ... 339
附表7　不同温度下水的蒸汽压(p^*/Pa) ... 339
附表8　某些物质的标准摩尔生成焓、标准摩尔生成吉布斯函数和标准摩尔熵 ... 341
附表9　一些常见弱电解质在水溶液中的电离常数 ... 346
附表10　一些常见难溶物质的溶度积(298.15K) ... 347
附表11　常见配离子的稳定常数 ... 348
附表12　水溶液中一些常见氧化还原电对的标准电极电势 ... 349

参考文献 ... 352

第1章　化学反应的基本规律

本章基本要求

(1) 了解用弹式量热计测量 Q_V 的方法和实验计算方法。掌握热力学的基本概念、热力学第一定律的内容及相关计算,并重点掌握用 $\Delta_f H_m^{\ominus}$(298.15K) 的数据计算 $\Delta_r H_m^{\ominus}$(298.15K) 的方法。

(2) 了解化学反应中熵变、吉布斯函数变的意义。能用 $S_m^{\ominus}$(298.15K) 的数据计算 $\Delta_r S_m^{\ominus}$ 在 298.15 K 时的值;能用 $\Delta_f G_m^{\ominus}$(298.15K) 的数据计算 298.15 K 时或估算其他温度时的 $\Delta_r G_m^{\ominus}$ 值。

(3) 掌握 $\Delta_r G_m$ 和 $\Delta_r G_m^{\ominus}$ 之间的关系式,能用 $\Delta_r G_m$ 或 $\Delta_r G_m^{\ominus}$ 判断或估计反应的方向。

(4) 掌握平衡常数 $K^{\ominus}$ 与 $\Delta_r G_m^{\ominus}$ 之间的关系式及相关计算,了解浓度、压强和温度对化学平衡的影响。

(5) 了解反应速率表达式与反应级数的关系以及温度、活化能与反应速率常数(k)的关系。掌握阿仑尼乌斯公式的有关计算。能用活化分子和活化能概念说明浓度、温度及催化剂对化学反应速率的影响。

(6) 了解链反应和热爆炸反应的特征,理解液体燃料的燃烧与变质原理,掌握防火防爆措施以及减缓燃料变质的措施。

研究化学反应(化学变化)主要是研究反应过程中物质性质的改变、物质间量的变化、能量的交换和传递等方面的问题。在日常生活和生产实践中,人们更关心物质发生变化的可能性和现实性。事实上,虽然化学变化纷繁复杂,但是其基本规律却是十分清晰的。掌握了这些最基本的规律,许多化学反应就都可以认识和利用,甚至可以控制和设计了。

化学反应发生时,常常伴随有能量的变化,且通常多以热能的形式释放或吸收。本章应用热力学第一定律研究化学反应热效应的计算,应用热力学第二定律研究化学变化的方向和限度,并介绍一些化学动力学的基础知识。

1.1 化学反应中的能量关系

1.1.1 热力学概述

1. 热力学的定义、研究内容及研究方法

热力学是研究各种形式能量(功、内能和焓等)与热相互转变的关系,并从转变中研究其变化的方向和限度等规律的一门科学。当其以4个热力学基本定律(热力学第零、第一、第二、第三定律)为基础,研究化学现象以及和化学有关的物理现象时,称为化学热力学。

需要指出的是,热力学研究的对象是大量分子的集合体,因此,热力学的结论具有统计意义,只适用大量分子的平均行为,不适用于单个分子的个别行为。

化学热力学的主要研究内容是利用热力学第一定律来研究化学变化中的能量转换问题,利用热力学第二定律研究化学变化的方向和限度以及化学平衡(含相平衡)的有关问题。

在热力学研究中采用的是宏观的研究方法。因此,用热力学处理问题,不需要了解物质的微观结构,也不需过问过程的具体细节,只要知道起始状态和终止状态就可以得到可靠的结论。这些都是热力学的优点,但同时也带来了它的局限性。首先,由于它不管物质的微观结构,所以它虽能指出在一定条件下,变化能否发生,能进行到什么程度,但它不能解释变化发生的原因。它虽能提供物质宏观性质间的相互关系,却不能提供具体的热力学数据,而具体物质的热力学数据,都必须由实验确定。其次,因其不管过程的细节,故只能处理平衡态而不问这种平衡态是如何达到的。另外,它也没有时间因素,不能解决过程的速率问题。化学反应的速率问题需要用化学动力学解决。

2. 几个基本概念

1) 系统和环境

在热力学中,为了明确讨论的对象,把被研究的那部分物质划分出来称为热力学系统,简称系统。把系统以外但和系统密切相关的其余部分的物质和空间称为环境,系统和环境之间有一个实际的或想象的界面存在。例如,要研究液体在管道中的流动情况,可以指定某一段液体为系统,界面就是管道内壁及想象中的管道内的两个横截面,除了系统以外的所有物质和空间都是环境。应该指出,系统和环境的划分完全是人为的,只是为了研究问题的方便。

系统与环境之间通过物质和能量的交换而相互作用。按物质和能量交换的不同情况,系统可分为3种类型。

（1）敞开系统：系统与环境之间既有物质交换又有能量交换。
（2）封闭系统：系统与环境之间只有能量交换而无物质交换。
（3）孤立系统：系统与环境之间既无物质交换也无能量交换。

如图 1-1 所示，把一个盛有热水的瓶子选作系统，若不盖瓶塞，瓶中的水蒸气可以蒸发出来，同时散发出热量，这一系统就是敞开系统（图 1-1(a)）；若盖上瓶塞，瓶中的水蒸气不能蒸发出来，但热量可以散发出来，这一系统就是封闭系统（图 1-1(b)）；若将瓶子外层加一个绝热的保温层，则此系统就可以近似地看成孤立系统（图 1-1(c)）。显然，严格意义上的孤立系统是不存在的，这只是科学上的抽象，只能近似体现。

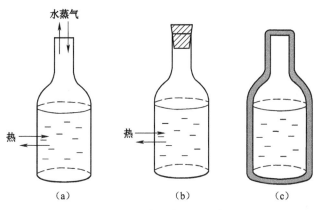

图 1-1 3 种系统类型的示意图

另外，系统还有一种按照"相"进行分类的方法。

系统中任何化学组成均匀、物理和化学性质相同且可用机械方法分离出来的部分，称为系统的相。相与相之间存在明显的界面。只有一个相的系统，称为单相系统或均相系统；具有两个或两个以上相的系统，称为多相系统或非均相系统。

区分一个系统属于单相系统还是多相系统的关键是判断系统有无相界面存在，而与系统是否为纯物质无关。气体物质及其混合物，一般认为气态物质可以无限混合，因此均视为单相系统。液体物质，如能相互溶解，则形成单相系统，如酒精与水；如互不相溶，混合时形成明显界面，则为多相系统，如四氯化碳和水。固态物质较为复杂，如果系统中不同的固态物质达到了分子程度的混合，则形成固溶体，视为单相系统。除此之外，很难实现不同固态物质的分子、离子级混合，因此系统中有多少固态物质，就有多少个相。固态物质还有晶态和非晶态之分，晶态中又有多种结构，分属不同的相。碳的 3 种同素异形体（石墨、金刚石和富勒烯）就是三个相；同一物质，在不同的温度下也会有不同的相。例如，在 273.16K

(0.01℃)和0.611kPa时,冰、水、水蒸气三相长期共存,称为水的"三相点"。

2)状态和状态函数

要描述或研究一个系统,就必须先确定它的状态。状态就是指系统一切性质的总和,如系统的组成、温度、压强、体积、各组分物质的量、物态及化学性质等。

当系统所有的性质确定时,系统的状态也就确定了,若其任何一个性质发生了变化,则系统的状态也就发生了变化。因此,系统的性质是它所处状态的函数。用来描述或确定系统状态的这些性质称为状态函数,如体积、压力、温度和密度等。状态函数的特征如下。第一,状态一定值一定。即状态确定了,状态函数的值也就确定了。第二,殊途同归变化等。即如果系统的状态发生变化,则状态函数的变化量只决定于系统的始态和终态,而与变化过程的具体途径无关。例如,若将一定量的水由298K升高至323K,可以通过几个途径实现。可以由298K直接加热到323K,也可以由298K先加热到333K,再降温到323K,可以用明火直接加热,也可以通过水浴加热。但其状态函数T的变化值ΔT只与系统的始态和终态有关:$\Delta T = 323K - 298K = 25K$,而与它的变化途径无关。第三,周而复始变化(为)零。即如果系统从状态1变化到状态2,最后又变化到状态1,则状态函数的变化值为零。

按照系统性质的量值是否与物质的数量有关,状态函数可以分为两类。

(1)具有容量性质的状态函数。这类状态函数的数值与系统中物质的量成正比,且具有加和性,即整个系统容量性质的函数数值是系统中各部分该函数数值的总和,如体积、质量等;

(2)具有强度性质的状态函数。这类状态函数的数值与系统中物质的量无关,在系统中没有加和性;整个系统的数值与各个部分的数值相同,如压强、温度及密度等。

3. 过程与途径

当系统状态发生任意变化时,这种变化的经过称为过程。例如,气体的液化、固体的溶解以及化学反应等,系统的状态都发生了变化。

热力学上常见的过程有下列几种。

(1)恒温过程也称等温过程,是指系统在温度不变的条件下发生的状态变化过程,$\Delta T = 0$。

(2)恒压过程也称等压过程,是指系统在压强不变的条件下发生的状态变化过程,$\Delta p = 0$。

(3)恒容过程也称等容过程,是指系统在容积不变的条件下发生的状态变化过程,$\Delta V = 0$。

(4) 绝热过程。系统与环境之间没有热量交换的状态变化过程,$Q=0$。

(5) 可逆过程。如果在过程进行中,系统为无摩擦的理想状态,而且变化无限小,变化速率无限慢,时间无限长,以致在任何时刻系统都接近于平衡状态,这样的过程就称为可逆过程。系统经可逆过程从状态 1 到状态 2 之后,再按原过程的逆过程反方向进行,系统和环境将同时恢复原态,不留下任何痕迹。显然,这是一种理想化的过程,在实际生活中是不存在的,但一些重要的热力学函数的变化值往往必须借助可逆过程才能求得,因此,这个概念十分重要。

完成一个过程所经历的具体路线或步骤称为途径。一个过程可由各种不同的途径实现。

4. 标准状态

热力学系统中某些热力学量的绝对值是未知的,只能测得由温度、压强等参数改变引起的变化值,因此,有必要为物质确定一个基准线,该基准线就是由国际纯粹与应用化学联合会(IUPAC)所引用和推荐的物质的热力学标准状态,简称标准状态或标准态。

国际标准中规定 100kPa 为标准压强,用 $p^{\ominus}$ 表示。在标准压强下各类系统的标准态规定如下。

(1) 气相:每种气态物质的压强均处于标准压强 $p^{\ominus}$ ($p^{\ominus}$ = 100kPa)下理想气体的状态,即为标准态。

(2) 液相或固相:在标准压强 $p^{\ominus}$ 下,纯液体和固体中最稳定的晶态为标准态。

(3) 溶液:在标准压强 $p^{\ominus}$ 下,且其质量摩尔浓度 b = 1mol·kg^{-1} 时的状态。在很稀的溶液中,质量摩尔浓度 $b^{\ominus}$ 与物质的量浓度 $c^{\ominus}$ 数值上近似相等,故可用 $c^{\ominus}$ 代替,记为 $c^{\ominus}$ = 1mol·L^{-1}。

注意:标准态没有特别指明温度,通常用的是 298.15K(可近似为 298K)的数值。若所处温度为 298K 可不必指出,如为其他温度,则需在右下角标出该热力学温度的数值。

5. 反应进度

通常,人们判断一个化学反应是否发生,如果发生了,反应进行到了什么程度,往往是通过反应物(消耗)或产物(生成)量的变化描述的,对于一般的化学反应,反应过程中反应物的消耗量与产物的生成量在数值上是不等同的,这给描述反应进行的程度带来了困难。

1982 年,国家标准中引入反应进度作为化学反应的最基础的量,从而给描述化学反应进行程度带来了方便。人们用反应系统中任何一种反应物或产物在反应过程中物质的量的变化 dn_B 与该物质的化学计量数 ν_B 的商来定义该反应

的反应进度。其表达式为

$$d\xi = dn_B/\nu_B$$

若反应发生时的反应进度 $\xi = 0$,则上式可表示为

$$\xi = \Delta n_B / \nu_B$$

规定反应物的化学计量数为负值,产物的化学计量数为正值。

因此,化学反应的反应进度用来描述和表征化学反应进行程度的物理量,用符号 ξ 表示,具有与物质的量相同的量纲,SI 单位为 mol。

根据反应进度的定义,它只与化学反应方程式的写法有关,而与选择反应系统中何种物质表达无关。如合成氨反应:

$$N_2(g) + 3H_2(g) = 2NH_3(g)$$

当该反应进行到某阶段,其反应进度为 ξ 时,若刚好消耗掉 1.5mol $H_2(g)$,按反应方程式可推算出同时消耗掉 $N_2(g)$ 的物质的量为 0.5mol,同时生成的 $NH_3(g)$ 的物质的量为 1.0mol,由反应进度的定义式得

$$\xi = \frac{\Delta n(H_2)}{\nu(H_2)} = \frac{-1.5\text{mol}}{-3} = 0.5\text{mol}$$

$$\xi = \frac{\Delta n(N_2)}{\nu(N_2)} = \frac{-0.5\text{mol}}{-1} = 0.5\text{mol}$$

$$\xi = \frac{\Delta n(NH_3)}{\nu(NH_3)} = \frac{1\text{mol}}{2} = 0.5\text{mol}$$

由此可见,不论用反应系统中何种物质表示该反应的反应进度,均为 0.5mol。这就是说,此反应进行到该阶段已达到了消耗掉 1.5mol H_2 和 0.5mol N_2,并生成 1.0mol NH_3 的程度。

反应进度随时间的变化率称为反应的转化速率,用符号 $\dot{\xi}$ 表示,单位为 $\text{mol} \cdot \text{s}^{-1}$。表达式为

$$\dot{\xi} = \frac{d\xi}{dt}$$

它与化学反应速率一样,都是表征化学反应进行快慢的物理量,有关化学反应速率的内容将在后面的 1.3 节详细介绍。

1.1.2 热力学第一定律

自然界的一切物质都是运动的,物质的任何运动形式都与能量相联系。因此,要了解化学变化的规律,就必须研究能量及其变化。

关于能量的变化,人们在实践的基础上总结出了一条极其重要的经验规律,

即能量守恒定律。这一定律指出,能量具有各种不同的形式,可以从一种形式转化为另一种形式,从一个物体传递给另一个物体,而在转化和传递中"能"的总量不变。能量既不会产生也不会消灭。将能量守恒定律应用在以热和功进行能量交换的热力学过程就称为热力学第一定律。

1. 热力学能、热和功

一个封闭系统内部能量的总和,包括其中各种分子的动能、分子间的势能和分子内部的电子势能、动能以及核能等,称为系统的内能(热力学能),常用符号 U 表示。由于物质内部结构和运动形式的复杂性,任何系统内能的绝对值都无法确知。但人们更感兴趣的是某一系统在变化过程中与环境间的能量交换情况,即该系统对环境释放或从环境吸收了多少能量,或者说是系统内能的变化值 ΔU 是多少。

系统的内能是一个系统固有的属性,是由系统所处状态决定的物理量。系统处于一定状态时,热力学能具有一定的值。当系统状态发生变化时,其热力学能也就必然发生改变。此时,热力学能的改变量只取决于系统的始态和终态,而与其变化的途径无关。因此,热力学能是一个状态函数。当热力学能的改变量 ΔU 为正值时,说明系统的热力学能增加了;当热力学能的改变量 ΔU 为负值时,说明系统的热力学能减小了。其具体的数值可以从过程中系统和环境所交换的能量确定。这种能量的交换通常有热和功两种形式。

当两个温度不同的物体相互接触时,高温物体温度下降,低温物体温度上升。在两者之间发生了能量的交换,最后达到温度一致。这种由于系统与环境之间存在温度差别而交换或传递的能量就称为热,常用符号 Q 表示。一般规定,系统吸热,Q 为正值;系统放热,Q 为负值。

功是除热以外一切在系统和环境间交换或传递的能量,常用符号 W 表示。一般规定,环境对系统做功,W 为正值;系统对环境做功,W 为负值。根据在做功过程中系统的体积是否发生变化,可将功分为体积功 $W_{体}$(如压缩功、膨胀功)和非体积功 $W_{非}$(如电功、表面功)。在热力学中,体积功是一个重要的概念。其计算公式推导如下:

设有一热源,加热汽缸里的气体(图1-2),推动面积为 S 的活塞移动距离 l,气体的体积由 V_1 膨胀到 V_2,反抗恒定的外力 F 做功。恒定外力来自外界大气压强 p,则

$$p = \frac{F}{S} = \frac{F \cdot l}{S \cdot l} = \frac{-W_{体}}{V_2 - V_1}$$

所以,体积功为

$$W_{体} = -p(V_2 - V_1) = -p\Delta V \tag{1-1}$$

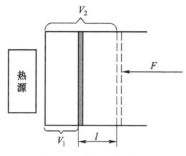

图 1-2 体积功示意图

式(1-1)就是计算体积功的基本公式。国际单位制中,压强的单位为 Pa,体积的单位为 m^3,体积功的单位为 $J(Pa \cdot m^3)$。

因为系统只有在发生状态变化时才能与环境发生能量的交换,所以热和功不是系统的性质。当系统与环境发生能量交换时,经历的途径不同,热和功的数值就不同,因而,热和功都不是系统的状态函数。

热和功的单位均为能量单位。按法定计量单位,以 J(焦耳)或 kJ(千焦)表示。

2. 热力学第一定律的数学表达

有一封闭系统(图 1-3),它处于状态 I 时,具有一定的热力学能 U_1。从环境吸收一定量的热 Q,并对环境做了体积功 W,过渡到状态 II,此时,具有热力学能 U_2。对于封闭系统,根据能量守恒定律可知

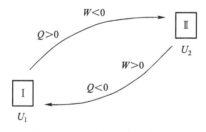

图 1-3 系统热力学能的变化

$$U_2 - U_1 = Q + W$$

或

$$\Delta U = Q + W \tag{1-2}$$

式(1-2)为热力学第一定律的数学表达式。其物理意义是:当只发生能量交换时,系统内能的变化量应来源于系统在变化过程中交换或传递的热和功。

热力学第一定律的一个重要推论是造不出"永动机"。一个系统如果对外做功,就需要从外界输入能量或者消耗内能。内能是状态函数,既然能量守恒,

要在内能不变且不消耗外界能量($Q=0$)的前提下,对外做功($W<0$)显然是不可能的,与式(1-2)也是相矛盾的。

1.1.3 化学反应的热效应与焓变

化学反应的热效应(简称反应热)就是指在不做非体积功的条件下,当生成物和反应物温度相同时,化学反应过程中吸收或放出的热量。在与化学反应有关联的工业生产或科学研究的各种过程,一般不是在恒容条件下进行的就是在恒压条件下进行的。所以将热力学第一定律数学式应用于恒容、恒压过程计算这两类过程的热效应,具有相当重要的实用价值。

1. 恒容热效应 Q_V 及其测量

在恒容条件下,$\Delta V=0$,体积功 $W_{体}=-p\Delta V=0$,根据热力学第一定律 $\Delta U = Q + W$ 可知

$$Q_V = \Delta U \tag{1-3}$$

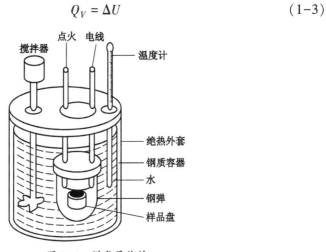

图 1-4 弹式量热计

式中:Q_V 为恒容热效应,也称恒容反应热,可用弹式量热计精确测定(图 1-4 为弹式量热计的示意图)。其原理是将反应物置于一耐高压的密闭钢弹内,而钢弹被一定量的水所淹没,反应所放出的热完全被水和钢弹组件所吸收,即

$$Q = -(Q_{H_2O} + Q_s) = -(C_{H_2O} \cdot m_{H_2O} + C_s) \cdot \Delta T$$

式中:C_{H_2O} 为水的比热容,等于 $4.18 \text{J} \cdot \text{g}^{-1} \cdot \text{K}^{-1}$;$m_{H_2O}$ 为水的质量(g);C_s 为钢弹组件的热容($\text{J} \cdot \text{K}^{-1}$);$\Delta T$ 为 $T_2 - T_1$ (K)。

2. 恒压反应热与焓变

在恒压条件下,有

$$p_1 = p_2 = p$$

$$W_\text{体} = -p\Delta V = -p(V_2 - V_1)$$

根据热力学第一定律可知

$$\Delta U = Q_p + W$$
$$U_2 - U_1 = Q_p - p(V_2 - V_1)$$
$$Q_p = U_2 - U_1 + p(V_2 - V_1)$$
$$Q_p = U_2 + pV_2 - (U_1 + pV_1)$$
$$Q_p = (U_2 + p_2V_2) - (U_1 + p_1V_1)$$

定义

$$H \equiv U + pV \tag{1-4}$$

这样,就简化了 Q_p 的计算,即

$$Q_p = \Delta H \tag{1-5}$$

状态函数 U、p、V 均为状态函数,故其组合也是状态函数,因此,将 $(U + pV)$ 定义为一个新的状态函数,称为焓,其符号为 H。ΔH 称为焓变,其值只与系统的始态和终态有关,而与变化的途径无关。

3. Q_p 与 Q_V 的关系

Q_p 与 Q_V 的关系为

$$H \equiv U + pV$$
$$\Delta H = \Delta U + \Delta(pV)$$

对等温反应来说,固体和液体的体积变化很小,所以 $\Delta(pV)$ 可忽略,只计气体的体积变化。

设各组分气体均服从理想气体状态方程,则

$$pV = n_g RT$$
$$\Delta(pV) = \Delta n_g RT$$

将其代入上式得

$$\Delta H = \Delta U + \Delta n_g RT$$

又因为

$$Q_p = \Delta H,\ Q_V = \Delta U$$

故

$$Q_p = Q_V + \Delta n_g RT \tag{1-6}$$

注意:

(1) 式(1-6)中 Δn_g 为反应方程式中气态组分的化学计量数之总和,不包括固、液相物质,即 $\Delta n_g = \sum \nu_g$。

(2) 对于只有固体或液体参加的反应,或 Δn_g 为零的反应,$Q_p \approx Q_V$。

【例1-1】 当温度为298K时,1g液态苯在弹式量热计中完全燃烧,生成$H_2O(l)$和$CO_2(g)$,放出的热量为31.4kJ,求1 mol液态苯燃烧的ΔH。

解: 在弹式量热计中反应的热效应为恒容反应热Q_V即ΔU,由于反应热与进行反应的物质的量有关,应先换算出1mol苯(l)的恒容反应热,再通过ΔU与ΔH的关系式求出ΔH,即

$$C_6H_6(l) + \frac{15}{2}O_2(g) = 6CO_2(g) + 3H_2O(l)$$

苯的摩尔质量为

$$M = 78(g \cdot mol^{-1})$$
$$\Delta U_m = (-31.4) \times 78 = -2449.2(kJ \cdot mol^{-1})$$

根据

$$\Delta H_m = \Delta U_m + \Delta nRT$$

可得

$$\Delta H_m = -2449.2 + (-7.5 + 6) \times 8.314 \times 298 \times 10^{-3}$$
$$= -2449.2 - 3.7 = -2452.9(kJ \cdot mol^{-1})$$

4. 热化学方程式

与一般的化学方程式不同,热化学方程式中不仅要标明物质变化的量,而且还要标明反应的热效应。由于反应的热效应(反应热)不仅取决于反应物与生成物的性质,而且还与反应物及生成物的聚集状态、物质的变化量以及反应温度、压强等条件有关。因此,在一个完整的热化学方程式中,除了配平系数外,还应注明物态、温度和压强,而反应热的数值还必须与各物质的系数、状态一致。例如:

$$H_2(g) + \frac{1}{2}O_2(g) = H_2O(g), \Delta H^\ominus = -241.8(kJ \cdot mol^{-1})$$

$$H_2(g) + \frac{1}{2}O_2(g) = H_2O(l), \Delta H^\ominus = -285.8(kJ \cdot mol^{-1})$$

$$2H_2(g) + O_2(g) = 2H_2O(l), \Delta H^\ominus = -571.6(kJ \cdot mol^{-1})$$

在书写热化学方程式时,还应当注意下面几点:

(1) 如前所述,由于热效应与反应条件以及反应物与生成物的物理状态等因素有关,因此,书写热化学方程式必须写明反应的温度、压强(如果是标准状态和298.15K,可省去不写)和物质的聚集态(常见的聚集状态可用下列符号表示:气态—g,液态—l,固态—s,溶液—aq,结晶态—cr,非晶态—am)。

(2) 反应的热效应ΔH写于方程式的右端,吸热反应$\Delta H>0$,符号为正,放热反应$\Delta H<0$,符号为负。正、逆反应的热效应绝对值相同,符号相反。

（3）与一般化学方程式不同,在热化学方程式中,各物质化学式前的计量系数已规定为物质的量(mol),因此,可以使用分数为计量系数。

（4）热化学方程式可以像一般代数方程一样进行运算。如可以在两端加上或减去同一个量,也可以两个或多个热化学方程式相加或相减而得到一个新的方程式等。该性质对讨论化学反应的热效应十分有用。但应注意,只有聚集状态相同的同一物质才能相加减。

1.1.4 盖斯定律及化学反应热效应的计算

1. 盖斯定律

1840年,俄国化学家盖斯(Hess)分析了一系列化学反应中的热量数据,总结出一条重要定律:无论化学反应是一步完成还是分几步完成,该过程的热效应总是相同的,这一定律称为盖斯定律。也就是说,恒压下化学反应的热量变化只与系统的始态和终态有关,而与其变化的途径无关。例如,始态(反应物)为1mol 的 C(石墨)与1mol 的 O_2(g)在恒温、恒压下进行化学反应,变成终态(生成物)为1mol 的 CO_2(g),如图 1-5 所示。

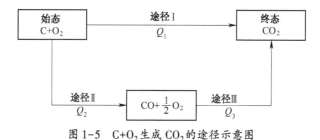

图 1-5 C+O_2 生成 CO_2 的途径示意图

反应过程可以通过途径Ⅰ,由 C 和 O_2 直接生成 CO_2,也可以通过途径Ⅱ,由 C 和 O_2 先生成 CO,再由 CO 和 O_2 生成 CO_2。

途径Ⅰ的反应:C + O_2 ══ CO_2,可测定其热量 Q_1。途径Ⅱ中的反应:C+$\frac{1}{2}O_2$══CO 的热量 Q_2 无法测定,因为要控制到仅发生这一反应而不发生反应:CO+$\frac{1}{2}O_2$══CO_2,是十分困难的。但 Q_2 这个数据在工厂设计时对材料的选择和热量的利用上必须考虑到,怎么办？盖斯定律为我们提供了解决这个问题的方法。可以先把后一反应的热量 Q_3 通过纯化的 CO 与 O_2 的反应测得,根据盖斯定律 $Q_1=Q_2+Q_3$ 可以计算得到 Q_2。

2. 标准摩尔焓变与标准摩尔生成焓

在温度 T 和标准状态下,反应进度为1mol 时反应或过程的焓变称为标准摩尔焓变,记为 $\Delta_r H_m^\ominus(T)$,单位为 $kJ \cdot mol^{-1}$。其中,Δ 表示变化,r 表示反应,H 表示焓,m 表示以摩尔作为反应进度的单位。

在温度 T 和标准状态下,由稳定状态的单质生成 1mol 化合物 B 时的标准摩尔焓变称为该化合物 B 在温度 T 下的标准摩尔生成焓,记为 $\Delta_f H_m^\ominus(B,T)$,单位为 $kJ \cdot mol^{-1}$。其中,"Δ"的右下标"f"是"formation(生成)"的第一个字母;"H"的右上标"$\ominus$"表示标准态。显然,稳定状态单质本身的标准摩尔生成焓为零。在水溶液中,规定标准压强下,水合氢离子 H^+(aq)的浓度为标准浓度时,其标准摩尔生成焓为零,并以此推算其他水合离子的标准摩尔生成焓。一些物质在 298.15K 时的标准摩尔生成焓 $\Delta_f H_m^\ominus(B)$ 的数据列于书后的附录中。

3. 化学反应标准摩尔焓变的计算

根据盖斯定律和标准摩尔生成焓的定义,可以设计如下的循环过程得出下列反应标准摩尔焓变的一般计算规则,如图 1-6 所示,即

$$aA + bB = cY + dZ$$

式中:a、b、c、d 分别为反应式中各物质的计量系数。

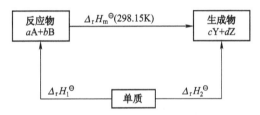

图 1-6 标准焓变计算规律的导出示意图

由盖斯定律可知

$$\Delta_r H_2^\ominus = \Delta_r H_1^\ominus + \Delta_r H_m^\ominus(298.15K)$$

$$\Delta_r H_m^\ominus(298.15K) = \Delta_r H_2^\ominus - \Delta_r H_1^\ominus$$

因此,计算反应热效应的通式可写为

$$\Delta_r H_m^\ominus = [c\Delta_f H_m^\ominus(Y) + d\Delta_f H_m^\ominus(Z)] - [a\Delta_f H_m^\ominus(A) + b\Delta_f H_m^\ominus(B)] \quad (1-7)$$

即化学反应的标准摩尔焓变等于生成物标准摩尔生成焓的和减去反应物标准摩尔生成焓的和。式(1-7)也可以简写为

$$\Delta_r H_m^\ominus = \sum \nu_B \Delta_f H_m^\ominus(B,T) \quad (1-8)$$

利用标准摩尔生成焓的数据计算标准摩尔焓变时应注意以下几方面:

(1) 书写反应方程式时一般要注明物质的聚集状态,如 g(气态)、aq(水溶液状态)等。不注明时,则根据常识来定。例如,在室温下,C(石墨)为固态、O_2 为气体等。特别要指出的是,同一物质在同一温度下可能有不同的聚集状态时,它们的标准摩尔生成焓是不同的。

（2）书写配平的反应方程式时,一般其化学计量数为最小整数,也允许为分数。

（3）$\Delta_r H_m^{\ominus}(T)$ 的计算是从系统中各物质终态 $\sum \nu_B \Delta_f H_m^{\ominus}(B,T)$ 的值减去始态的 $\sum \nu_B \Delta_f H_m^{\ominus}(B,T)$ 值,不能颠倒和遗漏任何一种物质。

（4）各物质标准摩尔生成焓变 $\Delta_f H_m^{\ominus}(B,T)$ 的数值可正可负,在查表和运算过程中,正、负号不能疏忽和搞混。

如无相变等过程发生,ΔH 随温度变化一般不大,所以有 $\Delta_r H_m^{\ominus}(T) \approx \Delta_r H_m^{\ominus}(298.15K)$ 的关系。

【例1-2】 据资料显示,在越战时期,美军就装备有由铝热剂制成的"毛毯"。一旦出现危急情况,他们会把这种"毯子"盖到绝密的文件或仪器上面,点燃后,这些文件或仪器就会立刻化为"灰烬"。请分析这则报道的真实性。

（假设这种"毛毯"总重 0.5kg,并且已知铝热反应为 $Fe_2O_3 + 2Al = 2Fe + Al_2O_3$）

解: 查表可得各物质的 $\Delta_f H_m^{\ominus}(298.15)$,即

$$Fe_2O_3 + 2Al = 2Fe + Al_2O_3$$

$\Delta_f H_m^{\ominus}(B,T)$, $kJ \cdot mol^{-1}$ -824.2 0 0 -1676

$$\Delta_r H_m^{\ominus} = \sum \nu_B \Delta_f H_m^{\ominus}(B,T)$$
$$= [2 \times 0 + 1 \times (-1675.7)] - [1 \times (-824.2) + 2 \times 0]$$
$$= -851.5 (kJ \cdot mol^{-1})$$

已知 $M(Fe_2O_3) = 160$,$M(Al) = 27$,因此,0.5kg 铝热"毛毯"中含 Fe_2O_3 的物质的量为 2.34mol $\left[\left(500 \times \dfrac{160}{160 + 2 \times 27}\right)/160\right]$。

一张这样的铝热"毛毯"可放出 $2.34 \times 851.8 = 1990.2$ kJ 的热量,足以快速烧毁这些文件和仪器,所以,这则报道是真的。

4. 化学反应热效应的应用

1) 寻找高能燃料

能够发生燃烧反应且放出热量的物质均可称为燃料。燃料在国民经济和人民生活中占有特殊的地位。高能燃料是指燃烧时能释放出很大热量的物质,它们在现代工业尤其是在火箭、航空、航天等尖端技术中有着非常重要的应用。

根据 Hess 定律导出的计算式(1-7)可知,要能产生大的反应热,高能燃料需要满足下列条件:

（1）反应物(燃料)的标准生成焓 $\Delta_f H_m^{\ominus}$ 的值为负值时,其绝对值要小,即其值要大,甚至为正值。

(2) 生成物的标准生成焓 $\Delta_f H_m^{\ominus}$ 负的值为负值时,其绝对值要大,即其值要小。

(3) 反应物的相对分子质量要小。

(4) 不要产生有害的产物。

前两条是保证反应热效应为绝对值很大的负值(释放很大的热量);第 3 条为使单位质量的燃料能放出更高的热量;第 4 条则是操作和环境保护方面的要求。

人们首先利用的是乙炔,乙炔的标准生成热是很大的正值,相对分子量又小,与氧发生燃烧反应时强烈放热。

此外,还有硼和硅的氢化物、联氨或肼 $N_2H_4(l)$ 及其衍生物与氧或氧化物燃烧时也能放出大量的热,燃烧速度快、生成物稳定且无害,是很理想的液体火箭燃料。

【例 1-3】 利用标准摩尔燃烧焓的数据,计算下列反应在 298.15K 时的 $\Delta_r H_m^{\ominus}$。

$$(CH_3)_2NNH_2(l) + 2N_2O_4(g) = 2CO_2(g) + 3N_2(g) + 4H_2O(g)$$

解: 查表可得各物质的 $\Delta_f H_m^{\ominus}(298.15K)$,即

$(CH_3)_2NNH_2(l) + 2N_2O_4(g) = 2CO_2(g) + 3N_2(g) + 4H_2O(g)$

$\Delta_f H_m^{\ominus}, kJ \cdot mol^{-1}$　　48.90　　　　9.16　　　　-393.50　　　0　　　-241.82

$$\Delta_r H_m^{\ominus} = \sum \nu_B \Delta_f H_m^{\ominus}(B, T)$$
$$= [2 \times (-393.50) + 3 \times 0 + 4 \times (-241.82)] - [1 \times 48.90 + 2 \times 9.16]$$
$$= -1821.50 (kJ \cdot mol^{-1})$$

由于该反应能放出巨大能量,所以,上述反应中的偏二甲肼常作为火箭推进剂。2011 年 9 月 29 日,运载"天宫"一号升空的"长征"二号 F 火箭燃料(图 1-7)就是以偏二甲肼为燃烧剂、以四氧化二氮为氧化剂的。

图 1-7 "长征"二号火箭升空

2) 化学蓄热技术

如前所述,化学能具有储存方便的特点。例如,利用热化学反应将生产中暂时不用或无法直接利用的余热,转变为化学能收集储存;当反应逆向进行时,又可将储存的能量释放出来,使化学能转变为热能。这种过程称为化学蓄热。

以最常用于蓄热的物质 $Na_2SO_4 \cdot 10H_2O$ 为例,当加热时,它会溶解于本身的结晶水中,温度达到 32.4℃ 以上时,则形成无水硫酸钠的浓溶液,并吸收大量的热。其反应式为

$Na_2SO_4 \cdot 10H_2O(s) = Na_2SO_4(aq) + 10H_2O(l)$,$\Delta_r H_m^\ominus = 81.1 kJ \cdot mol^{-1}$

当其发生逆反应时,又可将这一热量释放出来。

化学蓄热技术利用化学反应的热效应,不仅能回收余热、储存热能,而且还可以实现热能的输送(当反应在适当条件下逆向进行时,放出大量的热量)。

1.2 化学反应的方向和限度

1.2.1 化学反应的自发性

我们把在给定条件下不需要外力的作用就能自动进行的过程称为自发过程。例如,碳的燃烧反应($C+O_2 \rightarrow CO_2$)就是一个自发过程,其逆过程却不会自动发生,即 CO_2 不会自动分解成 O_2 和 C。碳的燃烧反应是一个放热反应,对一个化学反应而言,反应过程中放出了能量,便使该系统的能量降低。于是,有人曾试图从能量变化的角度用反应的热效应或焓变作为判断化学反应(或过程)能否自发进行的衡量标准,并认为反应放热越多,即 ΔH 越负,该反应(或过程)越可能自发进行。因为从能量最低原则看,这似乎是顺理成章的事情。自然界中的自发过程往往是势能降低的过程,如水往低处流。电子排布之所以遵循能量最低原则,就是因为电子与核之间的势能最低时的状态最稳定。ΔH 为一定条件下系统内分子、原子的动能变化和势能变化的总和。

但是,也有一些反应(或过程)却能向吸热方向进行,例如,氯化铵的溶解(解离)过程[$NH_4Cl(s) = NH_4^+(aq) + Cl^-(aq)$]是吸热的,但却能自发进行,因此,用焓变判断反应(或过程)能否自发进行是不正确的。分析氯化铵的溶解(解离)过程就可以知道,在 NH_4Cl 晶体中 NH_4^+ 和 Cl^- 的排列是整齐有序的,但当其进入水中后,便解离成 NH_4^+ 和 Cl^- 的水合离子(以 aq 表示)并在水中扩散。在 NH_4Cl 溶液中,无论是 $NH_4^+(aq)$、$Cl^-(aq)$ 还是 H_2O,它们的分布情况比 NH_4Cl 溶解前的混乱程度大得多。另外,在对其他许多自发过程的研究中也发现了与之相似的规律:反应(变化)后较反应(变化)前系统粒子的无秩序程度(混乱程

度)增加了。混乱度(即混乱程度的简称)就是指组成物质的质点在指定的空间区域排列和运动的无序程度。一个宏观系统对应的微观粒子的状态越多,粒子的运动就越混乱。如果用 Ω 表示一个系统内微观粒子的微观状态总数,其与热力学中表示宏观系统状态的熵(S),可用玻耳兹曼公式联系起来,即

$$S = k\ln\Omega \qquad (1-9)$$

式中:k 为玻耳兹曼常数(1.38×10^{-23} J·K^{-1}),$\Omega\geqslant 1$。

因此,可以认为熵是微观粒子混乱度在宏观上的一种量度,熵值的变化值 ΔS 是微观粒子混乱度变化在宏观上的表现。熵是一个状态函数,混乱度越大,熵值 S 越大。当然,微观粒子运动越混乱,它们的动能也就越大。另外,动能还与温度有关,因此,可以近似地把 $T\Delta S$ 理解成系统内分子、原子在某温度时由于混乱度改变引起的动能变化。

对一个孤立系统来说,因为系统与外界没有能量交换,系统内分子、原子的动能变化 $T\Delta S$ 必然来自于它们的势能变化,所以系统内部的分子、原子的动能变化与势能变化之和等于零。据此,又可认为 $-T\Delta S$ 是系统内分子、原子势能的变化。势能降低的过程是自发过程,即 $-T\Delta S<0$ 的过程是自发过程。但 T 不可能是负值,因此,只有 $-\Delta S<0$ 即 $\Delta S>0$ 的过程才是自发过程。这就是"熵增原理":在孤立系统中,反应或过程系统总是向着熵增加的方向进行。熵增原理也可以说是热力学第二定律的一种表达形式。

1.2.2 标准摩尔熵和标准摩尔熵变

熵(S)与热力学能(U)及焓(H)不同,它可以有具体的数值。当温度为 0K 时,分子的热运动可以认为完全停止,系统内分子、原子处于完全整齐有序的状态,它的微观状态也只有一种,因此,$S = k\ln\Omega = 0$。物质的熵就是以"在热力学零度时,任何纯净的完美晶体物质的熵等于零(热力学第三定律的一种表达形式)"这一假设为依据而规定的。0K 时,纯固体和纯液体的熵值等于零,这仅仅是热力学中的规定,它没有涉及原子核内微观粒子状态的变化。在标准状态下,1mol 物质的熵称为该物质的标准摩尔熵,以 $S_m^{\ominus}$ 表示,本书附录中列出了一些物质在 298.15K 时的标准摩尔熵数据。规定 $S_m^{\ominus}(H^+, aq) = 0$。但需注意:$S_m^{\ominus}$ 的单位为 J·mol^{-1}·K^{-1},稳定单质的 $S_m^{\ominus}$ 是大于零的正值。从上面的讨论和附录数据,可以归纳出以下一些规律。

(1) 对同一种物质来说,就其固、液、气聚集状态进行比较,如图 1-8 所示,其熵值大小为 $S_m^{\ominus}(s) < S_m^{\ominus}(l) < S_m^{\ominus}(g)$。

(2) 对同一物质的某种聚集状态,温度越高,熵的值也越大。

(3) 组成元素相同、聚集状态相同的分子或晶体,内部原子多的熵值大。

图 1-8 物质聚集状态示意图

(4) 同族元素组成的化合物,当聚集状态相同、温度相同且原子个数相同时,其中原子半径大的熵值大。

(5) 同分异构体中,对称性高的异构体的熵值低于对称性低的异构体的熵值。

两个状态下熵值的改变称为熵变,用 ΔS 表示。在标准状态和温度 T 下,反应进度 ξ 为 1mol 时化学反应的标准摩尔熵变的计算可仿照前面的循环过程导出。

对于反应 $a\text{A} + b\text{B} = c\text{Y} + d\text{Z}$ 的标准摩尔熵变 $\Delta_r S_m^\ominus$ 的计算公式为

$$\Delta_r S_m^\ominus = [c\,S_m^\ominus(\text{Y}) + d\,S_m^\ominus(\text{Z})] - [a\,S_m^\ominus(\text{A}) + b\,S_m^\ominus(\text{B})] \quad (1-10)$$

即化学反应的标准摩尔熵变等于生成物标准摩尔熵的和减去反应物标准摩尔熵的和。式(1-10)也可以简写为

$$\Delta_r S_m^\ominus = \sum \nu_B S_m^\ominus(\text{B}) \quad (1-11)$$

如没有相变等过程发生,ΔS 随温度变化一般不大,所以有 $\Delta_r S_m^\ominus(T) \approx \Delta_r S_m^\ominus(298.15\text{K})$ 的关系。

【例 1-4】 利用标准摩尔熵的数据,计算下列反应在 298.15K 时的 $\Delta_r S_m^\ominus$。

$$\text{CaCO}_3(\text{s}) = \text{CaO}(\text{s}) + \text{CO}_2(\text{g})$$

解: 查表可得各物质的 $S_m^\ominus(298.15)$ 为

$$\text{CaCO}_3(\text{s}) = \text{CaO}(\text{s}) + \text{CO}_2(\text{g})$$

$S_m^\ominus$, J·mol⁻¹·K⁻¹　　92.88　　39.75　　213.64

$\Delta_r S_m^\ominus = \sum \nu_B S_m^\ominus(\text{B})$

$= [1 \times 39.75 + 1 \times 213.64] - [1 \times 92.88]$

$= 160.51 (\text{J·mol}^{-1}\cdot\text{K}^{-1})$

当有气体参加反应或有气体生成时,由于气体的熵值较大,所以当 $\Delta n_g > 0$ 时,$\Delta_r S_m^\ominus > 0$;当 $\Delta n_g < 0$ 时,$\Delta_r S_m^\ominus < 0$。

1.2.3　化学反应的方向与吉布斯函数变

1. 吉布斯函数变判据

虽然能够通过熵增原理判断孤立系统中进行的反应或过程的方向,然而,工

程中碰到的实际系统,都不是孤立系统,也就是说,系统内分子、原子的动能变化不可能就只是势能的变化,因为它还和外界发生了能量交换。所以,上述两个与化学反应有关的热力学函数焓(H)和熵(S)不能单独用做判断非孤立系统中反应方向的判据。由于工程实际中发生的变化基本上都是在等压条件下进行的,而在等温、等压过程中,如果把系统内分子、原子势能变化之和用符号 ΔG 表示,ΔG 就可以近似地认为是系统内分子、原子的动能变化和势能变化的总和,则有

$$\Delta G = \Delta H - T\Delta S \tag{1-12}$$

式中:G 在化学热力学中称为吉布斯(Gibbs)函数或吉布斯自由能(定义式为 $G \equiv H - TS$);ΔG 在化学热力学中称为吉布斯函数变或吉布斯自由能变化。

如前所述,吉布斯函数变 ΔG 可近似认为是等温、等压条件下系统内分子、原子的势能变化之和。这个能量变化才是系统发生反应的真正推动力,凡是这个能量降低的过程都是自发进行的。因此,可以用化学反应的吉布斯函数变 ΔG 判断这个化学反应能否自发进行。具体来说,$\Delta G < 0$ 的反应一定能正向自发进行;$\Delta G > 0$ 的正反应都不能自发进行,相反,它们的逆反应倒是能够自发进行的;$\Delta G = 0$ 的反应进行到了极限,处于平衡状态。这就是吉布斯函数变判据。

2. 标准摩尔吉布斯函数变的计算

与标准摩尔焓变的定义类似,定义在温度 T 和标准状态下,反应进度为 1mol 时反应或过程的吉布斯函数变称为标准摩尔吉布斯函数变,记为 $\Delta_r G_m^{\ominus}(T)$,单位为 kJ·mol^{-1}。其中,$\Delta$ 表示变化,r 表示反应,G 表示吉布斯函数,"$\ominus$" 表示标准状态,m 表示 1 摩尔反应,即反应进度为 1mol。

同样,与标准摩尔生成焓的定义类似,定义在温度 T 和标准状态下,由稳定状态的单质生成 1mol 化合物 B 时的标准摩尔吉布斯函数变称为该化合物 B 在温度 T 下的标准摩尔生成吉布斯函数,记为 $\Delta_f G_m^{\ominus}(B, T)$,单位为 kJ·mol^{-1}。其中,"$\Delta$" 的右下标 "f" 是 "formation(生成)" 的第一个字母,"$\ominus$" 表示标准状态,m 表示 1mol 反应,即反应进度为 1mol。显然,稳定状态单质本身的标准摩尔生成吉布斯函数为零。在水溶液中,规定标准压强下,水合氢离子 H$^+$(aq) 的浓度为标准浓度时,其标准摩尔生成吉布斯函数为零,并以此来推算其他水合离子的标准摩尔生成吉布斯函数。一些物质在 298.15K 时的标准摩尔生成吉布斯函数 $\Delta_f G_m^{\ominus}(B)$ 的数据列于书后附录中。

利用标准摩尔生成吉布斯函数 $\Delta_f G_m^{\ominus}(B)$ 的数据,可仿照前面的循环过程导出反应:$aA + bB = cY + dZ$,在 298.5K 时的标准摩尔吉布斯函数变 $\Delta_r G_m^{\ominus}$ 的计算公式为

$$\Delta_r G_m^{\ominus} = [c\Delta_f G_m^{\ominus}(Y) + d\Delta_f G_m^{\ominus}(Z)] - [a\Delta_f G_m^{\ominus}(A) + b\Delta_f G_m^{\ominus}(B)] \tag{1-13}$$

即化学反应的标准摩尔吉布斯函数变等于生成物标准摩尔生成吉布斯函数的和

减去反应物标准摩尔生成吉布斯函数的和。式(1-13)也可以简写为

$$\Delta_r G_m^\ominus = \sum \nu_B \Delta_f G_m^\ominus(B, T) \quad (1-14)$$

当然,还可以利用根据式(1-12)($\Delta G = \Delta H - T\Delta S$)得到下列计算298.15K时$\Delta_r G_m^\ominus$的计算公式,即

$$\Delta_r G_m^\ominus(298.15K) = \Delta_r H_m^\ominus(298.15K) - 298.15 \times \Delta_r S_m^\ominus(298.15K)$$

$$(1-15)$$

由于ΔH和ΔS随温度的变化不大,可近似作为常数对待。因此,还可以利用式(1-12)得到任意温度下标准摩尔吉布斯函数变的计算公式,即

$$\Delta_r G_m^\ominus(T) \approx \Delta_r H_m^\ominus(298.15K) - T \times \Delta_r S_m^\ominus(298.15K) \quad (1-16)$$

注意:计算时,温度T的数值应用热力学温度,而不是摄氏温度。

另外,从式(1-12)还可以看出,ΔG是由ΔH与$T\Delta S$两部分组成的,其符号及大小取决于ΔH和ΔS的符号和大小。因此,ΔG与ΔH、ΔS间的关系主要有下列4种类型,如表1-1所列。

表1-1 在恒温恒压下反应自发性的几种情况

反应情况	反应	ΔH	ΔS	$\Delta G = \Delta H - T\Delta S$	反应的自发性
(1)放热,熵增	$S(s) + H_2(g) = H_2S(g)$	−	+	−	自发
(2)吸热,熵减	$CO(g) = C(s) + 1/2O_2(g)$	+	−	+	非自发
(3)吸热,熵增	$Al_2O_3(s) = 2Al(s) + 3/2O_2(g)$	+	+	低温(+)高温(−)	高温自发
(4)放热,熵减	$N_2(g) + 3H_2(g) = 2NH_3(g)$	−	−	低温(−)高温(+)	低温自发

综上所述,吉布斯函数变ΔG概括了焓效应ΔH和熵效应ΔS两方面对反应自发性的影响。当ΔH和ΔS均为正值或均为负值时,反应的自发性取决于转变温度:$T_{转} \approx \Delta_r H_m^\ominus / \Delta_r S_m^\ominus$。

【例1-5】 定性指出下列化学反应自发进行的条件。

(1) $C_3H_8(g) + 5O_2(g) \longrightarrow 3CO_2(g) + 4H_2O(g)$

(2) $Cu(NO_3)_2(s) \longrightarrow Cu + 2NO_2(g) + O_2(g)$

(3) $2HF(g) \longrightarrow H_2(g) + F_2(g)$

(4) $Ag^+(aq) + Cl^-(aq) \longrightarrow AgCl(s)$

解:

(1) 该反应为燃烧反应,反应放热,$\Delta H < 0$,反应后分子数增多,$\Delta S > 0$,故$\Delta G < 0$,在任何条件下都能自发进行。

(2) 该反应为热分解反应,反应吸热,$\Delta H > 0$,反应后气体分子数增多,$\Delta S > 0$,为吸热熵增的反应,高温下自发。

(3) 该反应为分解反应,需要吸热,$\Delta H>0$,反应前后气体分子数相等,但分子复杂性减小,预计 $\Delta S \approx 0$(ΔS 为较小负值),为吸热熵减反应,因此,该反应在任何温度下,正向都非自发,逆向自发。

(4) 该反应为结合为沉淀的反应,放热,$\Delta H<0$,反应后粒子数减小,熵减,$\Delta S<0$,因此该反应低温时正向自发。

【例1-6】 计算标准状态下,298K 时 $CaCO_3$ 分解反应的标准摩尔吉布斯函数变,并计算 $CaCO_3$ 的最低分解温度为多少?

解:查表得到下列各物质的标准热力学数据

	$CaCO_3(s)$ =	$CaO(s)$	+$CO_2(g)$
$\Delta_f H_m^\ominus$, kJ·mol^{-1}	-1206.8	-635.09	-393.51
$\Delta_f G_m^\ominus$, kJ·mol^{-1}	-1128.8	-604.2	-394.36
$S_m^\ominus$, J·mol^{-1}·K^{-1}	92.9	40	213.7

$$\Delta_r H_m^\ominus = \sum \nu_B \Delta_f H_m^\ominus(B,T)$$
$$= [1 \times (-635.09) + 1 \times (-393.51)] - 1 \times (-1206.8)$$
$$= 178.20 \text{ (kJ·mol}^{-1})$$

$$\Delta_r S_m^\ominus = \sum \nu_B S_m^\ominus(B)$$
$$= (1 \times 40 + 1 \times 213.7) - 1 \times 92.9$$
$$= 160.8 \text{ (J·mol}^{-1}\text{·K}^{-1})$$

方法1:
$$\Delta_r G_m^\ominus = \sum \nu_B \Delta_f G_m^\ominus(B,T)$$
$$= [1 \times (-604.2) + 1 \times (-394.36)] - 1 \times (-1128.8)$$
$$= 130.24 \text{ (J·mol}^{-1}\text{·K}^{-1})$$

方法2:
$$\Delta_r G_m^\ominus(298.15) = \Delta_r H_m^\ominus(298.15) - 298.15 \times \Delta_r S_m^\ominus(298.15)$$
$$= 178.20 - 298.15 \times 160.8 \times 10^{-3}$$
$$= 130.26 \text{ (kJ·mol}^{-1})$$

要使 $CaCO_3$ 在标准状态下分解,就要使反应自发进行,其热力学条件为 $\Delta_r G_m^\ominus(T) < 0$,即

$$\Delta_r G_m^\ominus(T) \approx \Delta_r H_m^\ominus(298.15K) - T \times \Delta_r S_m^\ominus(298.15K) < 0$$

$$T > \frac{\Delta_r H_m^\ominus(298.15K)}{\Delta_r S_m^\ominus(298.15K)} = \frac{178.20 \times 10^3}{160.8} = 1108.21 \text{ (K)}$$

所以,$T>1108.2K$,即在标准状态下使温度约高于 1108.2K 时,$CaCO_3(s)$ 可

分解。

由上例可见,当 ΔH 和 ΔS 均为正值或均为负值时,用公式 $T \approx \dfrac{\Delta_r H_m^{\ominus}(298.15K)}{\Delta_r S_m^{\ominus}(298.15K)}$ 可估算标准状态下反应发生的最低温度。

3. 吉布斯函数变的计算

对于有气体参加或生成的反应及溶液中的反应,参与反应的每种物质不可能都处于标准状态,也就是说,一般反应不是在标准态下进行的,因此,其吉布斯函数变 $\Delta_r G_m(T)$ 也不可能是标准摩尔吉布斯函数变 $\Delta_r G_m^{\ominus}(T)$。$\Delta G$ 随系统中反应物和生成物的压强或浓度的变化而变化。吉布斯函数变与标准摩尔吉布斯函数变的关系可由热力学推导出下面的范特霍夫等温方程式表示。

对于反应
$$aA(aq) + bB(g) = cY(aq) + dZ(g)$$
在等温、等压条件下,可用下式表示,即

$$\Delta_r G_m(T) = \Delta_r G_m^{\ominus}(T) + RT\ln \frac{[c(Y)/c^{\ominus}]^c \cdot [p(Z)/p^{\ominus}]^d}{[c(A)/c^{\ominus}]^a \cdot [p(B)/p^{\ominus}]^b} \quad (1-17)$$

或

$$\Delta_r G_m(T) = \Delta_r G_m^{\ominus}(T) + 2.303RT\lg \frac{[c(Y)/c^{\ominus}]^c \cdot [p(Z)/p^{\ominus}]^d}{[c(A)/c^{\ominus}]^a \cdot [p(B)/p^{\ominus}]^b} \quad (1-18)$$

式中:$p^{\ominus}$ 为标准压强;p 为分压(混合气体中某组分气体的分压就是该组分气体产生的压强,其值等于该组分气体单独存在且与混合气体具有相同体积和温度时所产生的压强);$p/p^{\ominus}$ 为相对分压;$c^{\ominus}$ 为标准浓度;$c/c^{\ominus}$ 为相对浓度。如果用 J 表示反应商(没有量纲),式(1-18)也可分别表示为

$$\Delta_r G_m(T) = \Delta_r G_m^{\ominus}(T) + 2.303RT\lg J \quad (1-19)$$

其中

$$J = \frac{[c(Y)/c^{\ominus}]^c \cdot [p(Z)/p^{\ominus}]^d}{[c(A)/c^{\ominus}]^a \cdot [p(B)/p^{\ominus}]^b}$$

气体用分压表示,溶液用浓度表示,纯固体或纯液体的分压或浓度看做1,或者不出现在表达式中。当各组分压强和浓度均处于标准状态时,$J = 1$,$\Delta_r G_m(T) = \Delta_r G_m^{\ominus}(T)$。此时的吉布斯函数变就是标准摩尔吉布斯函数变。

一般情况下,系统中各组分的压强(指气体)或浓度(指液态、固态溶液)是任意的。例如,工程上经常使用的金属材料,它们是否能和大气中的氧气直接反应,可以用热力学数据和本节学到的方法进行判断或估算。

1.2.4 化学反应的限度与化学平衡

实际进行的化学反应很多都可视为是在等温、等压条件下完成的,即使实际

过程不是在等温、等压条件下进行的,从热力学研究结果也可以知道,系统的能量,如热力学能 U、焓 H、吉布斯函数 G 等都是状态函数。这就是说,只要系统的始态和终态确定,其能量状态也就确定了。吉布斯函数变 ΔG 从能量的角度指出了一个反应能否自发进行和自发进行的限度。一个化学反应 $a\text{A}+b\text{B}=c\text{Y}+d\text{Z}$ 进行到极限时,其 $\Delta G=0$,尽管从微观上看其正、逆反应绝不会停止,但在一定条件下,正、逆反应速率相等,此时,系统所处的状态称为化学平衡状态,化学平衡的实质是动态平衡。

1. 平衡常数

1) 实验(经验)平衡常数

当可逆反应 $a\text{A} + b\text{B} = c\text{Y} + d\text{Z}$ 达到平衡时,各种物质的分压或浓度均不再发生变化,此时,生成物分压幂的乘积与反应物分压幂的乘积的比值或生成物浓度幂的乘积与反应物浓度幂的乘积的比值就变成了两个常数,分别称为压力平衡常数 K_p 和浓度平衡常数 K_c。K_p 和 K_c 均是由实验测得的分压或浓度等数据得到的,所以称为实验平衡常数,也称为经验平衡常数,即

$$K_p = \prod [p(\text{B})]^{\nu_\text{B}} = \frac{[p(\text{Y})]^c \cdot [p(\text{Z})]^d}{[p(\text{A})]^a \cdot [p(\text{B})]^b} \quad (1-20)$$

$$K_c = \prod [c(\text{B})]^{\nu_\text{B}} = \frac{[c(\text{Y})]^c \cdot [c(\text{Z})]^d}{[c(\text{A})]^a \cdot [c(\text{B})]^b} \quad (1-21)$$

在书写实验(或经验)平衡常数表达式时,纯固体或纯液体的分压或浓度看作1,或者不出现在表达式中。例如,反应 $\text{CaCO}_3(\text{s}) \rightleftharpoons \text{CaO}(\text{s}) + \text{CO}_2(\text{g})$ 的 $K_p = p(\text{CO}_2)$,其 $K_c = c(\text{CO}_2)$。

2) 标准平衡常数

当可逆反应 $a\text{A}(\text{aq})+b\text{B}(\text{g}) \rightleftharpoons c\text{Y}(\text{aq})+d\text{Z}(\text{g})$ 达到平衡时,其 $\Delta G=0$,各种物质的分压或浓度均不再发生变化,J 也就变成常数 $K^\ominus$,这个常数称为标准平衡常数,即

$$K^\ominus = \frac{[c(\text{Y})/c^\ominus]^c \cdot [p(\text{Z})/p^\ominus]^d}{[c(\text{A})/c^\ominus]^a \cdot [p(\text{B})/p^\ominus]^b} \quad (1-22)$$

在书写标准平衡常数表达式时,气体用分压表示,溶液用浓度表示,纯固体或纯液体的分压或浓度看作1,或者不出现在表达式中。

例如,反应

$$\text{CaCO}_3(\text{s}) \rightleftharpoons \text{CaO}(\text{s}) + \text{CO}_2(\text{g})$$

$$K^\ominus = p(\text{CO}_2)/p^\ominus$$

如前所述,当反应 $a\text{A}(\text{aq})+b\text{B}(\text{g}) \rightleftharpoons c\text{Y}(\text{aq})+d\text{Z}(\text{g})$ 达到平衡时,有

$$\Delta_\text{r} G_\text{m}(T) = \Delta_\text{r} G_\text{m}^\ominus(T) + 2.303RT\lg K^\ominus = 0$$

$$\Delta_r G_m^\ominus(T) = -2.303RT\lg K^\ominus \quad (1-23)$$

$$\lg K^\ominus = \frac{-\Delta_r G_m^\ominus(T)}{2.303RT} \quad (1-24)$$

【例 1-7】 计算下列反应在 25℃时的 $K^\ominus$ 值：

$$2CO(g) + 2NO(g) \rightleftharpoons N_2(g) + 2CO_2(g)$$

解： $2CO(g) + 2NO(g) \rightleftharpoons N_2(g) + 2CO_2(g)$

$\Delta_f G_m^\ominus$, kJ·mol^{-1} −137.17   86.57   0   −394.36

$$\Delta_r G_m^\ominus = \sum \nu_B \Delta_f G_m^\ominus(B, T)$$
$$= [1 \times 0 + 2 \times (-394.36)] - [2 \times (-137.17) + 2 \times 86.57]$$
$$= -687.52(\text{kJ·mol}^{-1})$$

$$\lg K^\ominus = \frac{-\Delta_r G_m^\ominus(T)}{2.303RT} = \frac{-(-687.52) \times 10^3}{2.303 \times 8.314 \times 298.15} = 120.43$$

$$K^\ominus = 2.69 \times 10^{120}$$

在实际应用中，往往是利用标准平衡常数计算一些无法用实验测定的结果或考证实验结果的精确度。

这里需要注意的是 $K^\ominus$ 与 J 的区别，$K^\ominus$ 中各项为平衡时的相对分压（或相对浓度），而 J 中各项为任意状态下的相对分压（或相对浓度），故 $K^\ominus$ 与 J 皆为无量纲的数值。

另外，无论书写实验平衡常数表达式还是书写标准平衡常数表达式，都要注意以下几点：

（1）在平衡常数表达式中不包括纯固体、纯液体的分压（相对分压）或浓度（相对浓度）。

（2）不论反应的具体途径如何，都可根据总的化学方程式写出平衡常数的表达式。

（3）平衡常数与 T 有关，而与压强和组成无关。

（4）平衡常数的表达式与化学反应方程式的写法有关。

（5）遵循多重平衡原理。

某些反应系统中，经常有一种或几种物质同时参与几个不同的化学反应，这些物质可以是反应物，也可以是生成物。在一定条件下，这种反应系统中的某一种（或几种）物质同时参与两个或两个以上的化学反应，且当这些反应都达到化学平衡时，就称为同时平衡或多重平衡。这种系统就称为多重平衡系统。若多重平衡系统中的某个反应可以由几个反应相加或相减得到，则该反应的平衡常数就等于这几个反应的平衡常数之积或商，这种关系称为多重平衡原理。

假设一个系统中有 3 个平衡同时存在,在同一温度下的标准平衡常数分别为 $K_1^\ominus$、$K_2^\ominus$ 和 $K_3^\ominus$,3 个反应的标准吉布斯函数变分别为 $\Delta_r G_{m,1}^\ominus$、$\Delta_r G_{m,2}^\ominus$ 和 $\Delta_r G_{m,3}^\ominus$,若反应(3)=反应(1)+反应(2),则有

$$\Delta_r G_{m,3}^\ominus = \Delta_r G_{m,1}^\ominus + \Delta_r G_{m,2}^\ominus$$

根据式(1-23),可得

$$-2.303RT\lg K_3^\ominus = -2.303RT\lg K_1^\ominus + (-2.303RT\lg K_2^\ominus)$$

$$\lg K_3^\ominus = \lg K_1^\ominus + \lg K_2^\ominus$$

$$K_3^\ominus = K_1^\ominus \cdot K_2^\ominus \tag{1-25}$$

2. 平衡常数和温度的关系

将式(1-16) $[\Delta_r G_m^\ominus(T) \approx \Delta_r H_m^\ominus(298.15\ \text{K}) - T \times \Delta_r S_m^\ominus(298.15\ \text{K})]$ 代入式(1-23)中得

$$\lg K^\ominus \approx \frac{-\Delta_r H_m^\ominus(298.15\ \text{K}) + T\Delta_r S_m^\ominus(298.15\ \text{K})}{2.303RT}$$

$$\lg K^\ominus \approx \frac{-\Delta_r H_m^\ominus(298.15\ \text{K})}{2.303RT} + \frac{\Delta_r S_m^\ominus(298.15\ \text{K})}{2.303R} \tag{1-26}$$

由式(1-26)可以看出,平衡常数与温度的关系主要由等式右边的第一项决定。

对于一个确定的化学反应,可以是放热的,也可以是吸热的。对 $\Delta_r H_m^\ominus(T) > 0$ 的吸热反应,$-\Delta_r H_m^\ominus(T)/2.303RT$ 为负值,温度 T 升高,其值变大,$K^\ominus$ 值增大;反之,温度 T 降低,其值变小,$K^\ominus$ 值也降低。

设当温度为 T_1 时,平衡常数为 $K_1^\ominus$,当温度为 T_2 时,平衡常数为 $K_2^\ominus$,则有

$$\lg K_1^\ominus \approx \frac{-\Delta_r H_m^\ominus(298.15\ \text{K})}{2.303RT_1} + \frac{\Delta_r S_m^\ominus(298.15\text{K})}{2.303R} \tag{a}$$

$$\lg K_2^\ominus \approx \frac{-\Delta_r H_m^\ominus(298.15\ \text{K})}{2.303RT_2} + \frac{\Delta_r S_m^\ominus(298.15\ \text{K})}{2.303R} \tag{b}$$

式(b)-式(a)得

$$\lg K_2^\ominus - \lg K_1^\ominus \approx \frac{-\Delta_r H_m^\ominus(298.15\ \text{K})}{2.303RT_2} + \frac{\Delta_r H_m^\ominus(298.15\ \text{K})}{2.303RT_1}$$

化简得

$$\lg \frac{K_2^\ominus}{K_1^\ominus} \approx \frac{\Delta_r H_m^\ominus(298.15\ \text{K})}{2.303R} \cdot \frac{T_2 - T_1}{T_2 \cdot T_1} \tag{1-27}$$

至此,$\Delta_r H_m^\ominus(298.15)$、$K_1^\ominus$、$K_2^\ominus$、$T_2$ 和 T_1 这 5 个量可以进行相互求算。

【例 1-8】 反应 $BaSO_4(s) \rightleftharpoons BaO(s) + SO_3(g)$ 在 600K 时的 $K^\ominus = 1.60 \times$

10^{-8},反应的标准摩尔焓变 $\Delta_r H_m^\ominus = 175 \text{kJ} \cdot \text{mol}^{-1}$,求反应在 400K 时的 $K^\ominus$。

解:将相关数据代入式(1-27)得

$$\lg \frac{1.60 \times 10^{-8}}{K_1^\ominus} \approx \frac{175 \times 10^3}{2.303 \times 8.314} \cdot \frac{600 - 400}{600 \times 400}$$

$$K_1^\ominus = 3.87 \times 10^{-16}$$

所以,反应在 400K 时的 $K^\ominus = 3.87 \times 10^{-16}$。

3. 影响化学平衡移动的因素

当外界条件改变时,反应由一个平衡状态向另一个平衡状态转化的过程称为化学平衡的移动。

将式(1-23)代入范特霍夫等温方程式(式(1-19))得

$$\Delta_r G_m(T) = -2.303RT\lg K^\ominus + 2.303RT\lg J$$

$$\Delta_r G_m(T) = 2.303RT\lg \frac{J}{K^\ominus} \tag{1-28}$$

增加反应物浓度或减小生成物浓度,均会导致 J 减小,而温度不变,$K^\ominus$ 不变,因此,$J < K^\ominus$。根据式(1-28)可知,$\Delta_r G_m(T) < 0$,反应向正反应方向自发进行,也就是说,平衡向正反应方向移动,反之亦然。

对只有液体或固体参加的反应,改变压力(强)对化学平衡移动的影响很小。对于有气体参加的反应,增加压强,平衡则向气体分子数减少的方向移动,反之亦然。

例如,对于反应

$$N_2(g) + 3H_2(g) \rightleftharpoons 2NH_3(g)$$

压力(强)变为原来的 2 倍时(温度没变,所以 $K^\ominus$ 不变,平衡时 $J_1 = K^\ominus$),有

$$J_2 = \frac{\left(\frac{2p(NH_3)}{p^\ominus}\right)^2}{\left(\frac{2p(N_2)}{p^\ominus}\right) \times \left(\frac{2p(H_2)}{p^\ominus}\right)^3} = \frac{4}{16} \times \frac{\left(\frac{p(NH_3)}{p^\ominus}\right)^2}{\left(\frac{p(N_2)}{p^\ominus}\right) \times \left(\frac{p(H_2)}{p^\ominus}\right)^3} = \frac{1}{4}J_1 = \frac{1}{4}K^\ominus$$

$$\Delta_r G_{m,2} = 2.303RT \lg \frac{J_2}{K^\ominus} = 2.303RT \lg \frac{\frac{1}{4}K^\ominus}{K^\ominus} < 0$$

反应向正反应方向(气体分子数减少的方向)自发进行,也就是说,增加压强,平衡向气体分子数减少的方向移动,反之亦然。当然,如果是不参加反应的气体引起压强的增加,也不会影响化学平衡的移动。

温度对化学平衡的影响与前面讲到的浓度及压力的影响不同,前者是 $K^\ominus$ 不变,J 改变;后者则是 J 不变,而 $K^\ominus$ 发生变化。

由式(1-26)可知,对于吸热反应,$\Delta_r H_m^\ominus > 0$,温度 T 升高时,$\lg K^\ominus$ 增大,$K^\ominus$ 增大,即

$$\Delta_r G_m = 2.303RT \lg \frac{J}{K^\ominus} < 0$$

反应向正反应方向(吸热反应方向)自发进行,也就是说,升高温度,平衡向吸热反应方向移动,反之亦然。

关于化学平衡移动的规律,法国化学家勒·夏特列等人经过长期研究,总结出一个重要的化学规律:当系统达到平衡后,倘若改变平衡系统的条件之一(如温度、压强或浓度等),则平衡便要向消弱这种改变的方向移动。这就是勒·夏特列原理。

1.3　化学反应的速率

1.3.1　化学反应速率及其表示方法

根据热力学的计算结果,工程上的很多物质,如煤、石油、天然气、金属材料、高分子材料,甚至陶瓷材料,常温下它们与 O_2 等气体作用的 ΔG 值多数为负,而且其绝对值很大(当然其平衡常数 $K^\ominus$ 值也很大),因此,把它们暴露在空气中理应发生反应,而且反应生成物的量也应很多,但实际上我们往往很少觉察到。再如,从汽车尾气或工厂烟囱中排出的 NO 和 CO,它们互相反应时的 $\Delta_r G_m^\ominus = -687.56 \text{kJ}\cdot\text{mol}^{-1}$,$K^\ominus = 2.75 \times 10^{120}$,但该反应在常温下几乎"不发生"。原因如何?这就需要化学动力学的理论回答这个问题。

衡量化学反应快慢程度的物理量称为化学反应速率,通常用单位时间内反应物浓度(或分压力)的减少或生成物浓度的增加表示,单位为 $\text{mol}\cdot\text{dm}^{-3}\cdot\text{s}^{-1}$ 或 $\text{mol}\cdot\text{dm}^{-3}\cdot\text{min}^{-1}$ 等。

对于反应

$$aA + bB = cY + dZ$$

定义平均速率为

$$\bar{r} = \frac{1}{\nu_B} \cdot \frac{\Delta c_B}{\Delta t}$$

瞬时速率为

$$r = \lim_{\Delta t \to 0} \frac{1}{\nu_B} \cdot \frac{\Delta c_B}{\Delta t} = \frac{1}{\nu_B} \cdot \frac{dc_B}{dt} \tag{1-29}$$

瞬时速率也称为真实速率,式中 c_B 表示反应系统中的物质 B 的物质的量浓

度，ν_B 为物质 B 的化学计量数。这种基于浓度的反应速率，对于任何一个反应，无论选择反应系统中的任何物质表达反应速率，其反应速率 r 都是相同的。

如前所述，利用化学反应的反应进度随时间的变化率也可以表示反应进行的快慢，但在实际应用中，许多反应是在一定体积的容器中进行的，特别是涉及到溶液间的反应，所以也可以用单位体积内反应进度随时间的变化率（即浓度随时间的变化率）表示反应的速率。其表示式为

$$r = \frac{\dot{\xi}}{V} = \frac{d\xi/dt}{V} = \frac{d\xi}{V \cdot dt} = \frac{dn_B/\nu_B}{V \cdot dt} = \frac{d\frac{n_B}{V}}{\nu_B \cdot dt} = \frac{1}{\nu_B} \cdot \frac{dc_i}{dt}$$

因此，无论从平均速率求极限还是从反应进度随时间的变化率，都可以推导出相同的瞬时速率的表达式。

1.3.2 反应速率理论

1. 碰撞理论

化学反应发生的必要条件是反应物分子（或原子、离子）之间的相互碰撞。反应物分子之间通过发生碰撞使旧的化学键断裂，新的化学键生成，从而由反应物转变为生成物，即发生化学反应。但是，在反应物分子的无数次碰撞中，只有极少的一部分碰撞能够引起反应，而绝大多数的碰撞是"无效的"。为了解释这种现象，人们提出了"有效碰撞"的概念：在化学反应中，大多数反应物分子的碰撞并不发生反应，只有极少数分子间的碰撞才能发生反应，这种能发生反应的碰撞称为有效碰撞，不能发生反应的碰撞称为无效碰撞。显然，有效碰撞次数越多，反应速率越快。能发生有效碰撞的分子和普通分子的主要区别是它们所具有的能量不同。只有那些能量足够高的分子间才有可能发生有效碰撞，从而发生化学反应，这种分子称为活化分子。能量较低、不能产生有效碰撞并进而引起化学反应的分子称为非活化分子。活化分子具有的最低能量与反应系统中分子的平均能量之差称为反应的活化能，记为 E_a。

活化能的大小与反应速率关系很大。在一定温度下，反应的活化能越大，则活化分子的百分数（在反应物分子总数中所占的百分比）就越小，有效碰撞的次数就越少，反应速率就越慢；反之，反应的活化能越小，则活化分子的百分数就越大，反应速率就越快。

活化能可以理解为反应物分子在反应进行时所必须克服的一个"能垒"（能量高度）。因为分子之间必须互相靠近才可能发生碰撞，当分子靠得很近时，分子的价电子云之间存在着强烈的静电排斥力。因此，只有能量足够高的分子，才能在碰撞时以足够高的动能去克服其价电子间的排斥力，导致原有化学键的断

裂和新化学键的形成,变成生成物分子,从而发生化学反应。

2. 过渡态理论

进一步的研究认为,化学反应不是只通过反应物分子之间的简单碰撞就能完成的。在反应过程中,要经过一个中间的过渡状态,即反应物分子先形成活化配合物。这就是过渡状态理论,也称为活化配合物理论。例如,在 CO 与 NO_2 的反应中,当具有较高能量的 CO 与 NO_2 分子以适当的取向相互靠近到一定程度后,价电子云便可互相穿透而形成一种活化配合物。在活化配合物中,原有的 N—O 键部分地破裂,新的 C—O 键部分地形成,如图 1-9 所示。

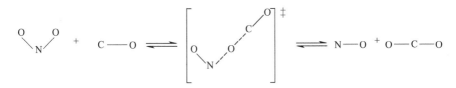

图 1-9　活化配合物(过渡状态)示意图

在这种情况下,反应物分子的动能暂时转化为势能。生成的活化配合物是极不稳定的,存在的时间只有皮秒(10^{-12} s)量级,一经形成就会分解,它既可以分解为生成物 NO 和 CO_2,也可以分解为反应物 CO 和 NO_2。所以说,活化配合物是一种处于过渡状态的物质。

在系统 $NO_2+CO\rightarrow NO+CO_2$ 的全部反应过程中,势能的变化如图 1-10 所示。A 点表示 NO_2+CO 系统的平均势能,在这个条件下,NO_2 和 CO 分子相互间并未发生反应。在势能高达 B 点时,就形成了活化配合物。C 点是生成物 $NO+CO_2$ 系统的平均势能。在过渡状态理论中,活化配合物所具有的最低势能和反应物

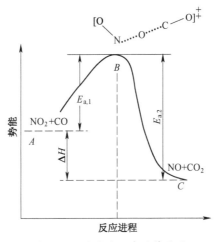

图 1-10　反应过程中的势能图

分子的平均势能之差称为活化能。由图 1-10 可见，$E_{a,1}$ 是上述正反应的活化能，$E_{a,2}$ 是逆反应的活化能。$E_{a,1}$ 与 $E_{a,2}$ 之差就是化学反应的热效应 ΔH。对此反应来说，$E_{a,1} < E_{a,2}$，所以正反应是放热的，逆反应是吸热的。

1.3.3 影响反应速率的因素

化学反应速率首先与反应物本身的性质有关。例如，将铁和钛分别放在温度相同的两只盛有相同海水的烧杯中，当铁的表面有了明显的锈蚀时，钛的表面仍看不出什么变化。其次，当反应物确定后，反应速率还与反应物浓度、反应温度及催化剂等因素有关。

1. 浓度对反应速率的影响

1) 基元反应与质量作用定律

化学反应进行时，反应物分子（或原子、离子、自由基等）在碰撞过程中，只经过一步就能直接转化为生成物分子的反应称为基元反应（也称元反应或简单反应）。一般的化学反应都是要经过若干个基元反应步骤才能完成的，也就是说，一般的化学反应是由若干个基元反应组成的，这样的反应称为非基元反应（也称复杂反应）。组成非基元反应的一系列基元反应的步骤称为反应历程（或反应机理）。反应机理的确定必须经过实验判断和检验。

大量实验证明，在给定温度条件下，对于基元反应来讲，反应速率与各反应物浓度的幂的乘积成正比，其中各浓度的幂次为反应方程式中相应组分的化学计量系数。这就是质量作用定律，其相应的数学表达式称为反应速率方程式。

对于基元反应 $aA + bB = cY + dZ$，其反应速率方程式为

$$r = k c_A^a c_B^b$$

式中：k 为反应速率常数；a 和 b 分别为反应物 A 和反应物 B 的分级数；$a+b$ 为总反应级数。

纯固体和纯液体的浓度看做 1，因此，反应速率方程式中不包含固态或液态纯物质的浓度。例如，基元反应 $C(s) + O_2(g) = CO_2(g)$ 的反应速率方程式为 $r = k c_{O_2}$，该反应为一级反应。

对于非基元反应，其反应速率方程式可以通过实验确定，也可以近似使用组成这个非基元反应的所有基元反应中最慢的那个基元反应的反应速率方程式代替。

例如，非基元反应 $2NO + 2H_2 \rightarrow N_2 + 2H_2O$ 由以下两个基元反应组成：

第一步：$2NO + H_2 \rightarrow N_2 + H_2O_2$

第二步：$H_2O_2 + H_2 \rightarrow 2H_2O$

由实验可知，第一步的反应很慢，第二步反应则很快，因此，这个非基元反应

的速率主要是由第一步反应决定的。所以,这个非基元反应的速率方程式可以近似地使用第一个基元反应的速率方程式 $r = kc_{NO}^2 c_{H_2}$ 代替。

2) 一级反应和其他级数的反应

(1) 一级反应。一级反应较为常见,也比较简单,如放射性同位素的衰变、一些热分解反应以及分子重排反应等都属于一级反应。例如,$N_2O_4 \rightarrow 2NO_2$ $r = kc_{N_2O_4}$,令 $c_{N_2O_4} = c$,又因为

$$r = -\frac{dc}{dt}$$

所以

$$-\frac{dc}{dt} = kc \quad \frac{dc}{c} = -kdt \quad \int_{c_0}^{c} \frac{dc}{c} = -k\int_0^t dt$$

对上式进行积分得

$$\ln c = \ln c_0 - kt$$

也可表示为

$$c = c_0 e^{-kt}$$

因此,一级反应具有如下特征。

① $\ln c$ 对 t 作图,图形是一直线。

② 当 $c = \dfrac{c_0}{2}$ 时,其半衰期(反应物消耗一半所需要的时间) $t_{\frac{1}{2}} = \dfrac{\ln 2}{k}$。

③ 反应物的浓度按指数规律衰减。

(2) 其他级数的反应。凡是反应速率与浓度无关(即与浓度的零次方成正比)的反应均属零级反应。高压下一些气体在金属催化剂上的分解反应就是典型的零级反应。例如,氧化亚氮在细颗粒金表面的热分解反应

$$N_2O(g) \xrightarrow{Au} N_2(g) + \frac{1}{2}O_2(g)$$

其反应速率方程为

$$r = kc_{N_2O}^0 = k$$

由反应速率方程可见,零级反应(如 N_2O 的分解反应)以匀速进行,与反应物的浓度无关。

基元反应 $NO_2(g) + CO(g) = NO(g) + CO_2(g)$ 的反应速率方程为 $r = kc_{NO_2}c_{CO}$,所以,该反应是一个二级反应。

二级反应是最常见的反应,气体双分子反应、酯化反应、烯烃加成反应以及硝基苯的硝化反应等都是二级反应。

二级反应的特征如下:

① $\frac{1}{c}$ 对 t 作图,图形为一直线。

② 半衰期 $t_{\frac{1}{2}} = \frac{1}{kc_0}$。

三级反应比较少见,其中 NO 被 O_2 氧化的反应比较重要:
$$2NO(g) + O_2(g) = 2NO_2(g)$$
该反应的速率方程为
$$r = kc_{NO}^2 c_{O_2}$$

对于非基元反应,反应级数就比较复杂了。反应级数既可以是正整数,也可以是零、分数,甚至是负数。例如:
$$H_2(g) + Cl_2(g) = 2HCl(g)$$
该反应的速率方程为
$$r = kc_{H_2} c_{Cl_2}^{\frac{1}{2}}$$

该反应为 $\frac{3}{2}$ 级反应。某些金属在空气中会被氧化(生锈)生成氧化膜,而且膜越厚,膜的生长速率越慢,这样的反应为负一级反应,即"生锈越严重的金属越不容易再生锈"。有的反应甚至无法说出其反应级数,这正说明化学反应机理的复杂性。

2. 温度对反应速率的影响

温度是影响化学反应速率的重要因素,温度对反应速率的影响是通过反应速率常数体现的。一般来说,无论是吸热反应还是放热反应,温度升高则反应速率都加快。范特霍夫通过实验得出了一条经验性的规律:对一般反应,常温下温度每升高 10K,反应速率常数增为原来的 2~4 倍,即 $k_{T+10K}/k_T = 2 \sim 4$。

1889 年,瑞典化学家阿仑尼乌斯(Arrhenius)从大量实验中总结出化学反应速率随温度变化的公式。目前,一般通用的阿仑尼乌斯(Arrhenius)公式的表达式有两种形式。

(1) 指数形式为
$$k = Ae^{-\frac{E_a}{RT}} \tag{1-30}$$

式中:A 为指前因子(常数);E_a 为活化能;R 为气体摩尔常数;T 为热力学温度。

(2) 对数形式为
$$\ln k = -\frac{E_a}{RT} + \ln A \tag{1-31}$$

设当温度为 T_1 时,反应速率常数为 k_1,当温度为 T_2 时,平衡常数为 k_2,

则有

$$\ln k_1 = -\frac{E_a}{RT_1} + \ln A \qquad (a)$$

$$\ln k_2 = -\frac{E_a}{RT_2} + \ln A \qquad (b)$$

式(b)-式(a)得

$$\ln k_2 - \ln k_1 = \frac{E_a}{R}\left(-\frac{1}{T_2} + \frac{1}{T_1}\right)$$

化简得

$$\ln \frac{k_2}{k_1} = \frac{E_a}{R} \cdot \frac{T_2 - T_1}{T_2 \cdot T_1} \qquad (1-32)$$

式(1-32)也可以写为

$$\lg \frac{k_2}{k_1} = \frac{E_a}{2.303R} \cdot \frac{T_2 - T_1}{T_2 \cdot T_1} \qquad (1-33)$$

由式(1-32)和式(1-33)可知,对同一反应而言,其速率常数 k 会随着温度的升高或活化能的降低而增大。

【例1-9】 在28℃时,鲜牛奶约4h变酸(即牛奶变质),但在5℃的冰箱里,鲜牛奶可保持48h才变酸。设牛奶变酸反应的反应速率与变酸时间成反比,试估算牛奶变酸反应的活化能和温度由18℃升至28℃牛奶变酸反应速率变化的倍数。

解:(1)按照题意,$T_1 = 278K$,$T_2 = 301K$,而 $\frac{r_2}{r_1} = \frac{k_2}{k_1} = \frac{t_1}{t_2} = \frac{48}{4}$,又因为

$$\lg \frac{k_2}{k_1} = \frac{E_a}{2.303R} \cdot \frac{T_2 - T_1}{T_2 \cdot T_1}$$

所以

$$\lg \frac{48}{4} = \frac{E_a}{2.303R} \cdot \frac{301 - 278}{301 \times 278}$$

求得

$$E_a \approx 75.18(kJ)$$

(2) 反应速率变化倍数为

$$\lg \frac{r_2}{r_1} = \frac{75.18 \times 10^3}{2.303 \times 8.314} \cdot \frac{301 - 291}{301 \times 291} = 0.448$$

$$\frac{r_2}{r_1} = 10^{0.448} = 2.81$$

所以牛奶变酸反应的活化能约为 75.18kJ（活化能较小，所以牛奶比较容易变酸），且 28℃时变酸反应速率是 18℃时的 2.8 倍，其结果与范特霍夫经验规律一致。

3. 催化剂对反应速率的影响

催化剂（又称触媒）是能显著改变反应速率，而本身的组成、质量和化学性质在反应前后保持不变的物质。凡能加快反应速率的催化剂称为正催化剂，能减慢反应速率的催化剂称为负催化剂。通常所说的催化剂一般指的是正催化剂。催化剂的主要特征如下。

（1）降低反应的活化能（图 1-11）。

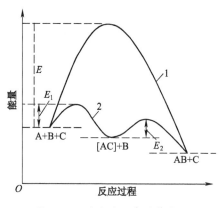

图 1-11　反应过程中的势能图
1—无催化剂；2—有催化剂。

（2）只能缩短平衡到达的时间，而不能改变平衡状态（原因请读者自己思考）。即催化剂能同时加快正、逆反应速率，但只能用于热力学认为有可能进行的反应，却不能实现热力学认为不能自发进行的反应。

（3）有特殊的选择性。某一种催化剂往往只能对某一反应有催化作用。例如，以水煤气（$CO+H_2$）为原料，使用不同催化剂（配以不同的反应条件）可以得到不同产物：甲醇、甲烷、合成汽油（烷烃和烯烃混合物）或固体石蜡等。

（4）少量杂质常能强烈地影响催化活性。能增强催化剂活性的物质称为助催化剂，如在合成氨时，可在铁催化剂中加少量 K、Ca 和 Al 等金属的氧化物作为助催化剂。能使催化剂的活性和选择性降低或消失的物质称为催化毒物，如 S、N、P 的化合物（如 CS_2、HCN、PH_3 等）以及某些重金属（如 Hg、Pb 等）。

酶是动植物和微生物产生的具有高效催化能力的蛋白质。生物体内的化学反应，几乎都是在酶的催化作用下进行的。酶的主要成分是蛋白质，其分子量为 $10^4 \sim 10^6$，酶催化比一般催化反应更具特色。

① 用量少而催化效率高。酶与一般催化剂一样,虽然在细胞中相对含量很低,却能使一个慢速反应变成快速反应。

② 具有高度的选择性。例如,尿素酶只能催化尿素(NH_2)$_2$CO 水解为 NH_3 和 CO_2(在溶液中只含有千万分之一的尿素酶),但不能催化尿素的取代物水解。每种酶能催化一种反应,这就是酶作用的专一性,即所谓"一把钥匙开一把锁"。已知的酶有水解酶、异构化酶、胃酶、氧化还原酶等 2000 多种。

③ 所需要的反应条件温和。例如,某些植物内部的固氮酶在常温常压下,能固定空气中的氮并将其转化为氨,而以铁为催化剂的工业合成氨则需要高温高压。

但值得注意的是:酶易失活。一般的催化剂在一定条件下会因中毒而失去催化能力,而酶却较其他催化剂更加脆弱,更易失去活性。

由于酶催化具有许多优点,使化学模拟生物酶成为催化研究的活跃领域。例如,固氮和光合作用的模拟都有十分重要的意义。

1.4 阅读材料——燃烧反应与爆炸反应

从反应速率的角度看,燃烧是一种高速的化学反应,爆炸是一种超高速的化学反应。但从反应特征上看,它们均属于同一类化学反应——链反应。

链反应又称连锁反应,该类反应的活性中间体(自由原子或自由基)由于外因(热、光和辐射等)而诱发,并主要靠自由基反应而不断再生,使反应像链条一样自动发展下去。许多化学反应都属于链反应,如固体推进剂、液体推进剂以及汽油、柴油及液化气的燃烧反应,炸药的爆炸反应,塑料、橡胶等高聚物的老化反应,军用油料及固体推进剂在储存期内的变质反应等。因此,我们需要研究链反应的特征以及影响链反应的因素。

1.4.1 链反应

任何链反应都包括 3 个阶段:链的引发(在热、光等因素作用下产生自由基)、链的传递或持续(自由原子或自由基的再生)和链的终止(自由基的消亡)。下面以氢在氧气中燃烧生成水的反应为例进行说明。

1. 链的引发

链的引发为

$$H_2 + O_2 \xrightarrow{\text{火花}} H\cdot + HO_2$$

含有未成对电子的原子及原子团(如 H· 和 HO· 等)称为自由基。自由基由于含有未成对电子,性质非常活泼,它们很易引起反应。

2. 链的传递或增长

链的传递或增长为

$$H\cdot + O_2 \longrightarrow \cdot OH + \cdot O\cdot \text{(产生两个自由基)}$$
$$\cdot OH + H_2 \longrightarrow H_2O + H\cdot \text{(产生一个自由基)}$$
$$\cdot O\cdot + H_2 \longrightarrow \cdot OH + H\cdot \text{(产生两个自由基)}$$

根据链传递方式的不同,可将链反应分为直链反应和支链反应。

在直链反应中,链传递的每一步基元反应消失的和产生的自由基数目相等,即在链传递过程中没有自由基的积累,各步反应连接起来形如直线,故称为直链反应。

产生两个或两个以上自由基的反应称为支链反应。在支链反应,每步基元反应产生的自由基比消失的要多,链传递形如枝杈发射状(图1-12),如上述 H·和 O_2 的反应即为支链反应。这类反应的反应速率快速增大,很快形成燃烧或爆炸。

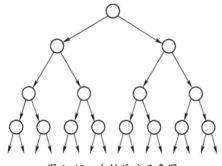

图1-12 支链反应示意图

3. 链的终止

链的终止为

$$\cdot O\cdot + H_2 \longrightarrow H_2O$$
$$\cdot OH + \cdot OH \longrightarrow H_2O_2$$
$$H\cdot + \cdot OH \longrightarrow H_2O$$
$$\cdot H \longrightarrow 容器壁$$
$$\cdot OH \longrightarrow 容器壁$$
$$\cdot O\cdot \longrightarrow 容器壁$$

以上链终止的反应就是销毁自由基的反应。一般来说,压强比较高时,自由基主要在气相中销毁;压强比较低时,主要在器壁上销毁。由于自由基的浓度与反应物的浓度相比小得多,因此,在正常条件下,链的终止反应的速率比链的传递和增长反应的速率小得多,可忽略不计。链的传递反应一旦开始,便会进行到反应物耗尽为止。

1.4.2 链反应的特征

1. 杂质对链反应的影响大

氢与氧的反应对杂质非常敏感。常温常压下加入千万分之一的 NO_2 就能加快氢氧反应速率。原因是 NO_2 上的 N 有一个未成对电子,能与氢气反应,产生含有未成对电子的 H 原子(H·自由基):

$$NO_2 + H_2 \longrightarrow H\cdot + HNO_2$$

这一反应的速率比 1.4.1 小节中链的引发反应快得多,因此,加入 NO_2 后,系统中 H· 的浓度增加了,促进了氢氧反应。

相反,加入极少量的 I_2(约十几万分之一),就能强烈抑制氢氧反应。原因如下:

$$I_2 + \cdot H \longrightarrow HI + I\cdot$$
$$I\cdot + \cdot I \longrightarrow I_2$$

碘与氢反应,使自由基浓度减小,从而减少了反应的活性中心。

2. 反应器对链反应的影响显著

链反应对反应器的形状、大小及器壁的性质十分敏感,特别是在低压情况下更是如此。这是因为当气压低时,使自由基主要在器壁中销毁。一般来说,半径小或器壁对自由基吸附能力强的反应器降低氢氧反应速率的作用更显著。

3. 发生链反应的可燃气体或液体存在燃烧爆炸界限

可燃性气体或液体在空气中的爆炸界限(用体积百分数表示)如表 1-2 所列。

表 1-2 可燃性气体或液体在空气中的爆炸界限

物质	在空气中的爆炸界限/%		物质	在空气中的爆炸界限/%	
	下限	上限		下限	上限
H_2	4.0	75.0	PH_3	>1	
CH_4	5.0	15.0	石油醚	1	8
C_2H_6	3.0	12.5	乙醚	1.9	48
C_3H_8	2.2	9.5	CH_3OH	7.3	36
C_4H_{10}	1.9	8.5	乙醇	3.3	19
C_5H_{12}	1.4	8.0	丙醇	2.6	12.8
C_6H_{14}	1.1	7.5	松节油	0.8	

(续)

物质	在空气中的爆炸界限/%		物质	在空气中的爆炸界限/%	
	下限	上限		下限	上限
C_7H_{16}	1.0		CO	12.5	74
C_8H_{18}	1.0	4.66	乙酸乙酯	2.1	8.5
C_2H_2	2.5	81	CS_2	1.25	44
C_2H_4	3.1	32	NH_3	16	27
C_6H_6	1.4	8.0	C_2H_4O（环氧乙烷）	3	100
$C_6H_5CH_3$	1.2	7.1			

测定可燃性物质在空气中的爆炸浓度界限,对可燃性物质的生产、储存、运输和使用有着重要的意义。为了安全,储存可燃性物质时,一定要控制可燃性气体在空气中的浓度,储存燃料的仓库,一定要通风良好,不能使其达到爆炸浓度。

事物都是"一分为二的",可燃气的爆炸界限也可被利用。在军事上,利用爆炸界限制成了"燃料空气炸弹",其破坏力是普通炸弹(TNT)的3~5倍,介于常规武器与核武器之间,号称"小型核武器"。这种炸弹,在弹壳内装的不是火炸药,而是液体燃料。如环氧乙烷,沸点为10.7℃,闪点-18℃,爆炸界限很宽,空气中含有3%~100%的环氧乙烷都会引起爆炸。1982年8月6日,以色列在黎巴嫩首都投下了一枚30多千克的燃料空气炸弹,使一座8层楼全部炸毁,死伤300余人,据说一次燃料空气炸弹的爆炸可以在雷区打开300m×12m(长×宽)的通道。

另外,还可以调节某些链反应为我所用。例如,如果有意识地利用某些能与自由基作用的"调节剂"(如十二硫醇($C_{12}H_{25}SH$)、四氯化碳等),或将释放出的大量热能及时散出就可控制链反应;汽油中加入"抗震剂"四乙基铅$[Pb(C_2H_5)_4]$可减轻汽油燃烧时的"爆震"现象,但含铅化合物燃烧后容易污染大气,现已用甲基叔丁基醚(MTBE)代替,这样,使用无铅汽油的车辆不但耗油量减少,而且还能大大降低汽车尾气中Pb、NO_x和CO的含量,从而降低尾气对空气的污染。

1.4.3 热爆炸反应的基本特征

爆炸是物质的一种非常急剧的物理、化学变化。在此变化过程中,有限体积内发生物质能量形式的快速转变和物质体积的急剧膨胀,并伴随有强烈的机械、热、声、光及辐射等效应。

爆炸一般分为物理爆炸、核爆炸和化学爆炸。物理爆炸是指物理变化引起的爆炸。核爆炸是由于原子核的裂变或聚变引起的爆炸。化学爆炸是由化学变化引起的爆炸。

化学爆炸具有以下3个特点。

1. 反应的放热性

这是爆炸反应必须具备的第一个必要条件。例如,草酸盐的分解反应:

$ZnC_2O_4(s) \longrightarrow 2CO_2 + Zn \quad \Delta_r H_m^\ominus(298.15K) = 20.5(kJ \cdot mol^{-1})$

$HgC_2O_4(s) \longrightarrow 2CO_2(g) + Hg \quad \Delta_r H_m^\ominus(298.15K) = -72.4(kJ \cdot mol^{-1})$

前一个反应是吸热反应,不能引起爆炸,而后一个反应是放热反应,能够发生爆炸。又如,硝酸铵在不同条件下的分解反应:

$NH_4NO_3 \xrightarrow{\text{低温加热}} NH_3 + HNO_3 \quad \Delta_r H_m^\ominus(298.15K) = 170.7(kJ \cdot mol^{-1})$

$NH_4NO_3 \xrightarrow{\text{雷管引爆}} N_2 + 2H_2O(g) + \frac{1}{2}O_2 \quad \Delta_r H_m^\ominus(298.15K) = -126.4(kJ \cdot mol^{-1})$

前一种情况不发生爆炸,后一种情况才发生爆炸。总之,一个反应是否具有爆炸性,与该反应是否放热有很大关系。吸热反应是不能引起爆炸的。爆炸反应放出的热量称为爆热。爆热是火炸药的一个重要数据,其单位为 $kJ \cdot kg^{-1}$。一般火炸药的爆热在 $3800 \sim 7500 kJ \cdot kg^{-1}$ 范围内。

2. 反应的高速性

爆炸反应与一般反应最明显的区别是爆炸反应的反应速率极高。例如,煤块燃烧的燃烧热为 $8912kJ \cdot kg^{-1}$,而硝化甘油的爆热为 $6213kJ \cdot kg^{-1}$,TNT的爆热只有 $4226kJ \cdot kg^{-1}$。但前一个反应不爆炸,而后两个反应都产生爆炸。原因是前一个反应完成所需时间为几分钟到几十分钟,而后两个反应只需几微秒到几十微秒,即 $10^{-5} \sim 10^{-6}s$,时间相差几千万倍。

由于爆炸反应的速率极高,可以近似认为,爆炸反应放出的能量全部集中在火炸药爆炸前所占据的体积内,因此,炸药能量密度比燃料混合物的能量密度要高很多,如表1-3所列。

表1-3 某些炸药和燃料混合物的能量密度

炸药或燃料混合物	能量密度/($kJ \cdot L^{-1}$)
硝化甘油	9958
TNT	6803
碳与氧的混合物	17.2
苯蒸气与氧的混合物	18.5
氢与氧的混合物	7.1

3. 生成气体产物

炸药爆炸时之所以能对周围介质造成破坏,原因之一就是爆炸瞬间有大量气体产物生成。再加上反应的放热性和反应的高速性,爆炸瞬间产生的气压可高达几十万个大气压,爆炸温度可达 3000~5000K,因此,能产生强大的破坏力。

爆炸反应产生气体的多少,常用比容表示,比容是指 1kg 火炸药燃烧或爆炸后,生成的气态产物在常温、常压下所占的体积,单位为 $L \cdot kg^{-1}$。表 1-4 列出了某些火炸药爆炸产生的比容。

表 1-4 火炸药爆炸产生的比容

炸药	比容/($L \cdot kg^{-1}$)
硝化棉(含 N13.3%)	760
苦味酸	715
TNT	740
黑索今	908
特屈儿	760
硝化甘油	690

1.4.4 液体燃料的燃烧与变质

液体燃料(汽油、柴油等)在发动机内的燃烧也是链式反应。反应初期在光和氧气的作用下生成过氧化物 ROOH,过氧化物不稳定,易分解而产生自由基,从而引发链反应,加速烃分子的转化。

1. 链的引发

$$ROOH \longrightarrow RO \cdot + \cdot OH$$

2. 链的传递与增长

$$RO \cdot + \cdot RH \longrightarrow ROH + R \cdot$$
$$\cdot OH + RH \longrightarrow H_2O + R \cdot$$
$$R \cdot + O_2 \longrightarrow ROO \cdot$$
$$ROO \cdot + RH \longrightarrow ROOH + R \cdot$$

由于氧气充足,且分布均匀,过氧化物将进一步分解和转化,最后变成 CO_2 和 H_2O,放出大量的热,而使气体膨胀做功。

液体燃料在储存时,也会受光和氧的作用而变质(称为光氧老化),即

$$RH \xrightarrow{\text{光}} RH \xrightarrow{O_2} ROOH$$

不过,液体燃料在储存期的变质反应的反应速率比较慢,因为这种氧化反应是在室温下进行的,与氧接触的主要是液体表面。

燃烧与变质的区别是:燃烧是快速的氧化反应,变质是缓慢的氧化反应。

1.4.5 燃料在发动机中的燃烧

液体燃料均为石油产品,其主要化学成分为烃,由碳和氢两种元素组成。因此,液体燃料的燃烧过程,本质上就是碳和氢的高温氧化反应过程。

碳和氢的氧化反应都是放热反应。在反应完全时,反应式可表述为

$$C + O_2 = CO_2 \quad 2H_2 + O_2 = 2H_2O$$

燃烧相同质量的碳和氢,氢的热值比碳的热值要高很多,因而,烃类燃料的热值随碳氢原子比 C/H 递增而减小。

碳燃烧时,如氧供应不足,则进行不完全燃烧,产物为 CO,而不是 CO_2,反应为

$$2C + O_2 = 2CO$$

碳的这种不完全燃烧与完全燃烧相比,不仅释放出的热量要低得多,而且生成的产物 CO 对人体具有很大的毒性。特别是发动机在怠速空转时,也就是停着时,因为燃烧不充分,会产生大量 CO。此时,若打开车内空调系统,一氧化碳便可能逐渐聚集在车内,加之车内人员呼吸耗氧而排出二氧化碳,时间一长,车内氧气逐渐减少,乘员便会不知不觉中毒而失去知觉,严重时会丧失生命,如图 1-13 所示。

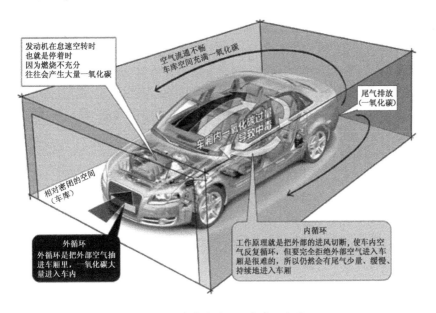

图 1-13 汽车怠速 CO 中毒示意图

因此,在发动机燃烧过程中总是希望尽量避免不完全燃烧。燃烧越完全,燃料的利用越充分,发动机的热效率也越高。

各种燃料根据其成分分析,可以写出接近于该燃料的平均化学组成的分子式。例如,喷气燃料(煤油型)中一般含碳约86%,含氢约14%,它的组成和 C_8H_{16} 相当接近,因此,往往用 C_8H_{16} 作为航空煤油的平均分子式。如不考虑燃料的中间反应,则航空煤油完全燃烧时的化学反应可用下式表示:

$$C_8H_{16} + 12O_2 = 8 CO_2 + 8H_2O$$

对于汽油和柴油也可以写出类似的反应,不过数量上略有不同。上述反应表达了液体燃料在安全燃烧中的化学平衡关系。

1.4.6 燃料着火前的氧化过程

燃料在着火前的氧化就是燃料在燃烧前的化学准备过程,它决定于燃料的化学组成,也和外界条件(如温度、压力、催化剂和容器壁等)有密切的关系。燃料中的烃类在高温条件下与在常温液相条件下氧化的行为有许多共同之处。例如,它们都具有链反应的性质,都是首先生成过氧化物和一系列的中间产物等。但是,它们之间也有许多差异,例如,烃类的液相氧化几乎是在高温条件下进行的,一般反应速度很慢,而在高温气相氧化时,反应进行很快,且温度一般是随着氧化的进行而迅速升高,使反应速度越来越快,最后导致着火或爆炸。烃类在低温液相自动氧化时常伴随着大量的聚合缩合反应,结果生成分子量很大的胶质、沥青质等,而在高温气相氧化时,则往往伴随着大量的裂解反应,结果生成分子量较小的各种燃烧产物(主要为 HCHO、CO、CO_2、H_2O 等)。从氧化的动力学方面看,烃类液相氧化经过诱导期后,氧化速度开始缓慢,以后逐渐增快,中间是连续的。烃类的高温气相氧化除了也有诱导期外,还往往表现出明显的阶段性,即在着火前常出现冷焰现象(与着火时的热焰相比,温度较低,辉光较弱,产生的热量很少,因此称为冷焰),这种现象是烃类气相氧化的特征之一。下面就冷焰现象和有关烃类氧化的链反应加以说明。

1. 冷焰现象

根据许多研究者的实验观察,除了甲烷、甲醇、甲醛、乙烯和苯这几种烃外,几乎所有的烃类及醚和醛等在空气中加热氧化时,均有冷焰现象产生。例如,将戊烷和空气的混合物(戊烷过剩)在一个大气压下通入反应管中,逐渐加热,便发现在220℃时管中开始出现辉光,240℃时光亮增大,260℃左右即有亮波扫过全管,速度约为0.1m/s,至290℃时冷焰消失,当加热到670℃时,混合气开始自行着火燃烧。这种现象和丙烷在等压过程中氧化时产生的现象极为相似。根据研究发现,只要燃料稍有过剩,各种烃类燃料和空气的比例对产生上述冷焰现象的各个温度影响不大。但是,随着正构烷烃中碳原子数目的增大,此温度显著下降。例如,用烯烃及环烷烃代替相应的烷烃,则产生冷焰的温度上升,用不饱和环烷烃代替烷烃时,此温度也上升,且芳香烃比烷烃或环烷烃更难于氧化,出现冷焰的温度也更高。这些烃类反应难易的次序与该燃料在发动机燃烧室中产生爆震的倾向相似。醇、醛和醚与相应的烷烃相似,而以乙醚产生冷焰和着火的温度最低。冷焰现象只是在较低的温度下才能看见,一般烃类需在250℃左右出现,乙醚在180℃就可以产生。

研究认为,冷焰区域出现的辉光是由被激化的甲醛分子所释放出的,但释放出的光量子数目只是参加反应的烃分子中极小的部分,大概每10个参加反应的烃分子中只释放出2个光量子。

发生冷焰的甲醛是烃类氧化时的中间产物,它是通过自由基的反应而生成的。例如,丙烷氧化时可以有下列反应:

$$C_3H_8 + O_2 = \dot{C}H_7 + H\dot{O}_2$$

$$\dot{C}_3H_7 = C_2H_4 + \dot{C}H_3$$

$$\dot{C}H_3 + O_2 = HCHO + \dot{O}H$$

其中,第三个反应为放热反应,但放出的热量只有196.46kJ,而甲醛的激化所需活化能至少321.86kJ,故一般连锁反应不足以产生激化的甲醛。只有当两个自由基相互作用时产生较大的能量,才有可能使生成的甲醛激化,例如,反应 $RCH_2\dot{O} + \dot{O}H = ROH + HCHO$ 放出的热量约380.38kJ,以及反应 $\dot{C}H_3 + H\dot{O}_2 = HCHO + H_2O$ 放出的热量大于418kJ。这种两个自由基相互作用的机会较少,这就是参与反应的烃分子中只有少量甲醛分子(已激化的)能产生冷焰的原因。

温度升高后,在冷焰范围内生成的甲醛或乙醛进一步氧化,则生成燃烧的最终产物,如:

$$HCHO + O_2 = 2CO + 2H_2O$$

$$HCHO + O_2 = CO_2 + H_2O$$

$$2CH_3CHO + 3O_2 = 4CO + 4H_2O$$

$$2CH_3CHO + 5O_2 = 4CO_2 + 4H_2O$$

2. 烃类氧化的链反应

各种烃类在高温气相条件下的氧化过程或机理是很复杂的,这是因为烃类的构造多种多样,在高温下氧化进行很快,许多中间产物性质极不稳定,要想确定各种中间产物的存在和作用也很困难。对烃类,特别是对烷烃的实验研究表明,烃类的氧化过程本质上是一系列通过自由基的链反应过程。

自由基是指含有未成对电子的原子及原子团(如 H· 和 HO· 等)。它是由分子受光辐射、热、电或其他(如化学引发剂)能量的作用而产生的。例如,一个烃分子 RH 可以和一个富有能量的惰性分子 M 相撞,获得足够的振动能而离解,称为热离解,即

$$RH + M \longrightarrow \dot{R} + H + M$$

根据现代链反应理论,自由基是引起连锁反应的活化质点,因而,也称为活性中心。这是因为自由基同分子相比,特别是和具有饱和价的分子相比,有更大的活性。自由基和分子之间产生化学反应所需活化能一般只有十几千焦,少数为 $4.18 \sim 83.6 kJ$,而当饱和价分子之间产生反应时,所需活化能则达数几十至几百千焦,两者之间的差别是很显著的。

由于自由基具有自由价,就可以用它的化学力去和那些与其相遇分子的成键电子相作用。也就是说,在这种情况下,发生了自由基与分子中的某一基团同时为争夺分子的某一个成键的价电子的竞争。竞争的结果往往是分子中的这个键被破坏。例如,烃过氧化物自由基与烃类的反应,使 RH 之间的键破坏而生成烃自由基和烃过氧化物:

$$R\dot{O}O + RH = ROOH + \dot{R}$$

产生的 $\dot{R}$ 将与空气中的氧作用而生成烃过氧化物自由基:

$$\dot{R} + O_2 = R\dot{O}O$$

自由基反应的另一特点就是当一价的自由基与饱和价的分子作用,自由价是不会消失的,在反应产物中一定会产生新的一价自由基,有时还可以产生另一个具有两个自由价的自由基,例如,上述的两个反应,以及下面的低压下氢的氧化反应(温度约 500℃):

$$\dot{H} + O_2 = \dot{O}H + \dot{O}$$

$$\dot{O} + H_2 = \dot{O}H + \dot{H}$$

$$\dot{O}H + H_2 = H_2O + \dot{H}$$

根据上述反应可以看到,在一个可以产生化学变化的系统中,如果出现了第一个自由基,那么,它将很快与一个分子反应,生成一个新的自由基,后者又参加反应,再生成一个自由基。这样,继续进行下去,这个自由基就很容易产生化学变化行为的长链,这就是前述的链反应,这种链反应的链只有在自由基消失时才会中断。例如,当两个自由基相互作用或与惰性分子 M 作用,将能量传给惰性

分子,引起自由价相互饱和,从而使自由价消失。这种现象也称为气相销毁,即

$$\dot{H} + \dot{OH} + M = H_2O + M$$

$$\dot{H} + \dot{H} + M = H_2 + M$$

此外,反应链碰到反应器皿壁上也会产生断链。据研究,当自由基撞到器皿壁时,就被器皿壁所吸附而在壁的表面形成不很牢固的化合物。这时,自由基不再和原料分子起反应,但是却可以和来自容器的自由基相互作用。相互碰撞的质点即成为中性的不活化的分子而飞入容器。因而,器皿壁可以影响到链反应的减缓,其作用和抑制剂相似。这种现象也称为墙面销毁。

3. 烃类的氧化过程

根据巴赫-恩格勒的过氧化物理论,烃类氧化时是以破坏氧的一个键,而不是破坏氧的两个键进行的,因为要同时破坏氧的两个键需要 489kJ 的能量,而破坏一个键只需要 292.6~334.4kJ 的能量。因此,烃类氧化首先生成的是烃的过氧化物或过氧化物自由基 $R\dot{O}O$,而过氧化物也会分解为自由基。随着自由基的产生,反应具有链反应性质,因而,可以自动延续,并且由于出现分支而自动加速。整个燃烧前的氧化过程是一连串有自由基参加的链反应。烃类受热时,实际上是经过第一诱导期 τ_1(出现冷焰以前的阶段)和第二诱导期 τ_2(出现冷焰至产生自燃的阶段)才发火燃烧的,下面就两个诱导期中的一些特点分别讨论。

在第一诱导期中,首先是烃分子受光辐射、热离解或其他作用而分解出自由基,如反应:

$$RH + M = \dot{R} + \dot{H} + M$$

烃分子也可以和氧直接作用而产生自由基,例如:

$$RH + O_2 = \dot{R} + H\dot{O}_2$$

$H\dot{O}_2$ 是活性较小的自由基,它可以继续与烃作用而生成 H_2O_2 及 $\dot{R}$,从而使链继续发展:

$$RH + H\dot{O}_2 = \dot{R} + H_2O_2$$

生成的烃自由基 $\dot{R}$ 与分子氧可以化合而生成过氧化物自由基:

$$\dot{R} + O_2 = R\dot{O}O$$

此时,氧即加在烃中有自由价的碳原子上。由于烃分子中碳原子被氢遮蔽,所以氧分子首先攻击的不是烃分子中较弱的 C—C 键而是较强的 C—H 键(C—C、C—H 键平均键能分别为 346.4kJ/mol 和 412.8kJ/mol)。

在各种位置的碳原子中,具有最弱的 C—H 键的碳原子最易受到攻击。因此,叔碳原子上最易生成过氧化物自由基,仲碳原子次之,伯碳原子反应能力最小。在低温冷焰范围内,三者生成的概率大致为 33∶3∶1。

烃基过氧化物自由基在第一诱导期 τ_1 继续与烃分子作用,生成单烃基过氧化物和自由基,使链反应继续发展:

$$R\dot{O}O + RH = ROOH + \dot{R}$$

此时,生成的烃基过氧化物由于—O—O—键较弱(键能只有 125.4～167.2kJ/mol),容易断裂,随烃类结构不同而分解为不同的产物,例如:

$$RCH_2OOH = RCH_2\dot{O} + \dot{O}H$$

$$RCH_2\dot{O} = \dot{R} + HCHO$$

$$\dot{O}H + RH = \dot{R} + H_2O$$

上述第一个反应过氧化物的分解较慢,使烃类氧化具有一个压力上升平缓的时期,即诱导期。上述第二个反应产生甲醛,但也可以按下列反应而生成醇类产品:

$$RCH_2\dot{O} + RH = RCH_2OH + \dot{R}$$

因此,此烷烃氧化的初期产物中,总是可以分析出醛类、醇类和过氧化物等。

除上述外,烷烃在较高温度下还可以裂解生成烯烃,醛类也可以继续氧化而生成 CO、CO_2 及 H_2O 等。

综上所述,在第一诱导期 τ_1 氧化反应的特点是生成过氧化物,此过氧化物在甲醛的催化作用下自行分解,生成多个自由基而使反应发生分支。由于反应的中间分子状产物(如烃过氧化物 ROOH)有一个键较弱,要延滞一段时间才能分解为自由基形成分支反应,这使反应具有诱导期 τ_1。同时,由于产生分支链反应在诱导期后出现压力的突增,甲醛被激化而产生冷焰。当温度升高时,反应速度加快,过氧化物会加速分解,使诱导期 τ_1 缩短。当压力增高时,反应物的浓度加大,反应速度也随之增加,也会使诱导期缩短。在反应物中加入过氧化物会使过氧化物的分解反应向右方进行:

$$ROOH = R\dot{O} + \dot{O}H$$

使分支反应进行更快,因而,导致诱导期 τ_1 缩短。

冷焰以后至自燃发火时期(诱导期 τ_2)的主要特点在于过氧化物自由基的分解阻止了过氧化物的形成。这是由于在诱导期 τ_2 时期温度较高,有利于过氧化物自由基的分解反应所致。

诱导期 τ_2 时期中过氧化物自由基的分解大致按下述方式进行：

$$\dot{R}CH_2 + O_2 = RCH_2\dot{O}O$$

$$RCH_2\dot{O}O = RCHO + \dot{O}H$$

$$RCH_2\dot{O}O = H_2O + \dot{R}CO$$

$$\dot{R}CO = \dot{R} + CO$$

$$RCH(O\dot{O})R' = RCHO + R'\dot{O}$$

$$RCH(O\dot{O})CH_2R' = RCHO + R'CH_2\dot{O}$$

$$R'CH_2\dot{O} = \dot{R}' + HCHO$$

在上述反应中，过氧化物自由基分解生成各种醛（甲醛等）和自由基，这些自由基继续与氧分子或烃作用而使链按直链形式传播。

在反应中有的自由基还会分解成烯烃和 $\dot{H}O_2$，后者进一步与烃作用，再生成烃的自由基使链继续下去，即

$$\dot{C}_3H_7 + O_2 = C_3H_7\dot{O}O$$

$$C_3H_7\dot{O}O = C_3H_6 + \dot{H}O_2$$

$$C_3H_8 + \dot{H}O_2 = \dot{C}_3H_7 + H_2O_2$$

总之，在诱导期 τ_2 时期直链反应起控制作用。应该指出，上述过氧化物的自由基分解反应在诱导期 τ_2 也可以发生，并和过氧化物的生成反应进行竞争。当温度不高时，过氧化物的生成占主要地位。只是在温度达到 400℃ 左右的高温条件下，过氧化物自由基的分解反应才逐渐取得优势。因而，可以理解，当其他条件不变而温度升高时，反应将经过一个最高分支速率区（以冷焰为标志），然后达到一个微弱分支速率区。这样就在冷焰后出现一个压力升高较为缓慢的诱导期 τ_2。

τ_2 初期的反应速率和 τ_1 末期剩余的中间产物的浓度有关，其中特别是和甲醛的浓度关系很大，因为它能催化 τ_2 时期的分解反应。系统的原始温度越高，τ_1 时期的分支反应就越强烈，剩余的甲醛越少，这样就使 τ_2 诱导期越长。但是，在 τ_2 时期中，由于过氧化物自由基的分解仍不断生成甲醛，使甲醛的浓度不断增加并放出大量热能，最终仍使反应自动加速而导致自燃。当系统的压力增大时，由于反应速率增加，τ_2 和 τ_1 一样都会缩短。

由于冷焰的反复出现，有人推测与 τ_1 时期甲醛的抑制作用有关。根据研

究,甲醛虽然对 τ_2 时期的反应有催化作用,但在 τ_1 时期却有明显的抑制作用。例如,在戊烷和氧或已烷和氧的混合物中加入适量的甲醛,均可延长其诱导期。甲醛能和自由基作用,生成不活泼的甲醛自由基 $\dot{C}HO$,从而使反应链断裂,例如:

$$HCHO + \dot{O}H = H_2O + \dot{C}HO$$

$$HCHO + CH_3\dot{O} = \dot{C}HO + CH_3OH$$

τ_1 时期的分支反应不断生成甲醛,当具有强烈分支特性的冷焰出现时,甲醛浓度也会增大而导致冷焰熄灭。当温度继续升高后,冷焰则可随分支反应的发展而重复出现。

1.4.7 防火防爆炸以及减慢燃料变质的方法

防火防爆炸的根本措施是在火灾、爆炸未发生前进行预防。根据链反应的特征,主要采取以下相应的防护措施。

1. 消除产生自由基的因素

由于链反应都需要自由基引发,而可燃性气体的燃烧,一般能由火花产生自由基,因此,消除产生火花的因素即消除自由基可达到预防及减慢变质的目的。为此,应采取如下措施:

(1) 严禁火种进入燃料库。例如,不许带明火、打火机、火柴进库,不许穿钉子鞋入库,不许敲打金属,不许启动电开关。

(2) 燃料库应避光和远离热源。因为光和热均能产生自由基。

(3) 事先加入抗氧化剂以消除自由基。在燃料中加入少量酚类或醛类物质,便可以达到消除自由基的目的,例如:

上一反应右边的自由基,由于分子量大,未成对电子参与了大 π 键的形成,因而活性很小。

(4) 事先加入光稳定剂,如水杨脂酸类、二苯甲酸类有机化合物,因为这类物质能吸收紫外线。

2. 控制可燃性气体的浓度

要求库房通风良好,使可燃气达不到爆炸浓度。

3. 保持库房干燥

因为 H_2O 电离出的 H^+ 也能催化和加速光氧老化。

1.4.8 灭火措施

任何燃烧都需要满足 4 个条件：一是要有氧化剂；二是要有燃烧剂；三是温度要达到着火点；四是自由基要达到一定浓度。因此，消除这 4 个条件中的任何一个条件均能灭火。

(1) 当木材、纸张、纤维材料和纺织品等着火时，一般用水灭火。因为水的比热容大，能吸收大量热而使燃区温度迅速下降而灭火。

(2) 当汽油、煤油、柴油脂、油脂以及易燃气体着火时，一般用 CO_2 灭火器灭火，不能用水灭火，因为这些物质比水轻，能浮在水上继续燃烧并扩散。CO_2 的作用是在燃烧表面形成一层 CO_2 气体层与空气隔绝而灭火。

(3) 当电器着火时，首先切掉电源，然后再用 CO_2 灭火器灭火，不能用水，因为水能溶解易溶盐而导电。

(4) 想办法"吃掉"自由基。消除自由基是最有效的灭火措施。1940 年以来，人们发现许多卤代烃都具有消除自由基的作用，因此，有很好的灭火效果。我国于 20 世纪 70 年代推广了这类灭火剂。如把 60kg 汽油倒入 $6m^3$ 油槽中，燃烧 30s 后，用 1211 灭火剂，17.3s 就把大火熄灭，而 1211 的消耗仅为 15.6kg；用 1301 灭火剂，灭火时间更短，只要几秒。如上的灭火剂代号，从左至右，第一个数字表示 C 原子数，第二个数字表示 F 原子数，第三个数字表示 Cl 原子数，第四个数字表示 Br 原子数。1211 表示 CF_2ClBr，1301 表示 CF_3Br。常用的卤代烷灭火剂还有 1200、1011、2420 和 2402 等。卤代烷灭火剂具有两大优点：一是灭火效率高；二是清洁（灭火后几乎不留残余物）。因为卤代烷沸点低，1301 的沸点为 -58℃，1211 的沸点为 -3.9℃，这对精密仪器、电器设备、计算机房、飞机内部和武器库的消防极为重要。博物馆、档案馆及图书馆等场所使用卤代烷灭火剂尤为理想。目前，国产飞机、坦克和舰艇也已使用 1211 灭火剂代替 CO_2 灭火器。

本 章 小 结

本章重点讲述了化学反应中的能量关系（即反应热效应）、化学反应的方向和限度以及化学反应速率等相关内容，并且将燃烧反应与爆炸反应作为阅读材料进行了简单介绍。

1. 化学反应中的能量关系

1）热力学概述

首先介绍了系统和环境、状态和状态函数及过程与途径等热力学基本概念，然后介绍了标准状态的热力学规定，最后介绍了反应进度的定义（$\xi = \Delta n_B / v_B$）。

2）热力学第一定律

热力学第一定律为

$$\Delta U = Q + W$$

使用时要注意 Q 和 W 的符号，一般规定，系统吸热，Q 为正值；系统放热，Q 为负值。环境对系统做功，W 为正值；系统对环境做功，W 为负值。

其中，体积功为

$$W_{体} = -p(V_2 - V_1) = -p\Delta V$$

3）化学反应的热效应与焓变

这部分内容中涉及以下 5 个重要公式，即

$$Q_V = \Delta U$$

$$H \equiv U + pV$$

$$Q_p = \Delta H$$

$$\Delta H = \Delta U + \Delta n_g RT$$

$$Q_p = Q_V + \Delta n_g RT$$

另外，可以使用弹式量热计测出反应的 Q_V，再利用上式计算出 Q_p。还可以用热化学方程式表示化学反应中的能量关系。

4）盖斯定律及化学反应热效应的计算

盖斯定律：无论化学反应是一步完成还是分几步完成，该过程的热效应总是相同的。也就是说，恒压下化学反应的热量变化只与系统的始态和终态有关，而与其变化的途径无关。

利用热力学数据 $\Delta_f H_m^{\ominus}(298.15\text{K})$，并通过由盖斯定律导出的公式计算反应在 298.15K 时的反应热 $\Delta_r H_m^{\ominus}(298.15\text{K})$，即

$$\Delta_r H_m^{\ominus} = \sum \nu_B \Delta_f H_m^{\ominus}(B, T)$$

对于反应 A+bB=cY+dZ，可将上式写为

$$\Delta_r H_m^{\ominus} = [c\Delta_f H_m^{\ominus}(Y) + d\Delta_f H_m^{\ominus}(Z)] - [a\Delta_f H_m^{\ominus}(A) + b\Delta_f H_m^{\ominus}(B)]$$

2. 化学反应的方向和限度

1）化学反应的自发性

自发过程是指在给条件下不需要外力的作用就能自动进行的过程。混乱度是指组成物质的质点在指定的空间区域排列和运动的无序程度。混乱度可以用

熵 S 表示,即
$$S = k\ln\Omega$$

熵增原理:在孤立系统中,反应或过程总是向着熵增加的方向进行。熵增原理是热力学第二定律的一种表达形式。

2) 标准摩尔熵和标准摩尔熵变

在标准状态下,1mol 物质的熵称为该物质的标准摩尔熵。利用标准摩尔熵 $S_m^\ominus$ 的数据,可以利用下式计算化学反应在 298.15K 时的标准摩尔熵变 $\Delta_r S_m^\ominus$,即

$$\Delta_r S_m^\ominus = \sum \nu_B S_m^\ominus(B)$$

对于反应 $aA+bB=cY+dZ$,可将上式写为

$$\Delta_r S_m^\ominus = [cS_m^\ominus(Y) + dS_m^\ominus(Z)] - [aS_m^\ominus(A) + bS_m^\ominus(B)]$$

3) 化学反应的方向与吉布斯函数变

定义吉布斯函数 $G \equiv H - TS$,相应的吉布斯函数变 $\Delta G = \Delta H - T\Delta S$,继而得到吉布斯函数变判据:在等温、等压、不做非体积功的条件下,$\Delta G<0$ 的反应一定能正向自发进行;$\Delta G>0$ 的正反应都不能自发进行,相反,它们的逆反应倒是能够自发进行;$\Delta G = 0$ 的反应进行到了极限,处于平衡状态。

利用热力学数据 $\Delta_f G_m^\ominus(298.15K)$,可以通过下式计算反应在 298.15K 时的标准摩尔吉布斯函数变 $\Delta_r G_m^\ominus(298.15K)$,即

$$\Delta_r G_m^\ominus = \sum \nu_B \Delta_f G_m^\ominus(B,T)$$

对于反应 $aA + bB = cY + dZ$,可将上式写为

$$\Delta_r G_m^\ominus = [c\Delta_f G_m^\ominus(Y) + d\Delta_f G_m^\ominus(Z)] - [a\Delta_f G_m^\ominus(A) + b\Delta_f G_m^\ominus(B)]$$

当然,也可以通过下式计算反应在 298.15K 时的标准摩尔吉布斯函数变 $\Delta_r G_m^\ominus(298.15K)$,即

$$\Delta_r G_m^\ominus(298.15K) = \Delta_r H_m^\ominus(298.15K) - 298.15 \times \Delta_r S_m^\ominus(298.15K)$$

由于 ΔH 和 ΔS 随温度的变化不大,若近似将其作为常数对待,可得到任意温度 T 下标准摩尔吉布斯函数变的计算公式,即

$$\Delta_r G_m^\ominus(T) \approx \Delta_r H_m^\ominus(298.15K) - T \times \Delta_r S_m^\ominus(298.15K)$$

当 ΔH 和 ΔS 均为正值或均为负值时,反应的自发性取决于转变温度($T_{转} \approx \Delta_r H_m^\ominus/\Delta_r S_m^\ominus$)。

对于反应 $aA(aq) + bB(g) = cY(aq) + dZ(g)$,在等温、等压条件下,范特霍夫等温方程式可表示为 $\Delta_r G_m(T) = \Delta_r G_m^\ominus(T) + 2.303RT\lg J$,其中,如果用 J 表示反应商(没有量纲),其表达式为

$$J = \frac{[c(Y)/c^\ominus]^c \cdot [p(Z)/p^\ominus]^d}{[c(A)/c^\ominus]^a \cdot [p(B)/p^\ominus]^b}$$

4）化学反应的限度与化学平衡

介绍了实验平衡常数(经验平衡常数)及标准平衡常数表达式的写法。根据范特霍夫等温方程式还可得到关系式 $\Delta_r G_m^{\ominus}(T) = -2.303RT \lg K^{\ominus}$ 以及标准平衡常数的计算公式,即

$$\lg K^{\ominus} = \frac{-\Delta_r G_m^{\ominus}(T)}{2.303RT}$$

多重平衡原理:若多重平衡系统中的某个反应可以由几个反应相加或相减得到,则该反应的平衡常数等于这几个反应的平衡常数之积或商。

温度对平衡常数的影响为

$$\lg \frac{K_2^{\ominus}}{K_1^{\ominus}} \approx \frac{\Delta_r H_m^{\ominus}(298.15\ \text{K})}{2.303R} \cdot \frac{T_2 - T_1}{T_2 \cdot T_1}$$

勒·夏特列原理:当系统达到平衡后,倘若改变平衡系统的条件之一(如温度、压强及浓度等),则平衡便要向消弱这种改变的方向移动。

3. 化学反应的速率

1）化学反应速率及其表示方法

对于反应,即

$$a\text{A} + b\text{B} = c\text{Y} + d\text{Z}$$

其平均速率为

$$\bar{r} = \frac{1}{\nu_B} \cdot \frac{\Delta c_B}{\Delta t}$$

瞬时速率为

$$r = \lim_{\Delta t \to 0} \frac{1}{\nu_B} \cdot \frac{\Delta c_B}{\Delta t} = \frac{1}{\nu_B} \cdot \frac{dc_B}{dt}$$

2）反应速率理论

介绍了碰撞理论、过渡态理论以及有效碰撞、无效碰撞、活化分子、活化能、过渡态和活化配合物等概念。

3）影响反应速率的因素

浓度对反应速率的影响体现在质量作用定律之中。对于基元反应:

$$a\text{A} + b\text{B} = c\text{Y} + d\text{Z}$$

其反应速率方程式为

$$r = k c_A^a c_B^b$$

式中:k 为反应速率常数;a 和 b 分别为反应物 A 和反应物 B 的分级数;$a+b$ 为总反应级数。

温度和催化剂对反应速率的影响体现在阿仑尼乌斯公式之中,即

$$k = Ae^{-\frac{E_a}{RT}}$$

式中:A 为指前因子(常数);E_a 为活化能;R 为气体摩尔常数;T 为热力学温度。

其对数形式为

$$\ln k = -\frac{E_a}{RT} + \ln A$$

阿仑尼乌斯公式的推论为

$$\lg \frac{k_2}{k_1} = \frac{E_a}{2.303R} \cdot \frac{T_2 - T_1}{T_2 \cdot T_1}$$

4. 阅读材料——燃烧反应与爆炸反应

本节以链反应为主线介绍燃烧反应与爆炸反应:一是介绍了链反应的概念、基本过程及特征;二是介绍了热爆炸反应的基本特征;三是介绍了液体燃料的燃烧、变质与冷焰;四是介绍了液体燃料的燃烧与变质;五是介绍了燃料在发动机中的燃烧;六是介绍了燃料着火前的氧化过程;七是介绍了防火防爆炸以及减慢燃料变质的方法;八是介绍了灭火措施。

习　题

1. 是非题

(1) 液态 O_2 在 298.15K 时的标准生成焓为零。　　　　　　　(　)

(2) 对气体物质,标准状态规定其压强为 101.325kPa。　　　　(　)

(3) Q 不是状态函数,$Q_p = \Delta H$,则 H 也不是状态函数。　　(　)

(4) Q 和 W 都不是状态函数,但其代数和 $(Q+W)$ 是与途径无关的量。
　　　　　　　　　　　　　　　　　　　　　　　　　　(　)

(5) 稳定单质的标准摩尔熵值为零。　　　　　　　　　　　　(　)

(6) 仅仅根据热力学不能判断反应速率。　　　　　　　　　　(　)

(7) 放热反应均是自发进行的反应。　　　　　　　　　　　　(　)

(8) ΔS 为正值的反应均可自发反应。　　　　　　　　　　　(　)

(9) 若 ΔH 和 ΔS 均为正值,则温度上升,ΔG 将减小。　　(　)

(10) 某反应的 $\Delta G(298.15) > 0$,表明该反应在任何条件下都能不自发进行。　　　　　　　　　　　　　　　　　　　　　　　　(　)

(11) 由于 $\Delta_r H_m^\ominus(T)$ 和 $\Delta_r S_m^\ominus(T)$ 可以近似地看作与温度无关,因此,$\Delta_r G_m^\ominus(T)$ 也可视为与温度无关。　　　　　　　　　　　　(　)

(12) 对任一复杂反应 $aA(g) + bB(g) \rightarrow dD(g) + eE(g)$,其速率方程可写

为 $r = kc^a(A)c^b(B)$。 ( )

2. 某系统由状态 A 沿途径 Ⅰ 变化到状态 B 时,吸热 300J,同时系统对环境做功 100J。当该系统沿途径 Ⅱ 由状态 A 变化到状态 B 时,系统对环境做功 50J,则此过程 Q 为多少?

3. 在 200℃ 时下列反应达到平衡状态

$$N_2(g) + 3H_2(g) = 2NH_3(g) \quad \Delta_r H_m^{\ominus} = -92.4(kJ \cdot mol^{-1})$$

如果发生下列情况,则平衡将向什么方向移动?

(1) 减少容器的容积。

(2) 加热使系统温度升高到 300℃。

(3) 加入 H_2 以增加总压强。

(4) 加入 He 以增加总压强。

(5) 加入 HCl 气体。

4. 下列哪些过程是低温自发的过程?哪些是高温自发的过程?

(a) $\Delta H > 0$ $\Delta S > 0$ (b) $\Delta H > 0$ $\Delta S < 0$

(c) $\Delta H < 0$ $\Delta S < 0$ (d) $\Delta H < 0$ $\Delta S > 0$

5. 通常,反应热效应的精确实验数据是通过测定反应或过程的( )而获得的。

(a) ΔH (b) $p\Delta V$ (c) Q_p (d) Q_V

6. 当 1.50g 火箭燃料二甲基肼 $(CH_3)_2N_2H_2$ 在盛有 5.00kg 水的弹式量热计 ($C_s = 1840J \cdot k^{-1}$) 中燃烧时,放出热量 47299J,假定开始时的温度为 25℃,并已知水的比热容为 $4.18J \cdot k^{-1} \cdot g^{-1}$,求反应终了时量热计的温度。

7. 在 298K 时,1mol 液体苯在弹式量热计中完全燃烧,生成 H_2O 和 $CO_2(g)$,放出热量为 3204kJ,求反应的 $\Delta_r H_m^{\ominus}$。

8. 常温下,下列反应的 Q_V 与 Q_p 有区别吗?简单说明。

(1) $2Ag(s) + \frac{1}{2}O_2(g) = Ag_2O(s)$

(2) $2HCl(g) = H_2(g) + Cl_2(g)$

(3) $Ag^+(aq) + Cl^-(aq) = AgCl(s)$

(4) $H_2O(l) = H_2(g) + \frac{1}{2}O_2(g)$

9. 已知 298.15K 和 101.325kPa 时下列反应的热效应:

(1) $CO_2(g) = C(s) + O_2(g)$; $\Delta_r H_m^{\ominus}(1) = 393.5(kJ \cdot mol^{-1})$

(2) $H_2(g) + \frac{1}{2}O_2(g) = H_2O(l)$; $\Delta_r H_m^{\ominus}(2) = -285.8(kJ \cdot mol^{-1})$

(3) $C_2H_5OH(l) + 3O_2(g) = 2CO_2(g) + 3H_2O(l)$；$\Delta_r H_m^{\ominus}(3) = -1367(kJ \cdot mol^{-1})$

计算 C_2H_5OH (l) 的标准摩尔生成焓 $\Delta_r H_f^{\ominus}(C_2H_5OH, l, 298.15K)$。

10. 298.15K、101.325kPa 时，计算下列反应的 $\Delta_r H_m^{\ominus}(298.15K)$。

(1) $8Al(s) + 3Fe_3O_4(s) = 4Al_2O_3(s) + 9Fe(s)$。

(2) 1mol 铁粉与稀盐酸反应。

11. 已知 298.15K、101.325 kPa 时，下列热化学方程式：

(1) $3Fe_2O_3(s) + CO(g) = 2Fe_3O_4(s) + CO_2(g)$；$\Delta_r H_m^{\ominus}(1) = -58.58(kJ \cdot mol^{-1})$

(2) $Fe_3O_4(s) + CO(g) = 3FeO(s) + CO_2(g)$；$\Delta_r H_m^{\ominus}(2) = -38.08(kJ \cdot mol^{-1})$

(3) $Fe_2O_3(s) + 3CO(g) = 2Fe(s) + 3CO_2(g)$；$\Delta_r H_m^{\ominus}(3) = -27.6(kJ \cdot mol^{-1})$

求：(4) $FeO(s) + CO(g) = Fe(s) + CO_2(g)$；$\Delta_r H_m^{\ominus}(4) = ?$

12. 1mol $CH_4(g)$ 在弹式量热计（热容 $C_s = 5.02 kJ \cdot K^{-1}$）内燃烧，量热计盛水 21.00kg，温度上升 9.53℃，并已知水的比热容为 $4.18 J \cdot k^{-1} \cdot g^{-1}$。计算：

(1) 1mol $CH_4(g)$ 燃烧时的 Q 值；

(2) 每克甲烷燃烧时的 Q 值。

13. 1mol C_3H_8 于 298.15K 敞开容器中燃烧，放热为 2220kJ，已知反应：

$$C_3H_8(g) + 5O_2(g) = 3CO_2(g) + 4H_2O(l)$$

求：(1) $\Delta_r H_m$；

(2) $\Delta_r U_m$。

14. 利用 $CaCO_3$、CaO 和 CO_2 的 $\Delta_f H_m^{\ominus}(298.15K)$ 数据，估算燃烧 1000kg 石灰石（以纯 $CaCO_3$ 计）变成生石灰所需要的热量，在理论上要消耗多少燃料煤（煤完全燃烧的放热值为 $30 kJ \cdot g^{-1}$）。

15. 已知反应 $2Na(s) + Cl_2(g) \longrightarrow 2NaCl(s)$ 在标准状态和 25℃ 时生成了 4mol NaCl：

(1) 计算 ξ、$\Delta_r H_m^{\ominus}(298.15K)$、$\Delta_r S_m^{\ominus}(298.15K)$、$\Delta_r H^{\ominus}(298.15K)$ 和 $\Delta_r S^{\ominus}(298.15K)$；

(2) 由(1)结果计算 $\Delta_r G_m^{\ominus}(298.15K)$；

(3) 判断该反应自发进行的方向。

16. 下列两个反应可用于火箭推进：

(1) $H_2(g) + \dfrac{1}{2}O_2(g) = H_2O(g)$；

(2) $H_2(g) + F_2(g) = 2HF(g)$。

在25℃和标准状态下,从这两个反应中每克 H_2 最多各能取得多少有用功? 在1000℃和标准状态下又如何?

17. 金属铜制品在室温下长期暴露在流动的大气中,其表面逐渐覆盖一层黑色金属氧化物 CuO。当此制品被加热超过一定温度后,黑色氧化物就转变为红色氧化物 Cu_2O。在更高温度时,红色氧化物也会消失。如果我们想人工仿古加速获得 Cu_2O 红色覆盖层,并将反应在298K时的 $\Delta_r H_m^\ominus$ 和 $\Delta_r S_m^\ominus$ 近似视为常数,设计反应在标准压强下进行的条件,并已知下列热力学数据:

物质	CuO(s)	Cu_2O(s)	O_2(g)	Cu(s)
$\Delta_f H_m^\ominus / (kJ \cdot mol^{-1})$	−115.0	−166.7		
$S_m^\ominus / (J \cdot mol^{-1} \cdot K^{-1})$	43.5	101.0	205.0	33.3

试估算反应:$2CuO(s) = Cu_2O(s) + \frac{1}{2}O_2(g)$ 和 $Cu_2O(s) = 2Cu(s) + (\frac{1}{2})O_2(g)$ 自发进行的温度,以便选择人工仿古温度。

18. 298.15K 时反应

$$ICl(g) = \frac{1}{2}I_2(g) + \frac{1}{2}Cl_2(g), \quad K^\ominus = 2.2 \times 10^{-3}$$

计算下列反应的 $K^\ominus$:

(1) $2ICl(g) = I_2(g) + Cl_2(g)$;

(2) $I_2(g) + Cl_2(g) = 2ICl(g)$。

19. 计算在490℃时反应 $H_2(g) + I_2(g) = 2HI(g)$ 的标准平衡常数 $K^\ominus$,当 $p(H_2) = 5 \times 101.325 kPa$, $p(I_2) = 2 \times 101.325 kPa$, $p(HI) = 10 \times 101.325 kPa$ 时,计算反应的 ΔG 并判断反应进行的方向。

已知298K时的热力学数据如下: $\Delta_f H_m^\ominus(HI) = 26.5 kJ \cdot mol^{-1}$, $\Delta_f G_m^\ominus(HI,g) = 1.7 kJ \cdot mol^{-1}$, $S_m^\ominus(HI,g) = 206.48 J \cdot mol^{-1} \cdot K^{-1}$, $S_m^\ominus(H_2,g) = 130.68 J \cdot mol^{-1} \cdot K^{-1}$, $S_m^\ominus(I_2,g) = 260.70 J \cdot mol^{-1} \cdot K^{-1}$。

20. N_2 和 O_2 物质的量相等,分别在2033K和3000K时,在密闭容器内混合进行下述反应:

$$N_2(g) + O_2(g) = 2NO(g)$$

达到平衡后,NO 的体积百分数分别为0.80%和4.5%,求: $K^\ominus$(2033K) 和 $K^\ominus$(3000K),并根据结果说明此反应是吸热还是放热反应?

21. 在400℃下,把氨装入密闭容器中,达到平衡时氨含量尚有2%(体积百分数),若此容器内压强为 $1.01325 \times 10^6 Pa$。计算该温度下氨分解反应的 $\Delta_r G_m^\ominus$。

反应式为
$$2NH_3(g) = 3H_2(g) + N_2(g)$$

22. 反应 $A(g) + 2B(g) = AB_2(g)$ 在 300K 和 101.325kPa 下进行,假定开始时 A 与 B 物质的量之比为 1:2,AB_2 物质的量为零,达到平衡后有 70% 的反应物 A 起了反应,求:

(1) 该反应的平衡常数 $K^\ominus$;

(2) 该反应的标准吉布斯函数变 $\Delta_r G_m^\ominus$;

(3) 在标准条件下,该反应能否自发进行。

23. 已知反应
$$\frac{1}{2}H_2(g) + \frac{1}{2}Cl_2(g) = HCl(g)$$

在 298.15K 时的 $K^\ominus = 4.9 \times 10^{16}$,$\Delta_r H_m^\ominus = -92.3 \text{kJ} \cdot \text{mol}^{-1}$,求在 500K 时的 $K^\ominus$ 值(近似计算,不能利用 $S_m^\ominus(298.15K)$ 和 $\Delta_f G_m^\ominus(298.15K)$ 的数据)。

24. 据分析,汽车尾气中的氮氧化物(NO_x)中 99% 为 NO,而 NO_2 仅占 1% 左右。值得指出的是,NO 的产生并非是燃料中各种氮氧化物的分解氧化,而是空气中的氮气和氧气在高温下反应的结果,当然,NO 也可能被 O_2 进一步氧化为 NO_2:

$N_2 + O_2 = 2NO$ $\Delta_r H_m^\ominus(298.15K) = -182.5(\text{kJ} \cdot \text{mol}^{-1})$

$2NO + O_2 = 2NO_2$ $\Delta_r H_m^\ominus(298.15K) = -116.1(\text{kJ} \cdot \text{mol}^{-1})$

已知在一定的范围内,汽车内燃机的空-燃比越高,燃烧温度越高(当然,空-燃比超过一定限度时,由于过量空气使火焰冷却而会导致燃烧温度下降)。另外,汽车加速时,空-燃比较高;汽车在空挡或减速时,空-燃比较低。请问汽车在哪种运行状态下排出的 NO 较多?为什么?

25. 填空题

(1) 对于反应:$N_2(g) + 3H_2(g) = 2NH_3(g)$,$\Delta_r H_m^\ominus = -92.3 \text{kJ} \cdot \text{mol}^{-1}$,若升高温度(约升高 100K),则 $\Delta_r H_m^\ominus$、$\Delta_r S_m^\ominus$、$\Delta_r G_m^\ominus$、$K^\ominus$;$r(+)$;$r(-)$ 分别如何变化?

(2) 对于下列反应:$C(s) + CO_2(g) = 2CO(g)$,$\Delta_r H_m^\ominus(298.15) = 172.5 \text{kJ} \cdot \text{mol}^{-1}$,若增加总压强或升高温度或加入催化剂,则反应速率常数 $k_{正}$、$k_{逆}$ 和反应速率 $r_{正}$、$r_{逆}$ 以及标准平衡常数 $K^\ominus$、平衡移动的方向等将如何变化?请分别将这些结果填入下表中。

	$k_{正}$	$k_{逆}$	$r_{正}$	$r_{逆}$	$K^\ominus$	平衡移动方向
增加总压强						
升高温度						
加催化剂						

26. 形成烟雾的化学反应是臭氧和一氧化氮之间的反应:
$$O_3(g)+NO(g)=O_2(g)+NO_2(g)$$
已知该反应对 O_3 和 NO 都是一级,反应的速率常数 $k = 1.2 \times 10^7 dm^2 \cdot mol^{-1} \cdot s^{-1}$。当污染空气中 $c(O_3)$ 和 $c(NO)$ 都等于 $5 \times 10^{-8} mol \cdot dm^{-3}$ 时,计算每秒生成 NO_2 的浓度。由计算结果判断 NO 转化为 NO_2 的速率是快还是慢。

27. 下列反应为基元反应:

(1) I+H→HI;

(2) I_2→2I;

(3) $Cl+CH_4$→CH_3+HCl。

写出上述反应的质量作用定律表达式。问其反应级数各是多少?若增大压强为原来的 2 倍时,各反应速率如何变化?

28. 根据实验,在一定的温度范围内,反应 $2NO + Cl_2$→$2NOCl$ 符合质量作用定律,试求:

(1) 该反应的反应速率方程式;

(2) 该反应的总级数;

(3) 其他条件不变,若将容器的容积增加到原来的 2 倍,反应速率将变化为多少?

(4) 其他条件不变,若将 NO 的浓度增加到原来的 3 倍,反应速率又将变化为多少?

29. 反应 $N_2O_5(g) \longrightarrow N_2O_4(g)+\dfrac{1}{2}O_2(g)$,在 298K 时 $k_1 = 3.4 \times 10^{-5} s^{-1}$;在 328K 时 $k_2 = 1.5 \times 10^{-3} s^{-1}$,求此反应的活化能 E_a 和指前因子 A。

30. 对下列反应 $C_2H_5Cl(g) \longrightarrow C_2H_4(g)+HCl(g)$,已知其活化能 $E_a = 246.9 kJ \cdot mol^{-1}$,700K 时的速率常数 $k_1 = 5.9 \times 10^{-5} s^{-1}$,求 800K 时的速率常数 k_2。

31. 已知在 967K 时,$N_2O(g)$ 的分解反应
$$N_2O(g) \longrightarrow N_2(g)+\dfrac{1}{2}O_2(g)$$
在无催化剂时的活化能为 $244.8 kJ \cdot mol^{-1}$,而在 Au 作催化剂时的活化能为 $121.3 kJ \cdot mol^{-1}$。请问金作催化剂时的反应速率增为原来的多少倍?

32. 在没有催化剂存在时,H_2O_2 的分解反应 $H_2O_2(l) \longrightarrow H_2O(l)+\dfrac{1}{2}O_2(g)$ 的活化能为 $75 kJ \cdot mol^{-1}$。当有铁催化剂存在时,该反应的活化能就降低到

$54\text{kJ} \cdot \text{mol}^{-1}$。计算在298K时这两种反应速率的比值。

33. 在第一次世界大战刚开始时的1914年,英国封锁海路,切断德国从智利进口硝石(KNO_3,制造炸药的重要原料)。一些军事家预言,德国没有硝石,就相当于武器没有弹药,到不了1916年,德国就会自动投降。可是1916年过去了,炮火并没有停止。是谁创造了奇迹?——化学家,他们发明了由空气、水和煤固氮并制取炸药的方法。上级给你3种可能的固氮方案和一些热力学数据:

(1) $2N_2(g) + O_2(g) = 2N_2O(g)$;
(2) $N_2(g) + 0.5O_2(g) = NO(g)$;
(3) $N_2(g) + 3H_2(g) = 2NH_3(g)$。

已知:

物质	$N_2(g)$	$H_2(g)$	$O_2(g)$	$N_2O(g)$	$NO(g)$	$NH_3(g)$
$\Delta_f H_m^\ominus/(\text{kJ} \cdot \text{mol}^{-1})$				81.55	90.37	-46.19
$\Delta_f G_m^\ominus/(\text{kJ} \cdot \text{mol}^{-1})$				103.60	86.69	-16.34
$S_m^\ominus/(\text{J} \cdot \text{mol}^{-1} \cdot \text{K}^{-1})$	191.49	130.59	205.03	220.00	210.62	192.50

请你拿出固氮方案:
(1) 哪一个反应更合适?
(2) 给出反应发生的条件。

34. 某种酶催化反应的活化能为$50.0\text{kJ} \cdot \text{mol}^{-1}$,正常人的体温为37℃,若病人发烧至40℃,则此酶催化的反应的速率增加了多少?

35. 某病人发烧至40℃,使体内某一酶催化反应的速率常数增大为正常体温(37℃)时的1.23倍。求该酶催化的反应的活化能。

36. 燃烧发生的4个条件是什么?总结防止火灾和灭火的措施。卤代烃(如1211和1301)灭火剂的主要优点是什么?

第 2 章 物质的结构基础

本章基本要求

（1）了解核外电子运动的特征和运动状态的描述方式，了解波函数（原子轨道）和电子云的概念及其角度分布图。

（2）掌握核外电子分布的一般规律及其与元素周期系的相关性，了解元素的性质随原子结构递变的规律。

（3）能用价键理论说明共价键的方向性和饱和性，能用杂化轨道理论说明一些典型共价分子的空间构型，了解分子轨道理论，了解共价键理论对几类常见的有机化合物和有机反应的解释以及金属键的自由电子理论和能带理论。

（4）明确分子的极性和电偶极矩的概念，了解分子间相互作用力的分布，联系化学键以及分子间相互作用力说明典型晶体的结构和性质，了解氢键和分子间力在生命体系生物大分子中的作用。

（5）了解非晶态高分子化合物的 3 个状态及其特点，理解各类晶体的名称、晶格结点上的粒子及其作用力、熔点、硬度、延展性、导电性的不同。

（6）明确非金属元素单质的熔点、硬度等物理性质的一般变化规律和周期表各区元素的特性及重要应用，能用晶体结构简单说明物理性质的重大差别，了解氢、氧、硫、碳、氮、硼、硅、氯单质、重要金属等及其重要化合物以及生命体系中存在的元素及其作用。

（7）了解元素、物质与材料之间的关系，材料的组成与性能的关系，特别是金属材料与非金属材料的结构、性质与用途之间的关系。

（8）了解几种重要的军用材料的性质与用途，特别是隐身材料与智能材料。

物质的微观结构内涵十分丰富，物质的结构和物质的化学组成紧密相连、不可分割。物质的化学组成、结构和化学变化是构成化学问题的 3 个方面，这 3 个方面都涉及电子的核外运动。因此，本章从原子结构入手，重点介绍原子中电子的运动状态和特征，讨论化学键和晶体结构方面的基本理论与基础知识，这对于掌握物质的性质及其变化规律具有十分重要的意义。另外，本章还从化学的角度分析了元素、物质与材料的关系,介绍了材料中的化学组成、结构及性能关系,并着重介绍了军用新材料。

2.1 原子核外电子运动的特征

对一个运动着的宏观物体,在它运动的时间间隔(即物体运动的起始状态到终结状态所需的时间)内可以时时刻刻找到物体的空间位置和它相应的能量数值(即若时间在 t_1 可得 x_1、y_1、z_1 和 E_1),对每一个指定时间就必然有明确的空间位置(坐标)和相应的能量值。由于时间是连续变化的,所以在宏观物体运动的时间间隔内,将每一时刻的位置连接起来就可以求得物体的运动轨迹,每一时刻运动着的物体均有明确的能量值,故在整个时间间隔内也可求得物体运动的能量值分布。宏观物体运动的能量值分布是连续的,所以对宏观物体每时每刻都能求得位置和能量。在整个运动时间内又可得到物体的运动轨迹(即轨道)和能量值的分布,我们说这个宏观物体的运动状态就被完全确定了。

当讨论原子核外电子运动时,由于电子是微观粒子(不属宏观物体),而微观粒子运动存在波粒二象性,因此它不服从经典力学,不能用经典力学的基本方程处理和确定其运动状态,而必须用量子力学理论和方法处理。所以,首先要对微观粒子的运动特征和量子力学的有关基本知识做简要的说明。

2.1.1 电子运动的特征

1. 波粒二象性

在物理学的发展过程中,不得不提对光的本质认识过程。最早在几何光学的年代,看到光线能反射、折射,认为光是作直线行进的微粒,称为光的微粒说。后来,发现光线通过狭缝时会产生衍射现象,得到衍射环图像,就又认为光是波动的,即光的本质是波,方能解释光的衍射现象。若将光波看成电磁波便得到了光的波动方程,解此方程可求能量和描述光波运动的波函数,这样光的波动说占了上风。到20世纪初,当发现光与物质接触时有非弹性碰撞的现象(即碰撞前后能量有变化),称为康普顿效应,又认为光是具有微粒性的,结论是光的本质既有波动性又有微粒性,简称波粒二象性。据报道,2015年3月,瑞士联邦理工学院的科学家首次拍摄的同时以波和粒子形式存在的光线照片,证明了爱因斯坦的理论,即光线这种电磁辐射同时表现出波和粒子的特性。从图2-1可以看出,底部的切片状景象展示了光线的粒子特性,顶部的景象展示了光线的波特性。

1900年,普朗克在研究光的黑体辐射时,发现其相应能量分布只能用

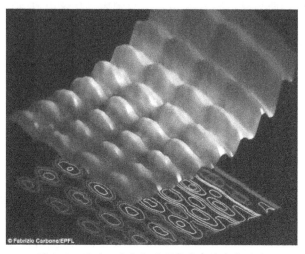

图 2-1　同时以波和粒子形式存在的光线照片

$E=nh\nu$ 表达,当 $n=1$ 时,$E=h\nu$ 是光的能量最小单位,也可称为光子能量单位。1905 年,爱因斯坦从光电效应(光照到金属表面,有电子逸出的现象)确认光的微粒性,其碰撞时动量 $p=h/\lambda$,所以,光的波粒二象性的数学表达式为

$$E = nh\nu \tag{2-1}$$
$$p = h/\lambda \tag{2-2}$$

等式右边反映波动性,等式左边反映微粒性。其运动方程可用光的波动方程描述。

1924 年,法国物理学家德布罗意认为,像电子这样的微粒也应当有波粒二象性。他把光的二象性推广到具有静止质量的电子这样的微粒,由于电子的动量 $p=mv$,m 是电子的质量,v 是电子的速度。将 $p=mv$ 代入式(2-2)得

$$\lambda = h/mv \tag{2-3}$$

这是电子的波长。

要想证明电子也具有波粒二象性,就必须发现电子能和普通波一样发生衍射现象。1927 年,戴维逊、革末从一个失败的实验中发现电子束通过纯净晶体点阵狭缝时发生了衍射现象(图 2-2),由此证明,电子确实存在波动性,再将式(2-3)代入光的波动方程中去,就可得到描述电子运动的方程。

2. 电子能量分布的不连续性和空间位置的概率性

波粒二象性是微观粒子(光子、电子等)的最基本的特性。既然电子与光子一样都具有波粒二象性,所以,电子能量分布也是不连续的、量子化的。

此外,电子运动方程得到的描述电子空间运动状态只能用波函数表达。它不是轨道的概念,这与宏观物体运动有明确的轨迹(轨道)是不同的。通常观察

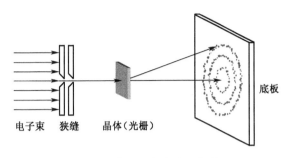

图 2-2 电子衍射实验示意图

到的电子衍射图像,是相同条件下的大量电子运动的集体行为,相当于单个电子千万次重复的统计性结果,因此,电子运动对单个电子是概率性的,而对大量电子则具有统计性。所以,电子能量分布的不连续性(或量子化)和电子运动具有统计性是电子运动波粒二象性特征的表征,归根到底,波粒二象性是微观粒子的根本性质。

2.1.2 原子轨道和电子云

任何微观粒子的运动状态都可以用一个波函数 ψ 描述。ψ 虽然不像经典的机械波那样有非常直观的物理图像,但它却具有非常明确的物理意义。首先,它代表微观粒子的运动状态,既有大小又有正负,反映了微观粒子的波动性;其次,从它的数学表达式可以求出微观粒子的各种性质,如能量、角动量等。波函数不是一个数,一般是复函数,比较复杂。波函数 ψ 通常不能明显写出它的具体数学形式,而是以一组量子数标记。

现在人们常说的原子轨道,指的是电子一个允许的能态,就是原子的波函数 ψ,它表示电子在原子核外可能出现的范围。不能把 ψ 想象为某种确定的轨道或轨迹,所以,有时也称 ψ 为原子轨函。

$|\psi|^2$ 可以反映电子在空间某位置单位体积内出现的概率大小,即概率密度。如前所述,只要时间足够长,电子在某区域中出现的机会是一定的。电子在核外空间服从概率分布规律。电子云是用黑点的疏密表示概率密度大小的图形。

电子云中黑点绝不代表电子,而仅仅用黑点的疏密程度表示电子在原子核周围空间各处的概率密度:黑点较密的区域,概率密度大,即电子出现的机会多;反之,黑点稀疏的区域,概率密度小,即电子出现的机会少。如果把电子云概率密度相等的点连接起来,作为电子云的界面,即绘成等密度界面图,通常,电子云的界面图表示电子在核外空间集中出现的范围。1s 电子云的黑点图、等密度面图以及界面图如图 2-3 所示。

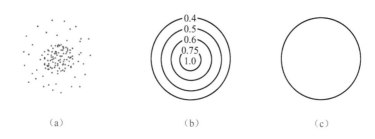

图 2-3 1s 电子云的黑点图、等密度面图以及界面图
(a) 1s 电子云的黑点图；(b) 1s 电子云的等密度面图；(c) 1s 电子云的界面图。

利用数学方法可将原子轨道分解为两部分——径向部分和角度部分，即

$$\psi_{n,l,m}(r,\theta,\varphi) = Y(\theta,\varphi) \cdot R(r)$$

式中：$R(r)$ 为径向部分；$Y(\theta,\varphi)$ 为角度部分。

将角度部分 $Y(\theta,\varphi)$ 随 θ、φ 角的变化关系作图即得原子轨道的角度分布图。图 2-4 是 s、p、d 原子轨道的角度分布图。

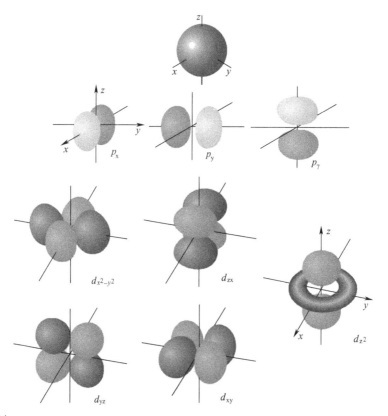

图 2-4　s、p、d、f 原子轨道的角度分布图

$[Y(\theta,\varphi)]^2$ 就称为电子云的角度分布函数,将 $[Y]^2$ 随 θ、φ 变化作图就得到电子云的角度分布图。

电子云的角度分布图与原子轨道角度分布图相似,但有两点区别。

(1) 没有正、负号之分,因为 $[Y]^2$ 始终大于零。

(2) 比原子轨道角度分布图要"瘦"一些。因为 $Y < 1$,所以 $[Y]^2 < Y$。

当原子中的所有电子都处在能量最低的稳定态时,称为基态;当基态原子吸收外界能量时处于不稳定的状态,称为激发态。氢原子处于激发态时,它的电子云还可呈双橄榄形或四只花瓣及上下似橄榄中间似轮胎的图形,分别称为 p 电子云和 d 电子云,对多电子原子,除有 s、p、d 电子云外还有 f 电子云。

2.1.3　量子数

1s、2p、3d 和 4f 等确定了原子中电子的运动状态,这是标记波函数的方法,其中 1、2、3、4 等称主量子数;s、p、d、f 是角量子数为 0、1、2、3 等的符号。主量子数、角量子数和下面还要提到的磁量子数都是在求解定态薛定谔方程(式(2-4))时,为使求解有意义而引进的 3 个条件参数,即

$$\frac{\partial^2 \psi}{\partial x^2} + \frac{\partial^2 \psi}{\partial y^2} + \frac{\partial^2 \psi}{\partial z^2} + \frac{8\pi^2 m}{h^2}(E - V)\psi = 0 \tag{2-4}$$

式中:m 为电子的质量;E 为系统的总能量;V 为系统的势能;ψ 为波函数;它是空间坐标 x、y、z 的函数。

波函数像描述宏观物体的经典力学方程一样,薛定谔方程是描述微观粒子运动规律的方程。波函数 ψ 是薛定谔方程的解。在确定系统状态时,相应的一

组量子数与波函数是完全等价的。主量子数、角量子数和磁量子数的符号分别记为 n、l 和 m。由于 n、l、m 本身的取值必须是量子化的,所以把 n、l、m 称为量子数。一组 n、l、m 确定的允许值就表示核外电子的一种运动状态,对应一个波函数,就是表示一个原子轨道。它们表达的相关物理意义可以做如下所述。

主量子数 n 用于确定原子中允许电子出现的电子层,表征原子轨道的离核远近。n 可取 1 至无穷大的一切正整数。但地球上的元素,尚未发现 $n>7$ 的基态。对于 $n=1、2、3、4、5、6$ 和 7,光谱学中将 7 个电子层的符号分别用 K、L、M、N、O、P 和 Q 表示。电子所处电子层的能量一般随 n 的增大而升高。

角量子数 l 用于确定原子轨道的空间形状,表征原子轨道角动量的大小,俗称电子亚层。对于 n 的任意给定值,l 可以取从 0 到 $(n-1)$ 之间的所有整数。习惯上用光谱项符号 s、p、d、f 分别表示角量子数为 0、1、2、3 的电子亚层。角量子数 0(符号 s)、1(符号 p)、2(符号 d)确定的电子云的几何形状分别为球形、双橄榄形和四只花瓣以及上下似橄榄中间似轮胎的图形,角量子数为 3(符号 f)的形状更为复杂。主量子数不同,角量子数相同的电子云的几何形状基本相同。

磁量子数 m 用于确定原子轨道在磁场中的取向,表征原子轨道在空间的不同取向,即轨道数目及空间取向。对于给定的 l 值,m 可以取从 $-l$ 到 $+l$(包括 0 在内)的所有整数值。对于任意的 l,可以有 $(2l+1)$ 个不同的 m 值或称有 $(2l+1)$ 种在空间取向上彼此不同的原子轨道。

一般用主量子数 n 的数值和角量子数 l 的符号组合给出波函数(轨道)的名称,如 2s、4d 等。它们的通式是 ns、np、nd 和 nf,也称为电子组态。不同 l 值有不同角动量,它在多电子原子中与主量子数一起确定电子的能量,所以 2s、4d 等又称为能级。同一能级中的不同轨道,能量相同,空间几何形状一致,仅空间取向不同。

除 n、l、m 外,还有称为自旋量子数的第四个量子数,符号记为 m_s。它是 1928 年狄拉克在相对论的基础上将薛定谔方程作了修改,得到了狄拉克方程,在求解过程中自然引进的。m_s 可取两个数值:$+\frac{1}{2}$ 或 $-\frac{1}{2}$。m_s 沿用了电子自旋的概念。

以上 4 个量子数确定了电子在原子中的运动状态。

【例 2-1】 说明 3d 轨道上的一个电子可能处于哪几种运动状态。

解: $\psi(n, l, m, m_s)$ 可全面描述核外电子的运动状态。

对于 3d 轨道上的一个电子,$n=3$,$l=2$,则 $m=0、\pm 1、\pm 2$,$m_s=\pm\frac{1}{2}$。这 4 个量子数共有 10 种合理组合:

(1) $\psi(3,2,0,\frac{1}{2})$;(2) $\psi(3,2,0,-\frac{1}{2})$;(3) $\psi(3,2,1,\frac{1}{2})$;(4) $\psi(3,2,1,-\frac{1}{2})$;(5) $\psi(3,2,-1,\frac{1}{2})$;(6) $\psi(3,2,-1,-\frac{1}{2})$;(7) $\psi(3,2,2,\frac{1}{2})$;(8) $\psi(3,2,2,-\frac{1}{2})$;(9) $\psi(3,2,-2,\frac{1}{2})$;(10) $\psi(3,2,-2,-\frac{1}{2})$。

因此,该电子可能处于上述10种运动状态中的一种。

2.1.4 多电子原子的电子排布

对原子中电子运动的认识,从卢瑟福(E. Rutherford)模型经玻尔(N. Bohr)理论和德布罗意假设到薛定谔方程,是一个不断发展的过程。量子化学虽然对氢原子等单电子系统求得了精确的电子波函数,但许多实验事实(如光谱学研究)指出,在多电子原子中,存在着 ns、np、nd 和 nf 那样的电子组态,它赋予周期表深刻而广泛的含义,我们有必要进一步加以讨论。

除氢原子外,所有其他元素的原子在核外都不止一个电子,称为多电子原子。我们称 ns、np、nd、nf 为"组态"(或能级)是指电子在原子核外排布的组合方式或电子层、电子亚层结构。它们各自都对应着若干能量相同的原子轨道及电子排布。多电子原子的核外电子排布的总原则是使该原子系统的能量最低,使原子处于最稳定状态。

在具体排布时又遵循以下4个规则。

(1) 优先排布在能级较低的轨道上,以保证原子系统的能量最低,称为能量最低原理。

(2) 一个原子轨道最多只能容纳两个电子,而且这两个电子自旋方向相反,称为泡利不相容原理。

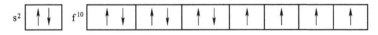

(3) 多个电子在同一能级高低相等的一组轨道尽可能分布在不同的轨道中,称为洪特规则,也是保证原子系统能量最低的必然结果。

(4) 在同一能级中,能量高低相等的 d 轨道或 f 轨道在半充满和全充满的情况下的原子系统最稳定,称为洪特规则特例。

$_{24}$Cr:$1s^22s^22p^63s^23p^6\underline{\mathbf{3d^54s^1}}$ $\qquad$ $_{29}$Cu:$1s^22s^22p^63s^23p^6\underline{\mathbf{3d^{10}4s^1}}$

按照上述原则,就可以写出原子核外的电子排布式。在书写核外电子排布式时要注意:不能简单地按能级的高低顺序写,而应按主量子数确定的电子层次序写。当内层的各亚层电子已经完全排满时,原子的核外电子排布式可以只写出其价电子层,这时的电子排布式称为原子外层电子排布式。对于主族元素的原子,价电子层就是最外层。但对于副族元素,包括 d 区和 f 区的元素,价电子层还包括次外层的 d 电子和再次外层的 f 电子。电子填充顺序如图 2-5 所示,也可以用下面的通式得到电子填充顺序:→ns→$(n-2)f$→$(n-1)d$→np。

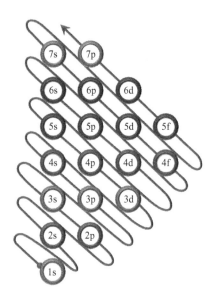

图 2-5 电子填充顺序

原子失去电子的顺序是按原子的核外电子排布式从外层到内层,Fe^{3+} 与 Fe 相比,电子层数发生了改变,由 4 层变成了 3 层,其外层电子排布式要写完整,应为 $3s^23p^63d^5$,不能写成 $3d^5$。

根据原子(或离子)各亚层的轨道的数目和相应的核外电子排布式以及每一轨道只对应 m_s 分别为 $+\frac{1}{2}$ 和 $-\frac{1}{2}$ 的 2 个电子,就可得到对应于各个轨道的电子排布式。如果 1 个轨道中仅排布 1 个电子,就称这个电子为未成对电子,1 个原子中未成对电子的总数称为未成对电子数。

【例 2-2】 下列原子的核外电子分布式分别违背了什么原理,写出各原子正确的核外电子分布式。

(1) Li：$1s^3$

(2) B：$1s^22s^23s^1$

(3) C：$1s^22s^22p_x^2$

(4) ^{24}Cr：$1s^22s^22p^63s^23p^63d^44s^2$

解：(1) 1s 轨道上至多能容纳 2 个自旋方向相反的电子,而这里填入 3 个电子,违背了泡利不相容原理。

(2) 按照多电子原子的轨道近似能级顺序,电子填满了 2s 轨道后应先进入能级较低的 2p 轨道,这里电子先进入能级较高的 3s 轨道,违背了能量最低原理。

(3) 在等价 $2p_x$、$2p_y$、$2p_z$ 轨道上,电子总是先分别占据不同的轨道且自旋平行,这里 2 个电子先填满 $2p_x$ 轨道,违背了洪特规则。

(4) 这里未考虑 5 个 3d 等价轨道处于半充满状态时系统比较稳定,违背了洪特规则的补充规定(实质是违背了能量最低原理)。

上述各原子核外电子分布式的正确写法:

(1) Li：$1s^22s^1$

(2) B：$1s^22s^22p^1$

(3) C：$1s^22s^22p_x^12p_y^1$

(4) 24Cr：$1s^22s^22p^63s^23p^63d^54s^1$

【例 2-3】 写出 29 号元素 Cu 的核外电子分布式和相应的外层电子构型。

解：按照多电子原子的轨道近似能级顺序以及能量最低原理和泡利不相容原理,Cu 的 29 个电子依次进入下列轨道:$1s^22s^22p^63s^23p^64s^23d^9$。考虑等价轨道全充满时系统比较稳定,故 3d 轨道应全充满:$1s^22s^22p^63s^23p^64s^1 3d^{10}$。书写核外电子分布式时,应将主量子数相同的轨道连在一起写,故正确的核外电子分布式为 $1s^22s^22p^63s^23p^63d^{10}4s^1$。外层电子构型:$3d^{10}4s^1$。

2.2 元素的性质与周期律

2.2.1 元素周期表

根据有关物质结构的科学实验和理论研究,将庞杂的众多元素的性质进行总结,得出了元素周期律:元素以及由它形成的单质和化合物的性质,随着元素的核外电荷数的依次递增,呈现出周期性的变化,进而画出了元素周期表。该表的基本构造如图 2-6 所示。

根据某元素原子的最后一个电子填入的亚层不同,将现代周期表分成 s、p、

d、ds 和 f 五个区,最后一个电子填入最外层的 s 亚层的元素属于 s 区,最后一个电子填入最外层的 p 亚层的元素属于 p 区,最后一个电子填入次外层的 d 亚层的元素属于 d 区,最后一个电子填入次外层的 d 亚层且为 d^{10} 的元素属于 ds 区,最后一个电子填入外数第三层的 f 亚层的元素属于 f 区。

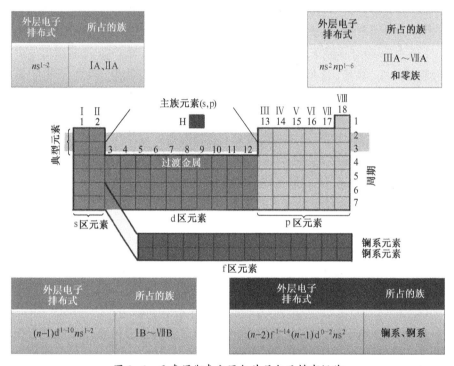

图 2-6　元素周期表分区与外层电子排布规律

元素周期表中的横行称为周期,元素周期表共有 7 个周期,7 个周期对应于 7 个能级组。元素所在的周期数等于该元素的电子层数,即第一周期主量子数 $n=1$,第二周期主量子数 $n=2$,依次类推。当 $n=1$ 时只有 1s 轨道,最多只能容纳 2 个电子,称为特短周期。其余各周期电子的填入皆对应于各能级组,起始于 s 轨道,终止于 p 轨道,如 $n=2$ 时外层电子从 $2s^1$ 起填到 $2p^6$ 止,共为 8 个元素,称为短周期。$n=4$ 时,由于出现能级交错,$E_{4s}<E_{3d}$,所以,原子序 19 号 K 外层电子填入 $4s^1$ 而不是填入 3d,该周期元素外层电子填到 $4p^6$ 时共有 18 个,称为长周期。又如,当 $n=6$ 时出现电子占据 4f 轨道的 14 种元素,它们(包括镧在内)称为镧系元素。由于 $E_{6s}<E_{4f}<E_{5d}$ 能级交错的原因,从 55 号元素铯外层电子填入 $6s^1$ 开始,到填满 $4p^6$ 元素终止,共 32 个元素,称为特长周期。过去一致认为,属于特长周期的第 7 周期没有填满,称为不完全周期,但最新公布的 2018 版元素周期表已经出现 118 号元素𬭊(Og),因此,第 7 周期已经不再是"不完全周期"

了。所以,周期号数等于电子层数。各周期元素数目等于相应能级组中原子轨道所容纳的电子总数。

元素周期表中的纵列称为族,元素周期表共有 7 个主族、7 个副族、1 个零族和 1 个第Ⅷ族。各主族元素的族数等于该族元素原子的最外层中的电子数。在同一族内,虽然不同元素的原子电子层数不同,然而,都有相同的外层电子数,由此决定了同一族元素性质的相似性。副族元素的情况稍有不同,它们除了能失去最外层电子外,还能失去次外层上的部分 d 电子。所以,副族元素的族数等于该元素失去(或参加反应)电子的总数(最外层 ns 和次外层 $(n-1)d$ 电子数的总和)。第Ⅷ族占 3 个纵列,其最外层 ns 和次外层 $(n-1)d$ 电子数的总和分别为 8、9、10,理应对应ⅧB、ⅨB、ⅩB,但这 3 列元素的性质十分相似,故并为一族,称为第Ⅷ族。零族元素的最外电子层是一个满层,比较稳定,一般不会得到或失去电子,因此,一般也不会发生化学反应,其价电子数为零,故称为零族。

【例 2-4】 判断原子序数分别为 15、25、30 的元素在周期表中的位置(周期、族和区)。

解: 原子序数 15,核外电子分布式为 $1s^22s^22p^63s^23p^3$。

由于电子层数为 3,因此该元素位于第 3 周期;又由于电子最后填入 p 轨道,且 3p 轨道未填满,因此,该元素属 p 区主族元素。外层电子构型为 $3s^23p^3$,根据最外层 s 电子与 p 电子数总和为 5,判断这是第 VA 族元素。因此,15 号元素是第 3 周期第 VA 族元素,属 p 区。

原子序数 25,核外电子分布式为 $1s^22s^22p^63s^23p^63d^54s^2$。外层电子构型:$3d^54s^2$。电子层数为 4,属第 4 周期;电子最后填入 d 轨道,且 3d 轨道未填满,属 d 区副族元素。最外层 s 电子与次外层 d 电子数总和为 7,属第ⅦB 族元素。因此,25 号元素是第 4 周期第ⅦB 族元素,属 d 区。

原子序数 30,核外电子分布式为 $1s^22s^22p^63s^23p^63d^{10}4s^2$。外层电子构型:$3d^{10}4s^2$。电子层数为 4,属第 4 周期;电子最后填入 d 轨道,且 3d 轨道全充满,故属 ds 区副族元素。最外层 s 电子数为 2,属第ⅡB 族元素。因此,30 号元素属第 4 周期第ⅡB 族元素,位于 ds 区。

2.2.2 元素性质的周期性

在已发现的 112 种化学元素中非金属元素仅 22 种,其余是金属元素。实际上,金属元素和非金属元素很难绝对区分,位于周期表 p 区中 B(硼)、Si(硅)、As(砷)、Te(碲)、At(砹)对角线上及其附近的一些元素,其性质介于金属元素和非金属元素之间。

在化学反应中,金属元素的原子易失电子变成正离子,非金属元素的原子易得电子变成负离子。易失电子的金属元素的电离能小。电离能是指从孤立的气态原子失去1个电子成为正离子时所吸收的能量。易得电子的非金属元素的电子亲和能大。电子亲和能是指气态原子获得1个电子成为负离子时所放出的能量。对多种价态的元素,根据原子得失电子的多少又有第一、第二、第三等电离能或电子亲和能。元素的电离能和电子亲和能一般说来与核电荷数、原子半径及电子层结构有关。在多电子原子中,某个指定电子的得失能力不仅与受核的吸引有关,而且还受其他电子排斥作用的影响。其他电子抵消核电荷(Z)对该电子的作用称为屏蔽效应;其他电子抵消核对该电子作用后剩下的核电荷称为有效核电荷(Z')。Z'可按下式计算,即

$$Z' = Z - \sigma \tag{2-5}$$

式中:σ 为屏蔽常数,等于所有电子屏蔽常数的总和。在原子中,如果屏蔽常数大,说明屏蔽效应大,电子受到吸引的有效核电荷减小,电子具有的能量就增大。要计算某一电子所受到的有效核电荷大小,就要知道屏蔽常数 σ 的数值。对于外层上指定的某个被屏蔽电子,其屏蔽常数的取值可先按下列顺序和组合方式写出元素的电子组态:(1s)、(2s,2p)、(3s,3p)、(3d)、(4s,4p)、(4d)、(4f)和(5s,5p)等。然后,按下述原则进行计算:①在(ns,np)组右边的电子对屏蔽常数的贡献为0;②在(ns,np)同一组中,其他电子的屏蔽常数为0.35(1s 轨道用0.3更好些);③在($n-1$)层的每个电子的屏蔽常数为0.85;④在($n-2$)或更内层的电子屏蔽作用更完全,即它们中每个电子屏蔽一个单位正电荷,屏蔽常数为1.00;⑤对于 nd 或 nf 组的电子,规则①和②是相同的,但规则③和④变为:所有在 nd 或 nf 组左边的电子对屏蔽常数的贡献为1.00。外层电子所受到有效核电荷作用越大,离核的半径越小,越难从原子中失去。我们把在化学反应中易失电子的元素视为其金属性强,把易得电子的元素视为其非金属性强。在周期表的短周期中,只有 s 区和 p 区,同周期元素自左往右每增加1个电子,有效核电荷约增加0.65,而且原子半径缩小,金属性和非金属性的变化也都较明显。在长周期中,出现了 d 区,每增加1个电子,增加的有效核电荷只有0.15左右,较 s 区和 p 区小得多,同时自左向右原子半径的缩小也较缓慢,因此,金属性的减弱或非金属性增强都缓慢,一些性质也比较相似。至于长周期中的 s 区和 p 区部分元素,又和短周期元素一样,自左往右金属性的减弱和非金属性增强都较明显。

在周期表中,各种元素原子和单质的性质递变,周期性是表现得相当充分的。周期表中,还需特别注意 p 区的零族和 d 区的第Ⅷ族元素的外层电子组态。

零族元素也称为稀有气体元素。除 He 外,零族元素外层电子的组态为 ns^2np^6,外层电子总数为8,而不是零。因为它们具有稳定的外层电子结构,化学性

质极不活泼,在化学反应中表现惰性,所以过去称作惰性气体。在工程技术中利用其惰性,将其用做金属焊接或冶炼的保护性气体。在等离子体溅射淀积技术领域中,用做溅射气体,不仅可避免与靶材料起化学反应,而且还可获得最大溅射率。

第Ⅷ族元素的外层电子组态,除 Pd 和 Pt 外均为 $(n-1)d^{6~8}ns^{1~2}$。它们的外层电子总数不一定都是 8,只有钌(Ru)和锇(Os)有 +8 价的化合物 RuO_4 和 OsO_4。铁系元素 Fe、Co、Ni 的性质极其相似,它们的原子中都存在未成对电子,表现出明显的顺磁性,能被磁体所吸引,通常称它们为铁磁性物质。铁、钴、镍及合金都是很好的磁性材料。

在 s 区和 p 区的同一族中(包括零族),自上而下有效核电荷变化不大,但随主量子数的增加,半径有较大增加,这使核对电子的作用明显减弱,所以,自上而下一般金属性增强、非金属性减弱。例如,第 V 族,从非金属元素氮到金属元素铋,金属性的递增十分明显。与 s 区和 p 区不同,在 d 区除钪族外,其他各族的金属性从上到下都减弱。其中的原因十分复杂,可不予深究,但其结果十分重要。

2.2.3 周期表中的金属元素

1. 金属的分类

金属按照化学活泼性分为活泼金属(s 区、ⅢB 族)、中等活泼金属(d 区、ds 区、p 区)以及不活泼金属(d 区)。按工程技术分为黑色金属和有色金属,有色金属又包括密度小于 $5g/cm^3$ 的轻金属、密度大于 $5g/cm^3$ 的重金属及金、银和铂族元素等贵金属、稀有金属和放射性金属等。

2. 金属的通性

金属一般都具有光泽,由于价电子不同所现颜色也有所差异。除锂、钠、钾比水轻外,其余金属的密度都大于 $1g/cm^3$。最轻的金属是锂,最重的金属是锇。s 区金属原子半径较大,多数熔点较低。d 区金属大都熔点较高,尤其 VB–Ⅶ族金属(除锰外)是高熔点金属,这与它们的价电子较多且原子半径较小有关系。最难熔的金属是钨,最硬的金属是铬。ⅡB 族和 p 区金属是低熔点金属,这与它们的晶体结构有向分子晶体逐渐转变的趋势有关。汞是熔点最低的金属。金属一般是良导体,尤其 ds 区的银、铜和 p 区的铝。金属的导电性一般随温度的升高而下降,杂质对金属的导电性能力影响很大。导电性好的金属一般导热性能也较好。此外,金属还有延展性、热膨胀性和磁性等性能。

大部分金属的化学性质都比较活泼,容易与氧、水、酸、碱反应失去电子形成正离子或金属氧化物,表现为还原性。

3. 重要的金属元素

1）主族金属元素

(1) s区金属。s区元素的外层电子构型为 $ns^{1\sim2}$。s区元素及其单质的特点:少(价电子数少)、大(原子半径大)、轻(密度小于 $5g/cm^3$)、软(硬度较小)、易熔(铍的熔点高达1278℃除外)、易失去电子,这些特性应用于各种不同的工程实际。

s区金属很活泼,还原性很强,极易与氧气作用,也能与水剧烈反应,是非常活泼的金属(只有 Li、Be、Mg 与水反应不剧烈)。除具有金属的共同性质外,还可以生成3种类型的氧化物,即正常氧化物、过氧化物和超氧化物。它们的氢氧化物 $Be(OH)_2$ 呈两性,$LiOH$ 和 $Mg(OH)_2$ 为中强碱,其余都是强碱。s区的钠、钾、钙等金属与氧气反应时,还能生成过氧化物(如 Na_2O_2)或超氧化物(如 KO_2)。这些过氧化物和超氧化物都是强氧化剂和固体储氧物质。超氧化钾可用于防毒面具,是基于吸收水气和二氧化碳放出氧气,即

$$4KO_2 + 4CO_2 + 2H_2O = 4KHCO_3 + 3O_2$$

ⅠA族元素最外层只有一个电子,该电子从金属表面逸出仅需很小的能量。当受到光照射时,电子就会从金属表面逸出,这种现象称为光电效应。铷和铯均具有优良的光电性能,即使在极弱的光照作用下,也具有放出电子的能力,因此,铷和铯常用来制造各种光电管中的光电阴极材料,广泛用于过程的自动控制和调节等现代技术领域。

锂(密度仅为 $0.5g/cm^3$)是常温下最轻的固体单质。锂铝合金称为超轻合金,是金属结构材料中最轻的一种。

ⅡA族元素铍(密度为 $1.85g/cm^3$)的重要合金之一铍铝合金(含铍62%、铝38%)具有质量小、强度大、耐高温、加工性能好等优点,除应用于导弹、火箭、超声速飞机的结构部件外,还常用于电子计算机、核燃料包套(铍是最好的中子源、快中子减速剂和中子反射层材料)。铍与镍、铜、锡的合金因具有受冲击时不产生火花的优异性质,是石油化工、矿山工业和电器等行业中不允许有明火的场合所不可缺少的。

常用的镁(密度为 $1.74g/cm^3$)合金是镁和铝、锌、锰等的合金。该类合金密度小,单位质量材料的强度高,能承受较大的冲击载荷,具有优良的机械加工性能,一般用于制造仪器、仪表零件,飞机的起落架等。

(2) p区金属元素。p区元素的外层电子构型为 $ns^2np^{1\sim6}$。p区金属原子半径、密度(除铝外)都较大,属于重金属。p区金属元素大多活泼性较差,其长周期元素次外层d电子已填满,不能参与成键,所以其长周期元素单质 Bi、Sn、Pb、Hg 等是常用的硬度较小的低熔点金属。汞(熔点-38.8℃)在室温时呈液

态,且在0~200℃时体积膨胀系数很均匀,常用作温度计、气压计中的液柱。铋(熔点271.3℃)的某些合金的熔点在100℃以下,如由50%铋、25%铅、13%锡和12%镉组成的"伍德合金",其熔点为71℃,应用于自动灭火设备、锅炉安全装置以及信号仪表等。由37%铅和63%锡组成的合金的熔点为183℃,用于制造焊锡。

p区的金属唯有铝较活泼,但它是易"钝化"的轻金属,密度大约只有铁或铜的1/3。铝中加入少量铜、镁、锌、锰等合金元素后形成的合金,强度达到并超过钢材的强度,而质量却仅为钢材的1/4左右,因此,铝合金可用来代替钢铁和铜,用作航空、航天飞行器的主要结构材料。此外,铝还具有良好的导电、导热性能,常用来代替铜制造导电材料,特别是高压电缆。

2) 过渡金属元素

过渡金属有3个系列,其共同特点归纳如下:

(1) 价电子依次填充在次外层d电子层上,最外层只有一个或两个电子。

(2) 金属性比同周期的p区元素强,但比s区元素弱。

(3) 过渡金属的水合离子都具有特征的颜色。

(4) 过渡金属离子都有未充满的$(n-1)$d轨道、ns和np轨道。另外,离子半径也较小,因而,易接受配位体形成配离子。

总之,过渡金属的原子或离子由于具有能级相近的外层电子轨道$(n-1)$d、ns、np,因此,其(水合)离子大都具有颜色,如图2-7所示;又由于其离子的最外层一般为未填满的ds结构,所以它们有很强的形成配合物的倾向,致使许多过渡元素及其化合物具有独特的催化性能。

Ti^{3+}　　Cr^{3+}　　Mn^{2+}　　Fe^{3+}　　Co^{2+}　　Ni^{2+}　　Cu^{2+}

图2-7　第一过渡系金属离子颜色

过渡金属中的d区元素的外层电子构型为$(n-1)d^{1\sim8}ns^2$。d区金属元素的密度一般大于$5g/cm^3$(Sc、Ti除外),属于重金属。大多数是高熔点金属,其中以钨的熔点(3410℃)最高。除ⅢB族金属较软外,其余都有较高的硬度,铬是所有金属中最硬的。这是因为这些元素的原子有较多未成对的d电子参与金属键的形成,又具有较小的原子半径,所以金属键很强。根据以上特性,它们之中很多都是重要合金材料(如高温合金、硬质合金等)的主要组成元素。

高温合金又称耐热合金,大多是利用 d 区合金元素制成的铁基、镍基、钼基、铌基和钨基合金等,在高温下具有良好的高温性能(蠕变强度和持久强度等)和化学稳定性。它们广泛地应用于制造航空涡轮发动机、各种燃气轮机热端部件(如涡轮工作叶片、燃烧室等),应用领域涉及舰艇、火车、汽车、火箭发动机以及核反应堆等高技术领域。

第ⅣB、ⅤB、ⅥB 族金属与碳、氮、硼等所形成的金属型化合物等,硬度和熔点特别高,统称为硬质合金,如钨钴硬质合金中含 94%W 和 6%Co(Co 用作黏接剂)。硬质合金是制造高速切削和钻探等工具主要部位的优良材料。

钛、铬、锰及其化合物为工业主要原料,在国民经济各个领域已获得广泛应用。第五、六周期的第Ⅳ、Ⅴ、Ⅵ、Ⅶ副族的元素都极不活泼,称为耐蚀金属,这为我们选择和使用耐蚀材料提供了依据。

某些过渡金属、合金或金属互化物在一定温度和压力条件下能大量吸收并可逆地释放氢气,可作为储氢材料。当前研究认为最有希望的有镧镍合金、钛铁合金、镁镍合金和混合稀土类合金等。如 $LaNi_5$ 吸氢后可形成固体氢化物 $LaNi_5H_6$,单位体积的储氢量可达 $88kg/m^3$,高于液氢的 $70.6kg/m^3$,相当于合金本身体积的 1000 倍以上(金属钯吸氢量高达本身体积的 2800 倍,但因物稀价昂,一般只用于制超纯氢而不用作储氢材料)。

3) 稀土金属元素

稀土金属元素包括原子序数从 57 至 71 的 15 种镧系元素以及化学性质相近、地质矿物共生的 21 号元素钪(Sc)和 39 号钇(Y),共 17 种元素。"稀土"是从 18 世纪初沿用下来的名称,因当时用以提取这类元素的矿物比较稀少,而且获得的氧化物难熔化,也难溶于水、难分离,其外观又酷似"土壤"而得名。由于它们的物理和化学性质极为相似,在自然界中共生,难以分离,因此,工业上一般使用它们的混合物——"混合稀土"。其实,稀土既不稀也非土。它在地壳中的储量相当丰富,全世界已探明的稀土储量的 90%在中国、美国、印度 3 个国家。我国的内蒙古储量最大。稀土不像其他金属那样可单独用做结构材料,而多作添加剂使用,不但在冶金工业、石油化工工业作为催化剂,在能源工业中作为储氢材料,而且在激光、电子、电视、原子能、农业以及生命科学等方面也得到广泛的应用。

我国有丰富的稀土资源(约占全世界的 80%),近年来,稀土元素受到广泛的重视,稀土金属具有以下共同特点:

(1) 镧系金属原子的外层电子构型为 $4f^{1-14}6s^2$,它们之间的差别在 4f 亚层上,所以其化学性质极为相似,彼此难以分离。

(2) 稀土金属的还原性很强,与镁相当。

(3) 稀土金属有稳定的+3价。

(4) 稀土金属的水合离子都具有颜色。但4f电子数为0、1、6、7、8、13、14的离子为无色或接近无色。

稀土元素有相似的外层电子组态和相近且较大的离子半径,这使它们的化学性质都异常活泼。稀土金属与空气中的氧在室温下就能作用生成稳定的氧化物。新切开的稀土金属表面是银白色的,在空气中因迅速氧化而变暗。由于氧化膜不够致密,氧化作用将持续下去,所以一般稀土金属多放在煤油中使之与空气隔绝。由于稀土金属的燃点较低(约200℃),与氧化合时放出的热量较大,因此,稀土金属和铁(7∶3)的合金可用做打火机里的火石,由火石磨出的细屑因在空气中剧烈氧化而着火。由于稀土元素的4f电子与其他层电子能级间的跃迁,使高纯稀土和稀土化合物可用做各种荧光体的基质材料、激活剂、激光基体、磁性材料和各种电子材料。在冶炼金属时,加入0.15%~1%的稀土,可改善金属材料的性质。利用某些稀土元素,如Ce、Eu、Y的变价性质所起到的氧化还原作用,可将它们应用于玻璃脱色、制作防辐射玻璃或用做植物生长调节剂等。由于稀土金属其结构的特殊性,因此,具有一些独特的性能,在工业上已获得广泛应用。表2-1归纳了稀土金属的一些工业应用。

表2-1 稀土金属的一些工业应用

应用领域	用途及特性
冶金工业	稀土金属称为冶金工业的"维生素",可以作为脱氧剂、脱硫剂、吸氢剂和球化剂。在难熔金属或合金中加入稀土,可以大大改善金属或合金的延展性,提高高温抗氧化能力。
石油化工	作为催化剂广泛用于有机合成,也可用于汽车尾气处理,使CO转化率达88%。
玻璃陶瓷	CeO_2可做精密光学玻璃的抛光剂,含La_2O_3的光学玻璃有很高的折射率。
磁性材料	钐钴合金或稀土-钴合金为最强的永磁体。钕铁硼称为"永磁王",可以吸起自身质量700倍的物体。
发光材料	铕的氧化物,特别是Eu_2O_3(掺入Y_2O_3或Gd_2O_3),可作彩电中的红色荧光体。
其他	储氢、超导、核燃料的稀释等。

2.2.4 周期表中的非金属元素

非金属元素大都集中在周期表的右上方,沿B-Si-As-Te-At对角线将其与金属分开。非金属元素(22个),除氢在s区($ns^{1~2}$)外,其余都分布在p区

($ns^2np^{1~6}$)。非金属既可以存在于地壳中,也可以存在于空气中;既可以单质形式存在,也可以化合物形式存在。

1. 非金属元素的通性

非金属元素原子的外层电子构型决定了其具有容易得电子的氧化特性,因此,非金属元素容易形成单原子负离子或多原子负离子,它们在化学性质上也有较大的差别,在常见的非金属元素中,以 F、Cl、O、S、P、H 较活泼,而 N、B、C、Si 在常温下较稳定。活泼的非金属容易与金属元素形成卤化物、氧化物、硫化物、氢化物或含氧酸盐等,且非金属元素之间亦可形成卤化物、氧化物、硫化物、氢化物或含氧酸盐。非金属单质发生的化学反应涉及范围较广,如非金属单质一般不与盐酸和稀硫酸反应,但其中的 C、S、P、I、B 可与浓硫酸或硝酸反应,反应产物为相应元素所在族的最高氧化态的含氧酸并伴随着气体逸出;除 F、O、C 外,大多数非金属元素均可与强碱反应;大部分非金属元素不与水作用,只有卤素可与水发生不同程度的反应,但高温下 B、C 等可与水反应。

另外,非金属单质大多熔点沸点很低,唯有中部的碳、硅、硼具有很高的熔点和硬度。

2. 非金属单质的化学性质

单质的氧化还原性基本符合周期系中非金属性的递变规律。非金属单质大多既具有氧化性又具有还原性,一般使用情况如下:

(1)较活泼的非金属单质,如 F_2、O_2、Cl_2 和 Br_2 等常用做氧化剂。

(2)较不活泼的非金属单质,如 C、H_2 及 Si 等常用做还原剂。

(3)部分非金属单质既具有氧化性又具有还原性,如 Cl_2、Br_2、I_2、P 及 S 等能发生歧化反应。例如:

$$I_2(g)+H_2S(g)=2HI(g)+S(s) \qquad (I_2 \text{的氧化性})$$

$$I_2(s)+5Cl_2(g)+6H_2O(l)=2HIO_3(aq)+10HCl(aq) \qquad (I_2 \text{的还原性})$$

$$2H_2(g)+O_2(g)=2H_2O(g) \qquad (H_2 \text{的还原性})$$

$$Ca(s)+H_2(g)=CaH_2(s) \qquad (H_2 \text{的氧化性})$$

$$Cl_2(g)+2KOH(aq)=KCl(aq)+KClO(aq)+H_2O(l) \quad (Cl_2 \text{的歧化反应})$$

一些不活泼的非金属单质(如稀有气体、N_2 等)通常不与其他物质反应,常用做惰性介质或保护性气体。氢气由于燃烧热值大(燃烧 1kg H_2 相当于 3kg 汽油或 4.5kg 焦炭的发热量),而且燃烧产物只有水,不污染环境;同时,氢气可从分解水制得。因此,氢气被认为是理想的二级能源。近年来,科学家们在努力探索合理、价廉的制氢方法,解决氢的储存与运输等问题。它的成功开发将会给人类在控制环境污染、缓解能源危机等方面带来福音。

3. 重要的非金属元素及其化合物

1) 非金属半导体

位于 p 区对角斜线上的硼($2s^22p^1$)、硅($3s^23p^2$)、锗($4s^24p^2$)、砷($4s^24p^3$)、锑($5s^25p^3$)、碲($5s^25p^4$)等都是半导体元素。在单质半导体中,硅和锗被认为是最好的半导体材料,是半导体器件和集成电路的重要材料。化合物半导体多由 p 区的ⅢA 与ⅤA 族元素组成,较典型的有 GaAs、AlP 和 InSb 等。由于半导体的导电能力随温度、掺杂、辐射、光照、电场或磁场而发生显著变化,利用这些特性可以制成各种用途的半导体器件。如利用 InSb 已制成极为灵敏的近红外检测器,用 GaAs 制成的半导体器件能在很高的温度(300~500℃)下工作,目前,已在人造卫星、火箭、雷达等尖端技术中广泛应用。

2) 碳及其重要化合物

碳的外层电子构型为 $2s^22p^2$。单质碳有 3 种,即金刚石、石墨和以 C_{60} 为代表的碳簇,它们是碳的 3 种同素异形体。金刚石的熔点(3652℃)及硬度是所有单质中最高的。碳、氮、硼、硅等非金属元素间能结合成化合物。例如,碳化硅(SiC)、氮化硅(Si_3N_4)、氮化硼(BN)等(图 2-8),这类化合物熔点高、硬度大,是工业上常用的耐高温、耐磨硬质结构材料,除直接用于制造陶瓷刀具及发动机涡轮构件等外,还可将其作为高温陶瓷涂层涂覆在不锈钢、轻质合金、金属铁、钢等高温金属表面,以提高它们的耐热性、耐磨性和高温抗氧化性。其中,金刚石型氮化硼硬度仅次于金刚石,而耐热性比金刚石好,应用范围与金刚石基本类似,是新型的耐高温超硬材料,可用于制造钻头、磨具和切割。

Si_3N_4 轴承

SiC 陶瓷叶片

陶瓷尾喷管

图 2-8　非金属新型陶瓷

3) 氧、硫及其重要化合物

氧与硫都属于ⅥA,其外层电子构型分别为 $2s^22p^4$ 和 $3s^23p^4$。

单质氧有氧气 O_2 和臭氧 O_3 两种同素异形体。在高空约 25km 高度处,O_2 分子受到太阳光紫外线的辐射而分解成 O 原子,O 原子不稳定,与 O_2 分子结合生成 O_3 分子。吸收紫外线后,O_3 又分解为 O_2。因此,高层大气中存在着 O_3 和 O_2

互相转化的动态平衡。正是臭氧层吸收了大量紫外线,才使地球上的生物免遭这种高能紫外线的伤害。O_2 是一种无色、无臭的气体,是地球上许多生物生存的必需物质;O_3 是一种淡蓝色的气体,因其具有一种特殊的腥臭而得名,但其在稀薄状态下并不臭,闻起来有清新爽快之感。微量的 O_3 能消毒杀菌,对人体健康有益。但空气中 O_3 过量时,不仅对人体有害,对农作物等物质也有害,它的破坏性也是基于它的氧化性。

过氧化氢 H_2O_2 是氧的重要化合物,其水溶液俗称双氧水。纯 H_2O_2 是一种淡蓝色的黏稠液体,可以与水以任意比例互溶。3% 的双氧水有消毒杀菌的作用。H_2O_2 最常用作氧化剂,可用于漂白毛、丝织物和油画,纯的 H_2O_2 还可用作火箭燃料的氧化剂。在碱性溶液中,H_2O_2 是一种中等强度的还原剂,工业上常用 H_2O_2 的还原性除氯,因为它不会给反应体系带来杂质。H_2O_2 若遇到比它更强的氧化剂(如 $KMnO_4$)时,也会表现出还原性。

单质硫有多种同素异形体,其中最常见的是斜方硫和单斜硫。斜方硫也称为菱形硫或 α-硫,单斜硫又称 β-硫。斜方硫在 368.4K 以下稳定,单斜硫在 368.4K 以上稳定。硫单质为黄色晶状固体,是黑火药的主要成分之一。硫的熔点为 385.8K(斜方硫)和 392K(单斜硫),沸点为 717.6K,密度为 $2.06g/cm^3$(斜方硫)和 $1.96g/cm^3$(单斜硫)。硫的导热性和导电性都很差,性松脆,不溶于水,能溶于 CS_2 中。硫是一个很活泼的元素,能形成化合价为 -2、+6、+4、+2、+1 价的化合物,其中 -2 价的硫具有较强的还原性,+6 价的硫只有氧化性,+4 价的硫既有氧化性也有还原性。

在硫化物中,硫属化物也是一类化合物半导体。作为Ⅱ~Ⅵ族化合物半导体材料,多数硫属化物无毒或低毒,其禁带宽度也可以在很大的范围内调节,因此,在太阳能发电、热光伏发电、微电子及红外光学等领域均有重要的应用。例如,和硅光学带隙相近的 SnS 与太阳辐射有很好的光谱匹配,因而,非常适合于作为太阳能电池中的光吸收层;利用 CdS、CdSe 等可以制备出高效化合物半导体太阳能电池;Cu_2ZnSnS_4 则更有望作为高效、廉价的太阳能电池材料等。

4) 氢、氮、氯及其重要化合物

氢是周期系中第一号元素,在所有元素原子中氢原子的结构是最简单的,其电子层结构为 $1s^1$。已知氢有 3 种同位素,其中 $_1^1H$(氕,符号 H)占其总量的 99.98%、$_1^2H$(氘,符号 D)占其总量的 0.016%、$_1^3H$(氚,符号 T)占其总量的 0.004%。由于它们的质子数相同而中子数不同,因而,它们的单质和化合物的化学性质基本相同,物理性质和生物性质则有所不同。

氢气是无色、无臭、无味的气体,是所有气体中最轻的。因此,可用以填充气球。氢气球可以携带仪器作高空探测。在农业上,使用氢气球携带干冰、碘化银等试剂在云层中喷撒,进行人工降雨。液氢是超低温制冷剂,可将除氦外的所有气体冷冻成固体。液氢又是重要的高能燃料,美国宇宙航天飞机和我国"长征"三号火箭均用到液氢燃料。氢气可在氧气或空气中燃烧,得到的氢氧焰温度可高达3000℃,适用于金属切割或焊接。加热时,氢气可与许多金属或非金属反应,形成各类氢化物。在高温下,氢作为还原剂与氧化物或氯化物反应,将某些金属或非金属还原出来。另外,由于氢气燃烧后只产生水,不会污染环境,可谓理想的绿色燃料,在动力领域(如汽车、飞机、航天器等)都已经或将要采用氢能源。为了提高氢能利用率和使用上方便,还可以做成氢—空气燃料电池,或先把氢储存于储氢材料、含氢化合物中待用。

氮在地壳中的质量百分含量是0.46%,绝大部分氮是以单质分子N_2的形式存在于空气中。除了土壤中含有一些铵盐、硝酸盐外,氮以无机化合物形式存在于自然界是很少的,而氮却普遍存在于有机体中,是组成动植物体的蛋白质和核酸的重要元素。

氮的外层电子构型为$2s^2 2p^3$,有3个自旋平行的p电子,价层p轨道处于半充满状态,能结合3个电子形成-3价阴离子,当与电负性大的元素结合时,可显正价(+1到+5)。联氨N_2H_4又称"肼",可以看成是NH_3分子内的一个H原子被氨基(—NH_2)取代的衍生物。N_2H_4及其衍生物在与过氧化氢(H_2O_2)或N_2O_4等氧化剂反应时,都能放出大量的热,因此,可用作火箭燃料,做火箭的推进剂。另外,由于硝酸(HNO_3)中的N处于最高氧化态+5,因此,具有强的氧化性。除少数金属(金、铂、铱、铑、钌、钛、铌等)外,HNO_3几乎可以氧化所有金属生成硝酸盐。HNO_3还可与甲苯、苯酚等有机物发生消化反应制备三硝基甲苯(TNT)和三硝基苯酚(苦味酸)等炸药。

氯在地壳中的质量分数为0.031%,主要以氯化物的形式蕴藏在海水里,海水中含氯大约为1.9%。在某些盐湖、盐井和盐床中也含有氯。氯的外层电子构型为$3s^2 3p^5$,得1个电子就能达到稳定的8电子构型,因此,常显-1价。若与电负性大的元素结合时,也可显正价(+1、+3、+5、+7)。

氯气能与各种金属作用,反应比较剧烈。例如,钠、铁、锡、锑、铜等能在氯气中燃烧,甚至不与氧气直接反应的银、铂、金也能与氯气直接化合。但氯气在干燥的情况下不与铁作用,因此,可以把干燥的液氯储存于铁罐或钢瓶中。1915年4月22日,德军将5730个钢瓶中的180t氯气作为化学武器吹向协约国(英、法等国)军队的阵地,造成15000人中毒,其中约5000人死亡,从而开创了大规模使用化学武器的先河。

氯酸钾是重要的含氯化合物,它是无色晶体或白色粉末,属于强氧化剂,可与硫、磷、碳等还原性物质及有机物、可燃物混合后,经摩擦或撞击就会发生燃烧和爆炸,因此,可用来制造炸药、火柴及烟火。

2.2.5 生命体系中的元素及其作用

1. 生命元素

生命元素是指在生物体中能维持其正常生命活动功能所不可缺少的化学元素。科学工作者通过研究环境元素和生命元素的关系,了解到生物体在适应生存和进化中,逐渐形成一套摄入、排泄和适应这些元素的保护机制。研究表明,存在于生物体内的元素可分为4种类型。

(1) 生命元素。按其含量的不同,又分为常量元素和微量元素。人体内大约含有 28 种必需元素,其中常量元素为 O、C、H、N、Ca、P、S、K、Na、Cl、Mg 等,约占人体重的 99.95%,微量元素仅占人体重的 0.05%,它们是 Fe、F、Zn、Si、Br、Sn、Cu、V、I、Mn、Cr、Se、Mo、Ni、As、B、Co,但其作用不小。

(2) 可能有益或辅助营养元素(可能为潜在的生命元素)。有益元素是指人体中假若缺少这些元素(如 Li、Ce、Al、As、Rb、Ti、Sr、B 和稀土元素),虽然可以维持生命,但不能认为是健康的。对于必需元素均有一个最佳摄入量的问题。例如,碘以每天毫克计,人体的最小需要量为 0.1mg,耐受量为 1000mg,大于 1000mg 即为中毒量。

(3) 玷污元素。有 20~30 种普遍存在于各组织中的元素,它们的浓度是变化的,而生物效应还没有被完全确定,它们也可能来自环境的玷污,因此称为玷污元素。当觉察出有害的生理或行为症状时,玷污元素就成为污染元素了。

(4) 有毒元素。有些污染元素是有害的,特别是重金属元素。例如,血液中的铅、镉和汞虽然浓度极低,但起着有害作用,它们是有毒元素。

体内元素维持平衡状态是经过人类长期进化形成的。如果正常的摄入、积累和排泄发生障碍,靠人体自身已不能调控、维持平衡,便会发生疾病。元素的过量可能比缺乏更令人担忧,因为某种元素的缺乏容易补偿,而过量则难以清除,或者清除过程中会产生副作用。

2. 生命元素的生物功能

在生命物质中,除 C、H、O、S 和 N 参与形成各种有机化合物外,其他生物元素各具有一定的化学形态和功能,这些形态包括它们的游离水合离子和与生物大分子或小分子配体形成的配合物,以及构成硬组织的难溶化合物等。表 2-2 列出了生命元素的生物功能。

归纳起来,这些元素在生物体内所起的生理和生化作用,主要有以下几方面:

(1) 结构材料,Ca、P、Fe 构成硬组织,C、H、O、N、S 构成有机大分子。

(2) 运载作用,担负着对某些元素和物质在体内传递的载体作用。
(3) 组成金属酶或作为酶的激活剂。
(4) 调节体液的物理、化学特性。
(5) "信使"作用,起着传递生命信息的作用。
(6) 维持核酸的正常代谢。

表 2-2 生命元素的生物功能

元素	主要生物功能
金属	
Na K	调节细胞内外渗透压,ATP 酶的激活剂。
Ca	骨骼、牙齿的主要成分,神经传递和肌肉收缩所必需。
Mg	酶激活剂,稳定 DNA 和 RNA 的结构,叶绿素的成分。
Fe	血红蛋白和肌红蛋白的成分,氧的储存和输送,铁酶的成分,电子传递。
Zn	许多酶的活性中心,胰岛素的成分。
Cu	载氧元素和电子载体,调节铁的吸收和利用,水解酶和呼吸酶的辅因子。
Mn	酶的激活,植物光合作用中水光解的反应中心。
Mo	固氮酶和某些氧化还原酶的活性组分。
Co	维生素 B_{12} 的成分。
Cr	胰岛素的辅因子,调节血糖代谢。
V	藻生长因素,血钒蛋白载氧。
Sn	存在于核酸的组成中,和蛋白质的生物合成有关。
Ni	存在于人和哺乳动物的血清中,是某些动物生长所必需的微量元素,对人体的生物功能不详。
非金属	
H O	水、有机化合物组成成分。
C N	有机化合物的组成成分。
S	蛋白质的成分。
P	ATP 的成分,为生物合成与能量代谢所必需。
F	骨骼和牙齿正常生长所必需的元素。
Cl	存在于细胞外部体液中,调节渗透压和电荷平衡。
Br	以有机溴化物形式存在于人和高等动物的组织和血液中,其生物功能不详。

(续)

元素	主要生物功能
非金属	
I	甲状腺素的成分。
Se	清除自由基,参与肝功能与肌肉代谢。
B	植物生长所必需。
Si	骨骼和软骨形成的初期阶段所必需。
As	对血红蛋白合成是必需的,能促进大鼠、山羊、小猪的生长,但过多的积累将损伤这些动物的繁殖能力。

2.3 化学键与分子间力

2.3.1 化学键与分子空间构型

原子通过化学键结合成分子。化学键是分子中相邻原子间较强烈的结合力。这种结合力的大小常用键能表示,为 $125\sim900 kJ\cdot mol^{-1}$。这种强烈相互作用的力是高速运动的电子对被结合的原子的一种吸引力,也可以说成是原子对电子的吸引。如果某个原子对电子的吸引力大,那么,分子中的电子云就偏向该原子。为了定量地比较原子在分子中吸引电子的能力,1932 年,美国化学家鲍林(L. C. Pauling)在化学中引入了电负性的概念。一个原子的电负性越大,原子在分子中吸引电子的能力越强;电负性越小,原子在分子中吸引电子的能力越小。

1. 离子键

离子键又称电价键,是由正、负离子间通过强烈的静电引力而形成的化学键。

两元素的电负性大小相差越大,它们之间形成键的离子性越大。当电负性相差大于等于 1.7 时,键以离子性为主。正、负离子依靠静电作用结合成卤化物、氧化物等。离子键是强烈的静电作用力,没有方向性和饱和性。由离子键结合而成的化合物称为离子化合物,得到或失去的电子数目称为电价数。离子化合物在常温下一般都是固态晶体。

离子键的特征是:离子键的本质是静电作用力,只有电负性相差较大的元素之间才能形成离子键;离子键无方向性、无饱和性;离子键是极性键。

2. 共价键

为能解释那些由电负性相差不大的元素,或同种非金属元素原子间形成的化学键,1914年,美国化学家路易斯(G. N. Lewis)提出了共价键理论。按此理论,成键原子间可通过共享一对或几对电子,形成稳定的分子。如氢分子是由两个氢原子各提供1个电子,形成1对共用电子对,使氢分子稳定存在。这种由共享电子对形成的化学键称为共价键,由共价键结合的化合物称为共价化合物。

随着量子力学的建立,共价键理论也得到了进一步发展,形成了价键理论(简称VB法或电子配对法)和分子轨道理论(简称MO法)。虽然它们的出发点和说法不同,但讨论的是同一个对象,结果也是相同的。

价键理论认为只有自旋相反的未成对电子才能配对成键。受原子中未成对电子数以及原子轨道空间取向的限制,共价键具有方向性和饱和性。

1) 原子轨道叠加和氢分子的形成过程

当2个原子相互接近时,它们外层电子的原子轨道(注意电子波与机械波不同)发生叠加,组成分子轨道。同号叠加组成成键轨道,异号叠加组成反键轨道。如果两个原子轨道叠加成分子轨道,叠加后轨道数目相等。当电子进入成键轨道时,使系统能量降低;当电子进入反键轨道时,系统能量升高。原子轨道叠加成分子轨道,则轨道中的电子也为整个分子所有,其排布原则仍然遵守能量最低原则,而且一个轨道中最多只能排布2个电子。

以氢原子组成氢分子为例,当它们单独以原子形式存在时,2个1s轨道不叠加,它们的正负也无意义,但当它们无限接近并组成分子时,如果2个1s轨道都是正值或都是负值时,叠加后成为成键轨道,2个氢原子的1s轨道一个是正值,另一个是负值时,叠加后成反键轨道。

2个氢原子组成氢分子后,2个电子归整个氢分子所有,其排布根据"能量尽可能低"的原则排在能量低的成键轨道上,所以能形成稳定的H_2分子。氦所以是单原子分子,自然界没有He_2分子存在,其原因也在于此。因为若两个He原子的4个电子在成键和反键轨道上同时排布,不能使分子系统的能量比原子系统降低。

2) σ键和π键

由原子轨道叠加组合成分子轨道,根据原子轨道叠加成分子轨道方式的不同,可把共价键分为σ键和π键。如果形成共价键的两个原子轨道沿键轴方向,以头碰头的方式发生重叠,则其重叠部分对键轴无论旋转任何角度,形状不会改变,即对键轴具有圆柱形对称性,其重叠部分集中在键轴周围,而重叠最多的部位正好落在键轴上。如果轨道中排布电子,则核间键轴上电子云密度最大,这样的键称为σ键。例如,p原子轨道与s原子轨道形成的σ键,如图2-9所示。如果成键的原子轨道是沿键轴方向以肩并肩方式重叠的,则其重叠部分对通过键轴的某一特定平面呈镜面反对称,即重叠部分的形状在镜面两侧对称分布。如果有电子排布,其电子云在通过键轴的一个平面上下对称分布,在这个平面上的电子云密度为零,这样的键称为 π 键。例如,p_z 轨道与 p_z 轨道形成的 π 键如图 2-10 所示。电子云主要局限在两个原子之间所形成的化学键叫定域键,由若干个电子形成的电子云运动在多个原子间所形成的化学键称为离域键,如多原子间形成的 π 键称为离域 π 键或共轭 π 键、大 π 键。苯中 6 个环状碳原子间和丁二烯中 4 个碳原子间都存在离域大 π 键。与原子轨道一样,分子轨道是描述分子中的电子运动状态的,能借以说明分子成键情况的理论。分子中电子按能量高低依次排布在对应的不同的分子轨道中。因内层轨道对应的电子在成键前后能量的降低与升高大致相抵消,对成键贡献不大,所以一般不予考虑。

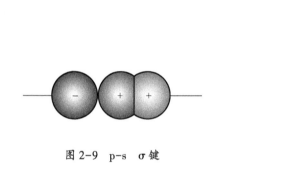

图 2-9 p-s σ 键

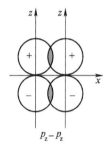

图 2-10 p_z-p_z π 键

3) 杂化轨道

在价键理论基础上发展起来的杂化轨道理论可以较好地解释典型共价分子的空间构型。杂化后轨道的成键能力增强,中心原子以等性 sp、sp^2、sp^3 杂化成键分别构成直线形、平面形、(正)四面体形的分子骨架;以不等性 sp^3 杂化成键构成"三角锥形"或"V"字形的分子骨架。

当原子彼此结合成分子时,同一原子中能量相近的原子轨道组合成成键能力更强的新的原子轨道的过程,这个过程称为原子轨道的杂化,新的原子轨道称为杂化轨道。如果杂化时,形成几个能量相等、空间分布对称的杂化轨道的过程称为等性杂化,所得的轨道称为等性杂化轨道;如果杂化时,形成几个能量并不完全相等、空间分布不完全对称的轨道过程称为不等性杂化,所得的轨道称为不等性杂化轨道。前一类分子没有极性或仅有弱极性,后一类分子有明显的极性。如果发生 1 个 s 轨道和 3 个 p 轨道杂化组合成 4 个完全相同的轨道,称为 sp^3 杂化(这种杂化轨道含 1/4 s 和 3/4 p 的成分)。如果发生 1 个 s 轨道和 2 个 p 轨道杂化组合成 3 个完全相同的轨道,称为 sp^2 杂化(这种杂化轨道含 1/3 s 和 2/3 p 的成分)。1 个 s 轨道和 1 个 p 轨道杂化组合成 2 个完全相同的轨道,称为 sp 杂化(这种杂化轨道含 1/2 s 和 1/2 p 的成分),sp 杂化过程如图 2-11 所示。例如，$BeCl_2$分子构型是直线型，Be 原子在两个 Cl 原子之间，键角∠ClBeCl 为 180°。Be 原子的外层电子为 $2s^2$，成键时，1 个 2s 电子激发到 1 个空的 2p 轨道上，与此同时，1 个 s 轨道和 1 个 p 轨道"混合"起来成为 2 个杂化轨道，分别与 2 个 Cl 原子成键。这种杂化轨道含 1/2 s 和 1/2 p 的成分，称为 sp 杂化轨道，如图 2-12 所示。

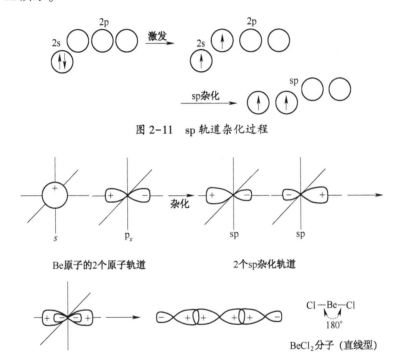

图 2-11 sp 轨道杂化过程

图 2-12 $BeCl_2$ 共价分子 sp 杂化轨道形成示意图

由于 4 个 sp^3 杂化轨道中有 1 个或 2 个轨道已排满电子，不能再与另外原子成键。已排满电子的轨道与未排满电子的轨道能量不等，形成不等性 sp^3 杂化轨道。已排满电子的 sp^3 杂化轨道对未排满电子的轨道有排斥作用，迫使未排满电子的杂化轨道的夹角相对变小，分别成为三角锥形和"V"字形结构，如 NH_3 的 N 原子（图 2-13）。不能参与成键的、已配对的电子称为孤对电子，孤对电子占据的轨道不能参与成键，这样的轨道称为非键轨道。等性杂化的甲烷正四面体分子空间构型、不等性杂化的 NH_3 的三角锥形和 H_2O 的"V"字形空间构型如图 2-14 所示。

4）共价键的极性与分子的极性

由同种原子形成的共价键，由于原子双方吸引电子的能力（电负性）相同，共用电子对均匀地分布在两个原子之间，两个原子核的正电荷所形成的正电荷

NH₃ ∠HNH=107°18′

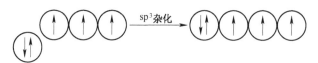

图 2-13 不等性 sp³ 杂化轨道及三角锥形 NH₃

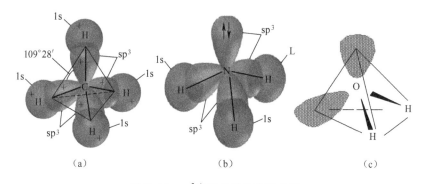

(a) (b) (c)

图 2-14 sp³ 杂化轨道及空间构型
(a) CH_4 的空间构型；(b) NH_3 的空间构型；(c) H_2O 的空间构型。

中心与核外电子云所形成的负电荷中心恰好重合,这样的共价键称为非极性共价键。如 H_2、Cl_2 中的共价键就是非极性的。由不同种类的原子形成的共价键,由于原子双方吸引电子的能力(电负性)不同,共用电子对不能均匀地分布在两个原子之间,两个原子核的正电荷所形成的正电荷中心与核外电子云所形成的负电荷中心不重合,这样的共价键称为极性共价键,如 HCl、HF 中的共价键就是极性的。成键原子间的电负性差值越大,键的极性就越强。当电负性差值较大(大于 1.7)时,就可以认为共价键的电子对完全转移到电负性大的原子上,这时,成键原子就转变成了离子,共价键也就转变成了离子键。

由非极性共价键构成的分子,其正、负电荷的"中心"必然是重合的,这样的分子就称为非极性分子,如 H_2、Cl_2、Br_2 等。由极性共价键构成的双原子分子,其正、负电荷的"中心"必然不重合,这样的分子就称为极性分子,如 HCl、HBr、HF 等。由极性共价键构成的多原子分子,则要看其分子构型的对称性。如果分子构型不对称,则其正、负电荷的"中心"不重合,就是极性分子,如 NH_3、H_2O 等;如果分子构型对称,其正、负电荷的"中心"重合,则为非极性分子,如 CO_2、CS_2 等。

5）共价键理论在有机化学中的应用

在碳类有机化合物中，最主要的化学键就是共价键，以共价键结合是有机化合物最基本的结构特征。例如，碳原子的 4 个 sp^3 杂化轨道与 4 个氢原子的 s 轨道形成 4 个 σ 键后得到的便是 CH_4；乙烯分子中的碳碳双键中的一个 σ 键就是一个碳原子中的 1 个 sp^2 杂化轨道与另一碳原子的一个 sp^2 杂化轨道以"头碰头"的形式形成的（这两个碳原子余下的 4 个 sp^2 杂化轨道分别与 4 个氢原子的 s 轨道形成 4 个 σ 键），另一个 π 键是由这两个碳原子中未参与杂化的 p 轨道以"肩并肩"的形式形成的；乙炔分子中的碳碳叁键中的一个 σ 键是一个碳原子中的 1 个 sp 杂化轨道与另一碳原子的一个 sp 杂化轨道以"头碰头"的形式形成的（这两个碳原子余下的 2 个 sp 杂化轨道分别与 2 个氢原子的 s 轨道形成 2 个 σ 键），另两个 π 键是由这两个碳原子中未参与杂化的两个 p 轨道分别以"肩并肩"的形式形成的，如图 2-15 所示。

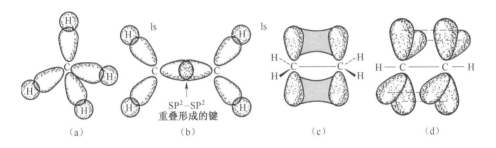

图 2-15　甲烷、乙烯和乙炔的成键示意图
(a) 甲烷中 sp^3 与氢 s 轨道形成的 σ 键；(b) 乙烯中 sp^2-sp^2 形成的 σ 键；
(c) 乙烯中 p-p 形成的 π 键；(d) 乙炔中两组 p-p 形成的 π 键。

根据反应机理，有机化学反应可分为自由基反应（自由基加成、自由基取代）、离子型反应（亲电加成或取代、亲核加成或取代）和协同反应（又称周环反应）。限于篇幅，这里仅以甲烷氯化的自由基加成为例说明共价键理论在有机化学反应中的应用。

首先，Cl_2 的共价键均裂（2 个原子之间的共用电子对均匀分裂，2 个原子各保留 1 个电子）生成 2 个氯自由基（Cl·），这一过程称为链引发；氯自由基（Cl·）进攻甲烷的一个碳氢键（使其均裂）生成甲基（CH_3·）和氯化氢（HCl），甲基再进攻 Cl_2 并使其均裂生成一氯甲烷（CH_3Cl）和 1 个氯自由基（Cl·），这一过程称为链增长；当 2 个氯自由基结合成 Cl_2、1 个氯自由基和 1 个甲基结合成一氯甲烷以及 2 个甲基结合成乙烷时，反应也就结束了，这一过程称为链终止。具体过程如图 2-16 所示。

$$\text{链引发} \quad Cl_2 \longrightarrow Cl\cdot$$

$$\text{链增长} \begin{cases} CH_4 + Cl\cdot \longrightarrow Cl_3\cdot + HCl \\ CH_3\cdot + Cl_2 \longrightarrow CH_3Cl + Cl\cdot \end{cases}$$

$$\text{链终止} \begin{cases} Cl\cdot + Cl\cdot \longrightarrow Cl_2 \\ Cl\cdot + CH_3\cdot \longrightarrow CH_3Cl \\ CH_3\cdot + CH_3\cdot \longrightarrow CH_3-CH_3 \end{cases}$$

图 2-16　甲烷氯化生成一氯甲烷的过程

当然,一氯甲烷还可以与氯气继续发生自由基取代反应生成二氯甲烷(CH_2Cl_2)、三氯甲烷($CHCl_3$)和四氯甲烷(CCl_4)(也称四氯化碳)。

3. 改性共价键——配位键

配位化合物中配位中心与配位体之间的化学键是配位键,是由配体中配位原子单独提供电子对与配位中心(提供空轨道)成键,这与共价键略有不同。由于配位键也是靠共享电子对的作用,所以也属共价键范畴。配合物[$Ag(NH_3)_2$]Cl 中内界部分的中心离子与 NH_3 成键时,Ag^+ 与 N 之间也共享电子对,但这一对电子是 N 提供的。所以,Ag^+ 不是电子给体,Ag^+ 提供了空轨道接受电子,是电子受体;配位键用 N→Ag 表示,即

$$H_3N:+Ag^++:NH_3=[H_3N\rightarrow Ag\leftarrow NH_3]^+$$

4. 分子轨道理论

按照价键理论,O_2 分子中的电子都应该是成对的,形成 1 个 σ 键和 1 个 π 键,结构式为::Ö=Ö:。但是对 O_2 分子的磁性测定表明,O_2 分子中存在着两个自旋方向相同的未成对电子,这是价键理论无法解释的。又如,光谱实验证实,只有 1 个电子的氢分子离子$(H\cdot H)^+$是可以稳定存在的。它是由 H_2 分子失去 1 个电子,在两个氢核之间只有 1 个电子(称单电子键)形成的。这两个例子都与价键理论的基本观点相违背,暴露了价键理论的局限性。1932 年前后,莫立根(Mulliken)、洪特(Hund)和伦纳德·琼斯(Jones)等人先后提出了分子轨道理论,简称 MO 法。该方法以量子力学为基础,把原子电子层结构的主要概念推广到分子体系中去,并成功地解释许多分子或离子(如 O_2、H_2^+、O_2^- 等)的结构和反应性能的问题,因此发展很快,在共价键理论中已占有重要地位。

分子轨道(Molecular Obiter,MO)和原子轨道(Atomic Obiter,AO)一样,是一个描述核外电子运动状态的波函数 ψ。两者的区别在于,原子轨道是以一个原子的原子核为中心,描述电子在其周围的运动状态;分子轨道是以两个或更多原子核作为中心,分子中的电子不再属于某个原子,而属于整个分子,在整个分

子范围内运动。

下面介绍分子轨道理论的基本要点。

(1) 分子轨道理论把分子看成一个整体。原子形成分子后,电子不再局限于个别原子的原子轨道,而是从属于整个分子的分子轨道。分子轨道是描述分子中电子运动状态的波函数。

(2) 分子轨道可近似地由能量相近的原子轨道适当组合而成,所形成的分子轨道的数目等于参加组合的原子轨道数目,所形成的分子轨道的能量发生改变。以双原子分子为例,2个原子的原子轨道以同号部分叠加形成的分子轨道,由于在两核间电子云密度增大,致使其能量较原子轨道的能量低,称为成键分子轨道。当两个原子的原子轨道异号部分相叠加,相当于重叠相减,此时,形成的分子轨道由于在两核间电子云密度减小,故其能量高于原子轨道的能量,称为反键分子轨道。图2-17所示为原子、分子轨道的能级关系。例如,H_2中两个H,由两个1s可组合成两个分子轨道,即

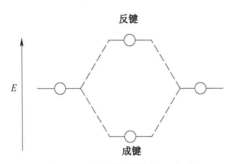

图2-17 分子轨道能级示意图

$$\psi_{MO} = c_1\psi_1 + c_2\psi_2 \quad \psi_{MO}^* = c_1\psi_1 - c_2\psi_2$$

组合成的成键轨道ψ_{MO}和反键轨道ψ_{MO}^*的能量总和与原来两个原子轨道ψ_1和ψ_2(两个2s轨道)的能量总和相等。

(3) 为了有效地组成分子轨道,参与组合的原子轨道必须满足3个原则:①能量相近原则。只有能量相近的原子轨道才能有效地组成分子轨道。②最大轨道重叠原则。2个原子轨道必须尽可能多地重叠,以使成键分子轨道的能量尽可能降低。③对称性匹配原则。原子轨道的波函数必须是同号区域相重叠,才能使能量降低,形成成键分子轨道;若两原子轨道以异号区域相重叠,则因对称性不匹配而组成反键分子轨道(用符号*表示反键)。

成键与反键轨道可根据原子轨道重叠的方式不同而分为σ轨道和π轨道,如图2-18所示。由1s和1s(或2s与2s)轨道、2p和2p轨道各自按"头碰头"方式互相重叠形成σ_{1s}和σ_{1s}^*(或σ_{2s}和σ_{2s}^*)以及σ_{2p}和σ_{2p}^*分子轨道,如图2-18(a)

所示。由两个 $2p_y$(或 $2p_z$)轨道,沿 z 轴方向以"肩并肩"方式重叠可形成 π_{2p_y} 和 $\pi^*_{2p_y}$(或 π_{2p_z} 和 $\pi^*_{2p_z}$)分子轨道,如图 2-18(b)所示。

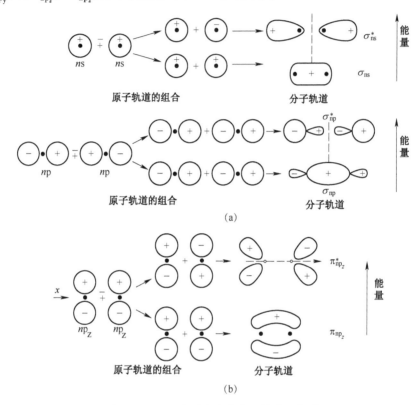

图 2-18 原子轨道组合成分子轨道示意图
(a)原子轨道组合成 σ 分子轨道;(b)p-p 原子轨道组合成 π 分子轨道。

(4)电子在分子轨道中的排布(所处的状态)与原子中电子的排布一样,也遵守泡利不相容原理、能量最低原理和洪德规则。

值得注意的是:由于不同元素原子的原子轨道的能级不尽相同,所以形成不同分子的分子轨道能量也不相同。鉴于理论计算复杂,目前,主要借助光谱实验确定。图 2-19(a)表示一、二周期(除 O_2、F_2 外)元素所组成的多数同核双原子分子的分子轨道能级高低的顺序,即

$$\sigma_{1s}<\sigma^*_{1s}<\sigma_{2s}<\sigma^*_{2s}<\pi_{2p_y}=\pi_{2p_z}<\sigma_{2p_x}<\pi^*_{2p_y}=\pi^*_{2p_z}<\sigma^*_{2p_x}$$

O_2、F_2 分子有所不同,分子中 π_{2p} 分子轨道的能量比 σ_{2p} 分子轨道的能量稍高,如图 2-19(b)所示。例如,O_2 分子共有 16 个电子,其中 12 个为外层电子,其分子轨道的排布式(外层排布如图 2-20 所示)可写成

$$O_2[KK(\sigma_{2s})^2(\sigma^*_{2s})^2(\sigma_{2p_x})^2(\pi_{2p_y})^2(\pi_{2p_z})^2(\pi^*_{2p_y})^1(\pi^*_{2p_z})^1]$$

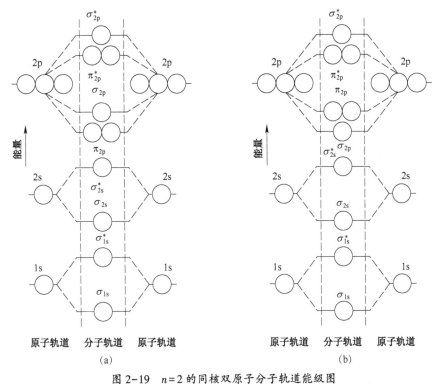

图 2-19 $n=2$ 的同核双原子分子轨道能级图

(a) 一、二周期(除 O_2、F_2 外)元素组成的同核双原子分子的分子轨道能级图;(b) O_2、F_2 分子的分子轨道能级图。

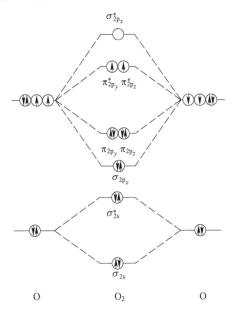

图 2-20 氧分子的分子轨道外层电子排布示意图

93

其中内层 σ_{1s} 和 σ_{1s}^* 轨道一般不写,而用层符号 KK 表示。根据洪德规则,最后 2 个电子分占 2 个能级相同的 π_{2p}^* 轨道,且自旋平行。所以 O_2 分子中存在 2 个成单电子,为顺磁性物质。

在 O_2 分子中,$(\sigma_{2s})^2$ 和 $(\sigma_{2s}^*)^2$ 使能量变化一升一降,对成键的贡献大致抵消。实际上,对成键有贡献的是 σ_{2p_x} 构成的 1 个 σ 键以及 $(\pi_{2p_y})^2(\pi_{2p_y}^*)^1$ 和 $(\pi_{2p_z})^2(\pi_{2p_z}^*)^1$ 构成的 2 个三电子 π 键。所以 O_2 分子的价键结构式可写成

式中:▭ 为 1 个三电子 π 键;短线为 σ 键;两侧的小圆点为对成键没有贡献的 $(\sigma_{2s})^2$ 和 $(\sigma_{2s}^*)^2$ 上的 2 对孤对电子。由于每个三电子 π 键有 2 个电子在成键 π 轨道上,1 个电子在反键 π* 轨道上,有未配对电子,可以很好地解释 O_2 分子具有顺磁性。

在同核分子轨道中,常用键级来衡量分子的稳定性。分子成键电子数与反键电子数之差(净成键)的 1/2 就是分子的键级,即

$$键级 = \frac{外层成键电子数 - 外层反键电子数}{2}$$

一般来说,键级越大,键的强度越大(即越牢固),分子就越稳定。键级为零,分子不可能存在。

应用分子轨道理论可以推测分子的存在。如第一、第二周期元素的同核双原子,如 Li_2、B_2、C_2 分子,H_2^+、O_2^-、O_2^{2-}、O_2^+ 分子离子都是存在的,其结构式、键级、稳定性、磁性等也可以推测而知。

5. 金属键

1) 自由电子理论

对金属键本质的认识,较早提出来的是自由电子理论,又称为改性共价键理论。该理论认为,由于金属元素的电负性较小,电离能也较小,外层价电子容易脱落下来并不断在原子和离子间进行交换。这些电子不受某一固定的原子或离子的束缚,能在金属中相对自由地运动,故称为"自由电子"或"离域电子"。这些离域范围很大的自由电子把金属正离子和原子联系起来,这种自由电子与原子或正离子之间的作用力称为金属键。金属键也可以看成是由许多原子(或离子)共用许多自由电子而形成的一种特殊形式的少电子多中心的共价键,故也称改性共价键。由于自由电子为整块金属所共有,一块金属可视为一个巨型的大分

子,因此,通常以元素符号代表金属单质的化学式。与共价键不同,金属键不具有饱和性和方向性。金属中,每个原子在空间允许条件下,与尽可能多数目的原子形成金属键,因此,金属结构一般以紧密的方式堆积起来,具有较大的密度。

应用自由电子理论可以解释金属的不透明、光泽、导电、传热、延展、可塑等共同特性,但不能深入阐述金属键的本质;不能解释导体、绝缘体和半导体性质的差异等。解决这些问题,需用由量子力学支撑的近代金属键理论——能带理论。

2) 半导体和金属能带理论

以分子轨道理论为基础发展起来的能带理论是现代金属键理论之一,它能较好地说明金属键的本质,不仅能对导体、绝缘体和半导体的导电性作出满意的解释,而且还可说明金属的光泽、导热性和延展性等。

根据原子轨道组合成分子轨道的原则,两个能量相同的原子轨道可组合成两个能量不同的分子轨道,其中一个是能量比原来低的成键分子轨道,另一个是能量比原来高的反键分子轨道。形成多原子离域键(指生成的键不再局限于2个原子,而是属于1个多原子系统)时,能级相同的 n 个原子轨道线性组合得到 n 个分子轨道,每个分子轨道可容纳2个电子,n 个分子轨道共可容纳 $2n$ 个电子。n 的数值越大,分子轨道能级间的能量差越小。各分子轨道的能级间相差极小时,几乎连成一片,形成了具有一定能量上、下限的分子轨道群,称为能带。

按原子轨道能级不同,在金属中可以形成不同的能带。例如,在金属锂中,如果有 n 个 Li 原子,它们各自的 1s 原子轨道将组成 $n/2$ 个 σ_{1s} 和 $n/2$ 个 σ_{1s}^* 分子轨道。由于这些分子轨道之间的能量差别很小,实际上,它们的能级连成一片,而成为一个能带(Energyband)。每一能级可填充2个电子,由于全部能级都被电子占满,因此,所形成的能带称为满带(由充满电子的原子轨道重叠所形成的能带)。无电子的原子轨道重叠所形成的能带称为空带,价电子所在的能带称为价带。

Li 原子轨道组成的金属能带如图 2-21 所示。Li 原子中的 n 个 2s 分子轨道也组成能带,这个能带中的一半是 σ_{2s} 轨道,已被电子充满,另一半是 σ_{2s}^* 轨道,没有电子,是空的。由 2s 电子所组成的这种半充满的能带称为导带(由未充满电子的原子轨道重叠所形成的高能量能带)。在外电场的作用下,导带中的电子受激后可以从低能级跃迁到高能级,从而产生电流,这是金属具有导电性的原因。

能带与能带之间的间隔是电子不能存在的区域,即从满带顶到导带底的区域,称为禁带。满带与导带之间的能量间隔称为禁带宽度,这个间隔一般较大,电子难以逾越。金属中相邻的能带有时可以互相重叠,如铍原子的电子结构为 $1s^2 2s^2$,它的 2s 带是满带,似乎金属铍是非导体。但是铍的 2s 能带和空的 2p 能带能量接近,由于原子间的相互作用,2s能带和2p能带发生部分重叠,它们之间没有禁带。同时,由于2p能带是空的,所以2s能带的电子很容易跃迁到空的2p能带上,相当于一个导体,如图2-22所示。同样,镁的电子结构是$1s^22s^22p^63s^2$,与Be相似,它的3s和3p能带发生重叠,镁也是良好的导体。

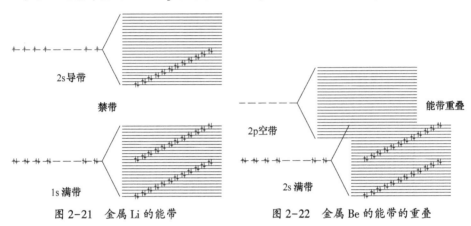

图2-21 金属Li的能带　　　　图2-22 金属Be的能带的重叠

从能带理论观点,一般固体都具有能带结构。根据能带结构中禁带的宽度和能带中电子填充的情况可以决定固体材料是导体、半导体或绝缘体。一般金属导体的价电子能带是半满的导带,如Li、Na等,或价电子能带虽是满带,但有空的能带,如Be、Mg,而且空带与满带之间发生部分重叠,当外电场存在时,价电子可以跃迁到邻近的空轨道上,因此能导电。绝缘体中的价电子所处的能带都是满带,满带与相邻空带之间存在禁带,禁带宽度一般大于5eV,电子不能越过禁带跃迁到上面的空带,因此不能导电,如金刚石等。半导体的价电子也处于满带,但与邻近空带间的禁带宽度较小,一般小于3eV,高温时,电子可以越过禁带而导电,常温下不导电,如Si(禁带为1.12eV)、Ge(禁带为0.67eV)等。

2.3.2 分子间力和氢键

1. 分子间力

分子间力也称为范德华力,它与化学键不同,是非直接相连的原子间、基团间和分子间相互作用力的总称。在高分子化合物和生物大分子中称为次价力。在小分子中的分子间力则比较简单,可分为取向力、诱导力和色散力3种。

两个或多个原子成键后,电子云绝对地偏向某个原子,即键百分之百离子性的情况是没有的,大部分都带有共价性。对于典型的离子键物质,其"分子"概念已不存在,固态时以离子晶体存在,这在前面也已讲述过;百分之百的共价性,即电子云刚巧在两原子中间也是不多见的;多见的是极性共价键。即使是非极性共价键,高速运动的电子也不可能使电子云时时刻刻始终不偏不倚地在两个原子的中间,再加上分子运动产生的碰撞,这些情况都使分子产生瞬时极性。分子中电子云不同的偏离情况便产生了所谓的极性分子与非极性分子,进而发生了不同的作用:极性分子与极性分子间产生取向力;极性分子与非极性分子间产生诱导力;非极性分子间普遍存在着色散力,它们统称为分子间力或范德华力。分子间的作用力比化学键小,仅仅几千焦每摩尔,最多也只有十几千焦每摩尔。分子间力没有方向性,而且是一种极近距离的电性作用力。这种作用力对物质的物理性质有多方面的影响,如液态物质的分子间力越大,气化热越大,沸点就越高;固态物质的分子间力越大,熔化热就越大,熔点就越高。在相同类型的化合物中,分子间力随其分子量的增加而变大。

2. 氢键

研究发现,NH_3和H_2O的取向力特别大,这是因为氢原子与电负性大、半径相对较小的O或N等原子成键时,其电子云强烈偏离H核,使其成为质子裸露出来带有正电,进而再去吸引另一分子中的O或N周围的电子云所造成,如图2-23所示。这就是说,分子中与电负性大的原子X以共价键相结合的氢原子还可以与另一分子中电负性大的原子Y之间生成一种弱的键,这种键称为氢键。氢键通常可用X—H···Y表示。凡是H原子与电负性大、半径小、有孤对电子的元素,如F、O、N形成的化合物都有明显的氢键作用。HF分子间的氢键更强烈。对水分子来说,在氢键作用下,在空间呈锯齿状排列,说明它有方向性和饱和性。XHY中,X和Y可以是同一种原子,如水、酒精内的氢键(O—H···O),也可以是两种不同的原子,如HF水溶液、NH_3水溶液中的氢键(F—H···O、N—H···O)。大多数氢键是在分子间形成的,分子内也可形成氢键,称为分子内氢键,如硝酸和邻硝基苯酚等,存在分子内氢键(图2-24),硝酸的分子内氢键使其溶沸点降低。

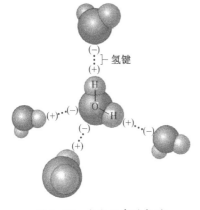

图 2-23 水分子中的氢键

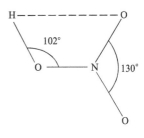

图 2-24 硝酸分子中的氢键

氢键键能为 8~50 kJ·mol^{-1},比一般分子间力要大一些,但比化学键要小一些。由于氢键的存在,使物质的物理性质发生一些变化,如沸点(图 2-25)。

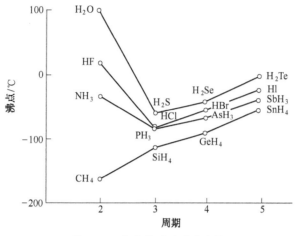

图 2-25 部分物质的沸点比较

总之,分子间的相互作用力包括分子间力和氢键,均与分子的极性有关。

非极性分子内的正、负电荷中心重合,分子的电偶极矩为零。极性分子内的正、负电荷中心不重合,分子的电偶极矩不为零。分子的极性使物质的溶解性服从"相似者相溶"原理。

分子间力没有方向性和饱和性。非极性分子之间只存在色散力,极性分子与非极性分子之间存在色散力和诱导力,极性分子之间三种力都存在。

在含有 O—H、N—H、H—F 键的分子间或分子内存在氢键。氢键具有方向性和饱和性。分子间力和氢键会影响物质的某些性质。分子间力较强或氢键的存在使共价分子的熔点、沸点升高,能与水分子形成氢键的物质易溶于水(如乙醚、乙醇)。

3. 氢键和分子间力在生命体系生物大分子中的作用

生命体系中的生物分子具有非常复杂的化学组成和立体结构,其内部含有大量的各种不同基团,这些基团之间存在着复杂的相互作用,其中,分子间力和氢键起着非常重要的作用。下面仅以核酸和蛋白质为例进行说明。

1) 核酸

核酸分为脱氧核糖核酸(DNA)和核糖核酸(RNA)。DNA 含脱氧核糖,RNA 含核糖。DNA 的碱基有腺嘌呤(A)、鸟嘌呤(G)、胸腺嘧啶(T)和胞嘧啶(C)4 种。RNA 的碱基没有胸腺嘧啶而有尿嘧啶(U),其余同 DNA。组成 DNA 链的核苷酸顺序称为 DNA 的一级结构,它是决定遗传信息的载体。RNA 也有它的一级结构。总体来说,核酸的一级结构是指核酸中各单核苷酸的种类和排列次序,核酸的二、三级结构是指它们的构象。DNA 和 RNA 的功能不同,不仅在于组成它们的单核苷酸的种类和排列顺序不同,而且两者的空间构象也不同。DNA 的双螺旋二级结构如图 2-26(a)所示,两条反向平行的聚脱氧核苷酸主链,围绕同一中心轴形成螺旋形"阶梯",核苷酸中磷酸-糖链在螺旋外面,碱基朝向螺旋内,一条链的碱基和另一条链的碱基通过氢键结合成对,犹如"阶梯"的"台阶"。但是,碱基间的氢键配对不是随意进行的,而是通过腺嘌呤(A)及鸟嘌呤(G)分别与另一条链的胸腺嘧啶(T)和胞嘧啶(C)之间互相配对(称为"互补原则"),紧密地结合在一起,如图 2-26(b)所示,形成相当稳定的构象。

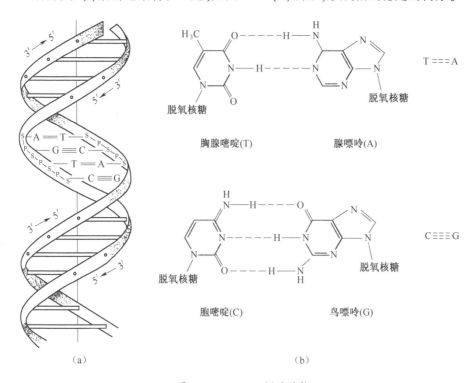

图 2-26 DNA 双螺旋结构
(a)DNA 双螺旋结构模型;(b)碱基配对示意图(A 与 T)(G 与 C)。

在 DNA 二级结构的基础上,双螺旋链进一步扭曲呈橄榄绳形或闭合环状,就构成了 DNA 的三级结构。

2) 蛋白质

蛋白质存在于一切活细胞中,是最复杂多变的一类大分子。同时具有氨基和羧基的化合物称为氨基酸。某一氨基酸的羧基与另一氨基酸的氨基通过脱水缩合形成酰胺键(肽键)相连得到的化合物称为肽。两个氨基酸连成的肽称为二肽,多个氨基酸连成的肽称为多肽。每个蛋白质分子都可以由一条或多条肽链构成,每条多肽链都有它的一定的氨基酸连接顺序,这种连接顺序称为蛋白质的一级结构。一级结构决定了蛋白质的功能,蛋白质的二级结构是指蛋白质分子中多肽链本身的折叠方式。在蛋白质分子中肽链并不是一条直链,而是卷曲、堆积成一定的三维结构。在肽链中,一些氨基酸残基上的羰基(—C=O)与邻近的氨基酸残基上的氨基(—NH)之间能够形成氢键(O…HN)。蛋白质的三级结构是指二级结构折叠卷曲而形成的结构。蛋白质的四级结构是指几个蛋白质分子(称为亚基)聚集成的高级结构。其中,蛋白质的三级结构是由于氨基酸残基侧链的相互作用引起的(图2-27),由于这些氨基酸残基侧链的原子间距离介于化学键与分子间力的范围之间,因此,可以认为这些原子间生成了次级键。具体包括以下几方面。

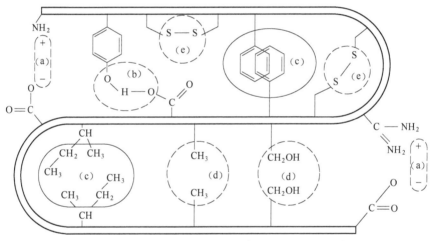

图2-27 稳定蛋白组织结构的某些次级与二硫桥键
(a)静电引力;(b)氢键;(c)疏水键;(d)分子间力;(e)二硫桥键。

(1) 由于肽链的折叠,链中或链间的半胱氨酸的巯基(—SH)经氧化脱水成二硫桥,这种二硫键桥不仅有助于保持多肽链的折叠,也可使肽链发生交联结构。

(2) 氨基酸侧链间所形成的氢键(氢键就是一种典型的次级键)。

(3) 带相反电荷侧基的氨基酸(如亮氨酸等的NH_3^+与天冬氨酸等侧链上的COO^-)间的静电吸引力。

(4) 氨基酸非极性侧链间的相互接触以及与水疏远所形成的疏水力(又称为疏水键)。具有疏水基团(如苯基、烷基等)或极性基团的氨基酸的侧链空间距离紧密靠近时的范德华力与芳香堆叠作用等。

2.4 晶 体 结 构

自然界中的大多数固态物质都是晶体。物质的许多物理性质都与其晶体结构有关。

物质的固态有晶体和非晶体之分。晶体一般都有整齐、规则的几何外形。食盐晶体是立方体型,明矾是正八面体型。非晶体则没有一定几何外形,又称为无定形体,如玻璃、沥青、树脂、石蜡等。有一些物质,如炭黑,虽然从外观上看起来似乎没有整齐的几何外形,但实际上确是由极微小的晶体组成的。这种物质称为微晶体,仍属于晶体。

2.4.1 非晶体

非晶体中微粒是无序排列,外表也没有规则的几何外形。非晶体的熔化是由固态逐渐变软,最后变为流动的熔体,所以无一定的熔点。根据温度的不同,可以呈现出 3 种不同的物理状态,即玻璃态、高弹态和黏流态。目前,引起广泛重视的非晶体固体有四类:传统的玻璃、非晶态合金(也称金属玻璃)、非晶态半导体和非晶态高分子化合物。

非晶体材料的形成通常有两种途径。

(1) 从液相急剧冷却获得。所得的玻璃体材料的结构与其相应的液态在转变温度时的结构相同。

(2) 用液相或气相沉积制备。所得的非晶体薄膜,不存在玻璃态转变温度,其结构与相应的液态结构完全不同,可有多种不同的非晶体结构。它们在半导体材料中经常碰到。

非晶体中值得一提的是细如毛发并可自由弯曲的石英光导纤维。它是优良的导光材料,广泛用于光通信中。光导纤维除了以 SiO_2 为主、添加少量 GeO_2 等的石英氧化物光纤外,还有 SiO_2-CaO-Na_2O、SiO_2-B_2O_3-Na_2O 等氧化物光纤和氟化物光导纤维等。

1. 非晶态高分子化合物

当温度很低时,线型高分子化合物不仅整个分子链不能运动,连个别的链节也不能运动,变得如同玻璃一般坚硬,这样的状态称为玻璃态。常温下的塑料,就处于这种状态。

当温度升高到一定程度时,高分子化合物的整个链还不能运动,但其中的链节已可以自由运动了。此时,在外力作用下所产生的形变可能达到一个很大的数值,表现出很高的弹性,因此称为高弹态。常温下的橡胶就处于这种状态。

由玻璃态向高弹态转变的温度称为玻璃化温度,用 T_g 表示,不同的高聚物具有不同的 T_g。习惯把 T_g 大于室温的高聚物称为塑料,把 T_g 小于室温的高聚物称为橡胶。

玻璃化温度 T_g 是可以改变的。人们可以采取改变聚合条件,加入增塑剂或用定向聚合等措施改变原来高聚物的 T_g,从而提高其耐寒性或耐热性。例如,普通聚苯乙烯的 $T_g=80℃$,而定向聚苯乙烯由于分子排列整齐,其 $T_g=240℃$,耐热性大为提高。

当外界温度继续升高时,分子链得到的能量更多,以致整条分子链都可以自由运动,而成为流动的黏液,此时,高聚物所处的状态称为黏流态。由高弹态向黏流态转变的温度称为黏流化温度,用 T_f 表示。非晶态高分子化合物形变与温度的关系如图 2-28 所示。

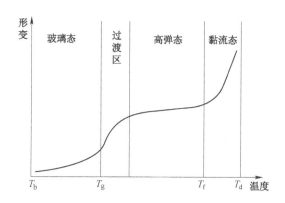

图 2-28 非晶态高分子化合物形变与温度的关系图

黏流化温度是成型加工的下限温度,通常成型加工温度选得比黏流化温度要高。温度高,流动性大,便于加工(如注塑、浇塑);但温度太高,流动性太大,也会造成工艺上的麻烦,并导致制品收缩率加大;温度过高甚至可能引起树脂分解。高聚物的分解温度即是成型加工的上限温度。

对高聚物材料的加工来说,T_f 越低越好;对耐热性来说,T_f 越高越好。T_g 与 T_f 差值越大,其应用温度范围越宽,橡胶的耐寒、耐热性也越好。

2. 非晶态半导体薄膜

目前使用的许多非晶态半导体器件中,最具代表性的是具有极高信息密度的光存储盘,还有全息摄影、薄的柔性衬底生长的廉价光电池、激光书写和复印机上的长寿命感光滚筒以及用于大屏幕显示的电子电路等。它们使用的半导体物质是 Ge、Si、α-Si:H 和 GaAs 等材料。这些材料是用射频等离子体化学气相沉积法,在严格控制沉积条件下制备的单层非晶态薄膜。射频等离子体化学气相沉积是一种使导体、半导体及绝缘材料薄膜化的重要技术和方法。它在等离子体发生器中,用高频(10~100MHz,又称为射频)电场放电,使工作气体电离,获得高速溅射粒子,轰击作为靶的材料,轰出的物质(如原子、离子、基团等)在气相中沉积在所需的基片上。例如,α-Si:H,它的组成和结构随制备条件的不同而不同。它们具有良好的光学、电学性质,如图2-29所示。

图2-29 非晶硅太阳能电池板

3. 高分子化合物

高分子化合物作为一种重要的材料,具有资源丰富、种类繁多、性能良好、成型简便、成本低廉等优点,广泛应用于工业生产和日常生活各个方面。

高分子化合物又称为高聚物,简称高分子,有时也称大分子化合物,分为无机高分子和有机高分子两类。本书所述的高分子为有机高分子。它的分子量高达几千甚至几百万,例如,聚苯乙烯的分子量为1万~3万,聚氯乙烯的分子量为2万~16万。根据来源不同,又有天然高分子和合成高分子之分。天然高分子化合物包括纤维素、蛋白质、淀粉和木质素等。合成高分子化合物是由有机小分子合成的。这些有机小分子称为单体,单体是能够提供结构单元的低分子化合物。如高分子化合物聚乙烯是以乙烯为单体经聚合反应制得的,即

$$n\,CH_2\!=\!CH_2 \rightarrow -[-CH_2-CH_2-]_n-$$
$$\text{乙烯} \qquad \text{聚乙烯}$$

式中:—CH_2—CH_2—为链节或重复单元;n 为聚合度,是链节的数目。平均聚合度为2000的聚乙烯的分子量约为56000。

又如,高分子化合物聚酰胺-66是以己二酸和己二胺为单体经过缩聚反应制得的,即

$$n\,HOOC\,(CH_2)_4COOH + n\,H_2N\,(CH_2)_6NH_2$$

$$\rightarrow —(—OC(CH_2)_4CONH(CH_2)_6NH—)_n— + 2n\,H_2O$$
己二酸己二胺聚酰胺-66 或尼龙-66

其中,每个重复单元包含了两个不同的链节[—OC(CH$_2$)$_4$CO—和—NH(CH$_2$)$_6$NH—],因此,它的聚合度是 $2n$。也就是说,这里的聚合度是以链节数计量的。聚合度是衡量高分子大小的重要指标。在聚酰胺化学式中,名称后的第一个数字"6"是二元胺的碳原子数,第二个数字"6"是二元酸的碳原子数。

除乙烯、己二胺和己二酸等可用做单体外,还有很多具有多重键或官能团的有机小分子也可做聚合物单体,如 $CH\equiv CH$、$CH_2=CHCH_3$、$CH_2=CHCl$、$CH_2=CHAc$、$CH_2=CH—CH=CH_2$ 和 $CH_2=CH—CN$ 等。

聚乙烯、聚丙烯、聚苯乙烯、聚氯乙烯和聚丙烯腈等高分子化合物,主链中均是 C—C 键,称为碳链高分子化合物。聚酰胺(主链含 CO—NH—)、聚酰(主链含 —CO—O—)和聚脲(主链含 —NH—CO—NH—)类等高分子化合物的主链还引入了 O、N 等元素,不但有 C—C 键,还有 C—O 键、C—N—键,则称为杂链高分子化合物。主链中仅仅含有 Si、P、O 等元素而没有 C 原子的高分子化合物称为元素有机高分子化合物,如聚硅氧烷。

高分子化合物实际是由若干分子量不同的同系聚合物组成,是混合物。通常所说的高分子化合物的分子量和聚合度也都是平均值,而不代表每个具体分子的真实数值。

4. 固体吸附剂

固体作为结构材料和功能材料的资源已供我们使用了几千年,对它也有较多认识,前面已有涉及。这里仅强调一点,固体的表面性质和内部性质是不同的。固体内部粒子与其周围的粒子之间有较强的吸引力,而且各个方向受力均匀;表面的粒子则不同,表面外没有与表面内所处情况相同的相邻粒子,因此,固体表面层粒子受力不均匀,有剩余的吸引力,这使固体表面具有吸附能力。例如,钢铁放在大气中,其表面就会吸附一层 H_2O 和 CO_2 等分子。固体表面的吸附性,在气相或液相中的吸附能力随着它的表面积增大而增大。利用固体表面的吸附性能,在工业废水、废气的处理中,常常选用吸附能力很强的固体吸附剂吸附污染物。

固体吸附剂的种类很多,例如,活性炭有很多的微孔和巨大的表面积,通常 1g 活性炭的表面积有 $500\sim1500m^2$,具有很强的物理吸附能力。活性炭在活化过程中,能在表面非结晶部分形成一些含氧官能团,如羧基(—COOH)、羟基(—OH)、羰基(—CO—)等。这些基团使活性炭具有化学吸附和催化氧化、催化还原的性能,能有效地吸附并除去废水、废气中的有害物质,同时也加速了表面的一些化学反应。

分子筛是指人工合成的沸石型不溶性硅铝酸盐,如图 2-30 所示。分子筛由于孔穴多,比表面大(A 型为 800m²/g),因此,具有很大的吸附容量。它能去除有害物质,达到净化的目的;吸附 H_2O,达到干燥目的;有选择地吸附某些物质,达到分离目的。

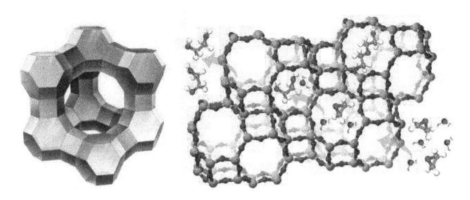

图 2-30 分子筛骨架结构和空间延展

2.4.2 晶体

晶体的外表具有较规则的几何外形。这是由于组成晶体的物质微粒在晶体内部规则排列的结果。若把这些微粒看成几何学上的结点,这些结点按一定的规则排列所组成的几何图形称为晶格或点阵。能够完全代表晶格特征的最小单元称为晶胞。凡是晶体由一颗晶粒组成,或者说,能用一个空间点阵图形贯穿整个晶体,就是单晶体。单晶体各个方向上的性质不同,即具有各向异性的特点,如自然界存在的金刚石、人工制备的单晶硅、锗等。晶胞的位向互不一致的晶体称为多晶体,其各个方向上的性质却相同。一般的材料多属于多晶体。实际晶体中,原子、离子或分子的排列往往出现不规则和不完整性,这称为晶体的缺陷。

按晶格结点上微粒的种类及其粒子间相互作用力的不同,晶体可分为离子晶体、原子晶体、分子晶体、金属晶体和过渡型晶体及混合键型晶体几种类型。若能事先按微粒间作用力的不同很好地区分晶体所属的类型,就能大致了解晶体所具有的一般性质,这对选择和使用工程材料是十分有益的。

1. 离子晶体

在离子晶体的晶格结点上交替排列着正、负离子,靠离子键(静电引力)结合,如图 2-31 所示,因此,一般具有较高的熔点和较大的硬度,延展性差,较脆,在熔融态或在水溶液中具有优良的导电性,但在固体状态时离子限制在晶格的一定位置上振动,所以几乎不导电。各种离子晶体由于离子电荷、离子半径和离子电子层结构等的不同,在性质上会有很大差异。离子间的作用力随离子电荷的增加而增大,随离子半径的增大而减小。其熔点、硬度也有这个规律。其中,电荷数起着主要作用,在电荷数相同的情况下,参考半径大小。例如,表2-3列出的几种晶体的性质就体现了这一点。

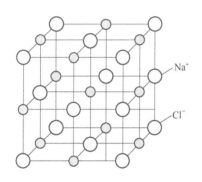
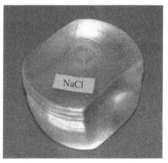

图2-31　NaCl晶体结构

表2-3　晶体KF、NaF和CaO的性质

物质	K	F		Na	F		Ca	O
离子的电荷	+1	-1	≈	+1	-1	<	+2	-2
离子的半径/nm	0.133	0.133		0.097	0.133		0.099	0.132
离子半径之和/nm	0.266		>	0.230		≈	0.231	
离子间的作用				增大 →				
熔点/℃	860			933			2614	

属于离子晶体的物质通常为活泼金属(如Na、K、Ba、Sr、Mg、Ca等)的含氧酸盐类和卤化物、氧化物。例如,可作为红外光谱仪棱镜的氯化钠、碘化钾,可作为耐火材料的氧化镁,以及可作为建筑材料的碳酸钙等。氯化钠、氯化钾、氯化钡的熔点和沸点较高,稳定性较好,不易受热分解。这些氯化物的熔融态还被用做高温时的加热介质,叫做盐浴剂。

2. 分子晶体

在分子晶体的晶格结点上排列着极性分子或非极性分子,如图2-32所示,分子间以范德华力或氢键相结合,这种作用力较之化学键是很弱的,因此,分子晶体的熔点、沸点低,易挥发,许多分子晶体只能在很低的温度下存在,常温下为固体的一些分子晶体如碘(I_2)、萘等则易升华。属于分子晶体的物质,一般为非金属元素组成的共价化合物,如干冰、SiF_4、$SiCl_4$、$SiBr_4$等。

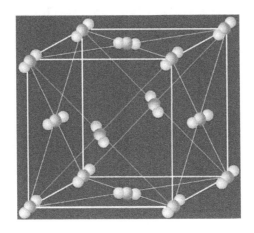

图 2-32 干冰晶体结构

对于无氢键的相同类型分子晶体,分子间力随分子量增大而增大。分子间力比氢键弱,熔点、沸点也相应有这个规律,如 HCl(熔点 158.65K)、HBr(熔点 184.65K)和 HI(熔点 222.35K)就是这样的例子。

分子晶体由电中性分子组成,所以固态和熔融态都不导电,是电的绝缘体。如六氟化硫(SF_6)是非极性分子,它的熔点、沸点低,稳定性好,不着火,能耐高电压而不被击穿,又是优质气体绝缘材料,主要用于变压器及高电压装置中。但某些分子晶体中,由于分子内含有极性较强的共价键,能溶于水生成水合氢离子和水合酸根阴离子,因而,水溶液能导电,如 HCl 晶体、HAc 晶体等。

高分子化合物也有晶态结构,但没有小分子晶体那么典型。结晶高分子化合物的分子链之间、基团间、原子间的作用也是分子间力。

3. 原子晶体

在原子晶体的晶格结点上排列着中性原子,原子间由共价键结合,如图 2-33 所示,这种作用比分子间力强得多,所以一般具有很高的熔点和硬度。绝大多数由非金属元素组成的共价化合物多为分子晶体,但也有一小部分形成原子晶体,如常见的 C(金刚石,立方型)、Si、Ge、As、SiO_2、B_4C、BN(立方型)和 GaAs 等。在工程实际中,原子晶体经常被选为磨料或耐火材料。尤其是金刚石,由于碳原子半径较小,原子间共价键强度大,要破坏 4 个共价键或扭歪键角都需要很大能量,所以熔点高达 3550℃,硬度也极大。原子晶体的延展性很小,有脆性。由于原子晶体中没有离子,固态、熔融态都不易导电,所以可作电的绝缘体。但是某些原子晶体,如 Si、Ge、Ga、As 等可以作为优良的半导体材料。原子晶体在一般溶剂中都不溶解。

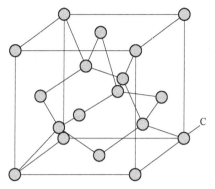

图 2-33 金刚石的晶体结构

4. 金属晶体

在金属晶体的晶格结点上排列着原子或正离子。原子或正离子是通过自由电子而结合的,这种结合力是金属键。金属键的强弱与构成金属晶体原子(或离子)的原子(离子)半径、有效核电荷及外层电子组态等因素有关。金属晶体的晶格点阵如图 2-34 所示。

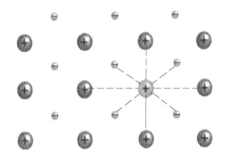

图 2-34 金属晶体的晶格点阵

金属晶体单质多数具有较高的熔点和较大的硬度,通常所说的耐高温金属就是指熔点高于铬的熔点(1857℃)的金属,集中在元素周期表中 d 区的副族,其中熔点最高的是钨(3410℃),其次是铼(3180℃),它们是测高温用的热电偶材料。也有部分金属晶体单质的熔点较低,如汞的熔点是 -38.87℃,常温下为液体,锡是 231.97℃,铅是 327.5℃,铋是 271.3℃,都是低熔金属。它们的合金称为易熔合金,熔点更低,应用于自动灭火设备、锅炉安全装置、信号仪表和电路中的熔断丝等。

与离子晶体、分子晶体和原子晶体相比,金属晶体具有良好的导电、导热性,尤其是 ds 区的 Cu、Ag 和 Au。它们还有良好的延展性等机械加工性能,有金属光泽、对光不透明等特性。金属键的形成过程还表明金属很易与另外的金属元素或非金属元素形成具有金属特征的合金,合金在许多性能上要比纯金属优越。正因为金属具有上述优良性能,所以金属是当前工程材料的主力军。

晶体的基本类型包括如前所述的离子晶体、原子晶体、分子晶体和金属晶体四大类型(表2-4)。

表2-4 晶体的基本类型

基本晶体	离子晶体	原子晶体	分子晶体	金属晶体
实例	NaCl	石英(SiO_2)	NH_3	Cu
晶格点上微粒	正、负离子	原子	分子	金属原子或正离子
微粒间作用力	离子键	共价键	分子间力或氢键	金属键
熔沸点	较高	高	低	一般较高
硬度	较大	大	小	一般较大
导电性	水溶液或熔融态易导电	绝缘体或半导体	一般不导电	良导体

5. 过渡型晶体

将晶体分成上述4个基本类型,给研究和使用带来很多方便。但工程师们接触到的成千上万种晶体物质中,有很多不能用这些基本类型概括。在它们的晶格结点粒子间的键型发生了变异,属于过渡型晶体。例如,对于同一元素的卤化物和氧化物来说,高价态的倾向于形成共价键为主的分子晶体,熔点、沸点较低;低价态的倾向于形成以离子键为主的离子晶体,熔点、沸点较高。这可用离子极化理论解释。简单地说,离子极化理论就是从离子键概念出发,把正离子看成具有吸引负离子电子云的"极化"能力,把负离子看成其电子云只有被正离子吸引而远离核的变形("被极化")能力。这样,正离子价态越高,吸引负离子的电子云的能力越强;负离子的半径越大,其电子云越易被正离子吸引过去。结果减弱了正、负离子间作用力。$FeCl_2$的熔点为672℃,而$FeCl_3$的熔点为306℃,就是由于$FeCl_3$极化能力比$FeCl_2$强,离子间作用力减弱的结果。有时,氧化物还可偏向原子晶体,如SiO_2的熔点是1610℃;$SiCl_4$是典型的分子晶体,熔点为-70℃。

过渡型晶体的这个特性在工程实际中应用很广。例如,利用二碘化钨(WI_2)熔点低、易挥发的特性,在灯管中加入少量I_2可制得碘钨灯。当钨丝受热,温度维持在250~650℃时,W升华到灯管壁与I_2生成WI_2;WI_2在整个灯管内扩散,碰到高温钨灯丝便重新分解,并把钨留在灯丝上;这样循环不息,可以大大提高灯的发光效率和寿命。如果把金属钨改成稀土元素镝(Dy)和钬(Ho),

同样的道理可提高灯的发光效率和寿命,而且,由于 Dy 和 Ho 原子的能级多,受激发放出与太阳接近的多种颜色的原子发射光谱而称"太阳灯"。

在工程实际应用中需要特别提及的是过渡型晶体的金属有机化合物。若用 M 表示金属原子,则 M—C 键不是典型的离子键,其键能一般小于 C—C 键,因此,易在 M—C 处断裂。这一特性被广泛用于化学气相沉积,沉积成高附着性的金属膜,例如,三丁基铝和三异丙基苯铬热解,分别得到金属铝膜和铬膜。同样,在金属的烷氧基化合物中,若 M 表示金属的原子,实验证明,O—C 键较 M—O 键要弱,因此,易在 O—C 键处断裂,沉积出金属的氧化物。金属的烷基化合物和金属的烷氧基化合物都是金属有机化合物。

6. 混合键型晶体

实际晶体往往是几种作用力同时存在的混合键型晶体。例如,层状结构的石墨、二硫化铝、氮化硼等就属于混合键型晶体。石墨晶体中同层粒子间是以共价键结合的,而平面结构的层与层之间则以分子间力结合,如图 2-35 所示。所以石墨是混合键型的晶体,由于层间的结合力较弱,容易滑动,所以常被用做滑润油和滑润脂的添加剂,六方型氮化硼又称白色石墨,比石墨更能耐高温,化学性质更稳定,可用来制作熔化金属的容器和耐高温实验仪器及耐高温的固体润滑剂。以它为原料制作的氮化硼纤维是一种无机工程材料,可制成防火衣服、防中子辐射衣服等。六方型氮化硼在适当条件下可转变成立方型氮化硼,在高温中的稳定性超过金刚石,是一种超硬材料,用做钻石、磨具和切削工具,如图 2-36 所示。

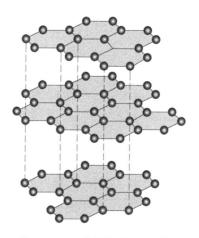

图 2-35 石墨材料的层状结构

自然界中存在的多种硅酸盐晶体也属于混合键型晶体。它的基本结构是 1 个硅原子和 4 个氧原子以共价键组成负离子硅氧四面体;硅氧四面体间镶嵌着

图 2-36 氮化硼车刀

金属正离子,金属正离子与硅氧四面体负离子间以离子键结合,如图 2-37 所示。它们有分立型、链型、层型和骨架型。若沿平行方向用力,晶体往往易裂开成柱状或纤维状。石棉就是类似这类结构的晶体。

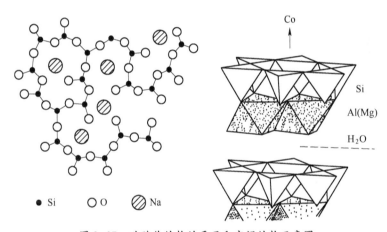

图 2-37 硅酸盐结构的平面和空间结构示意图

7. 判别和比较晶体物理性质的一般方法

晶体的 4 种基本类型划分是相对的,过渡性和混合键型的区分也只是定性的,用这种分类判断晶体的某些物理特性(如熔点、硬度、导电性等)也只能是粗略和定性的。一般方法如下:

(1) 先将金属晶体区别出来。因为大多数金属单质和合金都属于金属晶体,这是我们常识所能判断的。

(2) 再将原子晶体区别出来。共价性物质中属于原子晶体的数量极少,如 Si、Ge、Ga、Sn 等单质晶体以及 SiO_2、SiC、B_4C、BN(金刚石型)、AsGa 等化合物晶体。

(3) 然后,将典型离子晶体、过渡型晶体和典型分子晶体区别开来。

（4）同类型晶体的比较。同类型离子晶体之间可用离子电荷,并参考离子半径的大小比较它们的某些物理性质的差别;同类型分子晶体,无氢键时可用分子量大小判断。过渡型晶体主要用离子价态判别（低价态化合物倾向于形成以离子键为主的离子晶体,高价态的化合物倾向于形成以共价键为主的分子晶体）。

（5）不同类型晶体的比较。一般来说,原子晶体的熔点最高,金属晶体和离子晶体次之,分子晶体熔点最低。

【例 2-4】 判断各氧化物的晶体类型,说明化学键类型和产生熔点差异的原因。

氧化物	P_2O_3	As_2O_3	SiO_2	CaO	MgO
熔点/℃	23.8	313.3	1610	2614	2852

解：CaO、MgO 是由活泼金属与活泼非金属所形成的化合物,Ca、Mg 与 O 的电负性相差较大,估计 CaO、MgO 是由离子键形成的离子晶体,故它们的熔点也高。

P_2O_3、As_2O_3、SiO_2 是由非金属形成的化合物,估计键型为共价键。由于 SiO_2 熔点高,初步判断属原子晶体；P_2O_3、As_2O_3 熔点低,判断分子晶体。

CaO、MgO 同为离子晶体且离子电荷数相同,但 Mg^{2+} 的半径比 Ca^{2+} 的小,因此,MgO 的离子间作用力更强,故熔点更高。

P_2O_3、As_2O_3 同为第 VA 主族元素的氧化物。同系列共价化合物,随着分子摩尔质量增加,分子间色散力增大,故 As_2O_3 的熔点更高。

SiO_2 是原子晶体,熔点较高。

判断结果：

	P_2O_3	As_2O_3	SiO_2	CaO	MgO
化学键类型：	共价键	共价键	共价键	离子键	离子键
晶体类型：	分子晶体		原子晶体	离子晶体	

2.4.3 晶体的缺陷及应用

纯净的完整晶体是一种理想状态,实际晶体总是存在着缺陷。晶体的缺陷有空位（晶格节点上缺少原子）、错位（点阵排列出现偏差）和杂质（掺杂其他原子）等。在非晶格节点的位置也可出现粒子,也属缺陷。

若按缺陷的形成和结构可分为：本征缺陷——由于实际晶体粒子的排列偏离理想点阵结构而形成（可分为点缺陷、线缺陷和面缺陷）,并无外来杂质原子的掺入；杂质缺陷——由于杂质原子进入基质晶体而形成的缺陷。

晶体缺陷必然带来晶体性质的变化。有时会在光、电、磁、声、热学上出现新的特性,这给新材料的开发提供了可能。例如,单晶硅、锗都是优良半导体材料,而人为地在硅、锗中掺入微量镓、砷形成的有控制的晶体缺陷,便成为晶体管材料,是集成电路的基础。

离子晶体的缺陷有时可使绝缘性发生变化。如在 AgI 中掺杂+1 价阳离子得到 $M_x AgI_{1+x}$ 时,室温下就有了较强的导电性。这类固体电解质能在高温下工作,可用于制造燃料电池、离子选择电极等。

杂质缺陷可使离子型晶体具有绚丽的色彩。如 $\alpha-Al_2O_3$ 中掺入 CrO_3 呈现鲜艳的红色,称为"红宝石",而且可用于激光器中作警惕材料。

2.5 阅读材料——军用新材料

材料是人类生产活动和生活必须的物质基础,与人类文明和技术进步密切相关。随着科学技术的发展,材料的种类日新月异,各种新型材料层出不穷,在高新技术领域或军事领域中占有十分重要的地位。

材料科学是研究材料的成分、结构、加工和材料性能及应用之间相互关系的科学。材料科学的内容:一是从化学的角度出发,研究材料的化学组成、结构与性能的关系;二是从物理学的角度出发,阐述材料的组成原子及其运动状态与各种物性之间的关系,在此基础上为材料的制备和应用提供科学依据。许多新型材料的发展,很大程度上是建立在化学结构理论和化学变化规律提供的理论基础之上的。化学是材料科学的重要基础。

材料的品种很多,分类方法也很多。通常采用的分类法主要是依据材料的用途和材料的化学成分及特性分类。

依据材料的使用性能,通常将材料分为结构材料和功能材料两大类。结构材料是指利用材料具有的力学和物理、化学性质,广泛用于机械制造、工程建设、交通运输及能源等部门的材料。功能材料是指利用材料具有的某种声、光、电、磁和热等性能,应用于微电子、激光、通信、能源和生物工程等许多高新技术领域的材料。智能材料是功能材料的最新发展,它具有环境判断功能、自我修复功能和时间轴功能。智能材料被誉为 21 世纪材料。

材料按其发展历史可分为传统材料和新型材料。传统材料是指发展已趋成熟,并被广泛使用的材料,如普通钢铁、水泥、玻璃、木材和普通塑料等。新材料是指那些新近出现以及正在发展中的具有优异性能、能满足高技术需求的材料,如高强钢、高性能陶瓷、复合材料及半导体材料等。材料按其性能特征可分为智能材料、纳米材料和超导材料等;按其应用领域可分为电子信息材料、生物材料、能源材料、建筑材料、航空航天材料和生态环境材料等。

依据材料的化学成分及特性,通常将材料分为金属材料、无机非金属材料、高分子材料和复合材料。

金属材料是以金属元素为基础的材料。金属材料绝大多数以合金的形式出现,纯金属的直接应用很少。合金是在纯金属中有意识地加入一种或多种其他元素,通过冶金或粉末冶金方法制成的具有金属特性的材料。金属材料可分为黑色金属材料和有色金属材料。黑色金属是指铁和以铁为基的合金,如钢、铸铁及铁合金。除黑色金属以外的其他各种金属及其合金统称为有色金属。金属材料一般具有优良的力学性能,特别是高强度和高塑性的配合,还具有优良的可加工特性及优异的物理特性。金属材料的性质主要取决于它的成分、显微组织和制造工艺,人们可以通过调整和控制成分、组织结构和工艺,制造出具有不同性能的各种金属材料。

无机非金属材料基本上是由非金属元素或其与金属元素的化合物所组成的材料。这类材料主要有陶瓷、砖瓦、玻璃、水泥和耐火材料等以硅酸盐化合物为主要成分制成的传统无机非金属材料,以及由氧化物、碳化物、氮化物和硼化物等制成的新型无机非金属材料。无机非金属材料具有耐高温、高硬度和抗腐蚀等优异性能,以及优良的介电、压电、光学、电磁学及其功能转换等特性。无机非金属材料也称为陶瓷材料。

有机高分子材料的主链主要由碳和氢元素构成,是由 1000 个以上原子通过共价键结合形成的分子,其分子量可达几万乃至几百万。它通常是指合成塑料、合成纤维、合成橡胶、涂料及黏接剂等。这类合成材料质轻、比强度大、电绝缘性和耐腐蚀性好、加工容易和价廉等优点迅速发展,其发展速度超过了钢铁、水泥和木材等传统材料。

复合材料是由有机高分子、无机非金属或金属等几类不同材料通过复合工艺组合而成的新型材料。它既能保留原组成材料的主要特色,还能通过复合效应获得原组分所不具备的性能。可以通过材料设计使各组分的性能互相补充并彼此关联,从而获得新的优越性能,与一般材料的简单混合有着本质的区别。一般将其中的连续相称为基体,分散相称为增强相。复合材料按其基本种类的不同可分为金属基复合材料、陶瓷基复合材料和聚合物基复合材料。复合材料也可分为结构复合材料和功能复合材料,还可分为常用复合材料和现代复合材料。

当前,为了适应社会经济和高技术发展的需要,对研制具有特殊性能的功能材料甚为迫切,研究较多、应用较多的新型功能材料,如高温超导材料、功能高分子材料或新型复合材料等,这些新材料在国防军事领域应用广泛,促进了武器装备的进一步发展和智能化,也使现代战争更具高科技性质。

本节主要介绍材料的一些基本知识及其在军事领域的应用,并讨论其中的一些化学问题。

2.5.1 元素、物质与材料

元素是具有相同核电荷数的一类原子的总称。

在我们周围的世界里,物质的种类已超过3000多万种。但这些物质都是由100余种元素组成的。物质可分为纯净物和混合物。纯净物通常是指具有固定组成和独特性质的物质,又可分为单质和化合物。单质是由同种元素组成的纯净物,化合物是由两种或两种以上元素组成的纯净物。混合物由两种或两种以上的单质或化合物组成,混合物里各单质或化合物都保持原来的性质。

材料是能为人类经济、生活制造有用物品的物质,是先于人类存在的,是人类生活和生产的物质基础。

物质中只有一部分是材料,材料的一大特点就是要能为人类使用。另外,其经济性也很重要。例如,天然金刚石很硬,但由于它的稀有和昂贵,其作为材料使用的范围就受到了限制。所有的材料都是由元素周期表上的元素组成的。我们不仅在化学中用元素周期表归纳和预测元素的化学行为,而且在材料科学中也要应用元素周期表分析材料的形成及性能。

材料是物质,但不是所有物质都可以称为材料。如燃料和化学原料、工业化学品、食物和药物,一般都不算是材料。但是这个定义并不那么严格,如炸药、固体火箭推进剂,一般称为"含能材料",因为它属于火炮或火箭的组成部分。材料是人类赖以生存和发展的物质基础。20世纪70年代,人们把信息、材料和能源誉为当代文明的三大支柱。80年代以高技术群为代表的新技术革命,又把新材料、信息技术和生物技术并列为新技术革命的重要标志。这主要是因为材料与国民经济建设、国防建设和人民生活密切相关。人类社会的发展史表明,生产中使用的材料性质直接反映了人类社会文明的水平。所以,历史学家常常根据制造工具的材料,将人类生活的时代划分为石器时代、青铜器时代、铁器时代。而今人类正跨入人工合成材料的新时代,可以相信,在将来的交通、通信、化工、生物、医学、能源、航空航天、资源开发以及国防军事领域,新材料将发挥更加重要的作用。在研究开发新材料的过程中,如何降低新能源和资源的消耗、如何减小污染,也将是材料工作者的重要研究课题。

人类进入21世纪后,世界各发达国家都把材料科学和工程作为重大科学研究领域之一。根据材料及其在各领域的应用可划分为以下几大部分。

(1) 与信息获取、传输、存储、显示及处理有关的材料,即信息功能材料。

(2) 与宇航事业的发展及地面运输工具的要求相适应的耐高温、高比刚度和高比强度的工程结构材料及先进的陶瓷材料。

（3）与能源领域有关的能源结构材料、功能材料与含能材料。
（4）以纳米材料为代表的低维材料，也是当前材料科学技术的前沿。
（5）与医学、仿生学及生物工程相关的生物材料。
（6）与信息产业相关的智能化材料。
（7）与环境工程相关的环境材料，也称绿色材料。

综上所述，材料是人类赖以生存的基础，材料的发展和进步伴随着人类文明发展和进步的全过程。材料是国民经济建设、国防建设和人民生活不可缺少的重要组成部分。同时，材料特别是新材料与社会现代化及现代文明的关系十分密切，新材料为提高人民生活质量、增强国家安全实力、提高工业生产率与经济增长提供了物质基础，因此，新材料的发展十分重要。

2.5.2 材料中的化学

材料是一切科学技术的物质基础，而各种材料则主要来源于化学制造和化学开发。化学为新材料的开发储备了足够的化合物。因此，在新材料的发展过程中，化学扮演了十分重要的角色。化学是在原子、分子水平上研究物质的组成、结构、性能、变化及应用的学科。有人称化学家是操纵化学变化的魔术师，是创造新物质的专家，这一点也不过分。化学家利用手中的 100 多种元素，通过巧妙的设计、组合，已制造出千千万万种新物质。诺贝尔奖获得者 Woodward 形象地阐明了化学的作用："化学为人类在老的自然界旁边又建立了一个新的自然界。"在我们四周的物品中，已几乎看不到纯天然材料的身影。

材料科学以物理、化学及相关理论为基础，根据工程对材料的需要，设计一定的工艺过程，把原料物质制备成可以实际应用的材料和元器件，使其具备规定的形态和形貌，如多晶、单晶、纤维、薄膜、陶瓷、玻璃、复合体和集成块等；同时具有指定的光、电、声、磁、热学、力学和化学等性质，甚至具备能感应外界条件变化并产生相应的响应和执行行为的机敏性与智能性。应该指出的是：材料与器件紧密关联，材料离开器件就会失去其意义，器件离开材料也不可能实现其功能。材料所具备的特性，与其内在组成、结构与加工过程密切相关。因此，物理学和化学就构成了材料科学的基础。

利用化学对于物质的结构和成键的复杂性的深刻理解及化学反应实验技术，在探索和开发具有新组成、新结构和新功能的材料方面，在材料的复合、集成和加工等方面，可以大有作为。例如，在新材料的研制中，可以进行分子设计和分子剪裁；可以设计新的反应步骤；可以在极端条件下进行反应，如在超高压、超高温、强辐射、冲击波、超高真空和无重力等环境中进行反应，合成在地面常规条件下无法合成的新化合物；也可以在温和条件下进行化学反应，以控制反应的过程、路径和机制,一步步地设计中间产物和最终产物的组成和结构,剪裁其物理和化学性质;可以形成介稳态、非平衡态结构,形成低熵、低焓、低维、低对称性材料;可以复合不同类型、不同组成的材料(有机物-无机物、金属-陶瓷、无机物-生物体等)。

近年来,纳米科技表明,物质的性质并不是直接由构成物质的原子和分子决定的,在宏观物质和微观原子、分子之间还存在着一个介观层次,即纳米相材料(简称纳米材料)。这种由有限分子组装起来的纳米材料表现出异于宏观物质的物性。纳米材料在信息科技的超微化、高密度、高灵敏度、高集成度和高速度的发展中,将发挥巨大的作用。可以用化学反应手段来制备得到这类纳米材料。例如,数十种具有光、电、磁等功能的单一或复合的3~10nm的纳米陶瓷材料,可以通过碱土金属氢氧化物溶液和相应的各种过渡金属氢氧化物凝胶之间的回流反应制备,也可以在油包水的微乳液环境中,使相应金属醇盐或配合物进行反应来制得。这些方法反应条件缓和,并且容易控制、简便易行。

总之,化学是材料科学发展的基础,化学为材料科学的发展揭示新原理,化学为新型材料的设计创立新理论,化学为新型材料的合成提供新方法,化学为新型材料的表征建立新手段,化学为材料技术的应用奠定新基础。

2.5.3 材料的组成、结构与性能的关系

1. 材料的组成和性能的关系

从化学观点看,所有的材料都是由已知的100多种元素组成的单质或化合物组成的。组成不同,便会得到物理、化学性质迥异的物质。例如,水(H_2O)与过氧化氢(H_2O_2),两种物质的分子中仅相差一个氧原子,但性质上完全不同:前者十分稳定,后者极易分解;前者呈中性,后者显弱酸性等。

材料内部某些化学成分在含量上的变化,也会引起材料性能的变化,如钢铁的性质与其中的碳含量有密切关系。含碳量0.02%以下的铁称为熟铁,其质很软,不能作为结构材料使用。含碳量2.0%以上时称为铸铁,其质硬而脆。含碳量在上述两者(0.02%~2.0%)之间,则称为钢。钢中含碳量小于0.25%的称为低碳钢,介于0.25%~0.60%的称为中碳钢,大于0.60%的称为高碳钢。钢兼有较高的强度和韧性,因此,钢在工程上获得广泛的应用。与此相似,合金钢的性能也与合金元素的含量密切相关。钢中加铬,可提高钢的耐腐蚀性,但只有当钢中含铬量在12%以上时,才能成为耐腐蚀性强的不锈钢。

材料的性能与内部的化学组分的密切关系,还可以从杂质对材料性能的影响得到说明。杂质的存在会使材料的机械性能、电性能等恶化。因此,提高材料的纯度是增强材料特性的重要途径。在现代高新技术中,对材料纯度要求越来

越高,使其成为高纯或超高纯物质,例如,半导体硅的纯度要求达到 8~12 个"9"(即 99.999999%~99.9999999999%)才能符合半导体工艺要求。另一方面,又要在高纯的硅中控制性地掺入少量杂质,以提高其半导体性能,并使之具有不同的半导体类型和特征。由此可见,材料的组成对于控制和改变材料性能有重要作用。

2. 化学键类型与材料性能的关系

化学键类型是决定材料性能的主要依据,三大类工程材料的划分就是依据各类材料中起主要作用的化学键类型。

金属材料主要由金属元素组成,金属键为其中的基本结合方式,并以固溶体和金属化合物合金形式出现。因此,表现出与金属键有关的一系列特性,如金属光泽、良好的导热导电性、较高的强度和硬度、良好的机械加工性能(铸造、锻压、焊接和切削加工等)等。但金属材料也表现出金属相联系的两大缺点:①容易失去电子,易受周围介质作用而产生程度不同的腐蚀;②高温强度差。因为温度升高,使金属中原子间距变大,作用力减弱,机械强度迅速下降。一般金属及其合金的使用温度不超过 1273K。因此,金属材料的应用范围受到限制。

无机非金属材料多由非金属元素或非金属元素与金属元素组成。以离子键或共价键为结合方式,以氧化物、碳化物等非金属化合物为表现形式,因而,具有许多独特的性能,如硬度大、熔点高、耐热性好、耐酸碱侵蚀能力强,是热和电良好的绝缘体。但存在脆性大和成型加工困难等缺点。

有机高分子材料以共价键为基本结合方式。其"大分子链"长而柔曲,相互间以范德华力结合,或以共价键相交联产生网状或体型结构,或以线型分子链整齐排列而形成高聚物晶体。正是这类化合物结构上的复杂性,赋予有机高分子材料多样化的性能,如质轻、有弹性、韧性好、耐磨、自润滑、耐腐蚀、电绝缘性好、不易传热及成型性能好,其比强度(强度与容重之比)可达到或超过钢铁。这类材料的主要缺点:①结合力较弱、耐热性差,大多数有机高分子材料的使用温度不超过 473K。有的高分子材料易燃,使用安全性差;②在溶剂、空气和光合作用下,易产生老化现象,表现为发黏变软或变硬发脆,性能恶化。

3. 晶体结构与材料性能的关系

离子晶体、原子晶体、分子晶体和金属晶体的区分,主要是从晶格结点上的粒子和粒子间的化学键类型不同这两方面考虑的。例如,碳的两种同素异形体——金刚石和石墨的不同性质,源于晶格类型的不同。金刚石属立方晶型,而石墨则为六方层状晶型。不少晶格类型相同的物质,也具有相似或相近的性质。与碳元素同为"等电子体"(组成中每个原子的平均价电子数相同)的氮化硼 BN,也有立方和六方两种晶型。立方 BN 的主要性质与金刚石相近,硬度近于

10,有很好的化学稳定性和抗氧化性,用作高级磨料和切割工具。六方 BN 性质与石墨相近,较软(硬度仅为2)高温稳定性好,作为高温固体润滑剂,比石墨效果还好,故有"白色石墨"之称。

除晶体外,固体材料的另一大类是非晶体。这类材料结构中,原子或离子呈不规则排列的状态,其外观与玻璃相似,故非晶态也称玻璃态。非晶态固体,由液态到固态没有突变现象,表明其中粒子的聚集方式与通常液体中粒子的聚集方式相同。近代研究指出,非晶态的结构可用"远程无序、近程有序"概括,由此产生了非晶态固体材料的许多重要特性。

金属及其合金极易结晶,传统的金属材料都是以晶态形式出现的。但如果将某些金属的熔体,以极快的速度(如每秒冷却温度大于10^6℃)急剧冷却,便可得到非晶态金属。非晶态金属具有三大优异性能:强度高而韧性好、突出的耐腐蚀性和很好的磁性能。

2.5.4 军用新材料概述

军用新材料是新一代武器装备的物质基础,也是当今世界军事领域的关键技术。军用新材料技术则是用于军事领域的新材料技术,是现代精良武器装备的关键,是军用高技术的重要组成部分。世界各国对军用新材料技术的发展给予了高度重视,加速发展军用新材料技术是保持军事领先的重要前提。

作为武器系统炸药载体的军用新材料技术,必须满足各种武器装备对强度、刚度、质量、速度、精度、生存能力、信号特征、维护、成本和通用性的要求。对军用新材料的需求主要体现在:①用于极端环境条件下的材料;②用于先进武器的轻型材料;③用于特殊要求的新型功能材料;④长寿命、可重复使用、高可靠性和低成本的材料等。

在支撑新军事变革和武器装备迅速发展的过程中,军用新材料发展趋势主要体现在以下几个方面:①复合化。通过微观、介观和宏观层次的复合,大幅度提高材料的综合性能。②低维化。通过纳米技术制备纳米颗粒(零维)、纳米线(一维)及纳米薄膜(二维)等纳米材料和器件,以实现武器装备的小型化。③高性能化。通过材料的力学性能、工艺性能以及物理、化学性能的提高,实现综合性能的不断优化,为提高武器装备的性能奠定物质基础。④多功能化。通过材料成分、组织、结构的优化设计和精确控制,使单一材料具备多项功能,以达到简化武器装备的结构设计,实现小型化、高可靠性的目的。⑤低成本化。通过节能、改进材料制备和加工技术、提高成品率和材料利用率等方法降低材料制备及应用成本。

军用新材料是各项军用新技术尤其是尖端技术的基础和支柱。可以说,武器装备的精良化和现代化,离不开军用新材料的研究和开发。同时,由于新材料在军事装备上的应用日益广泛和深化,带动及促进了新材料科学的发展。下面简要介绍两类军用新材料。

1. 新型金属材料

1) 铝合金

铝合金一直是军事工业中应用最广泛的金属结构材料。铝合金具有密度低、强度高、加工性能好等特点,作为结构材料,因其加工性能优良,可制成各种截面的型材、管材、高筋板材等,以充分发挥材料的潜力,提高构件刚度和强度。所以,铝合金是武器轻量化首选的轻质结构材料。

铝合金在航空工业中主要用于制造飞机的蒙皮、隔框、长梁和珩条等;在航天工业中,铝合金是运载火箭和宇宙飞行器结构件的重要材料,在兵器领域,铝合金已成功用于步兵战车和装甲运输车上,最近研制的榴弹炮炮架也大量采用了新型铝合金材料。

近年来,铝合金在航空航天工业中的用量有所减少,但它仍是军事工业中主要的结构材料之一。铝合金的发展趋势是追求高纯、高强、高韧和耐高温,在军事工业中应用的铝合金主要有铝锂合金、铝铜合金(2000系列)和铝锌镁合金(7000系列)。

新型铝锂合金应用于航空工业中,预测飞机质量将下降8%~15%;铝锂合金同样也将成为航天飞行器和薄壁导弹壳体的候选结构材料。随着航空航天业的迅速发展,铝锂合金的研究重点仍然是解决厚度方向的韧性差和降低成本的问题。

2) 镁合金

镁合金作为最轻的工程金属材料,具有密度小、比强度及比刚度高、阻尼性及导热性好、电磁屏蔽能力强以及减振性好等一系列独特的性质,极大地满足了航空航天、现代武器装备等军工领域的需求。

镁合金在军工装备上有诸多应用,如坦克座椅骨架、车长镜、炮长镜、变速箱箱体、发动机机滤座、进出水管、空气分配器座、机油泵壳体、水泵壳体、机油热交换器、机油滤清器壳体、气门室罩、呼吸器等车辆零部件;战术防空导弹的支座舱段与副翼蒙皮、壁板、加强框、舵板、隔框等弹导零部件;歼击机、轰炸机、直升机、运输机、机载雷达、地空导弹、运载火箭、人造卫星等飞船飞行器构件。镁合金质量小、比强度和刚度好、减振性能好、电磁干扰、屏蔽能力强等特点能满足军工产品对减重、吸噪、减振、防辐射的要求。在航空航天和国防建设中占有十分重要的地位,是飞行器、卫星、导弹以及战斗机和战车等武器装备所需的关键结构材料。

3）钛合金

钛合金具有较高的抗拉强度（441~1470MPa）、较低的密度（4.5g/cm³）、优良的抗腐蚀性能，在300~550℃温度下有一定的高温持久强度和很好的低温冲击韧性，是一种理想的轻质结构材料。钛合金具有超塑性的功能特点，采用超塑成型-扩散连接技术，可以很少的能量消耗和材料消耗将合金制成形状复杂、尺寸精密的制品。

钛合金在航空工业中的应用主要是制作飞机的机身结构件、起落架、支撑梁、发动机压气机盘、叶片和接头等；在航天工业中，钛合金主要用来制作承力构件、框架、气瓶、压力容器、涡轮泵壳、固体火箭发动机壳体及喷管等零部件。20世纪50年代初，在一些军用飞机上开始使用工业纯钛制造后机身的隔热板、机尾罩、减速板等结构件；60年代，钛合金在飞机结构上的应用扩大到襟翼滑轨、承力隔框、起落架梁等主要受力结构中；70年代以来，钛合金在军用飞机和发动机中的用量迅速增加，从战斗机扩大到军用大型轰炸机和运输机，它在F14和F15飞机上的用量占结构质量的25%，在F100和TF39发动机上的用量分别达到25%和33%；80年代以后，钛合金材料和工艺技术达到了进一步发展，一架B1-B飞机需要90402kg钛材。现有的航空航天用钛合金中，应用最广泛的是多用途的a+b型Ti-6Al-4V合金。近年来，西方国家和俄罗斯相继研究出两种新型钛合金，它们分别是高强高韧可焊及成型性良好的钛合金和高温高强阻燃钛合金，这两种先进钛合金在未来的航空航天业中具有良好的应用前景。

随着现代战争的发展，陆军部队需求具有威力大、射程远、精度高、有快速反应能力的多功能先进加榴炮系统。先进加榴炮系统的关键技术之一是新材料技术。自行火炮炮塔、构件、轻金属装甲车用材料的轻量化是武器发展的必然趋势。在保证动态与防护的前提下，钛合金在陆军武器上有着广泛的应用。155火炮制退器采用钛合金后不仅可以减小质量，还可以减少火炮身管因重力引起的变形，有效地提高射击精度；在主战坦克及直升机-反坦克多用途导弹上的一些形状复杂的构件可用钛合金制造，这既能满足产品的性能要求，又可减少部件的加工费用。

在过去相当长的时间里，钛合金由于制造成本昂贵，应用受到了极大限制。近年来，世界各国正在积极开发低成本的钛合金，在降低成本的同时，还要提高钛合金的性能。在我国，钛合金的制造成本还比较高，随着钛合金用量的逐渐增大，寻求较低的制造成本是发展钛合金的必然趋势。

2. 新型复合材料

毋容置疑，材料的复合化是军用新材料发展的必然趋势之一。复合材料是人们运用先进的材料制备技术将不同性质的材料组分优化组合而成的新材料。

复合材料与其他单质材料相比具有高比强度、高比刚度、高比模量、耐高温、耐腐蚀和抗疲劳等优良性能,倍受各国技术人员的重视。因复合材料具有可设计性的特点,已成为军事工业的一支主力军。因此,复合材料技术是发展高技术武器的物质基础,是现代精良武器装备的关键。目前,军用复合材料正向高功能化、超高能化、复合轻量和智能化的方向发展,加速复合材料在航空工业、航天工业、兵器工业和舰船工业中的应用是打赢现代高技术局部战争的有力保障。

按照复合材料的主要用途,军用复合新材料可以分为结构复合材料和功能复合材料两大类,近年来,还出现了结构、功能一体化及多功能、智能化的趋势。

1) 新型结构复合材料。

(1) 树脂基纤维复合材料。树脂基纤维复合材料是以纤维为增强体、树脂为基体的复合材料,所用的纤维有碳纤维、芳纶纤维和超高模量聚乙烯纤维等,基体一般为热固性聚合物和热塑性聚合物两类。

先进的树脂基复合材料具有优异的力学性能和明显的减重效果,在飞机等现代化武器领域得到普遍应用。美国的 F-22 机身蒙皮全都是高强度、耐高温的树脂基复合材料,其中,热固性复合材料用量高达23%。F-119 发动机用树脂基复合材料取代钛合金制造风扇送气机机枢,可节省结构质量 6.7kg;用树脂基复合材料风扇叶片取代现在的钛合金空心风扇叶片,减小结构质量的 30%。先进树脂基复合材料还可用于制造飞机的"机敏"结构,使承载结构、传感器和操纵系统合为一体,从而可以探测飞机飞行状态和部件的完整性,自行调节控制部件,提高飞机的飞行性能,降低维修费用,保证飞机安全。树脂基复合材料的应用已由小型、简单的次承力构件发展到大型、复杂的主要承力构件;从单一的构件发展到结构/吸波、结构/透波及结构/防弹等多功能一体化结构。

聚氰酸脂基复合材料是先进树脂基复合材料的新类型,它的吸湿率低,具有优异的耐湿热性能,电性能尤其突出,主要用于雷达天线罩的制造。聚醚醚酮与碳纤维或芳酰胺纤维热压成型的复合材料强度可达 1.8GPa,模量为 120GPa,热变形温度为 300℃,在 200℃以下保持良好的力学性能,还具有阻燃性和抗辐射性,可用于机翼、天线部件和雷达罩等。芳纶纤维增强树脂基复合材料可用于火箭固体发动机壳体,由于芳纶具有良好的冲击吸收能,已用于防弹头盔和防穿甲弹坦克;还可用做防弹背心的防弹插板,插于防弹背心的前片和后片,以提高这些部位的防弹能力;同时也是防弹运钞车装甲的首选材料。聚丙烯腈基复合材料具有强度高、刚度高、耐疲劳和质量小等优点,美国的 AV-8B 垂直起降飞机采用这种材料后质量减少了 27%,F-18 战斗机质量减少了 10%。

(2) 金属基复合材料。金属基复合材料是以金属或合金为基体,含有增强体成分的复合材料。金属基复合材料弥补了树脂基复合材料耐热性差(一般不超过300℃)、不能满足材料导电和导热性能的不足,以其高比强度、高比模量、良好的高温性能、低的热膨胀系数、良好的导电导热性和尺寸稳定性在军事工业中得到了广泛应用。金属基体主要有铝、镁、铜、钛、超耐热合金和难熔合金等多种金属材料,增强体一般可分为纤维、颗粒和晶须三类。

未来高技术战争首先是信息技术的战争。随着电子技术的进步,电子芯片的集成度将越来越高,这就要求电子封装材料必须满足芯片的散热需求。研究表明,碳化硅颗粒增强铝基复合材料具有高导热性能和高热膨胀系数,且价格便宜,是一种非常有前景的电子封装材料。同时,碳化硅颗粒增强铝基复合材料具有良好的高温性能和抗磨损特点,可用于火箭、导弹构件、红外及激光制导系统构件和精密航空电子器件等。颗粒增强铝基复合材料已用于F-16战斗机腹鳍代替铝合金,其刚度和寿命大幅度提高。Ogden空军后勤中心评估结果表明,铝基复合材料腹鳍的采用,可以大幅度降低检修次数,全寿命节约检修费用达2600万美元,并使飞机的机动性得到提高。此外,F-16上部机身有26个可活动的燃油检查口盖,其寿命只有2000h,并且每年都要检查2~3次。采用了碳化硅颗粒增强铝基复合材料后,刚度提高40%,承载能力提高28%,预计平均翻修寿命可高于8000h,寿命提高幅度达17倍。颗粒增强金属基复合材料耐磨性极好,可作为火箭的飞行翼、箭头、箭体和结构材料,也可作飞机发动机中的耐热、耐磨部件。

碳纤维增强铝、镁基复合材料在具有高比强度的同时,还有接近零膨胀系数和良好的尺寸稳定性,可成功地用于制作人造卫星支架、L频带平面天线、空间望远镜和人造卫星抛物面天线等。硼纤维增强金属基复合材料已用于制造F-114、F-115和"幻影"2000等军用飞机部件。碳化硅纤维增强钛基复合材料具有良好的耐高温和抗氧化性能,是高推重比发动机的理想结构材料,目前已进入先进发动机的试车阶段。世界上第一个在航空上应用的钛基复合材料的价格仍很昂贵,今后其用量的拓展将主要取决于成本的降低程度。在兵器工业领域,金属基复合材料可用于大口径尾翼稳定脱壳穿甲弹弹托,反直升机/反坦克多用途导弹固体发动机壳体等部件。

(3) 陶瓷基复合材料。陶瓷基复合材料是在陶瓷基体中引入第二相组元构成的多相材料。它克服了陶瓷材料固有的脆性,已成为当前材料科学研究中最为活跃的一个方面,由微米级陶瓷复合材料发展到纳米级陶瓷复合材料。陶瓷基复合材料的基体有陶瓷、玻璃和玻璃陶瓷,主要的增强体是晶须和颗粒。陶瓷基复合材料具有密度低、抗氧化、耐热、比强度和比模量高、热机械性能和抗热震冲击性能好的特点,工作温度在1250~1650℃,可用做高温发动机的部件,是未来军事工业发展的关键支撑材料之一。陶瓷材料的高温性能虽好,但其脆性大。

改善陶瓷材料脆性的方法包括相变增韧、微裂纹增韧、弥散金属增韧和连续纤维增韧等。

陶瓷基层状复合材料具有独特的力学性能和抗破坏能力,有望在高温和机械冲击下作为使用部件的表面材料,主要用于制作飞机燃气涡轮发动机喷嘴阀,在提高发动机的推重比和降低燃料消耗方面具有重要的作用。氧化铝纤维增强陶瓷基复合材料可用做超声速飞机、火箭发动机喷管和垫圈材料。碳化硅纤维增强陶瓷基复合材料不仅具有优异的高温力学性能、热稳定性和化学稳定性,韧性也明显改善,可作为高温热交换器、燃气轮机的燃烧室材料和航天器的防热材料。陶瓷基复合材料因其很高的使用温度(1400℃甚至更高)和很低的密度(2~4g/cm^3),将成为未来高推重比(15~20)发动机涡轮及燃烧系统的首选材料,如用于 F-119 发动机矢量喷管的内壁板等。但该材料在使用可靠性方面目前还有些担心,因此,只限用于少量非关键受力部件。

(4)碳基复合材料。碳基复合材料是以碳为基体、碳或其他物质为增强体组合成的复合材料。主要的碳-碳复合材料是耐温最高的材料,其强度随温度升高而增加,在 2500℃ 左右达到最大值,同时,它具有良好的抗烧蚀性能和抗热震性能,可耐受高达 10000℃ 的驻点温度,在非氧化气氛下其温度可保持到 2000℃ 以上,已成功用于导弹鼻锥、航天飞机飞锥和机翼前缘及火箭发动机喷管喉衬等部位。目前,先进的碳-碳喷管材料密度为 1.87~1.97g/cm^3,环向拉伸强度为 75~115MPa,远程洲际导弹端头帽几乎都采用了碳-碳复合材料,美国战略导弹弹头的防热材料已由三向 C/C 发展为细编穿刺 C/C(端头部分)和 C/酚醛(大面积防热部分)。随着现代航空技术的发展,飞机装载质量不断增加,飞行着陆速度不断提高,对飞机的紧急制动提出了更高的要求,碳-碳复合材料质量小、耐高温、吸收能量大、磨擦性能好,用它制作刹车片广泛用于高速军用飞机中。20 世纪 90 年代,德国与法国合作制成的"虎"式直升机旋翼桨毂由 2 块碳纤维复合材料星形板组成;美国的 RAH-66"科曼奇"直升机身采用碳纤维复合材料;美国将火箭发动机金属壳体改用石墨纤维复合材料后,其质量减小了 38000kg,并大大降低了研制成本。

2)新型功能复合材料

功能复合材料是指除力学性能以外还提供其他物理性能并包括化学和生物性能的复合材料。功能复合材料设计自由度大,按功能→多功能→机敏→智能的形式逐步升级。功能复合材料将具有电、声、光、热、磁特性的材料,按不同的应用进行组合匹配,得到不仅保持原有特性,还产生一些新特性或具有比原来更优越特性的材料。现代化高技术常规战争极大地提高了武器的对抗性和精确性。未来的智能武器、隐身武器、电子战武器、激光武器以及新概念软杀伤武器的设防和跟踪,使功能材料成为关键技术。目前,功能复合材料涉及面宽,下面就军事领域较常用的功能复合材料做一简单介绍。

(1) 隐身材料。隐身材料是实现武器隐身的物质基础。武器装备如飞机、舰船、导弹等使用隐身材料后,可大大减少自身的信号特征,提高生存能力。声隐身材料包括消声材料、隔声材料、吸声材料及消声、隔声、吸声的复合体,主要用于新一代潜艇。雷达隐身材料能吸收雷达波,使反射波减弱甚至不反射雷达波,从而达到隐身的目的。另外,一些由硅、碳、硼、玻璃纤维以及某些陶瓷与有机聚合物构成的复合材料有很高的机械强度,同时又具有隐身功能,可用于制作部分结构件,如飞机蒙皮、雷达天线罩等。

① 可见、红外、激光隐身复合材料。红外隐身材料主要用于车辆、舰艇、军用飞机及其他军用设施,使这些装备和设施的红外辐射与背景基本达到一致,敌人的红外探测器难以分辨。用铝粉及含有二价铁离子的材料作为填充料加到能透过红外线的黏结剂中,可构成红外隐身涂料。可见光隐身材料通常由铝粉、多金属氧化物粉和有机物复合而成,或由掺杂的半导体材料构成,可形成与背景颜色相匹配的迷彩图案,满足可见光隐身的要求。激光隐身材料用来对抗激光制导武器、激光雷达和激光测距机,要求这些材料对激光的反射率低、可吸收率高。对隐身材料来说,对某种探测手段的隐身性能好,往往对另一种探测手段的隐身性能就不好,这就是隐身材料的相容性问题。为解决这些问题,研制了兼容型隐身材料,如雷达波、红外兼容隐身材料,红外、激光兼容隐身材料,雷达波、红外和激光等多种兼容的隐身材料,这是当前隐身材料的发展方向。应用于隐身的现代隐身技术,除了热红外线和自身电磁隐身外,主要使用新型吸波材料,即在飞机表面涂料中加入能大量吸收雷达波的新型介质材料,将雷达电磁波吸收,使雷达无法发现,纳米复合材料是隐身吸波材料研究的重要方向。

② 吸波复合材料。为应付不同雷达的不同工作方式,现在的隐身飞机已经开始有选择地使用吸波材料。目前,美、英等国正进行主动抵消技术的研究,即利用吸波材料先吸收大部分雷达波,剩下的少量反射波再利用主动抵消技术将其全部抵消,雷达就会完全失去作用。美国的F-117战斗机(图2-38)采用了6种吸波材料,机身机翼和V型垂尾外表面的吸波薄板或铁氧体复合涂层,起到很好的隐身效果,在1991年的海湾战争中出动1000多架次而无一受损,在国际上引起了极大反响,由此可见隐身材料在高技术战争中的地位。

目前,吸波复合材料主要应用于军事装备领域。美国纯属隐身的21世纪新型战舰BFC,也广泛使用吸波复合材料结构件修饰上层建筑的凸起部分从而达到可见光隐身和雷达隐身的目的。F-117S型战机进气管内壁涂有吸收涂层,进气口外有护栅,护栅涂有吸波涂层。美国空军服役的F-16C/D和荷兰的F-

图 2-38 美国的 F-117 战斗机

16A/B 都作了隐身改进,改进项目有:垂尾改用双马来酰亚胺吸波复合材料制作、座舱盖内侧壁溅涂有金黄色吸波涂层。B-2 轰炸机的进气道采用能吸波的 C/C 材料制造,机身和机翼蒙皮采用特殊碳纤维与玻璃纤维增强的多层蜂窝夹芯结构吸波复合材料制备。根据潜艇应用条件对材料附着力、耐水性和耐水压等物理机械性能的要求,选用氯磺化聚乙烯橡胶做基体,我国成功研制了 XFT-2 型雷达吸收复合材料,能够满足潜艇雷达隐身要求。随着探测技术及通信技术的发展,吸波复合材料的应用范围将越来越广。

③ 透波复合材料。透波复合材料是保护航天飞行器及地面雷达站在恶劣环境条件下通信、遥测、制导及引爆等系统能正常工作的一种多功能复合材料,在运载火箭、飞船、导弹及返回式卫星等航天飞行器和各种落地无线电系统中得到广泛应用。

综合性能好的透波复合材料主要包括磷酸盐基复合材料 $Me_2(HPO_4)_3 \cdot Me(H_2PO_4)_3$(其中 Me 为+3 价金属离子)、氧化硅基复合材料及聚合物基透波复合材料。透波复合材料的发展主要有以下 3 个方面的趋势:

第一,随着下一代高性能导弹速度和天线罩工作温度的大幅度提高,天线罩的外形必然呈大长径比的流线型。目前,天线罩在使用温度极限、最佳电性能和减小质量等方面均处于可危的边缘状态,难以适应飞行器进一步发展的要求。所以要开发新的材料系统,以适应更为苛刻的要求。

第二,为提高制导精度和抗干扰能力,各种新型雷达不断出现,如毫米波雷达、频率捷边雷达和宽频雷达等。毫米波雷达对天线罩材料的性能和壁厚精度有很高要求,这就对制备提出了新的挑战;频率捷变雷达要求天线罩能够在宽频带或多个频段良好的工作;宽频带雷达则要求天线罩工作带宽达数十兆赫。

第三,应加大力度研究高性能宽频高透波复合材料,满足反辐射小弹头、突防电子干扰机等智能弹头技术的需要,以便适应智能化战争的要求。

④ 超材料。目前,世界上所有的隐身飞机,B-2、F-22和F-35(图2-39)都是采用隐身外形以及喷涂隐身材料实现隐身的。但是,这样的隐身设计只是尽量减少雷达波的反射,而并没有完全克服电磁波。因此,目前的隐身技术并没有做到不可探测。例如,当下最为热捧的毫米波雷达,就是针对隐身飞机的克星。毫米波的频率在$3×10^{10}$Hz、$9.4×10^{10}$Hz和$1.4×10^{11}$Hz是目前隐身技术不能克服的波段。毫米波雷达具有天线波束窄、分辨率高、频带宽和抗干扰力强等特点,因而,反隐身能力较强。因此,目前世界上的主流反隐身技术都是采用毫米波雷达。该反隐身技术的发展,极大地威胁了隐身飞机的生存。

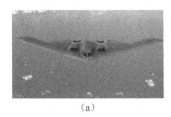

(a) (b) (c)

图2-39 美国B-2隐身轰炸机和F-22、F-35战斗机
(a)B-2隐身轰炸机;(b)F-22战斗机;(c)F-35战斗机。

超材料"Metamaterial"一词是由美国德州大学奥斯汀分校Rodger M. Walser教授于1999年提出的,用来描述自然界不存在的、人工制造的、三维的、具有周期性结构的复合材料。2000年以后,这一概念越来越频繁地出现在各类科学文献中,并迅速发展出跨越电磁学、物理学和材料科学等学科的前沿交叉学科和公认的新型功能材料分支。超材料具有3个重要特征:一是具有新奇的人工结构;二是具有超常的物理性质;三是其性质往往不来源于构成该人工结构材料的自身,而仅仅决定于其人工结构。迄今已发展出的"Metamaterial"系统包括左手材料(Left-handed Media)、隐身衣(Invisible Cloak)和非正定介质(Inde-nitemedia)等。"左手材料"是近年来世界范围内最受关注的超材料类型。"左手材料"可以在一定的频段下同时具有负的磁导率和负的介电常数,即可以对电磁波的传播形成"负的折射率",负的折射率意味着该隐身材料不会让电磁波反射,但也不是让电磁波被吸收,"负的折射率"可以引导被物体阻挡的电磁波绕着走,从而实现完美隐身。图2-40为电磁波在超材料表面"绕射"的传输示意图。有此奇特功能,这种材料制作而成的隐身蒙皮就可以使战机及未来的隐身无人机实现完全的隐身,令反隐身雷达彻底无计可施。

(2) 智能材料。智能材料是把传感器、致动器、光电器件和微型处理机等埋

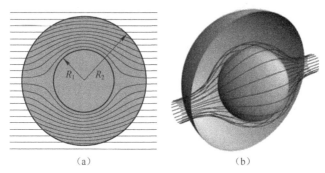

图 2-40 电磁波在超材料表面"绕射"传输示意图

在复合材料结构中,具有感知周围环境变化,并针对这种变化具有自诊断功能、自适应功能和自修复自愈合功能,且具有自决策功能的复合材料。智能材料成为当前研究的新热点。飞机上采用的智能结构是由各种智能材料制成的传感元件、处理元件和驱动元件组成的,而这 3 个组成部分相当于人的神经、大脑和肌肉。诺斯罗普·格鲁曼公司将光导纤维埋入树脂基复合材料制成机翼以提高飞机效率,这些光导纤维能像神经那样感知机翼上因气候条件变化而引起的压强变化,根据光传输信号进行处理后发出指令,通过驱动元件驱动机翼前缘和后线自行弯曲。驱动可通过电流由压电陶瓷变形实现,也可通过磁场由磁致伸缩材料变形实现,或通过加热由形状记忆合金发生位移实现。这种材料还可应用于无人飞机上。在磁致伸缩材料中,铁稀土合金具有最大的磁致伸缩效应。智能材料压电陶瓷制成的传感器和驱动器可解决机翼与尾翼的颤振问题,例如,F/A-JSE/F 垂尾的振动试验表明,振动减少了 80%。智能材料还将在其他领域发挥它的聪明才智,例如,美国正在制造一种小型智能炸弹,可使一架重型轰炸机同时精确攻击数百个独立目标,还准备给这种炸弹装上智能引信,巧妙地做到"不见目标不拉弦"。

在地面作战中,若要使坦克不被击中,除提高机动性能外,更重要的是,发展"主动装甲",即能预先识别目标,并利用诱饵触发和误导摧毁方法破坏来袭兵器的由复合材料制成的合成系统,即在复合装甲中引入敏感、传感、微电子等材料和技术而构成的多功能智能材料系统。将新的控爆材料,轻质多孔隔热、隔声、防火与防冲击材料用于坦克装甲车辆,就可以保证这些车辆中弹后能继续战斗。总之,智能材料虽然尚处于早期开发阶段,但正孕育着新的突破和大的发展。设计和合成智能材料需要解决许多关键技术问题,智能材料这一复杂系统的材料复合应能仿照生物模型,确保在设计的结构层次上将多种功能集于一体,建立起传感、驱动和控制网络,通过建立数学或力学模型,进一步优化。

(3) 防弹复合材料。现代化高技术战争要求武装直升机、攻击机和装甲车等具有高的抗弹性，又希望它能具有高的机动灵活性和实现高性能化。装甲系统的轻量化对提高军机及作战人员的机动性、攻击力及战场生存力来说至关重要。采用轻质复合材料装甲已成为防弹装甲系统的主要发展趋势之一。

复合材料用于装甲防护主要有两种形式，即单纯的纤维织物和复合材料层合板。前者是不加树脂而只通过缝纫方法将多层平面织物缝合或将纤维经三维、多维编织而成，该类防弹材料亦称软装甲，具有良好的穿着舒适性，主要用于人体的防护，如作防弹衣等。这种装甲一般只能用于防手枪或微冲的软金属弹，缺点是弹体冲击后背面凸起高度大，易造成内伤。复合材料层合板装甲则由树脂与纤维或织物复合而成，它可以单独直接用于防护，即全复合材料靶板，也可以作为背板与陶瓷复合构成陶瓷复合材料装甲，用来抵御冲锋枪、机枪钢心弹和穿甲燃烧弹等的入侵。陶瓷/复合材料装甲是迄今为止最为有效的轻质复合防弹装甲系统，与传统金属装甲相比，具有密度低、防护水平高、工艺简单和可设计性好等优点。在国外，陶瓷/复合材料装甲已成为轻质航空装甲的主流。30多年来，防弹复合材料在装甲车辆上将具有广泛的应用前景，它将对未来坦克装甲车辆的功能化、轻量化、隐身化和低成本化起到重要作用。

防弹复合材料的发展目前可归纳为3个方面：

① 开展对新型高强纤维在防弹领域的应用。例如，聚对苯撑苯并二噁唑（PBO）等杂环类防弹纤维复合材料，其耐热性高，力学性能优异，具有较强竞争力。

② 研究防弹复合材料用树脂系统。树脂必须满足强度、模量、防化学性能和气候适应性等要求及其他特殊要求。

③ 在材料的应用上，采用纤维混杂的复合材料是今后防护材料的一个发展方向。混杂是一高层次的增强方式，不同材料之间相互取长补短、匹配协调，使之发挥优异的综合性能，采用不同的混杂化、不同的混杂结构可进一步拓宽适应性，增大设计使用自由度。设计得当的混杂复合材料还具有优异的功能性。例如，可以实现防弹—承力—隐身一体化设计等。不同的材料混杂组合不仅在材料的性能上得到了很大的提高，而且在材料的价格等方面都有很大的优势。

3）高技术中的复合材料

高技术对材料的选用严格而苛刻，许多新型复合材料具有传统材料无法比拟的特殊功能，如力学、电学、电子学、磁学、光学、热学等功能以及化学与生物医药功能，使它比一般材料更适合于高技术的需求，在现代高科技中发挥了巨大作用。

（1）航天领域中的复合材料。航空航天技术中需要的、以力学性能为主的结构材料应具有高强度、高模量、耐高温、低密度(三高一低),新型复合材料可满足此要求。波音767型飞机由于采用了新型复合材料制成的部件,与波音727型飞机相比,飞机自重减轻了1t,燃烧消耗节省了30%。美国军用飞机上复合材料的用量从20世纪70年代起就稳步上升,F-15型战斗机上复合材料用量占整机质量的1%,F-18型战斗机上的机翼蒙皮、尾翼翼盒、机翼与后翼的操作面、减速板和几个门都采用了碳纤维增强复合材料,复合材料占了表面积的50%以上,占整机质量的10%左右。运载火箭、航天飞机、人造飞机、空间站的结构构件和零部件,大多是用轻质高强度和高刚度的新型复合材料制作的。例如,欧洲航天局的"阿丽亚娜"4号与5号火箭的头部整流罩是用碳纤维增强复合材料做的结构件;可重复使用的航天飞机上的巨大舱货门是用碳纤维-环氧树脂蜂窝结构材料制造的,而其遥控的机械长手臂是用碳纤维-环氧树脂层合板做成的;日本自制的通信卫星CS3是按典型的碳纤维-环氧树脂结构设计的;法国"幻影"2000型战斗机上采用了陶瓷基复合材料制造的发动机喷管内调节片。美国即将采用耐温2200℃的陶瓷基复合材料作为飞机和巡航导弹用涡轮发动机的涡轮材料,如图2-41所示,以期进一步提高飞机和导弹的性能。

图2-41 美国F414航空发动机正面的进口导向叶片

(2)信息技术中的复合材料。在信息的检测、传输、存储、显示及处理等方面,新型复合材料特别是功能复合材料都能发挥重要的作用。例如,锆钛酸铅(PZT)陶瓷虽然具有很好的压电功能,但很脆且不耐冲击,若将PZT粉末与某些聚合物复合后,可制得易加工且具有柔顺性的压电复合材料,它还具有比纯PZT更高的压电输出系数。碳纤维或芳纶增强的树脂基复合材料已被用来制作光纤电缆的缆芯和导管。在磁记录技术中,采用新型高矫顽力材料作记录介质时,铁氧体磁头(磁头是实现磁电转换和存取信息的重要元件)已不能满足要求,为此,出现了金属-铁氧体复合体磁头。碳-铜复合材料用做大规模集成电路基片,复合型导电橡胶则用于键盘触点。碳纤维增强树脂基或金属基复合材料可用于制作机械手和机器人的零部件,如图2-42所示。

图2-42 碳纤维机械手

(3) 新能源开发用复合材料。在能源技术中,新型复合材料是理想的材料。风力发电用风车叶片,最早是用玻璃纤维-聚酯或环氧树脂复合材料制造的,其抗疲劳性能和扭转刚度均不佳,改用碳纤维-环氧树脂作主梁,并用芳纶-环氧树脂作蒙皮后,抗疲劳性能和扭转刚度得到很大改善。太阳光能发电的光电池组支架和太阳热能发电用聚光镜组支架对材料的要求是轻质、高强度和高刚度,通常选用高性能纤维增强的树脂基复合材料。太阳能供暖系统的热交换器可用加有吸热填料的纤维增强树脂基复合材料制作。核反应堆的核燃料包覆管通常用碳纤维增强石墨基复合材料制成,核同位素分离离心机转子可选用碳纤维增强耐热树脂基复合材料,核融合炉超导线圈及附件则采用超导功能金属基复合材料及高性能复合材料。燃气涡轮发动机涡轮叶片可选用陶瓷基复合材料和耐高温基复合材料。轻质高强的碳纤维复合材料在汽车的应用上发挥了良好的节能效果。

复合材料已广泛应用于飞机、火箭、人造卫星和国防等各个领域。在兵器高技术的迅速发展过程中,先进军用复合材料是国际兵器高新技术发展的基础,应是多种学科的综合,复合材料整体化、优选化和智能化是未来高技术兵器发展的必然趋势。军用复合材料正向着低成本、高性能、多功能和智能化方向发展,在未来的军事高技术领域有着举足轻重的地位,并具有十分良好的产业化前景。

本 章 小 结

本章重点讲述了原子核外电子运动的特征、元素的性质与周期律、化学键与分子间力以及晶体结构等相关内容,并且将军用新材料作为阅读材料进行了简单介绍。

1. 原子核外电子运动的特征

首先介绍了波粒二象性($\lambda = h/mv$)、电子能量分布的不连续性和空间位置的概率性等电子运动的特征,然后介绍了原子轨道和电子云的相关内容,接下来介绍了4个量子数 n、l、m、m_s 的物理意义和取值范围,最后对多电子原子的电子排布规律(能量最低原理、泡利不相容原理和洪特规则)进行了简单介绍。

2. 元素的性质与周期律

首先介绍了元素周期表的结构,然后介绍了元素性质的周期性,接下来从金属的分类、金属的物理性质、主族金属元素、过渡金属元素和稀土金属元素等几个方面介绍了周期表中的金属元素,最后对周期表中的非金属元素进行了简单介绍。

3. 化学键与分子间力

首先介绍了离子键、共价键(包括 σ 键、π 键、杂化轨道和分子轨道)、金属键和配位键等化学键理论,然后介绍了取向力、诱导力和色散力等分子间作用力及氢键的相关内容。

4. 晶体结构

首先分别介绍了非晶体的形成、非晶态高分子化合物、非晶态半导体薄膜、高分子化合物和固体吸附剂的相关知识,然后又分别介绍了离子晶体、分子晶体、原子晶体、金属晶体、过渡型晶体和混合键型晶体的结构特点及物理性质,最后介绍了晶体的缺陷及应用。

5. 阅读材料——军用新材料

本节以"材料与化学"为主线介绍了军用新材料。一是介绍了元素、物质与材料之间的关系,二是介绍了化学在材料中的应用,三是介绍了材料的组成、结构与性能的关系,四是介绍了两类重要的军用新材料——新型结构复合材料和新型功能复合材料。

习 题

1. 微观粒子运动的基本特性是什么?
2. 量子力学中的原子轨道与玻尔理论中的原子轨道有何区别?
3. 4个量子数的取值以及各自的物理意义如何?哪几个量子数可确定波函数(原子轨道)的具体形式?
4. 量子力学中怎样描述原子中核外电子的运动状态?
5. 比较原子轨道的角度分布图与电子云的角度分布图的异同?

6. 怎样理解多电子原子的有效核电荷数?

7. 核外电子的分布遵循哪些基本原理?写出多电子原子轨道的近似能级顺序。

8. 核外电子填充原子轨道的顺序与原子核外电子分布式的书写顺序有何区别?电子填充原子轨道的顺序与原子失电子的顺序有何区别?

9. 周期表中,各区元素的外层电子构型是怎样的?如何由原子的外层电子构型判断元素在周期表中的位置?

10. 怎样理解核外电子分布的周期性与元素性质周期性的关系?

11. 用价键理论说明共价键的方向性和饱和性。

12. 用杂化理论说明 NH_3 分子的键角(107°)介于90°与109°28′之间。

13. 举例说明杂化轨道与分子空间构型的关系,并举例说明杂化轨道理论在有机化学中的应用。

14. 分子的极性与键的极性在何种情况下一致?在何种情况下不一致?分子的极性怎样影响物质的溶解等方面的性质?

15. 分子间力和氢键如何影响物质的熔沸点等性质?它们在生命体系中起着什么样的作用?

16. 说明下列各量子数组中哪些不合理?

(1) $(3,3,-1,\frac{1}{2})$; (2) $(2,0,1,-\frac{1}{2})$

(3) $(2,3,2,-\frac{1}{2})$; (4) $(2,1,-1,-\frac{1}{2})$

17. 氮原子的核外电子分布式为 $1s^22s^22p^3$,用4个量子数表示每个电子的运动状态。

18. 写出各原子轨道的名称。

(1) $n=3$ $l=0$ (   )
(2) $n=5$ $l=3$ (   )
(3) $n=4$ $l=2$ (   )

19. 写出下列各族元素的外层电子构型,并指出它们在周期系中所属的分区。

(1) ⅢA族; (2) 零族; (3) IB族;
(4) ⅣB族; (5) Ⅷ族。

20. 写出满足下列条件的元素的符号:

(1) 外层电子构型为 $(n-1)d^5ns^1$;
(2) 第四周期,第Ⅷ族;

(3) 外层电子构型为$(n-1)d^{10}ns^1$。

21. 列表写出各元素原子的核外电子分布式以及外层电子构型,并确定其在周期表中的位置(所属周期、族、区)。

(1) $_{15}$P;(2) $_{25}$Mn;(3) $_{33}$As;(4) $_{42}$Mo;(5) $_{48}$Cd;(6) $_{54}$Xe

22. 写出各离子的外层电子构型,试指出它们分别属于哪一种电子构型(阳离子主要有2电子型、8电子型、9~17电子型、18电子型、18+2电子型,如外层电子构型为$4s^24p^6$的离子属8电子型)。

(1) $_3$Li$^+$;(2) $_{22}$Ti^{4+};(3) $_{26}$Fe^{3+};(4) $_{29}$Cu$^+$;(5) $_{50}$Sn^{2+};(6) $_{35}$Br$^-$

23. 某正二价离子M^{2+}的3d轨道上有5个电子,写出M原子的外层电子构型和元素符号,判断该元素在周期表中的位置。

24. 用杂化轨道理论说明BF$_3$分子的平面三角形结构和NF$_3$分子的三角锥形结构。

25. 预测下列分子的空间构型,指出成键时中心原子采取何种杂化形式,判断分子的电偶极矩是否为零。

(1) BeH$_2$;(2) BBr$_3$;(3) SiF$_4$;(4) PH$_3$;(5) H$_2$S

26. 将下列非极性分子按沸点由低到高的顺序排列,并说明色散力与分子摩尔质量的相关性。

Cl$_2$:$-34.1℃$　　O$_2$:$-183.0℃$　　N$_2$:$-190.8℃$　　H$_2$:$-252.8℃$
I$_2$:$181.2℃$　　Br$_2$:$58.8℃$

27. 下列各物质中哪些可溶于水,哪些难溶于水?

(1) HCl;(2) NH$_3$;(3) I$_2$;(4) CH$_4$;(5) CH$_3$OH

28. 下列各组物质的分子之间分别存在何种形式的作用力(取向力、诱导力、色散力、氢键)?

(1) Br$_2$与CCl$_4$;(2) He与H$_2$O;(3) CO$_2$;(4) HBr;(5) NH$_3$;(6) CH$_3$Br

29. 试解释硫化氢(H$_2$S)与水(H$_2$O)的分子结构相似,但常温常压下,硫化氢呈气态,水呈液态。

30. 金属键的自由电子理论的基本要点是什么?

31. 周期表中非金属元素的氯化物和氧化物的熔点、沸点、硬度等性质的一般变化规律如何?这些变化与晶体类型有何关系?

32. 半导体元素在周期表中的位置如何?使用能带理论解释半导体、导体和绝缘体的主要差别?

33. 有人认为:"碱性氧化物是指金属元素的氧化物,酸性氧化物是指非金属元素的氧化物,两性氧化物是指两性元素的氧化物"。这种观点对吗?

34. 简述分子轨道理论,并使用分子轨道理论解释O$_2$的顺磁性。

35. 比较 SiO_2、KI、$FeCl_3$ 和 $FeCl_2$ 的熔点。

36. 比较 SiC、CO_2、BaO 晶体的硬度。

37. 同一周期,过渡金属的熔点先逐渐升高,然后又逐渐下降,试从原子结构说明其变化规律。

38. 何为"镧系收缩"?用什么数据说明镧系收缩?镧系收缩在周期系中造成什么后果?

39. 稀土金属又称为冶金工业的"维生素",为什么?试举例说明。

40. 试比较 IA 族和 IB 族金属元素的外层电子结构特点和物理性质的差别。

41. 比较两组晶体的熔点递变规律:

	NaF	NaCl	NaBr	NaI
熔点/℃	993	801	747	661
	SiF_4	$SiCl_4$	$SiBr_4$	SiI_4
熔点/℃	−90.2	−70	5.4	120.5

说明:(1) 钠的卤化物的熔点比相应硅的卤化物高;

(2) 钠的卤化物的熔点递变规律与硅的卤化物相反。

42. 判断各物质所属的晶体类型,将各组物质按熔沸点高低的顺序排列。

(1) 熔点:MgO　MgS　NaCl　KCl

(2) 沸点:HF　HCl　HBr　HI

(3) 熔点:$MgCl_2$　SiO_2　CCl_4

43. 填表:

物质	MgO	SiC	CCl_4	NH_3	Fe
晶体类型					
晶格点上微粒					
微粒间作用力					
熔点高低					

44. 什么是智能材料?智能材料有哪些功能?

45. 简述材料科学技术在军事中的应用。

第 3 章 溶液中的化学平衡

本章基本要求

(1) 了解酸碱理论,掌握 pH 值的计算和测定方法。
(2) 熟练掌握弱电解质溶液的解离平衡和缓冲溶液的概念及相关计算。
(3) 掌握难溶电解质的多相解离平衡及计算,掌握配位化合物解离平衡及计算。
(4) 熟练掌握酸碱平衡理论以及酸碱强弱的比较。
(5) 了解配合物的应用以及溶度积规则在锅炉清洗、沉淀法处理废水等方面的应用,能够综合利用弱电解质、难溶电解质和配位化合物复杂存在的多相离子的平衡及其应用。

在工农业生产和科学实验中,人们与溶液有着广泛的接触和联系。溶液的某些性质决定于溶质,而溶液的另一些性质则与溶质的本性无关。许多反应只有在溶液中才能以可观的速度进行,许多物质的性质也是在溶液中呈现的。例如,常温下干燥的粉状氯化钡和硫酸钠混合后没有明显的反应发生,如果将它们的水溶液混合,可立即看到有白色的硫酸钡沉淀生成。因此,研究溶液的性质、物质在溶液中的行为及溶液中的离子平衡过程都具有十分重要的意义。

3.1 溶液的通性

3.1.1 分散系的基本概念

在自然界和工农业生产中,常会遇到一种或几种物质分散在另一种物质中的分散系统,例如水滴分散在空气中形成云雾,碘分散在酒精中形成碘酒,泥土分散在水中形成泥浆等。这些系统是由一种或多种物质分散在另一种物质中所构成的,我们把这些系统称为分散系统,简称分散系(Dispersion System)。

分散系由分散质(也称分散相,Dispersion Phase)和分散剂(也称分散介质,

Dispersion Medium)两部分构成。分散质就是被分散的物质,而分散剂则是分散质周围起分散作用的介质。分散系内,分散质和分散剂可以是固体、液体或气体。按分散质粒子的大小,常把液态分散系分为三类(表3-1)。

表 3-1 分散系按分散质粒子大小分类

分散质粒子直径 d/m	$<10^{-9}$	$10^{-9} \sim 10^{-7}$		$>10^{-7}$
类型	低分子(离子)分散系	胶体分散系		粗分散系
		高分子溶液	溶胶	
分散质粒子	小分子、离子或原子	大分子	胶粒(分子、离子、原子小聚集体)	粗粒子(分子或原子的大聚集体)
稳定性	最稳定	很稳定	稳定	不稳定
单、多相	单相系统		多相系统	
渗透能力	能透过滤纸和半透膜	能透过滤纸,不能透过半透膜		不能透过滤纸
实例	生理盐水、医用酒精等	蛋白质、核糖水溶液、橡胶苯溶液等	氢氧化铁、硫化砷溶液等	泥浆、乳汁等

必须指出,上述三类分散系有区别,但无截然界限,它们之间的变化是一个渐变的过程。除了这种分类方式外,也有其他分类法,在此不再另述。

3.1.2 溶液的组成和浓度表示法

溶液是指一种或多种物质以分子、原子或离子状态分散在另一种物质中所形成的均匀而稳定的系统,也是常规的物质系统。溶液的广义意义可指均匀的气体混合物、液态溶液和固态溶液等。但经常碰到的是液态溶液,特别是水溶液。

溶液是由溶质和溶剂两部分组成的。溶质与溶剂无法严格定义,只有相对意义。通常,将溶解时状态不变的组分称为溶剂,溶解时状态改变的组分称为溶质。如白糖溶于水时,白糖是溶质,水是溶剂。若组成溶液的组分在溶解前后状态皆相同,一般将含量较多的组分称为溶剂。如在 100mL 水中加入 10mL 酒精组成溶液,则酒精为溶质,水为溶剂。对于含水的溶液,即使水的含量较少,也总是把水看做溶剂。当两种组分的量差不多时,原则上可将任意组分看做溶剂。

一定量的溶液或溶剂中所含溶质的量称为溶液的浓度。化学上常用的浓度可分为体积浓度(如物质的量浓度)、质量浓度(如质量分数)和质量-体积浓度三类。本书中涉及的常用浓度如下：

(1) 物质的量浓度。单位体积溶液中所含溶质 B 的物质的量，用符号 c 表示，SI 单位为 $mol \cdot m^{-3}$，常用单位为 $mol \cdot dm^{-3}$ 或 $mol \cdot L^{-1}$，即

$$c_B = \frac{n_B}{V} \tag{3-1}$$

使用物质的量浓度时，必须指明物质 B 的基本单元，形式同物质的量表示方法。

(2) 质量体积浓度。单位体积溶液里所含溶质 B 的质量，用符号 ρ_B 表示，SI 单位为 $kg \cdot m^{-3}$，常用单位为 $g \cdot dm^{-3}$（或 $g \cdot L^{-1}$）、$mg \cdot dm^{-3}$、$\mu g \cdot dm^{-3}$，即

$$\rho_B = \frac{m_B}{V} \tag{3-2}$$

(3) 质量摩尔浓度。单位质量溶剂中所含溶质 B 的物质的量，用符号 b_B 表示，单位为 $mol \cdot kg^{-1}$，即

$$b_B = \frac{n_B}{m_A} \tag{3-3}$$

(4) 物质的量分数。混合物中某一组分 B 的物质的量与总物质的量的比值，也称摩尔分数，用符号 x_B 表示，即

$$x_B = \frac{n_B}{\sum_i n_i} \tag{3-4}$$

(5) 质量分数。混合物中某一组分物质 B 的质量与总质量的比值，用符号 w_B 表示，即

$$w_B = \frac{m_B}{\sum_i m_i} \tag{3-5}$$

(6) 体积分数。混合气体中某一组分 B 的分体积与总体积的比值，用符号 φ_B 表示，即

$$\varphi_B = \frac{V_B}{\sum_i V_i} \tag{3-6}$$

有时也用体积分数表示溶液浓度，如95%的酒精。

(7) ppm 和 ppb。微量成分的浓度过去常用 ppm(10^{-6}，百万分之一，parts per million)或 ppb(10^{-9}，十亿分之一，parts per billion)表示，可以指质量，也可以指物质的量，有时也指体积。这是一种浓度的粗略表示方法，尽管不规范，但使

用方便。对气态溶液常指物质的量或体积,如空气中 SO_2 的浓度在 0.2ppm 左右对植物生长会有很大伤害,会使支气管炎患者咳嗽不止。0.2ppm 就是指 10^6 mol 空气中有 0.2mol SO_2(或 100 万体积空气分子中有 0.2 体积 SO_2 分子)。对液态溶液来说,则往往指质量。如某化工厂污水中含汞量为 6ppm,即指 10^6 g 水中含 6g 汞。环境化学经常研究微量有害元素,就用 ppm 表示它们的浓度。

按国际纯粹与应用化学联合会(IUPAC)的现行规定,由于 ppm 和 ppb 概念存在模糊之处(不明确指的是体积比还是质量比),不应继续使用。

目前规定,在使用过程中仅物质的量浓度可简称为浓度,其他溶液组成标度的表示法中使用"浓度"字样必须加定语,如质量浓度、质量摩尔浓度等。鉴于溶液的体积随温度而改变,导致物质的量浓度也随温度而改变,在严格的热力学计算中,为避免温度对数据的影响,常不使用物质的量浓度而使用质量摩尔浓度或摩尔分数。

3.1.3 溶液的通性

物质形成溶液以后,由于有溶质分子或离子的存在,其许多性质都会发生改变。如氯化钠溶于水会使水溶液的导电能力增加,蓝色的氯化钴溶于水后溶液会呈粉红色。溶液的性质有两类:一类是由溶质本性决定的,如密度、颜色、导电性、酸碱性等;另一类是由溶质粒子数目的多少决定的,如溶液的蒸气压下降、溶液的沸点升高、溶液的凝固点下降和溶液的渗透压等。这些性质均与溶质粒子数目多少有关,而与溶质的本性无关,我们称这些性质为溶液的依数性。溶液的依数性在难挥发非电解质稀溶液中表现出明显的规律性,遵循一定的定量关系式。当溶液的浓度较大或溶质为电解质时,溶液的上述性质与依数性定律的定量关系会出现较大偏差。

1. 溶液的蒸气压下降

液体分子与气体分子一样,都在不停地做不规则热运动。在液体表面有一些能量足够大的分子能克服分子间引力,逸出液面而汽化,这个过程称为蒸发,在液面上的气态分子称为蒸气。蒸发是吸热过程,也是系统熵值增大的过程。相反,蒸发出来的蒸气分子在液面上的空间不断运动时,某些蒸气分子有可能撞击到液面,从而被液面分子吸引而又返回到液体中,这个过程称为凝聚。处于密闭容器下的液体,在一定温度下,蒸发速率与凝聚速率相等时,气态与液态达到平衡。此时,气相中蒸发的液体分子所产生的分压称为此温度下该液体的饱和蒸气压,简称为蒸气压。

当一种物质的蒸气压很小,与溶剂的蒸气压相比可以忽略时,这种物质被认为是难挥发物质。很多固体物质都具有较低的蒸气压,可认为是难挥发物质。

由于溶质是难挥发的,溶液的蒸气压实际上仍是溶液中溶剂的蒸气压,因而,溶质对溶液蒸气压的影响可以这样理解:一是溶质分子占据着一部分溶剂分子的表面(图 3-1),在单位时间内逸出液面的溶剂分子数目相对减少;二是溶质(分子、离子)与溶剂分子间的作用力大于溶剂分子之间的作用力。因此,达到平衡时,溶液的蒸气压必定低于纯溶剂的蒸气压,且浓度越大,蒸气压下降越多。因此,将一种难挥发物质溶于溶剂形成溶液时,溶液的蒸气压就要下降。这种现象称为溶液的蒸气压下降。

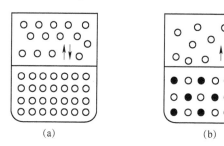

图 3-1　溶液的蒸气压降低的原因

1887 年,法国化学家、物理学家拉乌尔(F. M. Raoult)通过对难挥发性、非电解质稀溶液的研究,得出

$$b_\text{B} = \frac{n_\text{B}}{m_\text{A}} \tag{3-7}$$

若溶液由溶剂 A 和溶质 B 组成,则

$$p_{液} = p_\text{A}^* \cdot (1 - x_\text{B}) = p_\text{A}^* - p_\text{A}^* \cdot x_\text{B}$$

所以

$$\Delta p = p_\text{A}^* - p_{液} = p_\text{A}^* \cdot x_\text{B} \tag{3-8}$$

式中:Δp 为溶液的蒸气压下降;p_A^* 为纯溶剂的饱和蒸气压;$p_{液}$ 为溶液的蒸气压;x_A、x_B 分别为溶剂和溶质的物质的量分数。

式(3-8)表明,在一定温度下,稀溶液的蒸气压降低值与该稀溶液中难挥发溶质的物质的量分数(摩尔分数)成正比,比例系数就是纯溶剂的饱和蒸气压,而与溶质的性质无关。

最初式(3-8)仅是一个经验公式,后来范特霍夫(van't Hoff)用热力学方法论证了这个经验公式与其他几个依数性的关系,才把式(3-8)命名为拉乌尔定律。由该式可见,溶质的摩尔分数越大,溶液的蒸气压下降越大。必须注意,任何溶剂或溶液的蒸气压都随温度而变化。

某些固体物质,如氯化钙、五氧化二磷等,常用做干燥剂。这是由于它们的强吸水性使其在空气中易潮解成饱和水溶液,其蒸气压比空气中水蒸气的压强小,从而使空气中的水蒸气不断凝结进入"溶液"。另外,浓硫酸也可用做液体干燥剂。

2. 溶液的沸点升高

液体的蒸气压随温度升高而增加,当液体的蒸气压等于外界压强时,液体就沸腾,这时的温度称为沸点。若某纯溶剂的沸点为 T_b^* (其蒸气压变化如图3-2中的 O^*C^* 所示),当非挥发性溶质溶于其中时,由于溶液的蒸气压低于纯溶剂的蒸气压(图3-2中的 OC),所以,在 T_b^* 时,溶液的蒸气压就小于外压,溶液不沸腾。当温度继续升高到 T_b 时,溶液的蒸气压等于外压,溶液才沸腾,T_b 和 T_b^* 之差即为溶液沸点升高值 ΔT_b。溶液越浓,其蒸气压下降越多,则沸点升高越多。

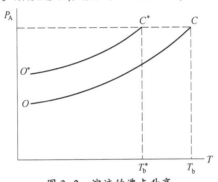

图3-2 溶液的沸点升高

以水为例,在水和水蒸气的相平衡中,温度升高,水的蒸气压增大。纯水在100℃时的蒸气压等于101.3kPa(等于外界压强),故水的沸点是100℃。水中加入难挥发的溶质后,由于溶液的蒸气压曲线下降,只有在更高的温度下才能使它的蒸气压达到101.3kPa而沸腾。这就是沸点升高的原因。

实验证明,难挥发、非电解质、稀溶液的沸点总是高于纯溶剂的沸点。稀溶液时,沸点上升(ΔT_b)为:

$$\Delta T_b = K_b \cdot b_B \tag{3-9}$$

式中:K_b 为溶剂的摩尔沸点升高常数 $(K \cdot kg \cdot mol^{-1})$。$b_B$ 为质量摩尔浓度 $(mol \cdot kg^{-1})$。

表3-2列出了几种溶剂的沸点和摩尔沸点升高常数。

表3-2 几种溶剂的沸点和摩尔沸点升高常数

溶剂	T_b^*/℃	$K_b/(K \cdot kg \cdot mol^{-1})$
苯	80.100	2.53
氯仿	61.150	3.62
水	100.00	0.515

在钢铁发黑处理工艺中所用的氧化液,因含 NaOH 和 NaCN 等,所以加热至 140~150℃ 也不致沸腾。

3. 溶液的凝固点降低

在 101.33kPa 下,纯液体和它的固相达成平衡的温度就是该液体的正常凝固点,在此温度下液相的蒸气压与固态纯溶剂的蒸气压相等。若固相蒸气压大于液相蒸气压,则固相就要向液相转变,即固体熔化。反之,若液相蒸气压大于固相蒸气压,则液相就要向固相转化。总之,若固、液两相蒸气压不同,则两相不能共存,必有一相向另一相转化。

由于溶液中溶剂的蒸气压较纯溶剂低,故必须降低溶液温度,才能使固相纯溶剂的蒸气压与溶液中溶剂的蒸气压相等,这时的温度就是溶液的凝固点。溶液的凝固点总是低于纯溶剂的凝固点,这种现象称为溶液的凝固点降低。

0℃ 时,水和冰的蒸气压相等(0.61kPa),此时,水、冰和水蒸气三相达到平衡,0℃ 即为水的凝固点。由于水溶液是溶剂水中加入了溶质,它的蒸气压曲线下降,冰的蒸气压曲线没有变化,造成溶液的蒸气压低于冰的蒸气压,冰与溶液不能共存。如果在溶液中放入冰,冰就融化。所以只有在更低的温度下才能使溶液的蒸气压与冰的蒸气压相等。这就是溶液的凝固点下降的原因。

难挥发、非电解质、稀溶液的凝固点下降(ΔT_f)为

$$\Delta T_f = K_f \cdot b_B \tag{3-10}$$

式中:b_B 为质量摩尔浓度($mol \cdot kg^{-1}$);K_f 为溶剂的摩尔凝固点下降常数($K \cdot kg \cdot mol^{-1}$)。

实验证明,溶液的凝固点总是低于纯溶剂的凝固点。摩尔凝固点降低常数与所用溶剂有关,常用溶剂的 K_f 值如表 3-3 所列。

表 3-3 一些常见溶剂的摩尔凝固点下降常数

溶剂	水	醋酸	苯	环己烷	萘
$T_f^*/℃$	0	16.6	5.5	6.5	8.039
$K_f/(℃ \cdot kg \cdot mol^{-1})$	1.86	3.90	5.12	20	6.9

凝固点降低的一个重要应用是测量未知物质的分子量。将准确称量质量的溶质溶于一定量的溶剂中,通过凝固点下降的数值结合凝固点下降公式可以获得溶质的分子量。

溶液凝固点下降应用很广。在汽车、坦克的水箱(散热器)中常加入防冻剂乙二醇、酒精、甘油等有机物的水溶液,其中以乙二醇为优,因为它具有高沸点、高化学稳定性以及从水溶液中凝结出时形成淤泥状而不是块状冰特点。在水泥砂浆中加入食盐或氯化钙,能防止冬季产生冰冻现象。在制冷过程中,用无机盐

水溶液作载冷剂或用冰-无机盐水溶液(共晶冰)作蓄冷剂,使其更适用于低温制冷装置。用共晶冰作蓄冷剂在储运食品的冷藏车上使用很适宜。

此外,应用凝固点下降原理,可以制备很多低熔点合金,具有很大的实用价值。合金通常是由两种或两种以上的金属构成的,也可以由一种金属和某种金属性较差的元素构成(如 C、Si、N、P、As 等)。当其他金属(或非金属)溶解在一种金属中时,它的熔点往往要降低。如33%的 Pb(Pb 熔点为327.5℃)与67%的 Sn(Sn 熔点为232℃)组成的焊锡,熔点为180℃,用于焊接时不会导致焊件过热。用作熔断器、自动灭火设备和蒸汽锅炉装置的伍德合金,熔点为70℃,组成为Bi 50%、Pb 25%、Sn 12.5%、Cd 12.5%。在此合金中再加合金质量18%的 In,则合金熔点可降至47℃。

【例3-1】 为使军车在-15℃寒区正常工作,现使用乙二醇与水勾兑临时防冻液,试计算二者的勾兑比。

解:查表可知,水的 $K_f = 1.86 \text{K} \cdot \text{kg} \cdot \text{mol}^{-1}$,乙二醇($C_2H_6O_2$)的分子量为62,水($H_2O$)的分子量为18。设1kg水中参入 x kg乙二醇,则有

$$n_{C_2H_6O} = \frac{1000x}{62} = 16.1x(\text{mol})$$

$$b_B = \frac{n_B}{m_A} = \frac{16.1x}{1} = 16.1x(\text{mol} \cdot \text{kg}^{-1})$$

$$\Delta T_f = K_f \cdot b_B$$

$$15 = 1.86 \times 16.1x$$

$$x = 0.5(\text{kg})$$

即水和乙醇的勾兑比为2:1。

4. 溶液的渗透压

渗透现象在自然界和日常生活中普遍存在,如动物组织间水分的转移运送、植物所需水分的获得。要认识渗透现象首先要认识半透膜。动植物的细胞膜都是一种很容易透过水而几乎不让溶解在细胞液中的物质透过的薄膜,这种只允许溶剂透过而不允许溶质透过的薄膜称为半透膜。天然的半透膜有动植物细胞膜、动物膀胱和肠衣等,人工合成的有硝化纤维膜、醋酸纤维膜和聚砜纤维膜等。

当用半透膜将溶液和溶剂隔开,溶剂分子将透过半透膜使溶液稀释(图3-3)。在图中可以看到,溶剂一侧液面下降,溶液一侧液面上升。这种溶剂分子通过半透膜扩散到溶液中的现象称为渗透现象。实际上,溶剂分子同时沿着两个方向通过半透膜扩散,不过,由于溶液中溶剂分子的浓度小于纯溶剂中溶剂分子的浓度,溶剂向溶液方向扩散的速率远大于溶剂分子从溶液向纯溶剂方向扩散的速率,从而,在整体上观察到溶剂分子从溶剂向溶液扩散的效果。

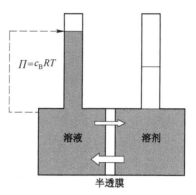

图 3-3 渗透压现象的简单装置

随着溶液液面的升高和溶剂液面的降低,溶液一侧液柱的净压强增大,使溶液中水分子通过半透膜的速率加快。当净压强达到一定值时,水分子从两个相反方向通过半透膜的速率相等,此时,渗透达到平衡。如果在渗透作用发生之前即在溶液液面上施加相当于液面差所产生的额外压强,恰能使渗透作用达到平衡,这个额外压强就是溶液的渗透压。溶液的浓度越大,渗透压越大。渗透压相等的溶液称为等渗溶液。

渗透压是因溶液中的溶剂分子可以通过半透膜,而溶质分子不能透过半透膜而产生的压强,以大写的希腊字母 Π 表示。

1887 年,荷兰物理学化学家范特霍夫提出了难挥发、非电解质、稀溶液的渗透压与溶质浓度和温度的关系式,即

$$\Pi = c_B RT \text{ 或 } \Pi V = n_B RT \tag{3-11}$$

式中:c_B 为溶液的物质的量浓度($mol \cdot L^{-1}$);n_B 为体积 V 中所含的不能透过薄膜的溶质的物质的量(mol);V 为溶液的体积(m^3);R 为气体摩尔常数,$R=$ 8.314;T 为热力学温度(K)。

【例 3-2】 1L 溶液中含有 5.0g 马的血红素,298.15K 时测得溶液的渗透压为 0.183kPa,求马的血红素的分子量。

解:根据范特霍夫方程 $\Pi V = n_B RT$ 可得

$$0.183 \times 10^3 \times 10^{-3} = \frac{5.0}{M} \times 8.314 \times 298.15$$

$$M = 6.77 \times 10^4 (g \cdot mol^{-1})$$

渗透现象在自然界中广泛存在,在许多生命过程中有着不可缺少的作用。例如,植物细胞液的渗透压达 2000kPa,所以水由植物根部可输送到数十米的高度。人体血液的平均渗透压为 780kPa。如将红血球细胞置于纯水中,发现它会逐渐胀成圆球,最后崩裂,这是水透过血红细胞壁进入细胞,而细胞内的若干溶

质如血红素、蛋白质等不能透出,以致细胞内液体逐渐增多,使细胞胀破。因此,静脉输液时应使用等渗溶液,一般的有0.9%的氯化钠溶液(生理盐水)或5%的葡萄糖溶液。

如果在溶液的一侧施加一个大于渗透压的额外压强,则溶剂由溶液一侧通过半透膜向纯溶剂或低浓度方向渗透,这种现象称为反渗透。反渗透的原理广泛应用于海水淡化、工业废水或污水处理和溶液的浓缩等方面。海水的渗透压高达3000kPa,只要对海水加压超过此压强,海水便可通过半透膜发生反渗透而流出淡水,但性能优良且能长期经受高压而不被破坏的半透膜是必须的。

综上所述,难挥发、非电解质、稀溶液的蒸气压下降、凝固点下降、沸点上升和渗透压与溶质的种类无关,仅与溶液中独立存在的质点数有关。这称为稀溶液的依数性,并可定量计算。稀溶液的依数性仅适用于难挥发非电解质的稀溶液。对于浓溶液,由于溶质微粒较多,溶质微粒之间的相互影响以及溶质微粒与溶剂微粒之间的相互影响大大加强。这些复杂因素会使稀溶液定律的定量关系发生较大偏差。当溶质是电解质时,由于解离出的离子之间、离子与溶剂分子之间的相互静电作用,离子活动被限制,而不能百分之百地发挥作用。

3.2 弱酸弱碱溶液中的平衡及其应用

酸和碱是人们经常遇到的两类极为重要的物质,酸碱反应是一类极为重要的化学反应,而且很多其他类型的化学反应如沉淀反应、配位反应、氧化还原反应等,均需在一定的酸碱条件下方能顺利进行。因此,多年来,人们对什么是酸、什么是碱以及酸碱反应的规律做了大量的研究,并对酸碱的认识逐步深入。人们最初是根据物质的特性区分酸和碱的。有酸味,能使蓝色石蕊变红的是酸;有涩味和滑腻感,能使红色石蕊变蓝的是碱。后来,人们有从组成上定义酸和碱,发展了多种酸碱理论。

3.2.1 酸碱理论

19世纪80年代,瑞典化学家阿仑尼乌斯(Arrhenius)第一次提出了酸碱电离理论,他认为:在水溶液中电离出的阳离子全部是H^+的化合物为酸,而电离出的阴离子全部是OH^-的化合物为碱;H^+是酸的特征,OH^-是碱的特征。这个理论认为,酸碱中和反应的实质是H^+和OH^-中和生成H_2O的反应。据此,HCl、HNO_3、HAc、HF等都属于酸,而$NaOH$、KOH、$Ca(OH)_2$等都属于碱。

阿仑尼乌斯首次赋予了酸碱以科学的定义,使人们对酸碱的认识大大加深了,这个理论对化学的发展起了很大的作用。但这种理论具有局限性。例如,电离理论无法解释为什么 $NH_3·H_2O$(氨水)也属于碱。虽有人曾经假设过氨溶于水生成"氢氧化铵",但实验证明,"氢氧化铵"这种物质是不存在的。另外,这种理论只适用于水溶液,对于非水溶液则无法解释。例如,$NH_3(g)$为什么也属于碱。因为 $NH_3(g)$ 和 $HCl(g)$ 能发生反应,生成与 NH_3 在水溶液中和 HCl 反应得到的完全一样的产物 NH_4Cl,但 $NH_3(g)$ 并没有解离出 OH^-,$HCl(g)$ 也没有解离出 H^+,反应后也无 H_2O 生成。

能解释上述两个事实的是酸碱质子理论。1923 年,布朗斯特(Bronsted)和劳莱(Lowry)各自独立地提出了酸碱质子理论,扩大了酸碱的范围,更新了酸碱的定义。酸碱质子理论认为:能够提供质子(H^+)的分子或离子都是酸,能够接受质子(H^+)的分子或离子都是碱。简单地说,酸是质子的给予体,碱是质子的接受体。这个理论把酸碱电离理论扩展到不限于以水为溶剂的非水系统。例如,前面所说的 HCl 和 NH_3,不仅在水溶液中,而且在以苯为溶剂的液相中或无溶剂的气相中,都是 HCl 给出质子,NH_3 接受质子而生成 NH_4Cl。另外,还有一类物质,如 HCO_3^-、$H_2PO_4^-$ 和 H_2O 等。它们既可以失去质子,也可以接受质子。也就是说,根据酸碱质子理论,它们既可以是酸,也可以是碱,故称为两性物质。

酸碱质子理论还认为:酸,如分子酸 $HCl(g)$ 或离子酸 NH_4^+,给出质子后成为碱,如离子碱 Cl^- 或分子碱 $NH_3(g)$;碱,如 Cl^- 或 NH_3,接受质子后即成酸,如 HCl 或 NH_4^+。这种酸和碱的相互依存、相互转化关系称为酸碱共轭关系,酸或碱与它共轭的碱或酸一起称为共轭酸碱对。酸越强,与其共轭的碱则越弱;反之,碱越强,与其共轭的酸越弱。

常见的共轭酸碱对如表 3-4 所列。

表 3-4 常见共轭酸碱对

	酸		碱		
	名称	分子式或离子式	分子式或离子式	名称	
从上到下酸性依次减弱	高氯酸	$HClO_4$	ClO_4^-	高氯酸根离子	从上到下碱性依次增强
	氢碘酸	HI	I^-	碘离子	
	氢溴酸	HBr	Br^-	溴离子	
	盐酸	HCl	Cl^-	氯离子	
	硫酸	H_2SO_4	HSO_4^-	硫酸氢根离子	
	硝酸	HNO_3	NO_3^-	硝酸根离子	
	水合氢离子	H_3O^+	H_2O	水分子	
	硫酸氢根离子	HSO_4^-	SO_4^{2-}	硫酸根离子	

(续)

	名称	分子式或离子式	分子式或离子式	名称	
从上到下酸性依次减弱	磷酸	H_3PO_4	$H_2PO_4^-$	磷酸二氢根离子	从上到下碱性依次增强
	亚硝酸	HNO_2	NO_2^-	亚硝酸根离子	
	醋酸	CH_3COOH	CH_3COO^-	醋酸根离子	
	碳酸	H_2CO_3	HCO_3^-	碳酸氢根离子	
	氢硫酸	H_2S	HS^-	硫氢根离子	
	铵离子	NH_4^+	NH_3	氨	
	氢氰酸	HCN	CN^-	氰根离子	
	水	H_2O	OH^-	氢氧根离子	
	氨	NH_3	NH_2^-	氨基离子	

比酸碱质子理论更为扩大和发展的酸碱理论是路易斯(G. N. Lewis)提出的电子理论。它把凡是具有可供利用的孤对电子的任何物质都称为碱,如 NH_3;把能与这孤对电子进行结合的任何物质都称为酸,如 HCl。电子理论在解释某些物质酸碱性质时,可不受溶剂、离子等条件的限制。例如,Na_2S 等也可使酸碱指示剂变色以及 CO_2 等酸性氧化物和 CaO 等碱性氧化物间的成盐反应。本书对此理论不作深入探讨。

3.2.2 酸碱的解离平衡

1. 水的解离平衡及溶液酸碱性

实验证明,纯水仍有微弱的导电性,它是一种极弱的电解质。纯水的解离,实质上是一部分水分子从另一部分水分子中夺取 H^+ 而形成 H_3O^+ 和 OH^- 的过程,又称为水的质子自递反应,即

$$H_2O + H_2O \rightleftharpoons H_3O^+ + OH^-$$

为了简便起见,一般写为

$$H_2O \rightleftharpoons H^+ + OH^-$$

水的质子自递反应的标准平衡常数表达式为

$$K_w^\ominus = \frac{c(H^+)}{c^\ominus} \times \frac{c(OH^-)}{c^\ominus} \quad (3-12)$$

式中:$K_w^\ominus$ 称为水的质子自递常数,或称为水的离子积常数。一定温度下,$K_w^\ominus$ 是与浓度、压强无关的常数。式(3-12)中,$c(H^+)$、$c(OH^-)$ 分别为 H^+、OH^- 的平衡浓度,$c^\ominus$ 为物质的标准浓度(1mol/L)。因此,$K_w^\ominus$ 为无量纲常数。由于水的

质子自递反应是一个吸热过程,所以,$K_w^\ominus$ 随温度升高而增大。但由于溶液反应温度变化不大,在室温(25℃)下,一般常采用 $K_w^\ominus = 1.0 \times 10^{-14}$。

水的离子积常数表明,在一定温度下,溶液中 H^+ 和 OH^- 浓度的乘积总是为一定值。溶液中 H^+ 或 OH^- 浓度的大小用 pH 或 pOH 表示。其中的符号"p"代表负对数"$-\lg$",即

$$\mathrm{pH} = -\lg\left[\frac{c(\mathrm{H}^+)}{c^\ominus}\right] \tag{3-13}$$

$$\mathrm{pOH} = -\lg\left[\frac{c(\mathrm{OH}^-)}{c^\ominus}\right] \tag{3-14}$$

2. 一元弱酸弱碱的解离平衡

强电解质在水溶液中完全解离。弱电解质在水溶液中只有很少一部分分子解离为离子,即在溶液中存在解离平衡,其平衡常数称为解离平衡常数。弱酸、弱碱的解离常数分别用 $K_a^\ominus$、$K_b^\ominus$ 表示。

例如,对于弱酸 HA 来说,在水溶液中存在如下解离平衡,即

$$\mathrm{HA} \rightleftharpoons \mathrm{H}^+ + \mathrm{A}^-$$

在一定温度下,此反应达到平衡,则有

$$K_a^\ominus = \frac{[c(\mathrm{H}^+)/c^\ominus] \times [c(\mathrm{A}^-)/c^\ominus]}{[c(\mathrm{HA})/c^\ominus]}$$

式中:$c(\mathrm{H}^+)$、$c(\mathrm{A}^-)$ 及 $c(\mathrm{HA})$ 分别为 H^+、A^-、HA 的平衡浓度;$K_a^\ominus$ 为弱酸的解离平衡常数,简称解离常数。一些常见的弱酸或弱碱的解离常数列于书末附表中。

弱酸、弱碱的解离常数也可用实验测定。一般化学手册中不常列出离子酸、离子碱的解离常数,但根据已知的分子酸的 $K_a^\ominus$(或分子碱的 $K_b^\ominus$),可以根据多重平衡规则算得其共轭离子碱的 $K_b^\ominus$(或共轭离子酸的 $K_a^\ominus$),即

$$K_b^\ominus = \frac{K_w^\ominus}{K_a^\ominus} \tag{3-15}$$

实际上,解离平衡常数就是化学平衡常数,其值与温度有关,但由于解离过程热效应较小,温度改变对其数值影响不大,因此,在室温范围内常不考虑温度对其数值的影响。根据解离常数可定量地比较同元弱酸或弱碱的酸碱性强弱,解离常数大的弱酸或弱碱其酸性或碱性也较强。

除解离常数外,还常用解离度 α 表示弱酸或弱碱分子在水溶液中的解离程度。解离度是指达到解离平衡时已解离的分子数占解离前分子总数的百分数。对于一元弱酸 HA,设初始浓度为 c,解离度为 α,则

$$\alpha = \frac{c_{\text{已解离}}}{c_{\text{初始}}} \times 100\% \tag{3-16}$$

平衡时，$c(\text{H}^+) = c(\text{A}^-) = c\alpha$，$c(\text{HA}) = c - c\alpha$。将平衡浓度代入离解常数表达式中，得

$$K_a^{\ominus} = \frac{[c\alpha/c^{\ominus}] \times [c\alpha/c^{\ominus}]}{[c(1-\alpha)/c^{\ominus}]} = \frac{[c/c^{\ominus}]\alpha^2}{1-\alpha}$$

当 $\dfrac{c/c^{\ominus}}{K_w^{\ominus}} > 400$ 时，已解离部分相对于总浓度可以忽略，即 $1 - \alpha \approx 1$，且 $c^{\ominus} = 1\text{mol/L}$ 省略，则由上式可得

$$\alpha = \sqrt{\frac{K_w^{\ominus}}{c}} \tag{3-17}$$

还可进一步得到此条件下计算一元弱酸中 $[\text{H}_3\text{O}^+]$ 的简化公式为

$$c(\text{H}^+) = c(\text{A}^-) = c\alpha = \sqrt{K_a^{\ominus} \cdot c} \tag{3-18}$$

同理，当 $\dfrac{c/c^{\ominus}}{K_w^{\ominus}} > 400$ 时，一元弱碱的解离度计算公式为

$$\alpha = \sqrt{\frac{K_b^{\ominus}}{c}} \tag{3-19}$$

而一元弱碱中 $[\text{OH}^-]$ 的简化公式为

$$c(\text{OH}^-) = c\alpha = \sqrt{K_b^{\ominus} \cdot c} \tag{3-20}$$

【例 3-3】 计算 $0.100\text{mol} \cdot \text{dm}^{-3}$ HAc 溶液的氢离子浓度、溶液 pH 和解离度 α。

（已知：$K_a^{\ominus} = 1.76 \times 10^{-5}$。）

解：

$$c(\text{H}^+) = \sqrt{K_a^{\ominus} \cdot c} = \sqrt{1.76 \times 10^{-5} \times 0.100} = 1.33 \times 10^{-3}(\text{mol} \cdot \text{dm}^{-3})$$

$$\text{pH} = -\lg\left[\frac{c(\text{H}^+)}{c^{\ominus}}\right] = -\lg\left[\frac{1.33 \times 10^{-3}}{1}\right] = 2.88$$

$$\alpha = \sqrt{\frac{K_a^{\ominus}}{c}} = \sqrt{\frac{1.76 \times 10^{-5}}{0.100}} = 1.33 \times 10^{-2} = 1.33\%$$

即 0.100mol/L 醋酸溶液的氢离子浓度为 1.33×10^{-3} mol/L，溶液 pH 等于 2.88，离解度为 1.33%。

多元弱酸解离的特征是分步解离，即酸中含有两个或两个以上的质子，在水分子的作用下分步释放出来。例如，H_2S 的分步解离为

$$H_2S + H_2O \rightleftharpoons H_3O^+ + HS^-$$

$$K_{a_1}^{\ominus} = \frac{[c(H_3O^+)/c^{\ominus}] \cdot [c(HS^-)/c^{\ominus}]}{c(H_2S)/c^{\ominus}} = 9.1 \times 10^{-8}$$

$$HS^- + H_2O \rightleftharpoons H_3O^+ + S^{2-}$$

$$K_{a_2}^{\ominus} = \frac{[c(H_3O^+)/c^{\ominus}] \cdot [c(S^{2-})/c^{\ominus}]}{c(HS^-)/c^{\ominus}} = 1.1 \times 10^{-12}$$

式中：$K_{a_1}^{\ominus}$、$K_{a_2}^{\ominus}$ 分别为 H_2S 的一级和二级解离常数。一般情况下，二元弱酸的 $K_{a_1}^{\ominus} \gg K_{a_2}^{\ominus}$。其原因有两种：一是带 2 个负电荷的 S^{2-} 对 H^+ 的吸引力比带 1 个负电荷的 HS^- 大得多；二是一级解离出的 H^+ 相比二级解离出的 H^+ 浓度大得多，使二级解离平衡强烈的向左方移动，从而抑制了第二级解离的进行。

因此，可以得到如下结论。①当多元弱酸 $K_{a_1}^{\ominus} \gg K_{a_2}^{\ominus}$（或 $K_{a_1}^{\ominus}/K_{a_2}^{\ominus} > 10^4$）时，溶液中 H^+ 主要来自一级解离，若求 $c(H^+)$，可近似作为一元弱酸处理。②当二元弱酸 $K_{a_1}^{\ominus} \gg K_{a_2}^{\ominus}$ 时，其溶液中 -2 价酸根离子浓度数值上等于 $K_{a_2}^{\ominus}$，与初始浓度无关。

3.2.3 同离子效应和缓冲溶液

1. 同离子效应

与所有的化学平衡一样，弱电解质在水溶液中的解离平衡也会随着温度、浓度条件的改变而发生移动。当弱酸、弱碱在溶液中达到解离平衡后，如果加入含有相同离子的电解质时，则原先的平衡就会遇到破坏，平衡将向着解离的相反方向，即向着结合成弱酸或弱碱的方向移动，这种现象称为同离子效应，它使弱电解质的解离度降低。例如，在醋酸溶液中，存在解离平衡：

$$HAc \rightleftharpoons H^+ + Ac^-$$

当向醋酸溶液中加入 NaAc 后，增加了 Ac^-，HAc 的解离平衡向左移动。移动的结果是重新建立起一个新的平衡。此时，虽然 H^+ 和 Ac^- 以及 HAc 分子的浓度发生了变化，但由于在同一温度下其平衡常数不会改变，所以新的平衡中 $c(H^+)$ 和 $c(Ac^-)$ 的乘积与 $c(HAc)$ 的比值仍保持不变。

2. 缓冲溶液

弱酸及其共轭碱（如 HAc/Ac^-、H_2CO_3/HCO_3^- 等）或弱碱及其共轭酸（如 NH_3/NH_4^+、HCO_3^-/CO_3^{2-} 等）组成的混合溶液的 pH 值在一定范围内不因稀释或外加的少量强酸或强碱而发生显著变化，这种溶液称为缓冲溶液（Buffer Solution）。

下面以 HAc/NaAc 缓冲溶液为例，说明缓冲作用原理。

在 HAc/NaAc 缓冲溶液中存在如下平衡：
$$HAc \rightleftharpoons H^+ + Ac^-$$
大量　　少量　大量

溶液中由于 NaAc 完全离解而产生的 Ac^-（共轭碱）浓度较大，同时，由于同离子效应使 HAc 的离解度降低，因而，未离解的 HAc 分子浓度也较大，这是缓冲溶液在组成上的特点。

当该缓冲溶液中加入少量的强酸时，碱 Ac^- 将立即与加入的 H^+ 作用，使 HAc 离解平衡左移生成 HAc 分子，消耗了加入的 H^+，所以溶液中的 H^+ 浓度并未发生明显的增加，pH 值基本不变；当向该缓冲溶液中加入少量的强碱时，由于 H^+ 与 OH^- 生成 H_2O，使 HAc 的离解平衡右移产生 H^+，以补偿与 OH^- 作用消耗掉的 H^+，所以溶液中的 H^+ 也未发生明显的变化，溶液的 pH 值也基本保持不变。

缓冲溶液还能抵抗适当的稀释而保持自身的 pH 值不变。这是因为加水稀释时，一方面降低了溶液中 H^+ 浓度，但另一方面由于解离度的增大和同离子效应的减弱，又可使 H^+ 浓度有所升高，所以仍可保持 pH 值基本不变。

弱酸及其共轭碱组成的缓冲溶液的 pH 值可按下式近似计算，即

$$pH = pK_a^\ominus + \lg \frac{c_b}{c_a} \tag{3-21}$$

弱碱及其共轭酸组成的缓冲溶液的 pH 值可按下式近似计算，即

$$pH = 14 - pK_b^\ominus - \lg \frac{c_a}{c_b} \tag{3-22}$$

式中：c_a 为酸的初始浓度；c_b 为碱的初始浓度。

向缓冲溶液中加入少量酸或碱时，溶液的 pH 值可基本维持不变，但当加入过多的酸或碱时，缓冲溶液就不起作用了，衡量缓冲溶液缓冲能力大小的尺度称为缓冲容量。缓冲容量与组成缓冲溶液的共轭酸碱对浓度有关，浓度越大，缓冲容量越大；同时，缓冲容量也与缓冲组分的比值有关，当共轭酸碱对浓度比值为 1 时，缓冲容量最大，离 1 越远，缓冲容量越小。当缓冲组分浓度比值为 1∶1 时，$pH = pK_a^\ominus$ 或 $pH = 14 - pK_b^\ominus$。

配制一定 pH 值的缓冲溶液可选用 $pK_a^\ominus$ 与 pH 值相近的酸及其共轭碱，或者 $14 - pK_b^\ominus$ 与 pH 值相近的碱及其共轭酸。如需 pH = 5 的缓冲溶液，则应选用 $pK_a^\ominus = 4 \sim 6$ 的弱酸。例如，醋酸的 $pK_a^\ominus = 1.76 \times 10^{-5}$，所以选用 HAc-NaAc 即可。

3.2.4　pH 值的测定

测定含有弱酸或弱碱溶液的 pH 值不能用酸碱中和滴定的方法。因为中和

滴定的方法只能测定酸或碱的总浓度,而不能测定解离出来的 H^+ 或 OH^- 的浓度。

测定 pH 值最简单、最方便的方法是使用 pH 试纸。pH 试纸是用滤纸浸渍某种混合指示剂制成的。市售的 pH 试纸有"广范 pH 试纸"和"精密 pH 试纸"两类,如图 3-4 和图 3-5 所示。广范 pH 试纸可用来粗略检测溶液的 pH 值;精密 pH 试纸在 pH 值变化较小时就有颜色的变化,它可用来较精密地检测溶液的 pH 值。每类 pH 试纸,按测量范围和变色间隔,又可分为很多种,可视具体需要任意选用。

图 3-4 广泛 pH 试纸及色标卡

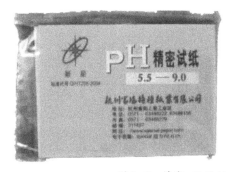 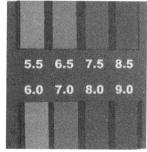

图 3-5 精密 pH 试纸及色标卡

在具体测量时,可将一小块试纸放在点滴板上或用手捏住,再用蘸有待测溶液的玻璃棒点湿试纸的中部,则试纸因被待测溶液润湿而变色。将其与标准比色卡比较,即得出 pH 值。一般待测液湿润试纸后半秒内就能与指示剂发生反应,故应及时观察试纸颜色,如果观察时间过迟,试纸可能因吸收空气中的 CO_2 等而使颜色变化,造成测定误差。

比较精确地测定 pH 值的方法是使用 pH 计,如图 3-6 所示。目前,一般 pH 计测到的 pH 值精度可达小数点后 2 位,即十分位是可靠的,百分位是估计的;精密的 pH 计测到的 pH 值精度达小数点后 3 位,即百分位是可靠的,千分位是估计的。

图 3-6 PHS-3C 型精密数字酸度计

用 pH 计测定溶液的 pH 值时,必须首先使用已知 pH 值的标准缓冲溶液作为基准进行定位。一般采用邻苯二甲酸氢钾、磷酸二氢钾和磷酸氢二钠及硼砂 3 种标准溶液定位。

3.3 沉淀溶解平衡及其应用

电解质按其溶解度大小可分为易溶(100g 水中能溶解 0.1g 以上的物质)、微溶(100g 水中能溶解 0.01g 以上,0.1g 以下的物质)和难溶(100g 水中能溶解 0.01g 以下的物质)三类。难溶电解质在水溶液中以固体沉淀的形式存在。在前文中介绍的弱电解质在溶液中的离子平衡属于单相离子平衡,而难溶电解质在水溶液中,存在着固态电解质和其进入溶液的离子之间的平衡关系。平衡建立于固-液两相之间,是一个多相系统中的离子平衡,即多相离子平衡。

3.3.1 溶度积

任何难溶电解质在水中总是或多或少地溶解,绝对不溶的物质是不存在的。难溶电解质 $A_n D_m (s)$ 在水溶液中存在着结晶和溶解的平衡:

$$A_n D_m(s) \rightleftharpoons nA^{m+}(aq) + mD^{n-}(aq)$$

其平衡常数表达式为

$$K_{sp}^{\ominus}(A_n D_m) = \left[\frac{c_{(A^{m+})}}{c^{\ominus}}\right]^n \cdot \left[\frac{c_{(D^{n-})}}{c^{\ominus}}\right]^m \quad (3-23)$$

式中:$K_{sp}^{\ominus}$ 为溶度积。它表示一定温度时在难溶电解质的饱和溶液中,其离子浓度幂(以该离子在平衡方程式中的化学计量数为指数)的乘积为一常数。$K_{sp}^{\ominus}$ 的大小反应了难溶电解质溶解的难易情况。

$K_{sp}^{\ominus}$ 数值可由实验测定,也可由热力学数据计算得到。若已知25℃时难溶电解质溶解反应的标准摩尔吉布斯函数变数据,即可直接由 $\Delta_r G_m^{\ominus}(298.15K)$ 计算 $K_{sp}^{\ominus}$ 值。

3.3.2 溶度积和溶解度的关系

前面介绍的溶度积概念与中学时介绍的溶解度(用 s 表示)概念之间的关系是怎样的呢？溶度积和溶解度都反映了物质的溶解能力,但二者概念不同。溶解度 s 是指难溶电解质饱和溶液中实际溶解的量,而溶度积 $K_{sp}^{\ominus}$ 表示溶解进行的倾向,并不表示已溶解的量。两者可相互换算。另外,对易溶物质在水中的溶解度常用100g水中达到饱和时所含溶质的克数表示,而对难溶电解质可用每升溶液中溶解的物质的量(物质的量溶度)表示。

【例3-4】 已知 $K_{sp}^{\ominus}(AgCl) = 1.77 \times 10^{-10}$,$K_{sp}^{\ominus}(Ag_2CrO_4) = 1.12 \times 10^{-12}$。计算25℃时 AgCl 和 Ag_2CrO_4 的溶解度。

解:设 AgCl 溶解度为 $s_1(mol/L)$,平衡时

$$AlCl(s) \rightleftharpoons Ag^+(aq) + Cl^-(aq)$$

平衡时浓度(mol/L) s_1 s_1

$$K_{sp}^{\ominus}(AgCl) = [c(Ag^+)/c^{\ominus}] \cdot [c(Cl^-)/c^{\ominus}] = [s_1/c^{\ominus}] \cdot [s_1/c^{\ominus}]$$

$$s_1/c^{\ominus} = \sqrt{K_{sp}^{\ominus}(AgCl)} = \sqrt{1.77 \times 10^{-10}}$$

$$s_1 = 1.33 \times 10^{-5}(mol \cdot L^{-1})$$

即 AgCl 的溶解度为 $1.33 \times 10^{-5} mol \cdot L^{-1}$。

设 Ag_2CrO_4 的溶解度为 $s_2(mol \cdot L^{-1})$,平衡时

$$Ag_2CrO_4(s) \rightleftharpoons 2Ag^+(aq) + CrO_4^{2-}(aq)$$

平衡时浓度($mol \cdot L^{-1}$) $2s_2$ s_2

$$K_{sp}^{\ominus}(Ag_2CrO_4) = [c(Ag^+)/c^{\ominus}]^2 \cdot [c(CrO_4^{2-})/c^{\ominus}] = [2s_2/c^{\ominus}]^2 \cdot [s_2/c^{\ominus}]$$

$$s_2/c^{\ominus} = \sqrt[3]{\frac{1}{4}K_{sp}^{\ominus}(Ag_2CrO_4)} = \sqrt[3]{\frac{1}{4} \times 1.12 \times 10^{-12}}$$

$$s_2 = 6.54 \times 10^{-5}(mol \cdot L^{-1})$$

即 Ag_2CrO_4 的溶解度为 $6.54 \times 10^{-5} mol \cdot L^{-1}$。

由此可以看出,对于同类型的难溶电解质,如 AgCl 和 AgBr、$CaSO_4$ 和 $CaCO_3$ 等,在相同温度下,溶度积 $K_{sp}^{\ominus}$ 值越大,溶解度 s 值也越大;$K_{sp}^{\ominus}$ 值越小,溶解度 s

值也越小。但对于不同类型的难溶电解质,则必须通过具体计算才能比较其大小。

AD 型和 AD_2(或 A_2D)型难溶电解质的 $K_{sp}^{\ominus}$ 与 s 的关系如下。

AD 型(如 $AgCl$、$BaSO_4$): $K_{sp}^{\ominus} = s^2$。

AD_2(或 A_2D)型[如 $Mg(OH)_2$、Ag_2CrO_4]: $K_{sp}^{\ominus} = 4s^3$。

必须指出,溶度积 $K_{sp}^{\ominus}$ 和溶解度 s 两者按以上方法换算是有条件的:第一,难溶电解质溶解的部分完全离解成离子;第二,难溶强电解质的离子在溶液中应不发生水解、聚合、配位等副反应。

一般手册上查得的溶解度数据都是指纯水中的。在实际溶液中,计算某种难溶电解质的溶解度还必须考虑溶液中存在的与难溶电解质解离出的离子相同的离子,或能与难溶电解质解离出来的离子相互作用的离子的影响,即必须考虑多相离子的平衡及其移动。平衡原理在多相离子平衡中的具体体现是溶度积规则。

3.3.3 溶度积规则

1. 溶度积规则

难溶电解质的沉淀-溶解平衡也与其他动态平衡一样,遵循平衡移动原理。根据化学热力学原理可知,利用溶度积常数和沉淀溶解反应的反应商 J_{sp},即可判断沉淀溶解反应进行的方向。沉淀溶解反应的反应商 J_{sp} 通常称为离子积。在难溶电解质 A_nD_m 溶液中,其离子积可表示为

$$J_{sp}(A_nD_m) = \left[\frac{c(A^{m+})}{c^{\ominus}}\right]^n \cdot \left[\frac{c(D^{n-})}{c^{\ominus}}\right]^m$$

式中:$c(A^{m+})$、$c(D^{n-})$ 为任意状态下离子浓度。由式 $\Delta_r G_m(T) = 2.303RT\lg\left(\dfrac{J_{sp}}{K^{\ominus}}\right)$ 可知:

当 $J_{sp} < K_{sp}^{\ominus}$ 时,溶液未饱和,沉淀溶解;

当 $J_{sp} = K_{sp}^{\ominus}$ 时,溶液达饱和,沉淀既不溶解,也不析出;

当 $J_{sp} > K_{sp}^{\ominus}$ 时,溶液过饱和,会有沉淀析出。

由此可知,根据溶度积可以判断沉淀的生成和溶解,这称为**溶度积规则**。

【例 3-5】 在 200ml、0.01mol/L 的 $Pb(NO_3)_2$ 溶液中,加入 300ml、0.08mol/L 的 HCl 溶液,判断是否产生沉淀?

解:查表得 $PbCl_2$ 的溶度积 $K_{sp}^{\ominus} = 1.6 \times 10^{-5}$,上述溶液中 Pb^{2+} 和 Cl^- 的浓度分别为

$$c(\text{Pb}^{2+}) = \frac{200}{200+300} \times 0.01 = 0.004(\text{mol} \cdot \text{L}^{-1})$$

$$c(\text{Cl}^-) = \frac{300}{200+300} \times 0.08 = 0.048(\text{mol} \cdot \text{L}^{-1})$$

$$J_{sp} = [c(\text{Cl}^-)/c^{\ominus}] \cdot [c(\text{Cl}^-)/c^{\ominus}]^2 = 0.004 \times 0.048^2 = 9.22 \times 10^{-6} < K_{sp}^{\ominus}$$

根据溶度积规则,没有 PbCl_2 生成。

2. 分步沉淀和共同沉淀

对于同一种金属阳离子(如 Ag^+),当有两种或两种以上能与其生成难溶电解质的阴离子(如 Cl^-、CrO_4^{2-})存在时,两种或两种以上的难溶电解质沉淀都有可能产生,但阳离子浓度与阴离子浓度的乘积(离子积)先达到哪种难溶电解质溶度积,哪种难溶电解质就先沉淀出来。

例如,在不断振荡的条件下,向含有 Cl^-、CrO_4^{2-} 的混合溶液中逐滴加入 AgNO_3 溶液,当 Ag^+ 和 Cl^- 的浓度达到

$$[c(\text{Ag}^+)/c^{\ominus}] \cdot [c(\text{Cl}^-)/c^{\ominus}] = K_{sp}^{\ominus}(\text{AgCl})$$

此时,开始析出白色 AgCl 沉淀。由于沉淀析出,溶液中 Cl^- 浓度减小。当继续滴加 Ag^+ 至 $[c(\text{Ag}^+)/c^{\ominus}] \cdot [c(\text{Cl}^-)/c^{\ominus}] < K_{sp}^{\ominus}(\text{AgCl})$,则 AgCl 不再沉淀。但当 Ag^+ 与 CrO_4^{2-} 的浓度达到

$$[c(\text{Ag}^+)/c^{\ominus}]^2 \cdot [c(\text{CrO}_4^{2-})/c^{\ominus}] = K_{sp}^{\ominus}(\text{Ag}_2\text{CrO}_4^{2-})$$

时,砖红色的 Ag_2CrO_4 又会沉淀出来,这种现象称为分步(分级)沉淀。

如果在静止的条件下逐滴加入 AgNO_3 溶液,由于 Ag^+ 局部过浓,可能白色的 AgCl 和砖红色的 Ag_2CrO_4 同时沉淀出来(砖红色可掩盖白色),这种现象称为共同沉淀。

如果两种难溶电解质(如 AgCl 和 AgI)的溶解度差别很大,可用分步沉淀进行分离。在一般分离过程中,当一种离子在溶液中的残留量小于 10^{-5} mol/L 时,可以认为该离子已沉淀完全。若一种离子已沉淀完全,另一种离子还未开始沉淀,则称这两种离子可以完全分离。

在环境治理上,则以是否达到排放标准衡量某种离子有否沉淀完全。

3. 沉淀的转化

在含有某种沉淀的溶液中,加入适当沉淀剂,使之与其中一种离子结合形成另外一种更加难溶的沉淀,称为沉淀的转化(Inversion of Precipitation)。

如铬酸铅固体可以溶于硫化铵水溶液是由于形成了更难溶的硫化铅,即

$$\text{PbCrO}_4(s) \rightleftharpoons \text{Pb}^{2+}(aq) + \text{CrO}_4^{2-}(aq)$$

加入 $(\text{NH}_4)_2\text{S}$ 溶液:

$$\text{Pb}^{2+}(aq) + \text{S}^{2-}(aq) \rightleftharpoons \text{PbS}(s)$$

总反应为
$$PbCrO_4(s) + S^{2-}(aq) \rightleftharpoons PbS(s) + CrO_4^{2-}(aq)$$
总反应的平衡常数为
$$K^{\ominus} = \frac{c(CrO_4^{2-})/c^{\ominus}}{c(S^{2-})/c^{\ominus}} = \frac{[c(CrO_4^{2-})/c^{\ominus}] \cdot [c(Pb^{2+})/c^{\ominus}]}{[c(S^{2-})/c^{\ominus}] \cdot [c(Pb^{2+})/c^{\ominus}]} = \frac{K_{sp}^{\ominus}(PbCrO_4)}{K_{sp}^{\ominus}(PbS)}$$
$$= \frac{2.8 \times 10^{-13}}{1.3 \times 10^{-28}} = 2.15 \times 10^{15}$$

可以看出,该反应的平衡常数很大,转化反应很彻底。

一般来说,由难溶电解质转化成更难溶的电解质的过程是容易发生的,相反的过程则要具体分析。

例如,可以将 $BaSO_4$ 转化为易溶于酸的 $BaCO_3$。总反应为
$$BaSO_4(s) + CO_3^{2-}(aq) \rightleftharpoons BaCO_3(s) + SO_4^{2-}(aq)$$
$$K^{\ominus} = \frac{c(SO_4^{2-})/c^{\ominus}}{c(CO_3^{2-})/c^{\ominus}} = \frac{K_{sp}^{\ominus}(BaSO_4)}{K_{sp}^{\ominus}(BaCO_3)} = \frac{1.1 \times 10^{-10}}{5.1 \times 10^{-9}} = \frac{1}{46.5}$$

这一数值说明,当转化达到平衡时,溶液中 CO_3^{2-} 的浓度约为 SO_4^{2-} 的 46.5 倍,只有当溶液中 CO_3^{2-} 的浓度大于 SO_4^{2-} 的 46.5 倍时,反应才能进行。再如:
$$AgCl + I^- = AgI + Cl^-$$

AgCl 转化成 AgI 沉淀是可以的,而 AgI 要转化成 AgCl 沉淀在实际上是不可能的。因为欲使溶液中的 Ag^+ 浓度同时满足下面两个平衡:
$$Ag^+ + Cl^- \rightleftharpoons AgCl$$
$$Ag^+ + I^- \rightleftharpoons AgI$$

Ag^+ 的浓度必须为
$$\frac{c(Ag^+)}{c^{\ominus}} = \frac{K_{sp}^{\ominus}(AgCl)}{c(Cl^-)/c^{\ominus}} = \frac{K_{sp}^{\ominus}(AgI)}{c(I^-)/c^{\ominus}}$$

也就是说,Cl^- 和 I^- 比值应为 2.08×10^6,即 $c(Cl^-) \geqslant 2.86 \times 10^6 c(I^-)$ 才能使 AgI 沉淀转化为 AgCl 沉淀,显然,欲使 $c(Cl^-) \geqslant 2.86 \times 10^6 c(I^-)$ 是不可能的。

3.3.4 沉淀与溶解反应应用举例

实践中经常用到沉淀溶解平衡的移动。例如,锅炉或蒸气管内锅垢的存在,不仅阻碍传热、浪费燃料,而且还有可能引起爆裂,造成事故。锅垢的主要组分 $CaSO_4$ 沉淀不溶于酸,难以除去,但可以用 Na_2CO_3 溶液处理,使其转化成更难溶的 $CaCO_3$ 沉淀,由于 $CaCO_3$ 沉淀易溶于稀酸,所以可用"酸洗"除去。

用盐酸清洗锅炉内或其他器械上的附着物(难溶电解质),就是利用 H^+ 和难溶物解离出来的 CO_3^{2-} 或 OH^- 等生成 H_2CO_3(进一步分解成 CO_2 和 H_2O)或 H_2O 等弱酸弱碱,使溶液中 $c(CO_3^{2-})$ 或 $c(OH^-)$ 与金属离子浓度的乘积(离子积)小于该难溶物的溶度积而使其溶解的。

对于某些要求较高的锅炉给水,往往在给水进入高炉前用 Na_2CO_3 处理,再用 Na_3PO_4 补充处理。因为 $Ca_3(PO_4)_2$ 的 $K_{sp}^\ominus$ 值为 2.07×10^{-33},其溶解度为 1.92×10^{-7} mol/L,比 $CaCO_3$ 更难溶,更易生成 $Ca_3(PO_4)_2$ 沉淀而除去。

环境保护中常用可溶性氢氧化物或其他沉淀剂去除工业废水中的 Cr^{3+}、Zn^{2+}、Pb^{2+} 和 Cd^{2+} 等有害物质。因为 OH^- 等沉淀剂的有关离子和各有害金属离子浓度乘积(离子积)大于其溶度积,进而能生成难溶的金属氢氧化物或其他难溶沉淀物。由于实际废水中含有其他金属离子,溶有 CO_2 等酸性气体,这不仅影响离子之间的相互作用,而且也能产生其他金属氢氧化物而消耗氢氧化物或其他沉淀剂,因此,实际的 pH 值还会高一些。

3.4 配位平衡及其应用

1893 年,维尔纳(Werna)提出了络合物(Complex Compound)的概念,现在络合物称为配位化合物。100 多年后的今天,配位化学不仅成为无机化学的一个重要领域,也极大地促进了化学基础理论的发展。配合物在许多方面都有广泛的应用,例如,在实验研究中,常用形成配合物的方法检验金属离子、分离物质以及定量测定物质的组成;在生产中,配合物广泛应用于医药、染色、电镀防腐、硬水软化和金属冶炼等领域,而且,配合物在许多尖端领域(如激光材料、超导材料、抗癌药物的研究以及催化剂的研制等方面)发挥着越来越大的作用。

3.4.1 配位化合物的概念

配位化合物(Coordination Compound)简称配合物,其原意是指复杂的化合物。

1. 配合物的定义

在蓝色的 $CuSO_4$ 溶液中逐滴加入过量的氨水,充分振荡以后,可以观察到先有 $Cu(OH)_2$ 浅蓝色沉淀生成,随着氨水的逐渐加入,沉淀溶解生成了深蓝色溶液。实验证明,这种深蓝色的溶液是 $CuSO_4$ 和 NH_3 形成的配位化合物 $[Cu(NH_3)_4]SO_4$。它在溶液中全部解离成复杂的 $[Cu(NH_3)_4]^{2+}$ 离子和 SO_4^{2-} 离子:

$$[Cu(NH_3)_4]SO_4 \rightleftharpoons [Cu(NH_3)_4]^{2+} + SO_4^{2-}$$

溶液中 $[Cu(NH_3)_4]^{2+}$ 离子是大量的,它像弱电解质一样是难电离的。若向此溶液中滴加 NaOH 溶液,没有蓝色的 $Cu(OH)_2$ 沉淀析出;若滴加 Na_2S 溶液,有黑色的 CuS 沉淀析出,这说明,溶液中有 Cu^{2+} 离子,但浓度很低。

像 $[Cu(NH_3)_4]^{2+}$ 这一大类复杂离子,是由金属正离子(或中性原子)作为中心,由若干个负离子或中性分子按一定的空间位置排列在中心离子的周围形成的一种复杂的离子或分子称为配离子或配分子。这部分带有正电荷的称为配阳离子,如 $[Pt(NH_3)_4(NO_2)Cl]^{2+}$、$[Cu(NH_3)_4]^{2+}$ 等;带有负电荷的称为配阴离子,如 $[HgI_4]^{2-}$、$[Ag(S_2O_3)_2]^{3-}$ 等。我们把含有配离子或配分子的电中性化合物称为配合物,如 $[Cu(NH_3)_4]SO_4$ 就是配合物。

2. 配合物的组成

配合物的组成可以划分为内界和外界两部分。化学式为 $[Pt(NH_3)_4(NO_2)Cl]CO_3$ 的结构组成如图 3-7 所示,其中方括号内的部分通常称为配合物的内界,方括号以外的是配合物的外界 CO_3^{2-} 离子,内外界离子之间通过离子键作用。处于配离子中心位置的正离子或中性原子称为配位中心(也称为中心体或形成体),也称为中心离子或中心原子。按一定空间位置排列在中心离子周围的负离子或中性分子称为配位体,简称配体。$[Pt(NH_3)_4(NO_2)Cl]CO_3$ 由一个 4 价的铂离子为中心离子及 1 个 Cl^-、1 个 NO_2^- 和 4 个 NH_3 作为配位体所构成。

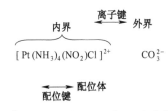

图 3-7 $[Pt(NH_3)_4(NO_2)Cl]CO_3$ 配位结构

中心离子和配位体之间是靠一种新型的化学键结合的,这种键既不同于离子键,也不同于经典的共价键,称为配位键。配合物 $[Pt(NH_3)_4(NO_2)Cl]CO_3$ 中配位体 Cl^- 和 NH_3 与中心离子之间是靠配位键结合的,具体来说,就是 Cl^- 中的 Cl 原子、NO_2^- 中的 N 原子以及 NH_3 中的 N 原子中的孤对电子进入 Pt^{4+} 的空轨道形成的化学键。能够与中心离子形成配位键的原子称为配位原子,配位原子的总数称为配位数,如上述配合物中的 Cl 原子、N 原子为配位原子,由于配位体中有 5 个 N 原子和 1 个 Cl 原子,所以配位数为 6。

3. 配合物的命名

配合物的命名有系统命名和习惯命名。现就系统命名的一般原则介绍如下。

（1）整个配合物应先命名阴离子部分，后命名阳离子部分；如果是简单阴离子，命名为"某化某"，如果是复杂阴离子，则命名为"某酸某"，这个命名原则和无机化合物的酸、碱和盐的命名相似。

（2）在内界中，先命名配体，再命名配位中心，两者之间用一个"合"字连接起来。

（3）配位体的命名次序是先负离子后中性分子。

（4）负离子命名次序是先简单离子，再复杂离子，最后是有机酸根离子、氢氧根离子（称为羟基）和亚硝酸根离子（称为硝基），中性分子的次序是先NH_3再H_2O。

（5）在每种配位体前用数字一、二、三等表示配体数目，并以中心点把不同配体分开；当中心离子有可变价时，在其后加括号，用罗马数字Ⅰ、Ⅱ、Ⅲ表明中心离子的价数。例如：

$[Ag(NH_3)_2]Cl$	氯化二氨合银（Ⅰ）
$[Cu(en)_2]SO_4$	硫酸二（乙二胺）合铜（Ⅱ）
$K_4[Fe(CN)_6]$	六氰合铁（Ⅱ）酸钾
$[Cu(NH_3)_4][PtCl_4]$	四氯合铂（Ⅱ）酸四氨合铜（Ⅱ）
$H_2[PtCl_6]$	六氯合铂（Ⅳ）酸
$[Zn(NH_3)_4](OH)_2$	氢氧化四氨合锌（Ⅱ）

复杂多元有机酸根、多元胺等常常含有两个或两个以上的配位原子，它们作为配体时称为多齿配体，如乙二胺四乙酸根$[(^-OOCCH_2)_2NCH_2CH_2N(CH_2COO^-)_2]$，简称EDTA（用$Y^{4-}$表示）；乙二胺$H_2NCH_2CH_2NH_2$（用en表示）。

多齿配体与中心离子形成配合物时，往往形成环状结构的螯合离子，如图3-8所示，这样的配合物称为螯合物，如$[Cu(en)_2]^{2+}$。

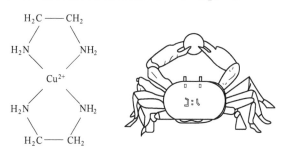

图3-8 螯合物示意图

顺便说明，配位化合物的配位中心也可以是中性原子。许多过渡元素的原子,如前面提到的 Fe、Co 和 Ni 可以与 CO 形成羰合物,如五羰基合铁($[Fe(CO)_5]$)等。

如果内界有两种以上的配体,不同配体名称之间以圆点(·)分开。例如:

$[Co(NH_3)_2(en)_2]Cl_3$　　　　三氯化二氨·二乙二胺合钴(Ⅲ)

$K[Pt(NH_3)Cl_5]$　　　　　　五氯·一氨合铂(Ⅳ)酸钾

配合物是组成比较复杂、应用极为广泛且发展十分迅速的一类化合物。在现代结构化学理论和近代物理实验方法的推动下,配合物的研究迅速发展,成为一门独立的、极其活跃的学科——配位化学。在医学方面,血液中的血红素是一种含 Fe^{2+} 的配合物,很多生物催化剂——酶都是金属配合物。从分子水平研究微量元素在生化过程和病理、药理方面所起的作用,利用金属配合物的形成进行金属中毒治疗,以及对体内某些金属元素缺乏所引起的疾病的诊断和治疗等都涉及配位化学的理论和方法。

3.4.2 配离子的解离平衡

可溶性配位化合物在溶液中可以发生解离,在解离时,外界和内界间全部解离成内界配离子和外界离子,这与强电解质类似;内界配离子中的中心体和配位体间的解离,则与弱电解质相似,在溶液中或多或少地解离出中心体和配位体,并存在解离配位平衡。例如:

$$[Ag(NH_3)_2]^+ \rightleftharpoons Ag^+ + 2NH_3$$

其解离常数为

$$K_d^\ominus = \frac{[c(Ag^+)/c^\ominus] \cdot [c(NH_3)/c^\ominus]^2}{c([Ag(NH_3)_2]^+)/c^\ominus}$$

$[Ag(NH_3)_2]^+$ 在溶液中的解离与多元弱电解质的解离一样,也是分级进行的,包括一级解离与二级离解:

$$[Ag(NH_3)_2]^+ \rightleftharpoons [Ag(NH_3)]^+ + NH_3, K_{d_1}^\ominus$$

$$[Ag(NH_3)]^+ \rightleftharpoons Ag^+ + NH_3, K_{d_2}^\ominus$$

总的离解为

$$[Ag(NH_3)_2]^+ \rightleftharpoons Ag^+ + 2NH_3$$

$$K_d^\ominus = K_{d_1}^\ominus \cdot K_{d_2}^\ominus \tag{3-24}$$

对相同配位体数目的配离子来说,$K_d^\ominus$ 越大,配离子越易解离,即配离子越不稳定,所以 $K_d^\ominus$ 也称为不稳定常数,可写成 $K_{不稳}^\ominus$。

解离反应的逆反应称为配位反应,配离子在溶液中的稳定性可以用稳定常数 $K_稳^\ominus$ 表示。例如:

$$Ag^+ + 2NH_3 \rightleftharpoons [Ag(NH_3)_2]^+$$

显然，$K_{稳}^{\ominus}$ 和 $K_{不稳}^{\ominus}$ 成倒数关系：

$$K_{稳}^{\ominus} = \frac{1}{K_{不稳}^{\ominus}} \tag{3-25}$$

对相同配位体数目的配离子，$K_{稳}^{\ominus}$ 越大，配离子越稳定。配离子的稳定常数表示配离子在溶液中的相对稳定性，它与配位化合物的结构有一定关系。

利用稳定常数 $K_{稳}^{\ominus}$ 或不稳定常数 $K_{不稳}^{\ominus}$ 可以计算溶液中配位反应和解离反应达到平衡时的中心离子浓度、配位体浓度及中心离子的配位程度。

3.4.3 配位平衡的转化

一种配离子在溶液中不仅存在其自身组成的中心体和配位体间的配位-解离平衡，而且还可能由于其他中心体或配位体的存在而发生配离子间的转化和两种配离子间的平衡。对于两个中心体和配位体数目均相同的配离子，通常可根据配离子的 $K_{稳}^{\ominus}$ 或 $K_{不稳}^{\ominus}$ 判断反应进行的方向：配离子间的转化将向着生成更难解离的配离子的方向移动，即生成 $K_{稳}^{\ominus}$ 大的或 $K_{不稳}^{\ominus}$ 小的配离子方向移动。

对于一方面能生成配离子而使难溶电解质溶解，而另一方面又能生成难溶电解质而使配离子解离的反应系统，其沉淀-溶解平衡移动及转化则需视难溶电解质的溶度积及配离子的 $K_{稳}^{\ominus}$ 作具体分析。例如，AgCl 溶于氨水的反应：

$$AgCl + 2NH_3 \rightleftharpoons [Ag(NH_3)_2]^+ + Cl^-$$

其平衡常数 K 值可推算如下：

$$K = K_{sp}^{\ominus}(AgCl) \cdot K_{稳}^{\ominus}([Ag(NH_3)_2]^+) \tag{3-26}$$

对于一般的难溶电解质在配合剂中的溶解量都可通过类似 AgCl 溶于氨水的反应先推算出该反应的平衡常数 $K^{\ominus} = K_{sp}^{\ominus} \cdot K_{稳}^{\ominus}$，再根据该反应的平衡常数表达式计算出难溶电解质的溶解量。

3.4.4 配位反应的应用实例

1. 利用配离子的特殊颜色鉴别物质

例如，$[Cu(H_2O)_4]^{2+}$ 显浅蓝色。将无色的无水硫酸铜晶体投入"无水酒精"，如果硫酸铜晶体变成浅蓝色，说明酒精中还有水。对可溶性配位化合物进行光谱分析，每种配合物都有自己特征的谱线。

2. 用于溶解难溶电解质

在照相技术中，可用硫代硫酸钠作定影剂洗去溴胶版上未曝光的溴化银，这是因为 AgBr 能溶于配合剂 $Na_2S_2O_3$ 溶液，并形成 $[Ag(S_2O_3)_2]^{3-}$ 配离子。

3. 改变和控制离子浓度的大小

电镀液中,常加配合剂控制被镀离子的浓度。例如,采用 $CuSO_4$ 溶液作电镀液时,由于 Cu^{2+} 浓度过大,Cu 沉淀过快,将使镀层粗糙、厚薄不匀,且底层金属附着力差。但若采用配合物 $K[Cu(CN)_2]$ 溶液就能有效控制 Cu^{2+} 浓度:

$$[Cu(CN)_2]^- \rightleftharpoons Cu^{2+} + 2CN^-$$

这样 Cu 沉淀速率不会过快,可利用的 Cu^{2+} 总浓度并没有减少。同样,采用焦磷酸钾为配合剂的电镀液也可达到这个目的,而且无毒,这是近年来发展很快的无氰电镀液。

4. 掩蔽有害物质

利用配合物的稳定性,在分析测定溶液中某种离子时,常把干扰测定的其他离子用配合剂掩蔽起来。这在分析化学中会有更详细的描述。

在环境保护方面,配合物的形成对污染治理、保护人体健康等方面也有很多用处。例如,氰化物(如 NaCN)极毒,接触 CN^- 的操作人员在工作结束后用 $FeSO_4$ 溶液洗手就是利用下述反应:

$$6NaCN+3FeSO_4 = Fe[Fe(CN)_6]+3Na_2SO_4$$

使毒性极大的 CN^- 变成毒性很小的配位化合物六氰合铁(Ⅱ)酸亚铁(俗名亚铁氰化亚铁)而沉淀除去。

5. 用于重金属中毒的解毒剂

若人体因铅的化合物中毒,可以肌肉注射 EDTA 溶液,它使 Pb^{2+} 以配离子的形式进入溶液,从体内排出。同样,由于 EDTA 能与 Hg^{2+} 形成可溶性的配合物而从人体中排出,因而,也是汞中毒的解毒剂。EDTA 还可以用于除去人体中的放射性金属元素,特别是钚。

6. 在分析化学中用于离子的鉴定和分离

利用 NH_3 水与 Cu^{2+} 离子作用形成稳定的、深蓝色的 $[Cu(NH_3)_4]^{2+}$ 配离子用于鉴定 Cu^{2+} 离子的存在;用 KSCN 与 Fe^{3+} 作用形成较稳定的、血红色的 $[FeSCN]^{2+}$ 配离子鉴定 Fe^{3+} 的存在;当溶液中含有 Zn^{2+} 和 Al^{3+} 离子时,用氨水与它们反应,由于氨水与 Zn^{2+} 作用形成较稳定的 $[Zn(NH_3)_4]^{2+}$ 配离子留在溶液中,而 Al^{3+} 离子同氨水反应生成 $Al(OH)_3$ 沉淀,从而达到分离的目的。

3.5 阅读材料——水质与水体保护

3.5.1 水资源概况

地球上的水资源是极其丰富的。海洋、江河、湖泊、沼泽、冰雪等地表水几乎覆盖地球表面的3/4,还有蕴藏量极大的地下水。地表水和地下水总称天然水,估计其总体积是$1.4\times10^{12}\text{m}^3$,但其中97.3%是咸水。在这有限的2.7%的淡水中,77.2%以冰帽、冰川、冰雪的形式存在于极地和高地,22.4%为地下水和土壤水,其中2/3的地下水深藏在750m以下。仅有0.35%的淡水存在于湖泊、沼泽中,0.04%在大气中,0.01%在河流中。大约90%的淡水是不易被利用的。

人类的生活和生产用水,基本上都是淡水。人类的饮用水是淡水,每人每天约需3L水;水约占人体体重的2/3,是人体中含量最多的一种物质。水在其他生物体中也是含量最多的一种物质。生物体以水作为进行新陈代谢的介质,从环境中吸收养分,通过水将养分输送到机体的各个部分,经生化反应又通过水将代谢产物排出体外。水参与了机体内的生理生化反应,产生能量,维持生命活力;散发热量,调节体温。人类清洁自身,如洗、漱等也用淡水。农业上浇灌作物,改良盐碱地等也用淡水。工业上的清洗器件、冷却、加热大多也用淡水,因为咸水会腐蚀器件。水资源除有上述使用功能外,还能作为能源,用作水力发电,因此它又称为二次能源。

人类年用水量已近$4\times10^8\text{m}^3$,全球有60%的陆地面积淡水供应不足,近20亿人饮用水短缺。联合国早在1977年就向全世界发出警告:水源不久将成为继石油危机之后的另一个更为严重的全球性危机。近年来,全世界多种渠道的报道都在告诫我们人类将面临水资源危机。

我国水资源丰富,占世界第五位,但按人均计算,则只有世界人均占有量的1/4。我国水资源的分布极为不均,自东南向西北减少。

水资源是宝贵的资源。我们要珍视它,合理使用它。水资源是自然资源,有时也还会给人类的生活和生产造成一定危害,如水灾。因此,我们还必须科学地管理它,重视水利建设,加固堤坝、建造水库等都是有效的措施。

3.5.2 水体质量

水是人类生活不可缺少的物质。有史以来,人们就已经开始关注水的质量。随着社会经济的发展,人类对水质的认识逐步明确和深化,对水质的评价也更趋科学与全面。

长期以来,人们普遍采用感官性状(如色、味、嗅和透明度)等指标评价水质。工业革命以后,人口向城市集中,大量生活污水进入河流中,将病原菌带入其中,引起流行病,从而有人提出卫生指标(如大肠杆菌和细菌总数等)作为水质评价指标。后来,大量工业废水排入水体,其中含有多种有机物质、重金属和农药等。它们直接通过饮用或间接通过食物链和食物网络危害人体健康。因此,水质评价的指标也就越来越多。

发展至今,水质评价的指标主要包括物理、化学和微生物学三类指标。其中,物理类指标主要包括温度、色度、嗅、味及固体物质(如水中的悬浮物和溶解物质),化学类指标主要包括无机性指标(酸碱度、硬度、重金属及植物营养元素如氮、磷等)和有机物综合指标(如化学需氧量 COD、生化需氧量 BOD 和总有机碳 TOC 等),微生物类指标主要包括细菌总数、总大肠菌群和余氯等。此外,对一些特殊废水,如放射性废水,还涉及放射性评价指标(总 α 放射性和总 β 放射性)。

水体有各种各样的用途,可以作为饮用水、农业用水(灌溉、养殖)、工业用水(作为溶剂、洗涤、冷却、传热及传质的媒介物等)。因此,《地表水环境质量标准》(GB 3838—2002)依据地表水水域环境功能和保护目标,按功能高低将地表水环境依次划分为五类水域。

Ⅰ类:主要适用于源头水、国家自然保护区。

Ⅱ类:主要适用于集中式生活饮用水地表水源地一级保护区、珍稀水生生物栖息地、鱼虾类产卵场及仔稚幼鱼的索饵场等。

Ⅲ类:主要适用于集中式生活饮用水地表水源地二级保护区、鱼虾类越冬场、洄游通道、水产养殖区等渔业水域及游泳区。

Ⅳ类:主要适用于一般工业用水区及人体非直接接触的娱乐用水区。

Ⅴ类:主要适用于农业用水区及一般景观要求水域。

3.5.3 水体污染

水是一种具有良好流动性和较强溶解能力的液体,因此,天然水体(江、河、湖、海等)中溶解了许多的物质,而且,不同地区河流中水的成分也存在着很大的差别。随着工业的发展,排入水体的化学物质越来越多。当排入水体的污染物在数量上超过该物质在水体中的本底含量和水体的自净能力时,就会导致水体的物理、化学及卫生性质发生变化,使水体的生态系统和水体功能受到破坏,从而降低了水体的使用价值,造成水体污染。

1. 天然水中的物质

按照物质的性质,天然水中的物质可分为无机物、有机物和微生物三类。按照颗粒大小又可将其分为三类:颗粒直径大于 100nm 的是悬浮物;介于 1~100nm 的是胶体;小于 1nm 的是离子和分子物,即溶解物质。

1) 悬浮物

悬浮物一般悬浮于水流中。当水静止时,密度较小的物质,如腐殖质、浮游的原生动物、难溶于水的有机物等会上浮于水面;密度较大的物质,如泥沙和黏土类无机物等则沉于水中。水发生浑浊现象,主要是悬浮物造成的。悬浮物由于颗粒直径大,在水中又不稳定,是容易除去的。

2）胶体

胶体物质是由许多分子和离子组成的集合体。胶体由于表面积大,表面吸附力强,常常吸附过剩离子而带电,结果同类胶体因带同性电荷而相互排斥,在水中不能互相聚结在一起,而以微小的胶体颗粒状态稳定地存在于水中。天然水中的有机物胶体主要是腐殖质,在湖泊水中腐殖质最多,它常常使水呈黄绿色或褐色。天然水中的矿物质胶体,主要是铁、铝和硅的化合物。

3）溶解物质

天然水中的溶解物质,大都为离子和一些溶解的气体。

（1）呈离子状态的物质。天然水中常遇到的各种离子如表 3-5 所列。其中第Ⅰ类是最常见的,这些离子是由于水流经地层时溶解了某些矿物质而形成的。

表 3-5　天然水中溶有离子的概况

类别	阳离子	阴离子	浓度的数量级
Ⅰ	Na^+ K^+ Ca^{2+} Mg^{2+}	HCO_3^- Cl^- SO_4^{2-} $HSiO_3^-$	由几毫克/升至几万毫克/升
Ⅱ	NH_4^+ Fe^{2+} Mn^{2+}	F^- NO_3^- CO_3^{2-}	由十几分之几毫克/升至几毫克/升
Ⅲ	Cu^{2+} Zn^{2+} Ni^{2+} Co^{2+} Al^{3+}	HS^- BO_2^- NO_2^- Br^- I^- HPO_4^{2-} $H_2PO_4^-$	小于十几分之一毫克/升

下面介绍几种主要的离子。

钙离子（Ca^{2+}）:在含盐量少的水中,钙离子的量在阳离子中常常占第一位。天然水中的钙离子主要来源于地层的石灰石（$CaCO_3$）和石膏（$CaSO_4 \cdot 2H_2O$）的溶解。$CaCO_3$在水中溶解度虽小,但当水中含有CO_2时,$CaCO_3$就易溶解了,反应如下:

$$CaCO_3 + CO_2 + H_2O \rightleftharpoons Ca(HCO_3)_2$$

镁离子（Mg^{2+}）:水中镁离子的来源大都是由于白云石（$MgCO_3 \cdot CaCO_3$）被

含 CO_2 的水溶解所致。白云石在水中的溶解和石灰石相似。白云石中碳酸镁($MgCO_3$)的溶解反应如下：

$$MgCO_3 + CO_2 + H_2O \rightleftharpoons Mg(HCO_3)_2$$

水的硬度是指水中 Ca^{2+}、Mg^{2+}、Fe^{2+}、Mn^{2+}、Al^{3+} 等高价金属离子的含量。但由于天然水中的 Ca^{2+}、Mg^{2+} 离子的含量远比 Fe^{2+}、Mn^{2+}、Al^{3+} 等离子的含量大，因此，可以说，Ca^{2+}、Mg^{2+} 离子含量的多少，决定了水的硬度。实际工作中，就是用 Ca^{2+}、Mg^{2+} 离子的含量表述水的硬度的。

碳酸氢根(HCO_3^-)：主要来源于水中溶解的 CO_2 和碳酸盐反应后产生的。天然水中 HCO_3^- 常常是最主要的阴离子。

氯离子(Cl^-)：主要来源于地层的氯化物的溶解。由于常见的氯化物的溶解度都很大，因此，可随着地下水和河流带入海洋，逐渐积累起来，导致海洋中含有大量的氯化物。

硫酸根(SO_4^{2-})：主要来源于地层中的石膏($CaSO_4 \cdot 2H_2O$)的溶解，因此，一般地下水中 SO_4^{2-} 的含量比河水、湖水中的含量大。

(2) 溶解气体。天然水中常见的溶解气体包括氧(O_2)、二氧化碳(CO_2)、硫化氢(H_2S)、二氧化硫(SO_2)和氨(NH_3)等。溶解于水中的氧称为溶解氧(Dissolved Oxygen, DO)。

2. 生活污水和工业废水中的物质

生活污水中含有各种生活废物，如食物残渣、粪便和病菌等各种有机物和微生物。生活污水外观浑浊、有色且带有腐臭气味。工业废水中含有各种生产废料、残渣及部分原料、半成品、成品和副产品等。工业废水中常见的污染物列于表3-6中。

表3-6 工业废水中常见的污染物

污染物	污染源	污染物	污染源
游离氯	造纸厂、织物漂白、化工厂等	油	石油炼厂、石油化工、纺织厂等
氨	煤气和炼焦厂、化工厂等	汞	化工厂、仪表厂、电解厂
氟化物	化工厂、玻璃厂	铬	电镀工业等
氰化物	丙烯腈合成、有机玻璃、电镀工业等	镉	矿山、冶金等
硫化物	硫化染料、皮革、纸浆、石油精制等	铅	矿山、电池制造厂等
亚硫酸钠	纸浆工业等	镍	矿山、电镀厂等
苯酚	炼焦、染料、石油炼厂、化工厂等	锌	矿山、粘胶纤维厂等
醛	化工厂、制药厂等	铜	电镀、化工厂、铜氨法人造纤维厂等
硝基化合物	化工厂、炸药生产工业等	砷	砷矿处理、制革厂等
酸	化工厂、矿山、金属酸洗、电池制造等	糖类	食品加工、甜菜加工厂等
碱	制碱厂、化纤厂等	淀粉	食品加工、织物加工、淀粉制造等

有些污染物具有毒性,如汞、铅、铬、镉等重金属离子以及有机农药等,此外,污染物中还可能含有放射性物质。某些有毒物质在水体中虽然浓度不大,但有些生物可进行选择性浓缩积蓄,通过食物链危害人体的健康。

废水中的有用物质和有毒物质,如果不加处理而排放,不仅是一个浪费,更重要的是,会造成社会公害。

3. 水体污染的危害

水体污染的危害是非常严重的。众所周知,水俣病主要是由于金属汞(Hg)污染造成的,而痛痛病是由于镉(Cd)污染造成的。近年来,随着科技的进步尤其是生态毒理学的发展,人们发现含汞(Hg)、铬(Cr)、铅(Pb)、镉(Cd)、砷(As)、镍(Ni)和铍(Be)等元素的某些化合物是致癌的,因此,世界各国都将其列为水体常规监测项目,并严格控制重金属含量。据世界工业组织报道,全世界75%左右的疾病与水污染有关,常见的伤寒、霍乱、胃炎、痢疾和传染性肝炎的发生与传播都是直接饮用污染水造成的;工业上的溶剂水、清洗水和作为介质的水对工艺过程与产品的质量影响极大,水体污染还会腐蚀船舶、水上建筑;农业上,水产养殖、浇灌用水的污染也会对水产、农作物造成不可估量的损失。

1) 重金属及其化合物

工厂、矿山排出的污染物中,常有重金属通过各种途径进入水体。目前,引起广泛关注的是汞(Hg)、镉(Cd)、铬(Cr)、铅(Pb)及砷(As),这也是我国重金属污染防治规划中重点关注的5种重金属元素。这5种重金属元素的化合物的生产与应用非常广泛,在局部地区可能出现高浓度污染;重金属污染物经过水中食物链富集,浓度逐渐加大,最终处于食物链终端的人将其摄入。若不易排出,就在体内积蓄,引起慢性中毒。水俣病就是人们所食鱼中含有氯化甲基汞所致。

重金属元素的化学形态对毒性影响很大。如汞在河水中可以是 $Hg(OH)_2$ 形式,在海水中则为 $[HgCl_4]^{2-}$ 形式,而在生物体中又以有机离子(甲基汞)的形式存在。有机汞的毒性比无机汞大得多。再如,砷的化合物中以 As_2O_3(砒霜)毒性最强,铬的各种价态中以 Cr^{6+} 毒性最强。

2) 有机污染物

有毒的有机污染物,主要包括有机氯农药、多氯联苯和多环芳烃等,它们难于降解。虽然其在水中的含量不高,但因在水体中残留时间长,有蓄积性,可造成人体中毒、致癌及致畸等生理危害。

在石油的开采、炼制、储运和使用过程中,原油及其制品进入河、海等水体,因其密度比水小又不溶于水而覆盖在水面上形成薄膜层,既阻碍了大气中氧在水中溶解,又因油膜的生物分解和自身的被氧化而消耗水体中大量的溶解氧,致使水体缺氧,还有油膜会堵塞水生生物的表皮或腮部,使之呼吸困难,导致鱼类死亡,植物枯死。

城市生活污水及食品、造纸、印刷等工业废水中含有大量碳氢化合物、蛋白质、脂肪和纤维素等有机质,本身无毒性,但溶解后需要消耗水中的溶解氧,最终转化为 CO_2 和 H_2O,故称它们为需氧(或耗氧)有机物。溶解氧的多少,可以用来反映水体中有机污染物或生物污染物的多少和水受污染的程度。溶解氧主要来源于空气或藻类的光合作用。氧在水中的溶解度与氧的分压、水的温度、水中盐分有关。海水中的溶解氧一般仅为淡水中的 80% 左右;随着温度的升高和氧的分压的降低,水中氧的溶解度也会降低。若水体中的溶解氧低于 $5mg \cdot L^{-1}$ 时,各类浮游生物便不能生存;低于 $4mg \cdot L^{-1}$ 时,鱼类就不能生存;低于 $2mg \cdot L^{-1}$ 时,水体就要发臭。溶解氧越低,水体污染越严重。

水体污染中有机物污染的程度,还可用化学需氧量(Chemical Oxygen Demand,COD)表示。COD 的测定,用强氧化剂,如重铬酸钾等强氧化剂在加热回流条件下对有机物进行氧化,并加入银离子作催化剂,把反应中氧化剂的消耗量换算成氧气量,这种方法迅速简便,可使大多数有机物氧化达 90%~95%,某些碳水化合物可以 100% 氧化。但它也有局限性,如氧化的范围只包括有机物中的碳元素部分,不包括含氮有机物(如蛋白质)中的氮。对长链有机物也只能部分氧化,对许多芳烃和吡啶完全不能氧化。水体中的许多还原态无机物却能包含在化学需氧量之中,如 Cl^- 的存在严重干扰测定的准确度。

表征水体中有机物的污染程度也可用生化需氧量(Bbiochemical Oxygen Demand,BOD)。BOD 是指在好氧条件下,水中有机物由微生物作用进行生物氧化,在一定时间内所消耗溶解氧的量。因为微生物的活动与温度和时间有关,所以必须规定一个温度和时间,一般以 20℃ 作为测定温度,以 5 天作为生化氧化的时间,这样的测定结果称为 5 日生化需氧量,记为 BOD_5。严格来说,彻底氧化大约需 100 天以上,但这么长的时间没有实用价值,只有个别科研工作才用。20 天后,一般已经变化不大。因此,在实际工作中为了方便,常用 BOD_5 作为统一控制指标。对于生活污水和一般的工业废水来说,它已约为全部生化需氧量的 70%~80%,因此有一定的代表性。

除 COD、BOD 外,衡量水体污染程度的指标还有总需氧量和总有机碳,它们分别简称 TOD(Total Oxygen Demand)和 TOC(Total Organic Carbon)。前者是水体中有机物完全氧化所需要的氧量,后者是水体中有机碳元素总的含量。两者的测定方法却都是在特殊的燃烧器中,以铂为催化剂,在 900℃ 的高温下,使一定量的水样气化,其中的有机物燃烧,然后,测定气体载体中氧的减少量作为有机物完全氧化所需的氧量,即 TOD;测定其中 CO_2 的增加量,即 TOC。

但要注意的是,DO、COD、BOD、TOD 和 TOC 等综合指标,虽都能表示水体被有机物污染的相对程度,但都不能区别有机物的绝对毒性。

3) 军事特种废水污染物

军事特种废水主要是指武器试验、军事训练、科学研究、装备生产、维修和报废过程中产生的废水等,根据其来源及性质,主要有推进剂废水及废液、弹药废水、舰船油污水、装备洗消废水、特种化学生产废水和装备生产废水等。

(1) 推进剂废水及废液。我国目前使用的推进剂为双元推进剂,氧化剂采用四氧化二氮,燃烧剂采用肼类(大多为偏二甲肼)。在卫星、导弹发射以及推进剂储存、运输、加注、化验和事故泄漏等过程中都会产生一定量的推进剂废液和废水,主要包括肼类废水、氮氧化物废水和综合废水。推进剂废水污染物成分复杂且水量及浓度变化较大。推进剂废水中既有推进剂不完全燃烧产物,也有残余液体被直接冲洗到废水中。推进剂废水的水量和浓度与废水的来源有直接关系。影响废水肼类浓度的因素主要与发射冷却用水量以及残留在加注管道的偏二甲肼废液处理方式有关。若不回收直接将其倾泄于废水池中,其废水浓度必然偏高。正常情况下,推进剂废水中肼类的浓度在 $50\sim100\text{mg}\cdot\text{L}^{-1}$,pH 值为 $5\sim7$。

推进剂废液分为肼类废液(以偏二甲肼为主)和四氧化二氮废液,将肼类体积比大于 20% 的液体和报废的四氧化二氮称为废液。两种推进剂废液必须分开收集、分开处理,如果混合,则有爆炸风险。推进剂废液含污染物浓度高,不得随意用水冲洗而转化为推进剂废水,否则,会造成推进剂废水难以处理达标。推进剂废液具有较强的腐蚀性、吸湿性且易挥发,收集与储存时需做好防护。

推进剂废液、废水均含有多种有毒有害物质,具有致癌、致畸和致突变的毒性,在人体内积累可引起慢性中毒;直接排放会对周边的土壤、水源和空气产生较大的危害。全军约有几十处推进剂废液、废水污染源,目前,航天发射场的推进剂废水及废液均已得到有效处理。

(2) 弹药废水。弹药废水包括弹药生产废水和弹药拆解废水两大类。

弹药生产废水来自制药过程和装药过程,主要有粗制过程的洗涤废水、精制废水、包装过程洗涤水、浓缩冷凝水、样品洗涤水和设备地面冲洗水等,按照污染物特征,可以分为黄水、红水和粉红水三大类,制药过程主要是黄水和红水,装药过程是粉红水。黄水和红水污染物含量高,毒性极大,在生产环节严格控制,尽可能循环使用,较少外排。装药过程因设备和地面冲洗等产生的粉红水是弹药生产过程的主要污染。粉红水呈中性,开始时呈浅黄色,受阳光照射后变为粉红色最后变为棕黑色。粉红水中的有机物主要是 TNT,还有少量的光分解产物,对人和环境有较大的危害。通常,排放量较大,且基本连续排放,其污染物浓度较低,经过处理达标后才能排放,国家规定,排入灌溉用水水体的 TNT 含量不得超过 $0.5\text{mg}\cdot\text{L}^{-1}$。

弹药拆解废水来自报废弹药的拆卸销毁过程中,为了回收金属和弹药,实现废物再资源化,常用的工艺是首先进行机械分解后,对装填弹药的弹丸进行高温、高压蒸汽蒸煮,将弹药倒出制片,并将残留附着壳体上的化学物质蒸煮掉。在倒空装药和回收弹药的过程中,将会产生含有各种炸药的有机废水,形成新的水污染源。弹药拆解废水略呈酸性,废水呈深红色,有絮状物存在,放置后底部有沉淀,表面漂浮油脂形成的气泡,主要成分为TNT,并含有蒸煮过程中产生的各种TNT分解产物,对人和环境有较大的危害。弹药拆解过程只在蒸煮过程会产生废水,间隔一段时间才会产生,通常水量较小,但污染物浓度高,成分复杂。

弹药废水主要含TNT、油脂等污染物,正常情况下,排放的弹药废水TNT含量达$150mg \cdot L^{-1}$以上,颜色呈铁锈红色。TNT毒性很大,当废水中TNT浓度达到$10mg \cdot L^{-1}$时,鱼类在30min内即处于死亡状态,该类废水对环境造成难以恢复的危害。全军有20多处弹药废水污染源,其中弹药生产废水水量较大,大多有处理设施,处理情况较好,但弹药拆解废水水量较小,大多仅进行了简易处理,难以达标排放。

(3) 舰船油污水。舰船油污染是海洋环境的主要污染之一。舰船、中小型船舶油污染包括操作性排放油污染和事故性排放油污染。操作性排放油污染是指中小型船舶在航行及锚泊中将含油污水排入海中,是船舶的最大污染源。事故性排放油污染是由于海损事故及船舶在港口作业期间溢油,前者发生概率低,但会造成局部海域的严重污染;后者发生次数高,但溢油量小。操作过程的含油污水来源主要有以下环节。

① 压舱水排放。由于油船空载时,需装载一定的压载水,遇恶劣天气时,压载水往往可达40%~60%以上。如此多的压载水仅靠不装货油的舱室来装显然不够,而且大部分中小型油船没有专用压载舱和清洁压载舱,因此,必须用货油舱来装压载水,这就造成货舱残油与压载水混合而形成的大量含油污水,而船舶进港前要将压载水排出,且大多数是直接排放。

② 洗舱水的排放。油船营运一定时间后,为充分使用油舱的有效载重,提高经济效益,或者为了接收新品种货油,需对油舱进行清洗;为安全起见和进行修理,油船和其他船舶在修理和进坞前,要对全部油舱和燃料容器做彻底清洗。大量洗舱污水的排放,又是一大污染源。

③ 舱底污水的排放。舰船在营运中,燃油系统和润滑油系统常会产生油渗漏,在修理、更换润滑油、清洗过滤器时也会漏油和跑油,油舱的各种管路、阀门、泵等在工作过程中不可避免地漏油,这些残油积聚舱底,与水系统漏水和冷凝水混合形成舱底污水,舱底污水是另一大污染源。

舰船含油污水中含油量一般为$200 \sim 2000mg \cdot L^{-1}$,油类在水中的存在形式可分为浮油、分散油、乳化油和溶解油 4 类。浮油油珠粒径较大,一般大于 100μm,易浮于水面,形成油膜或油层;分散油油珠粒径一般为 10~100μm,以微小油珠悬浮于水中,不稳定,静置一定时间后往往形成浮油;乳化油油珠粒径小于 10μm,一般为 0.1~2μm,往往因水中含有表面活性剂使油珠成为稳定的乳化液;溶解油油珠粒径比乳化油还小,有的可小到几纳米,是溶于水的油微粒。

据资料介绍,向水面排放 1t 油品,即可形成 $5×10^6 m^2$ 的油膜污染,这种油膜直接阻碍大气中的氧向水体中转移,使水体缺氧,水生动物因缺氧而死亡;油品中存在一定的毒性,对幼鱼和鱼卵的影响更大。另外,大量的油膜甚至可能引起火灾,影响水上交通。含油废水排入城市排水管道,对排水设备和城市污水处理厂都会造成影响,流入到生物处理构筑物的混合污水的含油浓度,通常不能大于 $30~50mg \cdot L^{-1}$,否则,将影响活性污泥和生物膜的正常代谢过程。

(4) 装备洗消废水。部队在进行装备维修维护、洗消过程中会产生洗消废水,主要包括维修时产生的油污、砂石和添加的洗消剂等污染物。部队试验、训练任务一般是不连续的,不同的装备维修、清洗程度也不一样,导致洗消废水都是间歇排放的,排放的浓度和数量差别很大,水量和水质变化较大,且污染成分复杂。某些装备维修基地生产工艺中枪械设备采用强酸强碱去除锈和油污,高压水枪冲洗枪械设备后,再用金属清洗剂按 8%~10% 兑水冲洗,所排废水中含有酸、碱、油污、悬浮物、金属清洗剂,这些废水的环境污染指数都比较高。如果不经处理排放,对环境的危害很大。油污会影响水生动、植物的生长,重金属会在水生动、植物体内富集,通过食物链被人体摄入,造成中毒事件。同时,装备洗消废水如果不经处理直接排放到营区生活污水网管中,可能会对生活污水处理系统造成冲击,影响生物生长,导致污水处理站效率降低。

(5) 特种化学生产废水。在进行某些控暴产品如催泪弹、催泪剂以及精细化工产品如塑料稳定剂硫醇甲基锡、氮酮类等的生产过程中,会产生特种化学生产废水如氮酮废水、硫醇甲基锡粗品废水以及硫醇甲基锡缩合废水。这些产品在生产过程中产生的废水具有污染物种类多、浓度高、气味难闻、刺激性强、生物毒害作用大以及水量小、难处理等特点。有机锡类废水是特种化学废水的主要污染。有机锡中毒是工农业生产过程中一种较为常见的职业性中毒,近几年有逐渐增多的趋势。医学观察表明,有机锡一般可经呼吸道吸收,经皮肤和消化道吸收的程度因有机锡品种差异而不同。此外,人体还可通过饮食和使用含有机锡化合物的材料而接触有机锡。一般接触有机锡后 1~8 天出现症状。

(6) 装备生产废水。在进行武器装备生产过程中,涉及大量金属处理环节,会使用大量的酸、碱和重金属溶液,甚至包括镉、氰化物及铬酐等有毒、有害化学品,因此会产生大量的有害、有毒的废水、废气和废渣。有害废气处理时大多采用吸收法,同时也会形成废水污染。由于生产的产品不同,不同军工企业产生的装备生产废水也不同,同时生产工序不同,产生的废水水质也差别很大。通常,装备生产水质复杂,涉及到铬、锌、铜、镉、铅、镍等各种重金属离子、酸、碱和氰化物等,有些还含致癌、致畸、致突变的剧毒物质,对人类危害极大。

(7) 放射性废水。部分医疗机构和部分含放射性核素设施的销毁过程中会产生放射性废水,主要含有一些衰变周期长的放射性核素,属于危险性废水。由于篇幅原因,放射性废水的治理在这里就不再赘述了。

3.5.4 水体污染的控制与治理

水体污染的控制和治理是一个系统工程。首先应在污染的源头控制污染物的排放,可以采用清洁生产、先进工艺等减少用水量,采用中水回用等措施减少污水排放量,控制污染物的排放量。如制浆造纸工业采用氧和二氧化氯代替硫化钠制浆,可消除黑液对水体的严重污染;印染行业中采用无毒硝酸钠代替重铬酸钾作氧化剂,可有效消除铬污染。

对于产生的含污废水必须进行处理达标排放。鉴于我国水污染的实际情况,应根据废水的性质、废水处理后的用途、国家的相关环保要求以及不同城市或排污企业所处的地理位置和自然条件,因地制宜地采取积极合理的污水治理方案。

1. 厂内治理

对于含重金属、难降解的剧毒有机物废水、含病原菌和放射性废水,必须在厂区或车间就地处理达标。对于不能降解的重金属和放射性废水,要特别强调尽量实现闭路循环或回用等。

2. 集中处理

对于含一般有机物的工业废水,应该按照国家相关环保要求,在满足相关要求的前提下与城市生活污水合并,实行集中处理。因此,城市下水道和集中污水处理设施要与城市建设同步发展。

建设城市污水处理厂,要注意目标决策的科学性,除了环境质量目标之外,还应考虑资源利用目标和经济效益目标。

3. 污水生态处理

污水生态处理系统是应用土地处理和氧化塘结合的综合处理方法,可作为深度处理方法使用。这种系统能有效地除去污水中的 COD、BOD、氮、磷及病原体等多种污染物。

4. 结合技术改造进行污水综合治理

这是一种在生产过程中治理污染、减少排污的最佳方案,对污染严重的一些老企业效益更为明显。

部队在武器试验、军事训练、科学研究、装备生产、维修和报废过程中产生的军事特种废水,一般具有以下特点:一是成分复杂、污染因子多;二是水质和水量变化大;三是毒性大。根据军事特种废水的特点,治理中应遵循以下原则:

(1) 分类治理。对全军特种污染源调查后进行分类治理,同类废水选择类似的处理工艺,便于全军统一制定管理措施,提高处理效率。

(2) 因水而异,研究针对性的技术。对不同废水,根据其污染物降解机理,研究具有针对性的处理技术,如弹药废水,根据弹药废水的化学性质,选用高级催化氧化技术。

(3) 试验研究与示范工程相结合。对于一些治理难度大的特种污水,首先进行科研立项攻关,预研后提出总体工艺,通过小试和中试研究,取得合理的工程设计参数后建设示范工程进行检验,适时反馈,修正参数,最终形成一套合理的、完善的、适合部队特点的处理工艺,建设示范工程。

(4) 技术研究与设备研制相结合。废水、废液处理工艺研究是基础,但要应用于实际,必须同时研制配套的设备。为尽快实现成果的转化,在开发新工艺的同时,还要研制适合部队特点、灵活机动的处理设备。如弹药废水处理研究过程中,研制出了气浮-过滤一体化设备及弹药废水处理专用的氧化装置。

(5) 先进性与实用性相结合。由于部队污水站的运行费用完全依靠军费,低廉的运行管理费用符合部队的实际情况。部队污水站管理以战士为主,管理人员流动性大,缺乏专业知识和经验,因此,研究的处理工艺不仅要具有一定的先进性还要具备实用性,易于管理。

无论是常规废水还是军事特种废水,在对其进行处理时,还应努力实现污水资源化。这是当前世界各国解决水污染问题的一条重要经验和发展趋势,也是缓解水资源紧张的重要战略措施。污染资源化包括城市污水(含工业废水)的再利用和废水在企业内部的再利用,以及污染物的回收利用。城市污水再利用的途径有回用于农业灌溉、工业冷却水、洗涤水、城市中水和回灌地下水等。

本 章 小 结

本章重点讲述了溶液的通性、弱酸弱碱溶液中的平衡及其应用、沉淀溶解平衡及其应用以及配位平衡及其应用等相关内容,并且将水质与水体保护作为阅读材料进行了简单介绍。

1. 溶液的通性

1) 分散系的基本概念

在介绍分散系的基本概念的同时还介绍了分散系的分类。

2) 溶液的组成和浓度表示法

介绍了溶液的概念和组成,并介绍了溶液浓度的表示方法,即

$$c_B = \frac{n_B}{V} \quad \rho_B = \frac{m_B}{V} \quad b_B = \frac{n_B}{m_A} \quad x_B = \frac{n_B}{\sum_i n_i} \quad w_B = \frac{m_B}{\sum_i m_i} \quad \varphi_B = \frac{V_B}{\sum_i V_i}$$

3) 溶液的通性

介绍了溶液的通性(也称依数性),包括溶液的蒸气压下降、沸点升高、凝固点降低和渗透压,主要涉及以下4个重要公式,即

$$p_{液} = p_A^* \cdot x_A \text{ 或 } \Delta p = p_A^* - p_{液} = p_A^* \cdot x_B$$

$$\Delta T_b = K_b \cdot b_B$$

$$\Delta T_f = K_f \cdot b_B$$

$$\Pi = cRT \text{ 或 } \Pi V = n_i RT$$

另外,还介绍了溶液依数性的一些应用。

2. 弱酸弱碱溶液中的平衡及其应用

1) 酸碱理论

在简单回顾酸碱电离理论的基础上,重点介绍了酸碱质子理论,包括酸、碱及共轭酸碱对等概念。

2) 酸碱的解离平衡

弱碱及其共轭酸的解离平衡常数间的关系式为

$$K_b^\ominus = K_w^\ominus / K_a^\ominus$$

弱电解质的解离度定义式为

$$\alpha = (c_{已解离}/c_{初始}) \times 100\%$$

一元弱酸中 α 及 $c(H^+)$ 的计算公式为

$$\alpha = \sqrt{K_a^\ominus/c}, \quad c(H^+) = \sqrt{K_a^\ominus \cdot c}$$

一元弱碱中 α 及 $c(OH^-)$ 的计算公式为

$$\alpha = \sqrt{K_b^\ominus/c}, \quad c(OH^+) = \sqrt{K_b^\ominus \cdot c}$$

3) 同离子效应和缓冲溶液

介绍了同离子效应的概念以及缓冲溶液pH值的计算公式,即

$$pH = pK_a^\ominus + \lg \frac{c_b}{c_a}$$

$$pH = 14 - pK_b^\ominus - \lg \frac{c_a}{c_b}$$

4) pH值的测定

介绍了pH值的测定方法。

3. 沉淀溶解平衡及其应用

介绍了溶度积的概念、溶度积和溶解度之间的关系和溶度积规则,并介绍了沉淀溶解反应的应用实例。

4. 配位平衡及其应用

在简要介绍配位化合物的定义、组成及命名原则之后,重点介绍了配离子的解离平衡、配位平衡的转化以及配位反应的应用实例。

5. 阅读材料——水质与水体保护

本节在简要介绍了水资源概况及水体质量之后,重点介绍了水体污染的现状以及水体污染的控制与治理。

习 题

1. 下列稀溶液浓度相同时,蒸气压最高的是(　　)。
    A. $CaCl_2$ 溶液　　B. NaCl 溶液　　C. HAc 溶液　　D. 蔗糖溶液
2. 下列稀溶液浓度相同时,沸点最高的是(　　)。
    A. $CaCl_2$ 溶液　　B. NaCl 溶液　　C. HAc 溶液　　D. 蔗糖溶液
3. 0.29%的 NaCl 溶液产生的渗透压与下列溶液渗透压接近的是(　　)。
    A. 0.05 mol·dm^{-3} 蔗糖溶液　　B. 0.1 mol·dm^{-3} 葡萄糖溶液
    C. 0.05 mol·dm^{-3} 葡萄糖溶液　　D. 0.05 mol·dm^{-3} $CaCl_2$ 溶液
4. 室温为 25℃ 时,浓度为 1 mol·dm^{-3} 的蔗糖水溶液的渗透压是(　　)。
    A. 280 kPa　　B. 1013 kPa　　C. 2477 kPa　　D. 2785 kPa
5. 人体体温约 37℃,血液渗透压约为 773 kPa,需注射与血液具有相同渗透压的葡萄糖注射液浓度约是(　　)。
    A. 85 g·dm^{-3}　　B. 54 g·dm^{-3}　　C. 8.5 g·dm^{-3}　　D. 5.4 g·dm^{-3}
6. 将 5.2 g 难挥发的非电解质溶于 250 g 水,得该溶液的沸点为 100.25℃,则该非电解质的相对分子质量约是(　　)。
    A. 43　　B. 21　　C. 86　　D. 50
7. 某难挥发的非电解质稀水溶液的沸点为 100.82℃,则其凝固点是(　　)。
    A. -0.58℃　　B. -0.68℃　　C. -0.78℃　　D. -0.88℃
8. 将 45 g 葡萄糖溶于 1000 g 水中,此时所得溶液的凝固点是(　　)。
    A. -0.36℃　　B. -0.46℃　　C. -0.56℃　　D. -0.66℃
9. 将 1.00 g 某物质溶于 100 g 水中时,水溶液的凝固点降低了 0.200℃,则这种物质的相对分子质量约是(　　)。

A. 23.1 B. 46.3 C. 92.6 D. 185.3

10. 下列浓度都为 $0.01mol \cdot L^{-1}$ 的溶液中 pH 值最小的是( )。

A. HAc B. H_2CrO_4 C. NH_4Ac D. H_2S

11. 下列溶液中属于缓冲溶液的是( )。

A. $50g 0.2mol \cdot L^{-1}$ HAc 与 $50g 0.1mol \cdot L^{-1}$ NaOH

B. $50g 0.1mol \cdot L^{-1}$ HAc 与 $50g 0.1mol \cdot L^{-1}$ NaOH

C. $50g 0.1mol \cdot L^{-1}$ HAc 与 $50g 0.2mol \cdot L^{-1}$ NaOH

D. $50g 0.2mol \cdot L^{-1}$ HAc 与 $50g 0.1mol \cdot L^{-1}$ $NH_3 \cdot H_2O$

12. AgCl 在下列物质中溶解度最大的是( )。

A. 纯水 B. $6mol \cdot L^{-1} NH_3 \cdot H_2O$

C. $0.1mol \cdot L^{-1}$ NaCl D. $0.1mol \cdot L^{-1} BaCl_2$

13. 下列配位物的中心离子的配位数都是 6,相同浓度的水溶液导电能力最强的是( )。

A. $K_2[MnF_6]$ B. $[Co(NH_3)_6]Cl_3$

C. $[Cr(NH_3)_6]Cl_3$ D. $K_4[Fe(CN)_6]$

14. $0.01mol \cdot L^{-1}$ 的某一元弱酸溶液,298K 时,测定 pH 值为 5.0,求:

(1)该酸的 $K_a^{\ominus}$;

(2)加入 1 倍水稀释后的溶液的 pH 值,$K_a^{\ominus}$ 和解离度 α。

15. 某浓度的蔗糖溶液在 $-0.25℃$ 时结冰。此溶液在 $20℃$ 时的蒸汽压为多大? 渗透压为多大?

16. $18℃$ 时,$PbSO_4$ 的溶度积为 1.82×10^{-8},试求在这个温度下 $PbSO_4$ 在 $0.1mol \cdot L^{-1} K_2SO_4$ 溶液中的溶解度。

17. 试通过计算说明:

(1) 在 $100g 0.1mol \cdot L^{-1}$ 的 $K[Ag(CN)_2]$ 溶液中加入 $50g 0.1mol \cdot L^{-1}$ 的 KI 溶液,是否有 AgI 沉淀产生?

(2) 在上述混合溶液中加入 $50g 0.2mol \cdot L^{-1}$ 的 KCN 溶液,是否有 AgI 沉淀产生?

18. 某溶液中含有 Pb^{2+} 和 Ba^{2+},其浓度分别为 $0.01mol \cdot L^{-1}$ 和 $0.1mol \cdot L^{-1}$。若向此溶液中逐滴加入 K_2CrO_4 溶液,问哪种金属先沉淀? 这两种离子有无分离的可能? 所需数据请查附表。

19. 水体富营养化是指植物营养元素大量排入水体,破坏了水体的生态平衡,使水体( )。

A. 夜间水中溶解氧增加,化学耗氧量减少

B. 日间水中溶解氧减少,化学耗氧量增加

C. 夜间水中溶解氧减少,化学耗氧量增加

D. 昼夜水中溶解氧皆减少,化学耗氧量增加

20. 什么是水体污染?水体污染包括哪些内容?

21. 在温热气候条件下的浅海地区往往发现有厚层的石灰岩 $CaCO_3$ 沉积,而在深海地区却很少见到。试解释其原因。

22. 将血红素 1.00g 溶于适量水中,配成 100cm^3 溶液,该溶液的渗透压为 0.366kPa(20℃时)。求:

(1) 溶液的物质的量浓度;

(2) 血红素的分子量;

(3) 此溶液的沸点升高值和凝固点降低值。

23. 吸烟有害健康,其中的有害物质之一就是尼古丁。从烟丝中提取出 0.6g 尼古丁,并将其溶于 12g 水中,测得该溶液在常压下的凝固点为 -0.62℃,问尼古丁的分子量是多少?该溶液的沸点是多少?

24. 在 $[Fe(CN)_6]^{3-}$ 配合物溶液中 Fe^{3+} 有几种存在方式?

25. 在水溶液中,弱酸弱碱解离平衡、难溶盐的沉淀-溶解平衡、配位平衡等的标准平衡常数分别为 $K_a^\ominus$、$K_b^\ominus$、$K_{sp}^\ominus$ 和 $K_{不稳}^\ominus$,它们的性质都与前面学过的标准平衡常数 $K^\ominus$ 相同吗?都是温度的函数吗?

26. 简述可使沉淀溶解的几种主要方法,并举例说明。

27. 为了使汽车在 -10℃下能正常运行,需要配置 20kg 防冻液加入水箱中,试计算需要水和乙二醇($C_2H_4O_2$)各多少千克?

28. 将 0.4g 聚丙烯酰胺水溶性高分子溶于 1L 水中,在室温下(即 25℃时),测得其渗透压为 0.500kPa,试计算该高分子化合物的近似相对分子质量。

29. 0.1mol·L^{-1} 盐酸和 0.1mol·L^{-1} 醋酸的 pH 各为多少?分别将它们稀释到 0.01mol·L^{-1} 时的 pH 值又各为多少?

30. 配制 pH 值为 9.0 的缓冲溶液,应选用什么缓冲系统?碱及其盐的配比应为多少?

第4章 氧化还原反应与电化学

▌ 本章基本要求 ▌

(1) 了解原电池的组成,掌握原电池半反应式的写法。
(2) 明确电极电势的概念和影响电极电势的各种因素,能应用能斯特(Nernst)方程进行有关计算,掌握原电池电动势与电池反应的吉布斯函数变的关系。
(3) 掌握电极电势的一些应用及相关计算。
(4) 了解金属电化学腐蚀的原理和防腐方法。
(5) 了解金属材料的电化学加工原理和应用。

4.1 氧化还原反应和原电池

化学反应可以分为两大类:一类是非氧化还原反应,如酸碱反应和沉淀反应;另一类是广泛存在的氧化还原反应。在酸洗金属器件的过程中,有非氧化还原反应存在,如 H^+ 和金属氧化物的作用能使氧化物溶解;也有氧化还原反应存在,如 H^+ 和基体金属(Fe、Zn、Al 等)的作用。在 H^+ 和基体金属的作用中,H^+ 是氧化剂,处于氧化态,反应过程中得到电子被还原成 H_2 分子而析出;金属是还原剂,处于还原态,在反应过程中失去电子被氧化成金属离子而溶解。氧化还原反应与电化学有密切联系,也常常伴随着能量的变化。

4.1.1 氧化还原反应概论

1. 氧化数

在氧化还原反应中,电子转移引起某些原子的价电子层结构发生变化,从而改变了这些原子的带电状态。为了描述原子带电状态的改变,表明元素被氧化的程度,提出了氧化数的概念。元素的氧化态是用一定的数值表示的。表示元素氧化态的代数值称为元素的氧化值,又称氧化数。对于简单的单原子离子来说,如 Cu^{2+}、Na^+、Cl^- 和 S^{2-},它们的电荷数分别为+2、+1、-1 和-2,则这些元素的氧化数依次为+2、+1、-1 和-2。也就是说,在这种情况下,元素的氧化数与离子所带的电荷数是一致的。但是,对于以共价键结合的多原子分子或离子来说,原子间成键时没有电子的得失,只有电子对的共用。通常,原子间共用电子对靠近电负性大的原子,而偏离电负性小的原子。可以认为,电子对靠近的原子带负电荷,电子对偏离的原子带正电荷。这样,原子所带电荷实际上是人为指定的形式电荷。原子所带形式电荷数就是其氧化数,如 CO_2,C 的氧化数为+4,O 的氧化数为-2。1970 年,国际纯粹与应用化学联合会(IUPAC)定义了氧化数的概念:氧化数是指某元素的一个原子的形式电荷数。该电荷数是假定把每一化学键的电子指定给电负性更大的原子而求得的。确定氧化数的规则如下。

(1)在单质中,元素的氧化数为 0。

(2)在单原子离子中,元素的氧化数等于离子所带的电荷数。

(3)在大多数化合物中,氢的氧化数为+1;只有在金属氢化物(如 NaH 和 CaH_2)中,氢的氧化数为-1。

(4)在化合物中,通常,氧的氧化数为-2,但是在 H_2O_2、Na_2O_2、BaO_2 等过氧化物中,氧的氧化数为-1;在氧的氟化物(如 OF_2 和 O_2F_2)中,氧的氧化数分别为+2 和+1。

(5)在所有的氟化物中,氟的氧化数为-1。

(6)碱金属和碱土金属在化合物中的氧化数分别为+1 和+2。

(7)在中性分子中,各元素氧化数的代数和为 0。在多原子离子中,各元素氧化数的代数和等于离子所带电荷数。

根据这些规则,可以计算分子中任一元素的氧化数。例如,Fe_3O_4 中 Fe 的氧化数为+8/3,$KMnO_4$ 中 Mn 的氧化数为+7。由此可见,氧化数是为了说明物质的氧化状态而引入的一个概念,可以是正数、负数或分数。中学时所说的化合价则表示元素原子结合成分子时原子数目的比例关系,从分子结构来看,化合价也就是离子键和共价键化合物的电价数与共价数。虽然化合价比氧化数更能反映分子内部的基本属性,但氧化数在分子式的书写和方程式的配平中很有实用价值。

2. 氧化还原反应中的能量变化

在盛有 $CuSO_4$ 溶液的密封容器中,加入一定量的 Zn 粒,橡皮塞中温度计的水银柱显著上升,这表明,$CuSO_4$ 和 Zn 反应放出的热量使溶液温度升高。这个反应在室温下进行,其热量可用 298.15K 时的标准摩尔生成焓数据近似计算如下：
$$Cu^{2+}+Zn=Cu+Zn^{2+}$$
$$\Delta_r H_m^{\ominus}(298.15K)=-217.2(kJ\cdot mol^{-1})$$

即1mol的Cu^{2+}和1mol的Zn反应生成1mol的Cu和1mol的Zn^{2+}，放出了217.2kJ的热量。这个热量(ΔH)包括了反应系统中各粒子(Zn^{2+}、Zn、Cu^{2+}、Cu、H_2O等)运动动能的改变与各粒子之间势能的改变，即系统动能改变与势能改变之和。系统动能改变为$T\Delta S$，ΔS的计算又可按下式进行，即

$$Cu^{2+}+Zn=Cu+Zn^{2+}$$
$$\Delta_r S_m^{\ominus}(298.15K)=-15.23(J\cdot mol^{-1}\cdot K^{-1})$$

这样就可算出反应系统的势能变化$\Delta_r G_m^{\ominus}(298.15K)$，即

$$\Delta_r G_m^{\ominus}(298.15)=\Delta_r H_m^{\ominus}(298.15)-T\Delta_r S_m^{\ominus}(298.15)=-212.69(kJ\cdot mol^{-1})$$

如果将上述反应装配成原电池，即将铜和锌的金属分别插入含有该金属离子的盐溶液中组成铜锌原电池，则测得其电动势E值为1.103V。

电动势E和氧化还原反应的ΔG有什么关系呢？ΔG表示反应过程中系统势能的变化，根据热力学推导，它是系统可用来作非体积功的那部分能量，即$\Delta G=W_{非}$。

在原电池中，可以设计一个理想过程，它进行得极其缓慢，无限接近于衡状态，则非体积功$W_{非}$即为电功W_e。此时，电子从原电池的负极移到正极的电荷总量为q，测得电动势为E，原电池所作的电功$W_e=-qE$。实验证明，当原电池的两极分别有与转移1mol电子相当的物质析出或溶解时，就有1法拉第(F)电量通过($1F=96485C\cdot mol^{-1}$，F称为法拉第常数)，若有与n摩尔电子相当量的物质析出或溶解，则有nF电量通过，因此有

$$W_e=-nFE \tag{4-1}$$

根据热力学原理，在等温、等压条件下，系统吉布斯函数变ΔG等于原电池可能做的最大电功(qE)，即

$$\Delta G=W_e=-qE=-nFE \tag{4-2}$$

式中：W_e为负值，表示电池作出电功，也就是对系统来说，是放出能量，而对环境来说是获得能量。

当反应或原电池处于标准状态，即有关离子浓度为$1mol\cdot L^{-1}$，气体压强为100kPa，且反应进度$\xi=1$时，ΔG就成为标准摩尔吉布斯函数变$\Delta_r G_m^{\ominus}$，而原电池电动势E就成为标准电动势$E^{\ominus}$。这时，式(4-2)可改写成

$$\Delta_r G_m^{\ominus}=-\frac{n}{\xi}FE^{\ominus}-zFE^{\ominus} \tag{4-3}$$

当反应达到平衡时,即原电池没有电流通过时,$E=0$,$\Delta G=0$,有

$$\lg K^{\ominus} = \frac{-\Delta_r G_m^{\ominus}}{2.303RT} = \frac{zFE^{\ominus}}{2.303RT} \tag{4-4}$$

式中:$E^{\ominus}$、$K^{\ominus}$ 和 $\Delta_r G_m^{\ominus}$ 都与温度 T 有关。如果温度是 298.15K,则

$$\lg K^{\ominus} = \frac{zE^{\ominus}}{0.05917} \tag{4-5}$$

原则上,任何氧化还原反应都可装配成原电池。它们的吉布斯函数变和电动势的关系可用式(4-2)或式(4-3)将其表示出来。这就是热力学和电化学之间相互联系的基本公式,据此,可以从原电池的电动势计算某氧化还原反应的吉布斯函数变或标准平衡常数,当然,也可从热力学的数据计算某原电池的电动势。

4.1.2 原电池

氧化还原反应中都要发生电子转移,但若把氧化剂和还原剂放在一起时,发生反应但无电流产生。只有通过特殊的装置,才有可能使氧化还原反应中的电子转移变成可以定向流动的电流。这种能使氧化还原反应产生电流的装置称为原电池。因此,原电池是将氧化还原反应的化学能转变为电能的装置。原电池一般由两个电极导体、电解质溶液和盐桥组成。原电池(图4-1)中电子流出的一极称为负极(如 Zn 极);电子流入的一极称为正极(如 Cu 极)。在负极上发生失电子的氧化反应,在正极上发生得电子的还原反应。正极导体或负极导体及其电解质溶液构成了半电池,电极反应有时又称为半电池反应,简称半反应。每个电极(半反应)都包括同一元素的两类物质:一类是氧化数高(处于高价态)的作为氧化剂的氧化态物质;另一类是氧化数低(处于低价态)的作为还原剂的还原态物质。氧化态物质和相应的还原态物质构成氧化还原电对,可表示为"氧化态/还原态"。因此,任何一个半电池(电极)都可以用一个氧化还原电对表示,如前述铜锌原电池中的两个半反应就可分别表示为 Cu^{2+}/Cu 和 Zn^{2+}/Zn。

电解质溶液兼作反应物质的来源、生成物质的去处和传导离子的介质。传导离子有时还可借助于盐桥。盐桥是一倒插的 U 形管,内含 KCl 或 KNO_3 溶液,可用琼脂溶胶或多孔塞保护,使 KCl 或 KNO_3 溶液不会自动流出。当原电池工作时,盐桥中的正离子可移向发生还原反应的半电池,负离子可移向发生氧化反应的半电池,从而保持半电池溶液的电中性并沟通了原电池的内电路,使电池反应得以进行,电流不断产生。

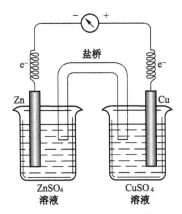

图 4-1 铜-锌原电池示意图

电极名称	电极反应
负极	Zn(还原剂)$-2e^-=$Zn^{2+}(aq)
正极	Cu^{2+}(aq)(氧化剂)$+2e^-=$Cu
电池反应	Zn$+$Cu^{2+}(aq)$=$Zn^{2+}(aq)$+$Cu

这里需要说明：

(1) 一个原电池可以分成两个部分，其中每一部分称为原电池的半电池。

(2) 每一个半电池电极上的反应式叫原电池的半反应式。

(3) 半电池中同一元素的两种不同价态形式，用来表示电极中的氧化态物质和还原态物质，以符号"氧化态/还原态"表示。

注意：氧化态和还原态只表示物质的状态，并不表示浓度。

在书写半反应式时，凡是在水溶液中以离子形式存在的物质都写成离子形式，如各种金属离子、非金属离子及含氧酸根离子等；凡是难溶解、难电离的物质都写成分子形式，如 AgCl 等。H$^+$ 和 OH$^-$ 虽然有时在反应中没有电子得失，但是在氧或氧结合态的反应中，它们常常参与半反应，因此不能把它们忽略。在配平半反应时，需要遵循下列原则。

(1) 酸性介质中，多氧的一边加 H$^+$，少氧的一边加 H$_2$O。例如，酸性介质中半反应 MnO$_4^-$/ Mn^{2+} 的配平：

$$MnO_4^- + 8H^+ + 5e^- = Mn^{2+} + 4H_2O$$

(2) 中性或碱性介质中，多氧的一边加 H$_2$O，少氧的一边加 OH$^-$。例如，碱性介质中下列半反应 MnO$_4^-$/ MnO$_2$ 的配平：

$$MnO_4^- + 2H_2O + 3e^- = MnO_2 + 4OH^-$$

总之,切记在酸性介质中不能出现OH^-,在碱性或中性介质中不能出现H^+。

为书写方便,常用化学式和符号来表示原电池的装置,上述铜锌原电池的符号为

$$(-)Zn|ZnSO_4(c_1)\|CuSO_4(c_2)|Cu(+) \qquad (4-6)$$

原电池的符号和原电池的装置安排情况是近似的,其中"∥"代表盐桥,盐桥是连接两个烧杯中的盐溶液的,因此,盐桥两边一定是两种溶液;烧杯中分别插入锌片和铜片,它们都是固体,与溶液之间都有一个界面,用"│"表示。溶液需要标注浓度,气体需要标注分压。另外,人们习惯上将负极写在左边,正极写在右边。

当电极反应中的氧化态物质和还原态物质都是可溶性盐时,如 $Fe^{3+}+e^-=Fe^{2+}$,它们存在于同一溶液中,需要另外的导电体作为电极材料(如 Pt),并且在书写电池符号时,高价态的物质要靠近盐桥,低价态的物质靠近导体。另外,当电极反应中的氧化态物质和还原态物质为气体物质时,如 $2H^++2e^-=H_2$,气体需要吸附在另外的导电体上(作为电极材料,如 Pt),若以 H^+/H_2 电极和 Fe^{3+}/Fe^{2+} 电极组成原电池时,其表达式为

$$(-)Pt|H_2|H^+(c_1)\|Fe^{3+}(c_2),Fe^{2+}(c_3)|Pt(+)$$

4.2 电 极 电 势

4.2.1 基本概念

原电池能够产生电流,说明原电池的两极之间有电势差存在,即两个电极的电极电势值大小(高低)不同。每一个电极都有一个电势,称为电极电势,用符号 φ 表示。

下面以金属电极为例说明电极能产生电势的原因。当金属浸于它的盐溶液中,一方面,金属表面上的正离子受水分子中羟基(-OH)的吸引有进入溶液的倾向,而将电子留在金属的表面,而且金属越活泼或溶液中金属离子的浓度越小,这种倾向就越大;另一方面,溶液中的金属离子由于受到金属中电子的吸引,有从溶液中沉积到金属表面上去的倾向,而且金属越不活泼或溶液中金属离子浓度越大,这种倾向越大。当这两种方向相反的过程进行的速率相等时,达到动态平衡:

$$M(s) + H_2O(l) \rightleftharpoons M^{n+}(aq) + ne^- \qquad (4-7)$$

若金属溶解的倾向大于沉积倾向,则金属带负电而溶液带正电。相反,金属带正电而溶液带负电。由于静电吸引的作用,溶液中带正电(或负电)的离子聚

集在与金属相接触的表面上,而电子(或沉积的正离子)则滞留在与水接触的金属表面上。这样,就在溶液和金属的相界面间产生了"双电层"。这个双电层之间的电势差就是这个金属电极的电极电势。

电极电势值的大小反映了氧化还原电对中的物质在水溶液氧化态得电子或还原态失电子的能力大小。

4.2.2 电极的种类

根据电极反应中氧化剂和还原剂的状态不同,电极在组成和书写方法上常有差异。常见的电极种类有4种,如表4-1所列。

表4-1 常见的电极种类

电极种类	电极反应举例	电极表达式
金属-金属离子组成金属电极(如 Zn^{2+}/Zn、Cu^{2+}/Cu、Ag^+/Ag 等)	$Zn^{2+}(aq)+2e^-=Zn(s)$	$(-)Zn\|Zn^{2+}(c_1)$(作负极) $(+)Zn\|Zn^{2+}(c_1)$(作正极)
同一金属不同价态的离子组成氧化还原电对(如 Fe^{3+}/Fe^{2+}、Sn^{4+}/Sn^{2+} 等)	$Fe^{3+}(aq)+e^-=Fe^{2+}(aq)$	$(-)Pt\|Fe^{2+}(c_1),Fe^{3+}(c_2)$(作负极) $(+)Pt\|Fe^{2+}(c_1),Fe^{3+}(c_2)$(作正极)
非金属单质-非金属离子组成非金属电极(如 H^+/H_2、O_2/OH^-、Cl_2/Cl^- 等)	$O_2(g)+2H_2O+4e^-=4OH^-(aq)$	$(-)Pt\|O_2(g)\|OH^-(c)$(作负极) $(+)Pt\|O_2(g)\|OH^-(c)$(作正极)
金属-金属难溶盐-难溶盐离子组成的金属难溶盐电极(AgCl/Ag、Hg_2Cl_2/Hg、$PbSO_4$/Pb 等)	$AgCl(s)+e^-=Ag(s)+Cl^-(aq)$ $Hg_2Cl_2(s)+2e^-=2Hg(l)+2Cl^-(aq)$	$(-)Ag\|AgCl(s)\|Cl^-(c)$(作负极) $(+)Hg\|Hg_2Cl_2(s)\|Cl^-(c)$(作正极)

注:1. 电极在作原电池正极和它在作原电池负极时,电极反应的书写的顺序恰好相反;
2. 难溶盐电极中的难溶盐用化学式表示,如 AgCl/Ag 电极,其半反应式为 $AgCl(s)+e^-=Ag(s)+Cl^-(aq)$,在电极表达式中也增加了 Ag 与 AgCl 间的界面

4.2.3 电极电势与能斯特方程

1. 标准氢电极

由前面可知,电极电势是电极产生的双电层之间的电势差,但是,这个双电

层的电势差是无法测定的。因此,就要寻找一个标准确定电极的电极电势。这个标准就是标准氢电极。由此可见,电极电势是以标准氢电极作为标准而得到的一个相对数值。

标准氢电极的组成为

$$\text{Pt} \mid \text{H}_2(100.00\text{kPa}) \mid \text{H}^+(1.00\text{mol} \cdot \text{dm}^{-3})$$

并规定标准氢电极的电极电势为零,以 $\varphi(\text{H}^+/\text{H}_2) = 0.0000\text{V}$ 表示。标准氢电极结构如图 4-2 所示。图中的金属丝为铂丝,下面连着涂有"铂黑"的铂片;图中的液体为浓度为 $1\text{mol} \cdot \text{L}^{-1}$ 的盐酸溶液;图中通入的氢气的分压为 100.00kPa。

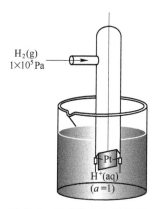

图 4-2 标准氢电极结构图

综上所述,可得出以下结论。

(1) 若标准氢电极与给定电极组成原电池,其电动势在数值上等于给定电极的电极电势。

(2) 电极电势的正负号可决定如下:给定电极作为原电池为正极(标准氢电极为负极)时,给定电极的电极电势为正值;给定电极作为原电池为负极(标准氢电极为正极)时,给定电极的电极电势为负值。

(3) 当给定电极中离子浓度等于 $1.00\text{mol} \cdot \text{dm}^{-3}$(气体分压为 100.00kPa)时的电极电势为该电极的标准电极电势。

2. 实验室测定电极电势的方法

虽然以标准氢电极作为比较电极电势相对大小的依据,但是标准氢电极的使用条件苛刻,操作麻烦。因此,实验室常采用已知电极电势的甘汞电极(或氯化银电极)作为参比电极,与给定电极组成原电池,用电位差计测量其电动势,从而计算给定电极的电极电势。甘汞电极结构图如图 4-3 所示。

例如,欲测定锌电极的 $\varphi^{\ominus}(\text{Zn}^{2+}/\text{Zn})$,可设计锌电极与饱和甘汞电极组成下列原电池:

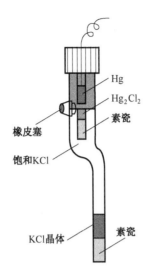

图 4-3 甘汞电极结构图

$(-)Zn\mid ZnSO_4(1.00mol\cdot dm^{-3})\parallel KCl(饱和)\mid Hg_2Cl_2(s)\mid Hg(+)$

通过实验测得原电池的电动势 $E = 1.0043V$。此条件下饱和甘汞电极的标准电极电势 $\varphi^{\ominus}(Hg_2Cl_2/Hg) = 0.2415V$，又因为 $E = \varphi(+) - \varphi(-)$，因此求得 $\varphi(Zn^{2+}/Zn) = (0.2415 - 1.0043)V = -0.7628(V)$

3. 标准电极电势表

标准电极电势表可用以定量地衡量还原态物质或氧化态物质在水溶液中的还原能力或氧化能力的大小。$\varphi^{\ominus}$ 值越小，还原态物质的还原能力越强；$\varphi^{\ominus}$ 值越大，氧化态物质的氧化能力越强。在查阅和使用电极电势表时，必须注意以下两点。

（1）1953 年，国际纯粹与应用化学联合会规定，无论电极反应写成氧化反应的形式还是还原反应的形式，电极电势的符号不变，例如：

$Zn^{2+}(aq)+2e^-=Zn(s)$（还原反应） $\varphi^{\ominus}(Zn^{2+}/Zn) = -0.7628V$

$Zn(s)-2e^-=Zn^{2+}(aq)$（氧化反应） $\varphi^{\ominus}(Zn^{2+}/Zn) = -0.7628V$

（2）在查阅电极电势表时，要仔细核对电对的氧化态和还原态。

例如，铜就有 Cu^{2+}/Cu、Cu^+/Cu 和 Cu^{2+}/Cu^+ 等多种电对，它们各有不同的标准电极电势值，若有疏忽，则会产生错误。同时，还要注意电极反应的酸碱介质条件是否与所要查阅的条件相一致。例如，H_2O_2 在酸性介质中，$\varphi^{\ominus}(H_2O_2/H_2O) = +1.776V$。在碱性介质中，$\varphi^{\ominus}(H_2O_2/OH^-) = +0.87V$。

在一些专门的电化学书籍中，分别列出了在酸性介质和碱性介质条件下标准电极电势的数值，需要时可以进一步查阅。

4. 能斯特方程

前面讨论的电极电势都是标准电极电势,而标准电极电势是指在标准条件下氧化还原电对所具有的电势。用标准电极电势计算所得的原电池的电动势,称为标准电动势($E_{MF}^{\ominus}$)。实际上,原电池在产生电流的同时,两极上均发生氧化还原反应,有关离子的浓度会相应发生变化。因此,需要掌握离子浓度对电极电势及原电池电动势影响的定量关系。

1) 离子浓度对电极电势的影响

离子浓度对电极电势的影响指就原电池中就某一个电极而言的,因而,与之有关的就是这个电极的半反应式。

电极反应的通式常简写为 a(氧化态) $+ ze^- = b$(还原态)

离子浓度对电极电势的影响的计算式即能斯特方程(Nernst)可以表达为

$$\varphi = \varphi^{\ominus} - \frac{2.303RT}{zF}\lg\frac{[c(还原态)/c^{\ominus}]^b}{[c(氧化态)/c^{\ominus}]^a} \tag{4-8}$$

式中:φ 和 $\varphi^{\ominus}$ 分别为电极在非标准状态的电极电势和标准电极电势;R 为气体摩尔常数;F 为法拉第常数;T 为温度(K)。在室温(298.15K)时,式(4-8)也可简化为

$$\varphi = \varphi^{\ominus} - \frac{0.05917}{z}\lg\frac{[c(还原态)/c^{\ominus}]^b}{[c(氧化态)/c^{\ominus}]^a} \tag{4-9}$$

应用能斯特方程时应注意以下几点:

(1) 若电极反应式中氧化态、还原态物质的化学计量数不等于 1 时,则氧化态、还原态物质的浓度应以对应的化学计量数为指数;

(2) 若组成氧化还原电对的某一物质是固体或纯液体(如液态溴、水),则不列入方程式中;若是气体则用分压表示,单位为 Pa,代入公式计算时应将其数值除以标准压强 $p^{\ominus}$ (100kPa);

(3) 若在电极反应中有 H^+ 或 OH^- 参加反应,则这些离子的浓度及反应式中的化学计量数也应该根据反应式写在能斯特方程式中。

【例 4-1】 试计算 $c(Cu^{2+}) = 0.00100 \text{mol} \cdot \text{dm}^{-3}$ 时,电对 Cu^{2+}/Cu 的电极电势和 $c(I^-) = 0.100 \text{mol} \cdot \text{dm}^{-3}$ 时电对 I_2/I^- 的电极电势。

解: 先写出电极的半反应式,查出标准电极电势,然后根据能斯特方程进行计算。

Cu^{2+}/Cu 电极的半反应式为

$$Cu^{2+}(aq) + 2e^- = Cu(s), \quad \varphi^{\ominus}(Cu^{2+}/Cu) = +0.3418(V)$$

根据能斯特方程,可得

$$\varphi(Cu^{2+}/Cu) = \varphi^{\ominus}(Cu^{2+}/Cu) - \frac{0.05917}{2}\lg\frac{1}{[c(Cu^{2+})/c^{\ominus}]}$$

$$= +0.3418 - \frac{0.05917}{2}\lg\frac{1}{0.00100/1}$$

$$= +0.2530(V)$$

I_2/I^- 电极的半反应式为

$$I_2(s) + 2e^- = 2I^-(aq), \varphi^{\ominus}(I_2/I^-) = +0.535(V)$$

$$\varphi(I^2/I^-) = \varphi^{\ominus}(I_2/I^-) - \frac{0.05917}{2}\lg\frac{[c(I^-)/c^{\ominus}]^2}{1}$$

$$= +0.535 - \frac{0.05917}{2}\lg\frac{[0.100/1]^2}{1}$$

$$= +0.5942(V)$$

注意:Cu^{2+}/Cu 电对中氧化态是正离子,I_2/I^- 的电对中氧化态是 I_2 分子,因此,应用能斯特方程时要特别注意。

【例 4-2】 试分别计算高锰酸钾溶液 $c(MnO_4^-) = 1.000 mol \cdot dm^{-3}$ 在弱酸性介质 $[c(H^+) = 1.000 \times 10^{-5} mol \cdot dm^{-3}]$ 中的电极电势和在弱碱性介质 $[c(OH^-) = 1.000 \times 10^{-5} mol \cdot dm^{-3}]$ 中的电极电势(若高锰酸钾生成的还原态物质以离子形式存在,均以 $1.000 mol \cdot dm^{-3}$ 计算)。

解:介质对高锰酸钾电极电势的影响不仅表现在不同酸碱性介质中的电极电势值有所不同,而且电极反应的产物也不同。为了便于比较,进行对比计算,如表 4-2 所列。

表 4-2 高锰酸钾溶液在酸碱介质中的电极电势

条件: $c(MnO_4^-) = c(Mn^{2+}) = 1.000 mol \cdot dm^{-3}$ $c(H^+) = 1.000 \times 10^{-5} mol \cdot dm^{-3}$	条件: $c(MnO_4^-) = 1.000 mol \cdot dm^{-3}$ $c(OH^-) = 1.000 \times 10^{-5} mol \cdot dm^{-3}$
电极反应及标准电极电势: $MnO_4^- + 8H^+ + 5e^- = Mn^{2+} + 4H_2O$ $\varphi^{\ominus}(MnO_4^-/Mn^{2+}) = +1.491V$	电极反应及标准电极电势: $MnO_4^- + 2H_2O + 3e^- = MnO_2 + 4OH^-$ $\varphi^{\ominus}(MnO_4^-/MnO_2) = +0.588V$

(续)

电极电势计算: $\varphi(MnO_4^-/Mn^{2+})$ $= \varphi^{\ominus}(MnO_4^-/Mn^{2+}) - \dfrac{0.05917}{5}\lg \dfrac{\dfrac{c(Mn^{2+})}{c^{\ominus}}}{\left[\dfrac{c(MnO_4^-)}{c^{\ominus}}\right]\cdot\left[\dfrac{c(H^+)}{c^{\ominus}}\right]^8}$ $= +1.491 - \dfrac{0.05917}{5}\lg \dfrac{1}{(1.000\times 10^{-5})^8}$ $= +1.018(V)$	电极电势计算: $\varphi(MnO_4^-/MnO_2)$ $= \varphi^{\ominus}(MnO_4^-/MnO_2) - \dfrac{0.05917}{3}\lg \dfrac{\left[\dfrac{c(OH^-)}{c^{\ominus}}\right]^4}{\dfrac{c(MnO_4^-)}{c^{\ominus}}}$ $= +0.588 - \dfrac{0.05917}{3}\lg \dfrac{(1.000\times 10^{-5})^4}{1}$ $= +0.903(V)$

2) 浓度对电极电势影响的一般结果

在讨论浓度对电极电势的影响时,除了用能斯特方程式进行定量计算外,浓度的变化对电极电势影响的定性结果如下:

(1) 在简单的电极反应中,离子浓度对电极电势有影响,但影响不大;

(2) 氧化态(如金属正离子或 H^+)浓度增大,则 φ 的代数值增大,使金属单质及氢气的还原性减弱;

(3) 还原态(如非金属负离子)浓度增大,则 φ 的代数值减小,非金属单质氧化性减弱;

(4) 含氧酸根离子做氧化剂时,其电极电势的代数值随溶液中 H^+ 浓度的增大而增大。

3) 浓度对原电池电动势的影响

对于电池反应,有

$$aA + bB = yY + zZ$$

离子浓度对原电池电动势的影响可用能斯特方程表示,即

$$E = E^{\ominus} \frac{2.303RT}{zF}\lg \frac{[c(Y)/c^{\ominus}]^y \cdot [c(Z)/c^{\ominus}]^z}{[c(A)/c^{\ominus}]^a \cdot [c(B)/c^{\ominus}]^b} \quad (4-10)$$

式中:E 为反应物 A、B 和生成物 Y、Z 处于任意浓度时原电池的电动势;$E^{\ominus}$ 为原电池的标准电动势(=正极的标准电极电势-负极的标准电极电势);z 为反应中电子得失的个数。在室温(298.15K)时,式(4-10)也可简化为

$$E = E^{\ominus} - \frac{0.05917}{z}\lg \frac{[c(Y)/c^{\ominus}]^y \cdot [c(Z)/c^{\ominus}]^z}{[c(A)/c^{\ominus}]^a \cdot [c(B)/c^{\ominus}]^b} \quad (4-11)$$

【例 4-3】 实验测得某铜铁原电池的电动势为 0.730V,并已知其中 $c(Cu^{2+}) = 0.0200 mol \cdot dm^{-3}$,问该原电池中 Fe^{2+} 的浓度为多少?

解: 首先写出铜铁原电池的反应式,找出 z,再查阅标准电极电势表,经计算

求得 $E^{\ominus}$，然后根据例题的已知条件求算 Fe^{2+} 的浓度。

铜铁原电池反应式为

$$Cu^{2+}(aq) + Fe(s) = Cu(s) + Fe^{2+}(aq), z = 2$$

查附录得知 $\varphi^{\ominus}(Fe^{2+}/Fe) = -0.440V$，$\varphi^{\ominus}(Cu^{2+}/Cu) = +0.3418V$，由此可知，铁电极为负极。该原电池的标准电动势为

$E^{\ominus} = \varphi^{\ominus}(Cu^{2+}/Cu) - \varphi(Fe^{2+}/Fe) = (+0.3418) - (-0.440) = +0.7818(V)$

代入能斯特方程，可得

$$E = E^{\ominus} \frac{0.05917}{z} \lg \frac{[c(Fe^{2+})/c^{\ominus}]}{[c(Cu^{2+})/c^{\ominus}]}$$

$$0.730 = 0.7818 - \frac{0.05917}{2} \lg \frac{[c(Fe^{2+})/c^{\ominus}]}{[0.020/1]}$$

$$c(Fe^{2+}) = 1.127(mol \cdot L^{-1})$$

4.2.4 电极电势的应用

1. 比较氧化剂与还原剂的相对强弱

在标准电极电势表(参见附录)中的电极反应为 a(氧化态) $+ze^- = b$(还原态)

反应式左边是某一电对的氧化态物质，可用做氧化剂。电极电势代数值的越大，氧化态物质的氧化性越强(以 F_2 为最强)，它的还原态物质的还原性越弱(以 F^- 为最弱)；相反，电极电势代数值越小，则还原态物质的还原性越强(以 Li 为最强)，它的氧化态物质的氧化性越弱(以 $Li^+(aq)$ 为最弱)。

在应用标准电极电势判别氧化剂和还原剂的相对强弱时，必须注意前提条件是离子浓度为 $1.000 mol \cdot dm^{-3}$。若不是在该浓度，原则上要根据能斯特方程式进行计算后才能进行比较。

【例 4-4】 下列 3 对电对中，在标准状态下哪个是最强的氧化剂？若在 pH = 5.00 的条件下，它们的氧化性相对强弱次序将发生怎样的变动？

$$MnO_4^-/Mn^{2+}、Hg^{2+}/Hg、Cl_2/Cl^-$$

解：查附录得知

$$\varphi^{\ominus}(MnO_4^-/Mn^{2+}) = +1.491V$$

$$\varphi^{\ominus}(Hg^{2+}/Hg) = +0.851V$$

$$\varphi^{\ominus}(Cl_2/Cl^-) = +1.358V$$

则有 $\varphi^{\ominus}(MnO_4^-/Mn^{2+}) > \varphi^{\ominus}(Cl_2/Cl^-) > \varphi^{\ominus}(Hg^{2+}/Hg)$

因此，标准状态下氧化性依次为 $MnO_4^- > Cl_2 > Hg^{2+}$

当 pH = 5.00 时，唯有 MnO_4^-/Mn^{2+} 电对的电极电势受酸度的影响。根据能

斯特方程可以求得 $\varphi(MnO_4^-/Mn^{2+}) = +1.02V$，此时：

$$\varphi(Cl_2/Cl^-) > \varphi(MnO_4^-/Mn^{2+}) > \varphi(Hg^{2+}/Hg)$$

所以，在 pH=5.00 时氧化性大小的次序为 $Cl_2 > MnO_4^- > Hg^{2+}$。

2. 判断氧化还原反应进行的方向

当某一氧化还原反应的吉布斯函数变 $\Delta G<0$ 时，该氧化还原反应能自发进行。

由于 $\Delta G = -zFE$ 及 $E = \varphi(+) - \varphi(-)$，所以，当 $E>0$，即 $\varphi(+) > \varphi(-)$ 时，反应能自发进行。

3. 衡量氧化还原反应进行的程度

化学反应进行的程度一般用平衡常数的大小衡量。对于氧化还原反应来说，它可以组成原电池，因此，其平衡常数与原电池的电动势有关。在 298.15K 时的计算公式为

$$\lg K^\ominus = \frac{zE^\ominus}{0.05917} \tag{4-12}$$

一般地，当 $z=1$、$E^\ominus = 0.3V$ 时，$K^\ominus > 10^5$；当 $z=2$、$E^\ominus = 0.2V$ 时，$K^\ominus > 10^6$。这表明，该反应能进行得相当彻底。

注意：平衡常数 $K^\ominus$ 标准电动势 $E^\ominus$ 有关，而不是与 E 有关。

【例 4-5】 试通过计算说明下列氧化还原反应进行的程度。

$$Sn^{2+}(aq) + 2Fe^{3+}(aq) = Sn^{4+}(aq) + 2Fe^{2+}(aq)$$

解：查标准电极电势表得

$$\varphi^\ominus(Fe^{3+}/Fe^{2+}) = 0.77V, \quad \varphi^\ominus(Sn^{4+}/Sn^{2+}) = +0.15V$$

由此可知，该原电池由正极 Fe^{3+}/Fe^{2+} 电对和负极 Sn^{4+}/Sn^{2+} 电对组成。其标准电动势 $E^\ominus$ 为

$$E^\ominus = \varphi^\ominus(+) - \varphi^\ominus(-) = 0.77 - 0.15 = 0.62(V)$$

此反应的 $z=2$，$\lg K^\ominus = \dfrac{zE^\ominus}{0.05917} = \dfrac{2 \times 0.62}{0.05917} = 21.0$，即

$$K^\ominus = 1.0 \times 10^{21}$$

可见，上述反应能进行得很彻底。

4. 计算原电池的电动势

由电极电势计算电动势可用 $E = \varphi(+) - \varphi(-)$，其中 $\varphi(+)$ 必须大于 $\varphi(-)$，E 值必须是正的，否则，就是原电池正负极装反了。

电极电势的应用除以上 4 个方面外，还可根据电极电势的大小判断腐蚀电池中哪些金属可变成阳极被腐蚀、阴极产物是什么以及及判断电解产物析出的先后次序等。

4.3 金属的腐蚀及其防止

4.3.1 金属腐蚀的发生

机械、电气、电子、仪表、土建、信息及交通等现代工程技术中经常会碰到如何保护材料的问题。本节主要讨论金属材料的腐蚀及其保护措施,这在现代工程技术中具有重要的实际意义。

当金属和周围介质接触时,由于发生化学作用或电化学作用而引起的破坏称为金属腐蚀。从热力学的观点来看,除少数的贵金属(如 Au,Pt)需要像"王水"那样的特殊介质外,其余金属都有与周围介质发生化学作用的倾向,也就是说,金属的腐蚀是自然趋势(自发的),因此,腐蚀现象是普遍存在的。金属腐蚀直接或间接地造成巨大的经济损失,估计世界上每年由于腐蚀而报废的钢铁设备相当于钢铁年产量的25%左右,甚至还会引起停工停产、环境污染、中毒及爆炸等严重的事故,当然,金属腐蚀有时也会给金属的加工带来方便。

根据金属腐蚀过程的不同特点,可将其分为化学腐蚀和电化学腐蚀。

1. 化学腐蚀

单纯由化学作用而引起的腐蚀称为化学腐蚀。化学腐蚀是金属与周围介质直接发生氧化还原反应而引起的破坏。它发生在非电解质溶液中或干燥的气体中,在腐蚀过程中不产生电流。例如,电气绝缘油、润滑油、液压油以及干燥空气中的 O_2、H_2S、SO_2 和 Cl_2 等物质与电气、机械设备中的金属接触时,在金属表面生成相应的氧化物、硫化物及氯化物等,都属化学腐蚀。温度对化学腐蚀的速率影响很大。例如,高温水蒸气对锅炉的腐蚀特别严重,将会发生下述反应:

$$Fe + H_2O \rightleftharpoons FeO + H_2$$

$$2Fe + 3H_2O(g) \rightleftharpoons Fe_2O_3 + 3H_2$$

$$3Fe + 4H_2O(g) \rightleftharpoons Fe_3O_4 + 4H_2$$

在反应生成一层氧化皮(由 FeO、Fe_2O_3、Fe_3O_4 组成)的同时,还会发生钢铁脱碳现象。这是由于钢铁中的渗碳体(Fe_3C)与高温水蒸气反应的结果,如图4-4所示。

$$Fe_3C + H_2O \rightleftharpoons 3FeO + CO + H_2$$

这些反应都是可逆反应。在高温下,由热力学数据计算得出的正反应的 ΔG 值远小于零,即平衡强烈地偏向右边。另外,由于反应速率常数随温度的升高而增大,因此,锈蚀速率在高温下是很大的。所以,无论从平衡移动的角度还是从反应速率的角度来看,水蒸气在高温下对钢铁材料的腐蚀都是不容忽视的。

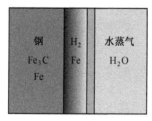

图 4-4 钢构件的高温腐蚀示意图

在渗碳体与水蒸气的反应中,碳从邻近的、尚未反应的金属内部逐渐扩散到反应区,于是,金属层中的碳逐渐减少,形成脱碳层。由脱碳反应及其他氧化还原反应生成的氢因扩散渗入钢铁内部,使钢铁产生脆性,称为氢脆。钢的脱碳和氢脆会造成钢的表面硬度和内部强度的降低,这是非常有害的。

2. 电化学腐蚀

由于形成了原电池发生电化学作用而引起的腐蚀称为电化学腐蚀。金属的电化学腐蚀与原电池作用在原理上没有本质区别。但通常把腐蚀中的原电池称为腐蚀电池,而且习惯上把腐蚀电池中发生氧化(即失电子)反应的电极称为阳极,一般电极电势小的电对还原态物质易失电子,越小越易失电子;把发生还原(即得电子)反应的电极称为阴极,一般电极电势大的电对氧化态物质易得电子,越大越易得电子。从机理上看,电化学腐蚀可分为析氢腐蚀和吸氧腐蚀。

1) 析氢腐蚀

在酸洗或用酸浸蚀某种较活泼金属的工艺过程中常发生析氢腐蚀。特别是当钢铁制件暴露于潮湿空气中时,由于表面的吸附作用,就使钢铁表面覆盖了一层极薄的水膜。此时,铁(相对活泼的金属)作为腐蚀电池的阳极发生失电子的氧化反应;氧化皮、碳或其他比铁不活泼的杂质作阴极导体,如图 4-5 所示。H^+ 在这里接受电子发生得电子的还原反应:

阳极(Fe):$Fe - 2e^- = Fe^{2+}$

阴极(杂质):$2H^+ + 2e^- = H_2$

总反应:$Fe + 2H^+ = Fe^{2+} + H_2$

这种腐蚀过程中有氢气析出,所以称为析氢腐蚀。

若工厂附近的空气中含有较多的 CO_2、SO_3 等酸性气体,水膜中由于氢离子的浓度较大,有可能发生析氢腐蚀,使铁被腐蚀生成的 Fe^{2+} 在 pH 值较高时能以 $Fe(OH)_2$ 沉淀析出,然后被进一步氧化成 $Fe(OH)_3$,并最终变成 Fe_2O_3(铁锈)。随着温度的升高,腐蚀将加剧进行。

在中性溶液中,根据能斯特方程式计算得

$$\varphi(H^+/H_2) = -0.414(V)$$

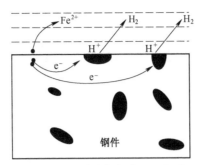

图 4-5　钢件的析氢腐蚀示意图

$$\varphi(Fe^{2+}/Fe) = -0.587V$$

$\varphi(H^+/H) > \varphi(Fe^{2+}/Fe)$，在阴极（杂质）上有氢气析出并使阳极（铁）腐蚀，但由于电化学极化作用的存在，使氢气析出时的实际电极电势要小于理论析出电势值，两者之差，即

$$\varphi(H^+/H_2)_实 = \varphi(H^+/H_2)_理 - \varphi(H^+/H_2)_过 \qquad (4-13)$$

我们称 $\varphi(H^+/H_2)_过$ 为氢的过电势。过电势总是正值，它使 H_2 在阴极析出时的实际电势要比理论电势小。过电势的大小与电流密度、溶液中 H^+ 的浓度及阴极的材料等因素有关。

2) 吸氧腐蚀

由于氢过电势的影响，在中性介质，甚至在 pH 值等于 4 的溶液中，铁已不可能发生析氢腐蚀。但铁的腐蚀还是严重存在的。这是什么原因呢？是因为阴极的吸氧作用而造成了吸氧腐蚀。当金属发生吸氧腐蚀时，阳极仍是金属（如 Fe）失电子被氧化成金属离子（如 Fe^{2+}），但阴极就成为氧电极了。在阴极，主要是溶于水膜中的氧得电子，反应式如下：

阳极（Fe）：$2Fe - 4e^- = 2Fe^{2+}$

阴极（杂质）：$O_2 + 2H_2O + 4e^- = 4OH^-$

总反应：$2Fe + O_2 + 2H_2O = 2Fe(OH)_2$

这种在中性、弱酸性或碱性介质中发生"吸收"氧气的电化学腐蚀称为吸氧腐蚀，如图 4-6 所示。大多数金属的电极电势比 $\varphi(O_2/OH^-)$ 低，所以，大多数金属都可能产生吸氧腐蚀，析出 OH^-。甚至在酸性较强的溶液中，金属发生析氢腐蚀的同时，也有吸氧腐蚀产生，其速率取决于温度和水膜的厚度等因素。

锅炉和铁制水管等都与大气相通，而且不是经常有水，无水时管道被空气充满，因此，锅炉管道系统常含有大量的氧气，所以常有严重的吸氧腐蚀。

差异充气腐蚀是由于氧浓度不同而造成的腐蚀，是金属吸氧腐蚀的一种形式，是因金属表面氧气分布不均匀而引起的，也称氧浓差腐蚀。例如，钢管、铁管

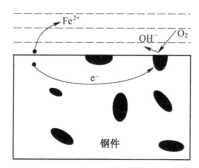

图 4-6　钢件的吸氧腐蚀示意图

埋在地下,地下的土有砂土、黏土之分和压实、不压实的区别,砂土部分或没有压结实的黏土含氧气就比较充足,即氧气的分压或浓度要大一些,从氧的电极反应式 $O_2 + 2H_2O + 4e^- = 4OH^-$ 可知,在氧气分压 $p(O_2)$ 大的地方,$\varphi(O_2/OH^-)$ 值也大;$p(O_2)$ 小的地方,$\varphi(O_2/OH^-)$ 也小。根据电池的组成原则,φ 值大的为阴极(得电子),φ 值小的为阳极(失电子),于是,组成了一个氧的浓差电池。结果使 $p(O_2)$ 小或 $c(O_2)$ 小的地方即压实或黏土部分的金属成为阳极,发生失电子反应,先被腐蚀。我们可以做这样一个实验,把一滴含有酚酞指示剂的 NaCl 溶液滴在磨光的锌表面上,一定时间后,就可以看到液滴边线变成红色,这表明生成了 OH^-。在液滴遮盖住的部位生成白色 $Zn(OH)_2$ 沉淀。擦去液滴后,则可以发现腐蚀仅发生于液滴盖住的部位。这是因为在液滴的边缘空气较充足,氧气浓度较大,而液滴遮盖的部位则空气较不足,氧气浓度较小。氧浓度大的地方,即液滴周围,成为阴极而发生氧得电子反应,产生 OH^-,从而使酚酞变红;液滴遮盖部分则作阳极,发生了金属的腐蚀。

差异充气腐蚀(氧浓差腐蚀)对工程材料的影响必须予以足够重视,工件上的一条裂缝,一个微小的孔隙,往往因差异充气腐蚀而毁坏整个工件,造成事故。

表 4-3 中列出了几种电化学腐蚀的类型、介质条件、原理和结果。

表 4-3　几种电化学腐蚀的比较

吸氧腐蚀	条件:钢铁在大气条件下,主要是吸氧腐蚀(包括在 $0.5\,\mathrm{mol\cdot dm^{-3}}$ 的强酸性水膜中)。 原理:大气中钢铁表面的水膜中由于空气的不断溶解而使氧气分压(或浓度)增加使 $\varphi(O_2/OH^-) > \varphi(H^+/H_2)$,所形成的腐蚀电池的阴极反应为氧气的还原。 $O_2(g) + 2H_2O(l) + 4e^- = 4OH^-(aq)$ 结果:铁作为腐蚀电池的阳极而被氧化腐蚀。$2Fe = 2Fe^{2+}(aq) + 4e^-$($Fe^{2+}$ 与 OH^- 作用生成 $Fe(OH)_2$,进一步被 O_2 所氧化形成 $Fe(OH)_3$ 或 $Fe_2O_3\cdot xH_2O$)

(续)

析氢腐蚀	条件:钢铁在酸性较大的环境中及氧气浓度较小的环境中(例如,将钢铁浸没于 $0.5\text{mol} \cdot \text{dm}^{-3}$ H_2SO_4 溶液中)。 原理:钢铁在酸性较大的介质及溶解氧较少的情况下 $\varphi(O_2/OH^-) < \varphi(H^+/H_2)$ 所形成的腐蚀电池的阴极反应为 H^+ 被还原而析出 H_2: $2H^+(aq) + 2e^- = H_2(g)$ 结果:铁作为腐蚀电池的阳极而被氧化腐蚀: $2Fe - 4e^- = 2Fe^{2+}(aq)$
浓差腐蚀	条件:金属表面不同部位接触氧气的分压(或浓度)不同。 原理:根据能斯特方程 $\varphi(O_2/OH^-) = \varphi^{\ominus}(O_2/OH^-) + \dfrac{0.05917}{2}\lg\dfrac{[p(O_2)/p^{\ominus}]^{\frac{1}{2}}}{[c(OH^-)/c^{\ominus}]^2}$,氧气分压大处, $\varphi(O_2/OH^-)$ 代数值大;氧气分压小处, $\varphi(O_2/OH^-)$ 代数值小。 结果:氧气分压较小处的金属作为腐蚀电池的阳极而被氧化

4.3.2 电化学腐蚀中的极化作用

如果我们将一块化学纯的锌投入稀盐酸中,几乎看不见氢气放出。但当用一铜丝接触纯锌的表面,铜丝上即剧烈地放出氢气,纯锌逐渐溶解。如果用含有较多杂质的工业粗锌投入稀盐酸中,也能明显地观察到有氢气放出。这与用一块铜片、一块锌片同时插入稀盐酸中组成铜锌原电池的反应类似。

实际观察腐蚀电池的电动势,当有电流通过时要比按理论计算的低。其原因是当电流通过时,阴极的电极电势要降低,阳极的电极电势要升高。这种因为有电流通过电极而使电极电势偏离原来的平衡电极电势值的现象,称为电极的极化,这时的电极电势称为极化电势。没有静电流(也可理解为有无限缓慢微电流)通过时的电极电势称为平衡电势。

电极极化可分为阳极极化和阴极极化,产生极化的原因主要有下述 3 种。

1. 浓差极化

浓差极化是由于离子扩散速率比离子在电极上的放电速率慢所引起的。电流产生后,电极附近的离子浓度与溶液中其他部分不同。在阴极是氧化态物质(正离子)得电子,当离子浓度减小时,根据能斯特方程式可知,其电极电势代数值将减小;在阳极是还原态物质(金属)失电子,当离子浓度增加时,其电极电势代数值增大。

2. 电化学极化

电化学极化是电化学反应(如离子的放电、原子结合为分子、水合离子脱水等)的速率比电流速率慢所引起的。电流通过电极时,若电极反应进行得较慢,就会改变电极上的带电程度,使电极电势偏离平衡电势。如在阴极,当氧化态物质得电子反应不够快时,则在电极上的电子过剩,即比平衡时的电极带更多的负电荷,从而使阴极电势比其平衡电势低;同样,若在阳极,当还原态物质的氧化反应(失电子)进行得较慢时,则电极的正电荷过剩,从而使阳极电势比其平衡电势为高。

3. 电阻极化

电阻极化是由于当电流通过电极时,在电极表面上形成氧化膜或一些其他物质引起的。由于这些物质具有一定的电阻,在阳极上阻碍还原态物质(如 OH^-、H_2 等)的到达或氧化态物质(如 Fe^{2+}、O_2、H^+)的离去,使其电极电势升高;在阴极上,阻碍氧化态物质(如 Fe^{2+}、O_2、H^+)的到达或还原态物质(如 OH^-、H_2 等)的离去,使其电极电势降低。

无论哪种极化原因,极化结果都使阴极电势值减小,阳极电势值增大,最终使腐蚀电池的电动势减小。总之,极化作用的结果是使腐蚀速率变慢,甚至有时会使腐蚀过程完全停止。

4.3.3 金属腐蚀的速率

对不同金属来说,在相同的环境条件下,金属越活泼,电极电势越小,越易被腐蚀;反之,金属越不活泼,电极电势越大,越不易被腐蚀。就同种金属而言,腐蚀速率主要受环境介质的影响,影响因素大致有湿度、温度、空气中的污染物质、溶液状况及其他人为因素等。现对几种因素的影响予以讨论。

1. 大气相对湿度对腐蚀速率的影响

常温下,金属在大气中的腐蚀主要是吸氧腐蚀。吸氧腐蚀的速率主要取决于构成电解质溶液的水分。在某一相对湿度(称临界相对湿度)以下,金属即使长期暴露于大气中,也几乎完全不生锈。但如果超过某一相对湿度时,金属表面很快就会吸附水蒸气形成水膜而腐蚀。临界相对湿度随金属的种类及表面状态的不同而不同。一般来说,钢铁生锈的临界相对湿度大约为75%。

不同物质或同一物质的不同表面状态对于大气中水分的吸附能力是不同的。例如,一块干净的玻璃和一堆粗盐,在同一湿度的空气中,我们看见玻璃表面没有什么变化,而那堆粗盐却渐渐变成了一滩盐水。这是因为粗盐中所含的 $MgCl_2$ 晶体对空气中水分子的吸附能力很强,即使空气相对湿度很低,它也能把水分子从空气中吸收进来;玻璃对空气中水分子的吸附力较小,空气湿度达不到它的过饱和状态就看不到玻璃表面有水膜。总之,物体本身的特性及表面状态决定了物体表面在多大湿度下才能形成水膜。

金属表面上的水膜厚度对金属腐蚀速率的影响很大。金属在水膜极薄(小于10nm)的情况下腐蚀几乎不能发生,即使发生反应速率也极小,因为这种情况下不能形成足够的电解质溶液供金属溶解和离子迁移运动;水膜在 $10\sim10^6$ nm

时的腐蚀速率最大,因为这种情况相当于空气相对湿度较大时形成的水膜,此时,氧分子十分容易地透过水膜到达金属表面,氧的阴极电势增大,易得电子,阳极(金属)失电子也快,因此腐蚀速率很快;如果水膜过厚(超过 10^6 nm),氧分子通过水膜到达金属表面的时间变得较长,这使阴极得电子变得迟缓,腐蚀速率也就会随之而降低。

如果金属表面有吸湿性物质(如灰尘、水溶性盐类等)污染,或其表面形状粗糙而多孔时,则临界相对湿度值就会大幅度下降。

2. 环境温度的影响

环境温度及其变化也是影响金属腐蚀的重要因素。因为它影响空气的相对湿度、金属表面水气的凝聚、凝聚水膜中腐蚀性气体和盐类的溶解以及水膜的电阻和腐蚀电池中阴、阳极反应过程的快慢。

温度的影响一般要和湿度条件综合起来考虑。当空气相对湿度低于金属的临界相对湿度时,温度对腐蚀的影响很小,此时,无论气温多高,金属也几乎不腐蚀。当相对湿度在临界相对湿度以上时,温度的影响就会相应地增大。此时,温度每升高 10℃,锈蚀速率提高约 2 倍,所以在雨季或湿热带,温度越高,生锈越严重。

温度的变化还表现在凝露现象上。例如,在大陆性气候地区,白天炎热,空气相对湿度虽低,但并不是没有水分,一到晚上,温度就剧烈下降,空气的相对湿度大大升高,这时,空气中的水分就会在金属表面形成露水,形成了生锈的条件,从而导致加速腐蚀。某些供暖时有水雾的库房或车间,也会出现凝露现象。冬天将机器设备从室外搬到室内,由于室内温度较高,冰冷的机器表面就会形成一层水珠。在潮湿的环境中用汽油洗涤零件,洗后由于汽油迅速挥发,而使零件变冷,表面会马上凝结一层水膜,所有这些都会引起金属生锈。所以,在金属制品的生产、放置和储运中,应尽量避免温度的剧烈变化。在北方高寒地区和昼夜温差较大的地区,应设法控制室内温度。

3. 空气中污染物质的影响

SO_2、CO_2、Cl^- 和灰尘等污染物质,在工业城市大气中是大量存在的。例如,一个 10 万 kW 火力发电站,每昼夜从烟囱中排放出的 SO_2 就有 10t 之多。上海地区 SO_2 污染较严重,有人测定达 $0.02 \sim 0.04$ mg·m^{-3}。

SO_2 和 CO_2 等都是酸性气体,它们溶于水膜,不仅增加了作为电解质溶液的水膜的导电性,而且使析氢腐蚀和吸氧腐蚀同时发生,从而加快了腐蚀速率。铁在大气中的腐蚀主要是吸氧腐蚀。锌也如此,它在大气中的吸氧腐蚀产物主要是 $Zn(OH)_2$,$Zn(OH)_2$ 与空气中的 CO_2 反应生成碱式碳酸锌,可形成一种致密的覆盖层,使金属表面与氧、水隔离。这就使腐蚀速率大大变慢,一般每年腐蚀

深度只有几微米。这种情况下,腐蚀速率只取决于覆盖层按照下述反应所发生的溶解:

$$Zn_5(OH)_6(CO_3)_2 = 5Zn^{2+} + 6OH^- + 2CO_3^{2-}$$

这样,如果在锌表面经常有水出现,碱式碳酸锌就可能溶解而促使腐蚀得以继续。再加上工业区大气被 SO_2 严重污染,SO_2 可以通过多种途径(如光化学氧化和多相催化氧化等)与 O_2 和 H_2O 反应生成硫酸,而 H^+ 则使碱式碳酸锌的解离平衡强烈地向右移动,促进了覆盖层的溶解,加速了锌的腐蚀。

铅在大气中的腐蚀过程本质上与锌十分类似,但有一个重要差别。由 SO_2 所生成的硫酸与铅发生反应可产生硫酸铅,而硫酸铅是难溶于水的,所以起着抑制腐蚀继续进行的作用。铅在工业大气中具有较好的抗蚀性,原因就在于此。铅的腐蚀速率几乎与人类的活动无关,仅取决于相对湿度。

Cl^- 特别是在近海洋的大气能促进腐蚀的发生。Cl^- 体积小,无孔不入,能穿透水膜,破坏金属表面的钝化膜,生成的 $FeCl_2$ 和 $CrCl_3$ 又易溶于水,且溶入水膜后将大大提高水膜的导电能力。钢铁材料在海滨大气及海洋运输中腐蚀速率较快的原因就是 Cl^- 的作用。

此外,在某些化工厂区,大气中含有许多腐蚀性气体,如 H_2S、NH_3、Cl_2 和 HCl 等,这些气体都能不同程度地加速金属的腐蚀。

4. 其他因素的影响

金属制品在其生产过程中,可能带来很多腐蚀性因素。例如,机械加工冷却液,不同的金属对它的 pH 值和氧化还原要求差别很大。Zn 或 Al 在一般的酸和碱溶液中都不稳定,因为它们都具有两性,其氧化物在酸、碱中均能溶解。Fe 和 Mg 由于其氢氧化物在碱中实际上不溶解,而在金属表面生成保护膜,因而,使得它们在碱溶液中的腐蚀速率比在中性和酸性溶液中要小。Ni 和 Cd 在碱性溶液中较稳定,但在酸性溶液中易腐蚀。因此,加工钢铁零件的冷却液,一般要呈弱碱性(pH=8~9),但这种碱性冷却液用于 Zn 或 Al 等金属就不行了。

盐类的影响比较复杂,一般着重考虑它们与金属反应所生成的腐蚀产物的溶解度。例如,可溶性碳酸盐、磷酸盐分别在钢铁表面的阳极区域生成不溶的碳酸铁、磷酸铁薄膜;硫酸锌则在钢铁表面的阴极区域形成不溶的氢氧化锌,它们都会产生电阻极化,因此,钢铁和这些溶液接触时腐蚀速率都比较小。还有一些盐类,如铬酸盐、重铬酸盐等能使金属表面氧化形成保护膜。

还有很多不可避免的操作因素。例如,手工操作者用手与工件接触时,因人汗成分中含有较多的 Cl^-、乳酸及尿素等,这也易促进金属生锈。金属零件的热处理中,残盐洗涤不干净也是常见的腐蚀因素。铸件通过喷砂,表面变得新鲜而粗糙,这样与空气接触面积大,再加上表面吸附性能和反应活性的显著升高,也极易使铸件很快腐蚀。

除上述因素外,还有一些因时因地的各种因素,如金属原材料、半成品或成品,因保管不善而积满灰尘;用脏棉丝擦抹工件或用脚踏踩或不小心洒上水滴;蚁、蝇及各种小昆虫在金属表面上爬动,都会因脏物或排泄物等黏附在工件表面而引起腐蚀。

总之,腐蚀速率是讨论腐蚀现象中的一个十分重要的问题。

4.3.4 金属腐蚀的防止

金属腐蚀现象是普遍存在的。金属腐蚀直接或间接地造成巨大的经济损失,甚至会引起严重事故。因此,每一个工程技术人员都应在了解金属腐蚀机理的基础上懂得如何防止金属腐蚀和了解如何进行金属材料的化学保护方法。防止金属腐蚀可以从金属本性和环境介质两个方面考虑;化学保护法主要是保护材料表面免受损害的方法,除正确选材、防止介质对材料的腐蚀、组成合金等外,还有电化学保护法。

1. 合理选用材料

纯金属的耐蚀性能一般比含有杂质或少量其他元素的合金更好。例如,铝在相当纯的状态价格并不贵,因此,电气工业中使用较多。又如,锆是原子能应用中非常重要的材料,轻微腐蚀都不允许,因此,必须使用电弧熔炼的纯度非常高的锆。不过纯金属通常价格较贵,而且比较软,强度低,所以,一般只用在极少的特殊场合,大多数情况下都是使用合金材料。

选用材料时,还应考虑材料使用时所处的介质种类和条件,如空气的湿度及溶液的浓度、温度等。例如,对接触还原性或非氧化性的酸和水溶液的材料,通常选用镍、铜及其合金。对于氧化性极强的条件,采用钛和钛合金。除了氢氟酸和烧碱溶液外,金属钽和非金属的玻璃几乎对所有介质都能耐蚀。许多年来,钽已被认为并已被用做"完全"耐蚀材料。

不锈钢并不是在所有情况下都不生锈,也并非是最耐腐蚀的材料。它是由含铬 11.5%~30%,含锌低于 22%,加上其他少量合金元素所组成的,包括 30 种以上不同合金系列的通称。不锈钢虽然在耐腐蚀方面有着良好的性能,但并不耐所有腐蚀剂。在某些情况下,如前面所述的含氯化物的介质或被用作受应力的结构时,不锈钢还不及普通结构钢耐腐蚀。有大量的腐蚀事故可以直接归结为对不锈钢选材的不慎或把它当作最好的万能材料之故,实际上,不锈钢仅仅是耐蚀性较高而价格相对较低的一大类材料,使用时必须慎重。

还应指出,可以代替金属的非金属材料有五类:天然橡胶和合成橡胶、塑料、陶瓷、碳素材料(如石墨)、木材。

一般来说,橡胶和塑料与金属材料相比较,强度和硬度都低得多,但对氯离子和盐酸的耐蚀性却要强得多,对浓硫酸、硝酸等氧化性酸的耐蚀性则较差,对有机溶剂的耐蚀性也较差,使用温度一般不能高于 80~90℃。陶瓷的耐蚀和耐热性都很高,但主要缺点是太脆和抗拉强度太低。石墨的耐蚀性、导电性和导热性能都很好,但性脆。木材在强腐蚀性环境中一般不耐蚀。

最后,还必须指出,设计金属构件时,应注意避免两种电势差很大的金属相接触。例如,铝合金、镁合金不应当和铜、镍、铁等电极电势代数值较大的金属直接连接。当必须把这些不同的金属装配在一起时,应该设法采用隔离层的办法把它们隔开来。例如,喷漆、加塑料或橡胶垫,或通过适当的金属镀层过渡。若铝合金与钢铁件组合时,则需将铝合金进行阳极氧化处理,而将钢铁镀锌或镀镍后再组装在一起,在结构设计中,还要尽量避免能够发生积水或存留腐蚀介质的情况,要避免留有空隙。

2. 防止介质对材料的腐蚀

1) 隔绝介质与材料的接触

采用加覆盖层的办法,可将金属或合金与周围介质隔离开来,从而达到防腐蚀的目的。覆盖层是采用化学处理的方法,使金属表面形成一层钝化膜保护层。钝化膜最常见的有氧化膜和磷化膜两种。

钢铁发蓝,也称发黑,其结果是使钢铁表面生成一层蓝黑色的致密的四氧化三铁(Fe_3O_4)薄膜,牢固地与金属表面结合。这种氧化膜对干燥的气体抵抗力强,但在水中和湿气中抵抗力较差。这种氧化膜还有较大的弹性及润滑性,广泛用于机器零件、精密仪器、光学仪器、钟表零件和军械制造中,如图 4-7 所示。常用的碱性发蓝工艺是将钢铁零件放入很浓的碱($NaOH$)和氧化剂($NaNO_2$、$NaNO_3$)溶液中,在 140~150℃下进行处理,其反应主要是氧化还原反应和水解反应。

图 4-7 发黑工艺处理的枪械

钢铁磷化是把钢铁制件放入磷酸盐溶液中进行浸泡,使其表面获得一层灰黑色不溶于水的磷酸盐薄膜(磷化膜)。磷化膜在大气中有较好的耐蚀性,一些磷化膜保护的钢铁零件即使与酸、碱等接触也不受腐蚀。在对钢铁制件进行涂涂料或喷塑、喷漆前使其覆盖一层磷化膜,能使涂膜更加牢固。覆有磷化膜的工件,更易润滑、耐磨损。磷化膜加工工艺简便、成本低廉。常用的磷酸盐是磷酸二氢锰铁盐,俗名马日夫盐。

钢铁在该酸性溶液中反应生成 Fe^{2+}、Zn^{2+}、Mn^{2+} 等离子的 HPO_4^{2-} 与 PO_4^{3-} 的复合盐,结晶沉积于金属表面,形成磷化保护膜。

覆盖层也可以是金属保护层。金属保护层是以另一种金属镀在被保护的金属制品表面上所形成的保护层,镀层应选用耐蚀的金属。制备金属保护层可用电镀、电刷镀、喷镀、渗镀和化学镀等方法。

电镀是应用电解原理在某些金属表面镀上一薄层其他金属或合金的过程,既可防腐蚀又可起装饰的作用。在电镀时,将需要镀层的零件作为阴极(连接电源负极),而用做镀层的金属(如 Cu、Zn、Ni 和 Sn 等)作为阳极(连接电源正极),阳极也可以是不溶性的金属,如镀铬时阳极用 Pb,Pb 仅起导电作用。两极置于欲镀金属的盐溶液中接直流电源。

在适当的电压下,阳极发生氧化反应,金属失去电子而成为正离子进入溶液中,阳极溶解,金属失电子难易程度如前所述;阴极发生还原反应,金属正离子在阴极锻件上获得电子,析出沉积成金属镀层。金属离子析出的先后次序与溶解次序相反,是电极电势大的氧化态物质先得到电子还原析出,电极电势比电对 H^+/H 大的金属电对中的金属离子,如 Cu^{2+}、Hg^{2+} 首先在阴极上析出,一些电极电势比电对 H^+/H 小的,则由于 H^+/H 的极化电势较大,所以在酸性较小时,仍比 H^+ 先析出。一般电镀层是靠镀层金属在基体金属上结晶并与基体金属结合形成的。

电镀液(电解液)的选择直接影响着电镀质量。例如,镀铜工艺若用酸性镀铜液(基本成分为硫酸铜和硫酸),不仅镀层粗糙,而且与基体金属结合不牢。

用含有相对低熔点的金属氧化物做釉料,涂覆在金属制件表面,然后,在高温烧结炉中烧结,这能在金属表面形成搪瓷层。搪瓷层也可隔绝空气介质与金属的接触。

覆盖层还可以是非金属保护层。非金属保护层是以非金属物质(如油漆、塑料等)涂覆在金属表面上形成的保护层。我国具有悠久历史的生漆(大漆)也是耐蚀性能很好的涂料,用其作保护层,能耐盐酸、硫酸的侵蚀。

应用工程塑料喷涂金属表面,比喷漆更具先进性。因为喷塑是把塑料粉剂加热到熔点,喷射出来,熔敷在金属的表面,其附着力强;喷漆是液体,它是靠溶剂的帮助,使漆料黏附在金属上,附着力差,而且溶剂一般都有毒。

2) 控制和改善环境气体介质

易腐蚀的仪表、器件应尽量放在干燥、不接触腐蚀性气体或电解质溶液的地方。

在空气中不可避免地含有水蒸气,因此,常用干燥剂干燥放置仪表、器件周围的空气。干燥剂的种类很多,值得提及的是,将少量 $CoCl_2$ 浸入硅腔中做常见仪表的干燥剂时,$CoCl_2$ 的颜色变化能指明硅胶的干燥能力。它因所含结晶水的不同而呈现不同的颜色:

$CoCl_2 \cdot 6H_2O$ —— $CoCl_2 \cdot 2H_2O$ —— $CoCl \cdot H_2O$ —— $CoCl_2$
(粉红) (紫红) (蓝紫) (蓝色)

当含 $CoCl_2$ 的硅胶加热时,失水呈蓝色;常温下,吸水由蓝色逐渐变为粉红,此时表明,硅胶已无吸水能力。

在密封装置内使用干燥剂或直接充入干燥空气,然后,装入欲保存的材料并密封容器,这就是一般所称的干燥空气封存法或控制相对湿度法。这能使相对湿度控制在小于 35% 的程度,金属就不易生锈,非金属也不易发霉。

这种干燥空气封存技术的原理,不仅使用于产品封存上,还可通过空调设备,控制整个车间、库房的相对湿度在规定的低限之内,从而达到防止产品在其工序间及装配过程中生锈的目的。

控制环境,还可采用充氮封存的方法,因氮气的化学性质比较稳定。此外,还有去氧封存的方法。

3) 控制和改善环境液体介质

发电厂热力系统中给水系统的锅炉、管道等的吸氧腐蚀、析氢腐蚀与给水中所溶氧、二氧化碳等气体的含量有关。所以必须去除给水中的氧和二氧化碳,如采用加热法煮沸给水,这不仅能去除水中的溶解氧,而且还会使一部分水中的碳酸氢根分解;有时还借助于化学法,用联氨(N_2H_4,又称肼)除氧。联氨具有还原性,特别在碱性水溶液中是一种很强的还原剂:$N_2H_4 + O_2 = N_2 + 2H_2O$。$N_2H_4$ 还能将氧化铜还原成氧化亚铜或铜。联氨的这些性质可以用来防止锅炉内结铁垢和铜垢。

控制和改善环境还有缓蚀剂法。缓蚀剂是指添加到腐蚀性介质中能阻止金属腐蚀或降低腐蚀速率的物质。缓蚀剂的种类繁多,有用于酸性、碱性或中性液体介质中的缓蚀剂,有用于气体介质的缓蚀剂等。习惯上,常根据缓蚀剂的化学组成,把缓蚀剂分为无机的和有机的两类。

无机缓蚀剂,如具有氧化性的铬酸钾、重铬酸钾、硝酸钠及亚硝酸钠等,在溶液中能使钢铁钝化,使金属与介质隔开,从而减缓腐蚀。其中,亚硝酸钠常用做钢铁零件的短期防蚀,它是防锈水的主要成分。

有些非氧化性的无机缓蚀剂,如 $NaOH$、Na_2CO_3、Na_2SiO_3 和 Na_3PO_4 等,能与金属表面阳极部分溶解下来的金属离子结合成难溶的产物,覆盖在金属表面上形成保护膜。生成的难溶碳酸盐覆盖于阳极表面,增强了电极的极化作用,阻滞了阳极反应,从而降低了金属的腐蚀速率。

在酸性介质中,通常加入有机缓蚀剂,糊精、动物胶以及含 N 和 S 的有机物质等。有机缓蚀剂对金属的缓蚀作用,一般认为是由于金属刚开始溶解时,表面带负电,所以能将缓蚀剂的离子或分子吸附在表面上,形成一层难溶而腐蚀性介质又很难透过的保护膜,增强电极的极化作用,从而阻碍了"H^+"得电子,大大减少了析氢腐蚀。有机缓蚀剂在金属氧化物的表面不能被吸附,利用这个特性,有机缓蚀剂常被用于酸洗中,既达到除去金属上的氧化皮或铁锈的目的,又可以减缓金属在酸中的腐蚀速率。

3. 电化学保护法

电化学保护法是将被保护的金属作为腐蚀电池或电解池的阴极。它一般分为牺牲阳极保护法和外加电流保护法。例如,对小型舰船一般采用牺牲阳极保护,对大中型舰船一般采用外加电流阴极保护系统。

牺牲阳极保护法是将较活泼的金属或其合金连接在被保护的金属上,形成腐蚀电池(图4-8)。这时,较活泼的金属作为腐蚀电池的阳极而被腐蚀。被保护的金属作为阴极而达到不遭腐蚀的目的。一般常用的牺牲阳极的材料有铝、锌及它们的合金。牺牲阳极保护法可用于锅炉及海轮外壳等的防腐。

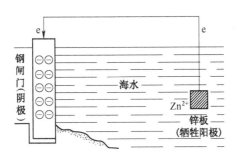

图 4-8 牺牲阳极保护法示意图

外加电流保护法是将被保护金属与另一附加电极作为电解池的两个电极。被保护金属作为阴极,在直流电的作用下阴极受到保护。此法主要用于防止土壤、海水和河水中金属设备的腐蚀。

防止金属腐蚀常用的方法是:覆盖保护层法、缓蚀剂法及电化学保护法,具体可归纳于表4-4。

表 4-4 防止金属腐蚀的一些常用方法

主要方法		作用原理
覆盖保护层法	金属保护层	例如,电镀、化学镀、喷镀、浸镀和真空镀等。如果镀层金属的 φ 值比基底金属高,Cu 上镀 Au 和 Ag、Fe 上镀 Sn 等,则镀层只供装饰和隔离作用,一旦镀层出现缺陷,则基底金属的腐蚀更严重;如果镀层金属的 φ 值比基底金属低,如 Fe 上镀 Zn,镀层主要起防腐作用。
	非金属保护层	有涂料、塑料和搪瓷等,主要起隔离作用。
	钝化膜保护层	主要有发蓝、磷化和阳极氧化(借助电解过程,将金属表面氧化,产生氧化膜,达到防腐目的)。
缓蚀剂法	无机缓蚀剂	例如,铬酸盐、重铬酸盐、碳酸盐、磷酸盐等(一般在中性或碱性介质中使用)。其缓蚀原理:在金属表面形成难溶的氧化物、碳酸盐等保护膜。
	有机缓蚀剂	例如,乌洛托品、若丁等(一般在酸性介质中使用)。其缓蚀原理:吸附于金属表面,使酸性介质中的 H^+ 难以接近金属表面,或由缓蚀剂分子中的 N、S 等原子的未共用电子对与金属形成配位键而延缓 H^+ 对金属的腐蚀作用。
阴极保护法	牺牲阳极保护法	将欲保护的金属与另一外加较活泼的金属组成腐蚀电池,使欲保护的金属作为腐蚀电池的阴极而达到保护目的。
	外加电流保护法	将欲保护的金属与另一外加电极组成电解池,使欲保护的金属作为电解池的阴极而达到保护目的。

4.4 电化学腐蚀的利用

腐蚀破坏了金属材料的结构或性能,但事物总有两面性,利用电化学腐蚀还可进行金属保护和金属材料加工等。

4.4.1 阳极氧化

阳极氧化是指用电化学的方法使金属表面形成氧化膜以达到防腐耐蚀目的的一种工艺。根据生产实践的观察和分析,这种电化学氧化膜的生成是两种不同的化学反应同时进行的结果。以铝为例,一种是 Al_2O_3 的形成反应,另一种是 Al_2O_3 被电解液不断溶解的反应。当 Al_2O_3 生成反应的速率大于溶解速率时,氧化膜就能顺利生长,并保持一定的厚度。阳极氧化虽然不一定总是需要直流电源,在使用交流电源的情况下阳极和阴极在不断地交替变化,但 Al_2O_3 的形成反应总是在作为阳极时发生。

阳极氧化可采用稀硫酸或铬酸或草酸溶液。

由于氧化膜的不断生成,电阻不断增大,为保持稳定的电流,需要不断地调整电压。

阳极氧化过程中的氧化膜,在靠近基体金属的一边,是纯度较高的 Al_2O_3 膜,致密而薄;在靠近液体的一边则是疏松多孔的 Al_2O_3 膜。由于松孔的存在能保证电解液的流通,阳极氧化所得的氧化膜与金属基体结合得很牢固,因而大大提高了金属及其合金的耐腐蚀性能和耐磨性,并因可提高表面电阻而增强绝缘性能。另外,阳极氧化所得到的氧化膜富有多孔性,具有很好的吸附能力,能吸附各种染料,实际中,常根据不同需要用有机染料(如茜红素)及无机染料(如草酸铁铵,金色)染成各种颜色。对于不需要染色的表面孔隙,则要进行封闭处理,使膜层的疏孔缩小,以改善膜层的弹性、耐磨性和耐蚀性。封闭处理通常是将工件浸在重铬酸盐或铬酸盐溶液中,以使疏孔被生成的碱式盐 $Al(OH)(Cr_2O_7)$ 或 $Al(OH)(Cr_2O_4)$ 所封闭。

本法还适用于镁、铜、钛和铅等金属及合金。

4.4.2 电解抛光

对于一些不能自发进行的氧化还原反应,可以通过外加电能的方法迫使反应进行,这种方法就是电解。电解池就是由电能转变为化学能的装置,电解池的结构如图 4-9 所示。

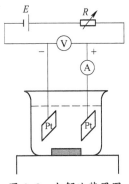

图 4-9 电解池装置图

在电解池中,负离子和正离子通常不止一种(例如,在 NaCl 溶液中就有 Na^+ 和 H^+ 正离子以及 Cl^- 和 OH^- 负离子),当对电解池施以一定电压后,在阳极上进行氧化反应的首先是析出电势代数值较小的还原态物质,在阴极上进行还原反应的首先是析出电势代数值较大的氧化态物质。

在电解过程中,利用金属表面上凸出部分的溶解速率大于金属表面凹入部分的溶解速率这一特点,使金属表面达到平滑光亮的目的,这就是电解抛光的原理。平滑光亮的金属表面,既不易腐蚀又美观大方。

抛光液中,磷酸是应用最广的一种。因为磷酸能与金属或其氧化物反应,生成各种各样的盐,它们在过饱和溶液中都有较高的黏度和极化作用,而且没有结晶趋向,易形成黏性薄膜。这种黏性薄膜在凸起处较薄,在凹陷处较厚。因此,在凸起处电阻小,电流密度大,溶解速度快;在凹陷处电阻大,电流密度小,溶解速度慢。随着黏性薄膜的流动,凹凸情况不断变化,粗糙表面逐渐被整平。由于磷酸本身是中强酸,对大多数金属不起强烈的腐蚀作用,又无臭、无毒,因而,大多数情况下都采用磷酸作抛光电解液。

硫酸主要用于提高溶液的导电性,因为它是强电解质,酸性很强。H_2SO_4含量一般控制在15%以下,否则,会使金属溶解加快,以致金属得不到光滑平整的表面。H_2SO_4很少单独用做电解液。

铬酐溶于水生成的重铬酸($H_2Cr_2O_7$)是一种强氧化剂。它在抛光溶液中能使大多数金属与合金处于钝化状态,并在其表面形成保护膜,保护金属表面不受腐蚀,进而得到光滑平整的表面。在使用铬酐时要注意浓度合适。此外,因CrO_3与有机物接触时,反应十分剧烈,操作时应当小心,不要和衣服、皮肤接触。

高氯酸能与许多金属及溶液中其他负离子生成高黏度、高电阻的配合物,产生极化作用。高氯酸还对许多金属都有很好的抛光作用,因此被广泛采用。纯的高氯酸$HClO_4$为无色液体,很不稳定,在储藏中有时也会爆炸。在加热和高浓度时还会与有机物发生猛烈作用,因此,在使用时要特别注意。但其水溶液很稳定,特别是使用低浓度的$HClO_4$溶液没有上述危险。

电解抛光具有机械抛光所没有的优点,但是也有缺点,如往往在工件表面产生点状腐蚀和非金属薄膜,这多为电解液配制不当所致。实际工作中,往往电解抛光与机械抛光互相结合,以发挥各自优点,弥补各自的不足。

4.4.3 化学铣削

化学铣削是利用腐蚀进行金属加工的一种方法,因此又称腐蚀加工。它是把某一材料先用一保护层将不需要腐蚀的地方保护起来,然后,浸入腐蚀液中进行腐蚀,或不用保护层直接将需要腐蚀的地方浸入腐蚀液中进行腐蚀的一种方法。

化学铣削通常包括清洁处理、涂防蚀层、刻划防蚀层图形、腐蚀加工和从已加工完毕的零件或半成品上把防蚀层去掉。

防蚀层是一种涂在化学铣削零件表面上的包覆层,用来限定和保护零件表面上不需要腐蚀的部分。防蚀层必须在工作条件下仍能牢固地粘着在零件表面上,而且还要有足够的内在强度,以保护腐蚀区域的边缘,并使加工出来的凹槽或凸台轮廓整齐清晰。但粘附力过大,也会造成剥离的困难。此外,还应考虑用做防蚀层的高分子化合物的柔顺性,使化学铣削时产生的气体很容易从凹槽内排出。目前,常用以氯丁橡胶为基体的合成橡胶或异丁烯异戊间二烯共聚物作防蚀层。用于艺术品上的蚀刻和制造印刷图片的凹版,常用沥青、石蜡和松香为基体的防蚀层。

光刻工艺的防蚀层是感光胶防蚀层。把感光胶,如重铬酸铵和明胶或聚乙烯酸等组成的重铬酸盐胶,涂布在需蚀刻的器件表面,把不需蚀刻部分进行短时间光照,胶层见光后,重铬酸铵的 $Cr_2O_7^{2-}$ 在光的作用下被还原剂(如聚乙烯醇或明胶)还原。

在化学铣削中,每溶解 1g 铝大约释放出 15.9kJ 的热量,这可加快化学铣削的速率。

可以使用酸性腐蚀液,如盐酸腐蚀液,还可以采用含有硝酸、盐酸和氢氟酸的腐蚀液。

对于不锈钢和镍合金等,可用王水添加磷酸所组成的腐蚀液。王水是由 3 份浓盐酸和 1 份浓硝酸组成的混合液。王水中有 $NOCl$、Cl_2 和 $HClO$ 等多种氧化态物质存在,它们在反应中组成的氧化还原电对的电极电势值都较大,所以能对金属进行有效的腐蚀。钢、钛、铝等合金,一般都较耐腐蚀。但可以用氢氟酸为基础并添加硝酸等氧化剂来进行腐蚀。HF 的作用是生成氟化物或氮的配位化合物,以进一步降低被腐蚀金属的离子浓度。

在腐蚀反应中,一般都放出热量,这有利于化学铣削速率的提高。

化学铣削已成为一种有很高应用价值的加工方法。它能承担机械切削难以完成的加工,目前已铣削出凹槽厚度偏差不超过 $0.025\mu m$ 的材料,并已用在阿波罗号等航天飞船上。

4.5 阅读材料——化学电源及能源的开发利用

4.5.1 化学电源

1. 概述

将化学反应释放出来的能量转换成电能的装置称为化学电源,如干电池、蓄电池和氢氧燃料电池。由于化学电源具有能量转换效率高、性能可靠、工作时没有噪声、携带和使用方便、对环境适应性强和工作范围广等独特优点,因而被广泛应用。化学电源分类方法较多,若按电极上活性物质保存方式来分,不能再生的称为一次电池(如普通干电池),能再生的称为二次电池(如铅蓄电池);若按电解质形态、性质来分又有碱性电池、酸性电池、中性电池、有机电解质电池及固体电解质电池;还可按电池的某些性质特点来分,如高容量电池、免维护电池、密封电池、防爆电池及扣式电池等。化学电源作为高科技领域中的一个发展方向还在深入研究之中。

2. 干电池

1) 锌锰干电池

用于普通手电筒和小型器械上的干电池由锌皮(外壳)作负极,由插在电池中心的石墨和 MnO_2 作正极。两极之间填有 $ZnCl_2$ 和 NH_4Cl 的糊状混合物。

干电池产生的电动势约为 1.48V。它的优点是携带方便,但由于其不可逆性,使用时间有限,如图 4-10 所示。

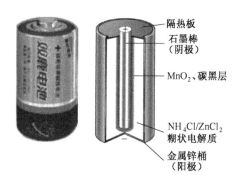

图 4-10 锌锰干电池结构图

电池内的主要反应如下:

负极(锌筒): $Zn - 2e^- \longrightarrow Zn^{2+}$

正极(石墨): $2NH_4^+ + 2e^- \longrightarrow 2NH_3 + 2[H]$(电解液中)

$2MnO_2 + 2[H] + 2H_2O + 2NH_3 \longrightarrow 2MnOOH + 2OH^- + 2NH_4^+$

电解液: NH_4Cl & $Zn(NH_3)_2$

$Zn^{2+} + 2NH_4Cl + 2OH^- \longrightarrow Zn(NH_3)_2Cl_2 \downarrow + 2H_2O$

总反应: $Zn+2NH_4Cl+2MnO_2 \Longleftrightarrow Zn(NH_3)_2Cl_2 \downarrow +2MnOOH(Mn_2O_3+H_2O)$

2) 银锌碱性电池

银锌碱性电池常用于电子表、电子计算器和自动曝光照相机的 AgO-Zn 电池,如图 4-11 所示。它的电能量大,能大电流放电,加上近年来又制成了可长期以干态储存的一次电池,在运载火箭、导弹系统上已大量采用这种电池。

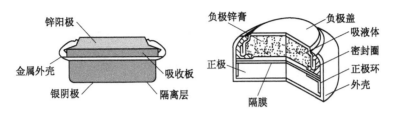

图 4-11 锌银扣式电池结构图

3) 锌汞碱性电池

常用做助听器、心脏起搏器等小型的锌汞电池,形似钮扣,所以也称为钮扣电池。它的锌汞齐为负极,HgO 和碳粉(导电材料)为正极,内含饱和 ZnO 的 KOH 糊状物为电解质组成电池:

$$(-)Zn(Hg)\mid KOH(糊状,饱和\ ZnO)\mid HgO\mid Hg(+)$$

锌汞电池的工作电压稳定,整个放电过程电压变化不大,保持在 1.34V 左右。

4) 固体电解质电池

既可用于需要高功率的电动机车,也可用于需要高能量的发电厂负荷平衡装置的硫钠电池,是固体电解质电池中的一种。该电池导电性好,其功率是同重量的铅蓄电池的 3~4 倍。

3. 铅蓄电池

铅蓄电池通常用做汽车和柴油机车的启动电源,搬运车辆、坑道车辆、矿山车辆和潜艇的动力电源以及变电站的备用电源。放电时,每个电池可产生稍高于 2.0V 的电压。它的优点是价格便宜,当使用后电压降低时,还可在不改变物料、装置的条件下进行充电,并可反复使用。但它笨重、抗震性差,而且浓硫酸有腐蚀性。现已有硅胶蓄电池和少维护蓄电池等问世。铅蓄电池结构如图 4-12 所示。

4. 燃料电池

燃料电池由燃料(如氢、甲烷、肼、烃等)、氧化剂(如氧气、氯气等)、电极和电解质溶液等组成。燃料(如氢)连续不断地输入负极作为还原性物质,把氧连续不断输入正极,作为氧化性物质,通过反应把化学能转变成电能,连续产生电流。这是一种很有发展前途的电池,例如,氢-氧电池(图 4-13)已用于航天事业。尽管目前还存在着很多技术上的问题,如氢的来源、材料的腐蚀、电极的催化作用等。它的优点是生成物不会污染环境,而且比从燃烧同量的这种燃料所获得的热能转化成的电能要高得多(达 80%以上),已用于航天飞机。

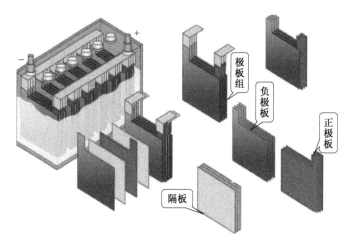

图 4-12 铅蓄电池结构图

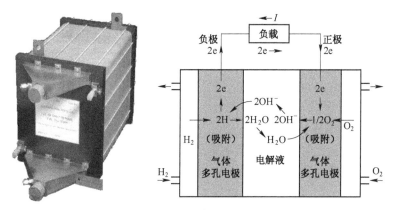

图 4-13 氢-氧电池结构

4.5.2 能源的开发利用

地球上最常用的能源多来自于太阳能,还有的来自于化学能和核能等。有了太阳,地球上才有植物和动物。在有些农村,目前仍以秸秆和劈柴为主要能源。这些植物和动物晒干后就成燃料,变成人们常用的能源。煤和石油就是远古时代的植物和动物经过复杂而漫长的化学作用转化成的可燃性固体与液体物质,它们常被称为矿物燃料。风能是利用风力产生的能量,它可用于发电、提水、扬帆等技术,风力是由于气体分子受太阳热、地热不均,在分子间力作用下成群运动而产生的。地热能是地球内部蕴藏的热能,地壳内的温度很高,地壳物质的导热一般较慢且差异很大,尽管地球表面接受的太阳能补偿了地球向宇宙散发的热能,但地表与其深层总存在一定温差,有些地方的温差还特别悬殊甚至可用一定装置来发电。海洋能是海水在地球与太阳、月亮的作用下不停运动产生的海浪所蕴藏的潮汐能、波浪能、海流能、温差能的总称,它也可用来发电。

水从高位向低位的流动也可产生巨大能量,水力发电是利用其能量的一个例子,水力作为能源是可再生的,它与地球共存,取之不尽用之不完。

通过化学反应,释放出化学能,这在前面已经作了系统的论述。核能来自于核反应,原子核的衰变、裂变和聚变均可产生巨大能量,用于战争可使人类毁灭,用于发电等则可为人类造福。

常规能源也称为传统能源,它们是指已经大规模生成和广泛利用的能源。煤炭、石油、天然气是目前重要的常规能源,但它们的资源有限,所以开发能源显得越来越迫切和重要。有人估计,太阳辐射到地球表面的能量是目前全世界能量消耗的1.3万倍,所以,人们把开发能源的目标集中到了如何开发利用太阳能。太阳能电池利用光能转换成电能,它安全可靠、无噪声、不需燃料且无污染,小的可用于太阳能手表、太阳能计算器、太阳能充电器等,大的可用于发电装置;太阳能光解水可产生氢气,它在燃烧时又结合成水,是最清洁的能源。核裂变的研究和利用以及化学物质的储能与释能等方面的技术研究也有进展。开发能源,需要各方面的综合知识,如光解水需要催化剂、需要材料;储氢也需要材料;燃料电池必须通过电池反应。这些都少不了有关物质的化学组成、结构和化学反应的知识。

对于能源,不仅需要开发,而且需要节约。"所费多于所当费,或所得少于所当得,都是浪费。"因此,节能不是该用而不用,而是怎样充分利用能源的问题。能源的利用,必须把握好转换过程,例如,电厂中煤燃烧产生热能使水气化变成高温蒸汽,由于热容的关系,转换速度就很慢,向环境散发而损失大量热能。在高温水蒸气推动发电机发电变成电能过程中,由于摩擦、散热等又损失大量机械能。获得的有限电能通过导线、灯泡、灯管变成光能时也会因电阻而损失。电能在通过电解槽变成化学能的过程中也会因来不及转换而以热能形式损失。对所有这些损失,都要根据具体情况,使之减少到最低程度。集中供电、集中供热等集约化大生产是有效的节能举措;综合利用也是节能的一个重要方面。在充分利用化学能转变成热能、电能过程中或热能、电能转变成化学能过程中,合理的催化也是有效的节能措施。发电厂、输电系统用电器件的选材是否合理也与节能有密切关系。

4.5.3 能源化学学科重点发展的研究领域

为实现我国能源化学领域的发展目标,结合重大理论问题、国际研究动向和国内现有研究基础,未来10年内能源化学学科将重点发展以下研究领域。

1. 碳基能源化学领域

1) 甲烷活化与转化

寻求可以获得较高目标产物收率的甲烷催化转化新途径;注重开拓较为温和反应条件下的甲烷催化转化的新方法,发展光、电、热催化反应耦合的新型催化体系;注重非常规方法的甲烷活化,探索使用不同氧化剂时甲烷的多种活化方式及极端反应条件下的反应方式,寻求高效反应途径;创新催化材料的设计与制备,不仅考虑甲烷在催化活性位上的活化,同时注重活性中心的微环境。

2) 生物质转化

研究木质纤维素的结构、聚集态及其预处理和主要组分分离的新方法;研究纤维素、半纤维素直接催化转化为单糖、多元醇等平台化合物及其催化转化制备液体燃料和化学品;研究木质素的绿色催化解聚以及芳烃和环烷烃等化合物的制备;面向木质纤维素高选择性转化催化剂和反应机理的基础研究;将化学与生物转化有机结合,发展木质纤维素高效转化的新方法与新过程。

3) 合成气催化转化

汲取近年有关活性相尺寸效应、限域效应及助剂作用等方面的成果,引入介孔沸石分子筛、纳米碳材料以及低维纳米结构材料,发展核壳、限域等纳米结构催化材料的合成方法,创制高活性高选择性合成气转化催化剂;结合理论模拟和谱学表征研究,揭示反应条件下 CO/CO_2 活化和 C—C 偶联机理,深入认识控制碳链增长的关键因素;构建多功能协同催化体系,有效利用反应耦合,开拓和发展合成气转化的新反应和新过程;反应器设计和反应过程强化方面的创新。

4) 二氧化碳化学利用

二氧化碳催化活化转化全方位的理论分析及分子模拟;二氧化碳转化催化剂的新型制备方法;探寻二氧化碳负离子利用的潜在价值;探寻二氧化碳催化转化新反应或新反应途径;二氧化碳光催化转化和光电催化转化。

2. 电能能源化学领域

1) 燃料电池

低铂/非铂催化氧还原与氢(及生物质燃料)氧化过程,含催化材料与催化机理解析;新型抗自由基非氟固态电解质的分子设计与合成;高效能量转换多孔电极界面行为与极化本质;高一致性电堆选控策略与机制、高可靠性系统集成技术;高燃料利用率的燃料电池水热管理技术;开发新型储氢材料及高效低成本的制氢技术。

2) 动力电池

高比能量材料体系研发;研究电极反应过程、反应动力学、界面调控等基础科学问题;发展电极表界面的原位表征方法;开展基于全电池系统的电化学过程研究;促进锂硫电池等新型金属锂电池体系研发成果的转化。

3) 液流电池

高浓度、高稳定性电解质溶液的制备技术与工程化放大技术;高性能非氟离子传导膜的工程化及产业化技术;高导电性、高活性电极双极板的工程化及产业化技术;大容量、高功率密度液流电池电堆的研究开发;大规模(高功率、大容量)液流电池储能电站技术的研究开发及商业化应用示范工程。

4) 储能型锂/钠离子电池

低成本、长寿命锂/钠离子电池材料的研究;材料的表面结构与功能调控;电池性能演变过程的研究;电池安全性机制与控制技术;快速电极反应过程机理的研究;锂/钠离子电池的资源利用与环境保护。

5) 铅酸和铅碳电池

碳材料作用机理研究;负极析氢抑制技术的研究;碳材料的微观结构设计与制备技术研究;电池结构设计与生产技术研究。

6) 锂-空气电池

高稳定性、高催化活性正极材料的研究;不挥发高电化学稳定性电解液的研究;提高金属锂电极的界面稳定性的研究;高性能固体电解质隔膜与氧气选择透过技术的研究。

7) 全固态电池

发展具有高离子电导率和高环境应变性的离子导体等固体电解质体系,开展新型快离子导体材料的合成方法与电化学性能研究;开展界面物质间的化学和电化学相互作用及其反应机理和动力学的研究;发展全固态锂电池制备技术的应用基础研究。

8) 可穿戴柔性电池与微电子系统储能器件

研发具有优异力学性能和良好电化学性能的电极材料和新型固态电解质;研发具有高的电子电导率和良好的力学性能的柔性集流体;研究强度高、柔韧性好的封装材料;设计与电子系统适配的新型电池结构和封装技术。

3. 太阳能能源化学领域

1) 太阳能电池

发展结合第1代~第3代太阳能电池的新型叠层技术;第3代太阳能电池技术的实用化。

2) 太阳能燃料

宽光谱半导体材料的开发与制备技术研究;光(电)催化分解水制氢的基础研究与规模化;光(电)催化二氧化碳还原催化剂的设计合成;太阳能电池与电

催化的结合;高效光电化学系统的界面工程。

3)太阳能热化学

太阳能热化学燃料转化;太阳能热化学储能;太阳能热化学互补发电。

4. 热能能源化学领域

1)燃烧化学

探究关键燃烧基元反应的微观机制;开展燃烧反应中间产物的准确测量和模型的宽范围验证;建立液体和固体燃料燃烧反应动力学模型;深入研究燃烧污染物形成机理。

2)化学链燃烧

氧载体的筛选及性能研究;化学链燃烧反应器的设计优化;化学链燃烧系统的拓展应用。

3)高温燃料电池

熔融碳酸盐燃料电池(MCFC)材料基础研究;固体氧化物燃料电池(SOFC)材料基础研究;高温燃料电池工程化应用示范研究;直接碳燃料电池(DCFC)的研究。

4)高温电解水蒸气制氢

固体氧化物电池(SOEC)电极反应机理的研究;SOEC电堆衰减机制研究;发展高温原位表征手段;SOEC新材料体系的研发和微观结构优化;新型SOEC电解池的研发;发展大规模系统集成技术以及与清洁能源的耦合技术,建立先进工程示范装置;发展高温共电解CO_2/水蒸气制备合成气技术。

5. 能源物理化学与能源材料化学领域

1)能源表界面物理化学

能源表界面的热力学/动力学特性及结构调变电子态的规律;能源表界面结构的修饰和能源化学过程的调控;能源表界面的外场调控和能源化学过程的增强;能源物理化学过程的表征新技术;能源物理化学过程的理论研究新方法。

2)能源化学理论问题

基础计算方法的发展;新概念和新理论的提出;高通量筛选、大数据和计算信息学的融合发展。

3)能源新材料制备

功能介孔材料的制备;金属纳米结构的制备;二维半导体材料的制备;复合纳米结构的制备。

6. 能源化学系统工程领域

1)基于化学能源的(冷)热电联供

(冷)热电联供系统的优化配置与选型研究;(冷)热电联供系统的能量管理

与运行策略研究;新技术在(冷)热电联供系统中的应用。

2) 煤基多联产

多联产系统化学能和物理能梯级利用的能量转换机理研究;煤热解分级转化研究;煤、生物质气化多联产研究;煤基多联产灵活系统(燃料、产品)设计。

3) 生物质气化多联产

生物质制氢与液体燃料合成技术;BGFC-GT 一体化技术;生物质与天然气基及其互补的多联产系统集成;灵活系统(燃料、产品)设计与联产方案优化。

4) 换热网络

基于夹点分析、数学规划和人工智能等技术的换热网络优化;基于夹点分析与数学规划结合的换热网络优化;换热网络控制与工艺一体化设计。

5) 能源互联网

不同类储能系统的优化配置;能源互联网核心单元的优化设计、协调调度和运行控制;多类型能源网络的耦合与连接;基于大数据挖掘的优化设计和运行方案研究。

本 章 小 结

本章重点讲述了氧化还原反应和原电池、电极电势、金属的腐蚀及其防止以及电化学腐蚀的利用等相关内容,并且将化学电源及能源的开发利用作为阅读材料进行了简单介绍。

1. 氧化还原反应和原电池

1) 氧化还原反应概论

在介绍了氧化数的概念及确定原则之后,介绍了氧化还原反应中的能量变化。化学热力学与电化学之间靠公式 $\Delta G = -nFE$ 联系起来。在标准状态下: $\Delta_r G_m^\ominus = -zFE^\ominus$,氧化还原反应的标准平衡常数可以通过下面两式求得:

$$\lg K^\ominus = \frac{zFE^\ominus}{2.303RT}$$

$$\lg K^\ominus = \frac{zE^\ominus}{0.05917} \text{ (298K,标准状态下)}$$

2) 原电池

介绍了原电池的正负极、半反应以及氧化还原电对等概念,并介绍了半反应的写法和电池符号的写法。

2. 电极电势

首先介绍了电极电势的基本概念和电极的种类,接下来着重介绍了标准氢

电极、电极电势的测定方法、标准电极电势表以及能斯特方程,即

$$\varphi = \varphi^{\ominus} - \frac{2.303RT}{zF}\lg\frac{[c(还原态)/c^{\ominus}]^b}{[c(氧化态)/c^{\ominus}]^a}$$

$$\varphi = \varphi^{\ominus} - \frac{0.05917}{z}\lg\frac{[c(还原态)/c^{\ominus}]^b}{[c(氧化态)/c^{\ominus}]^a}\ (298K\ 时)$$

最后介绍了电极电势的应用,内容包括比较氧化剂与还原剂的相对强弱、判断氧化还原反应进行的方向、衡量氧化还原反应进行的程度和原电池的电动势的计算。

3. 金属的腐蚀及其防止

首先,介绍了金属腐蚀的发生(包括化学腐蚀和电化学腐蚀,电化学腐蚀又分为析氢腐蚀和吸氧腐蚀);然后,介绍了电化学腐蚀的极化作用和金属的腐蚀速率;最后,从合理选用材料、防止介质对材料的腐蚀和电化学保护法三个方面重点介绍了防止金属腐蚀的措施。

4. 电化学腐蚀的利用

着重从阳极氧化、电解抛光和化学铣削三个方面介绍了电化学腐蚀的利用。

5. 阅读材料——化学电源及能源的开发利用

本节以能源为主线介绍了化学电源及能源的开发利用。一是介绍了普通的锌锰电池、银锌碱性电池、锌汞碱性电池和固体电解质电池等干电池、铅蓄电池和燃料电池;二是介绍了各种能源的开发利用。

习　题

1. 电解 $CuSO_4$ 溶液时,若两极都用铜,则阳极反应为_____,阴极反应为_____;若阴极使用铜作电极而阳极使用铂作电极,则阳极反应为_____,阴极反应为_____;若阴极使用铂作电极而阳极使用铜作电极,则阳极反应为_____,阴极反应为_____。

2. 试从电子运动方向、离子运动方向、电极反应、化学变化与能量转换本质及反应自发性五个方面列表比较原电池与电解池的异同。

	原电池	电解池
电子运动方向		
离子运动方向		
电极反应		
化学变化与能量转换本质		
反应自发性		

3. 写出下列化学反应方程式的半反应式。

(1) $2Al + 3Hg(NO_3)_2(aq) = 2Al(NO_3)_3(aq) + 3Hg(s)$

(2) $Zn + AuCl_3(aq) = ZnCl_2(aq) + AuCl$（AuCl 是难溶电解质）

(3) $Mg + NiCl_2(aq) = MgCl_2(aq) + Ni$

(4) $SnCl_2(aq) + 2FeCl_3(aq) = SnCl_4(aq) + 2FeCl_2(aq)$

4. 根据标准电极电势表将下列物质按还原性强弱的相对大小进行排列，并写出它们的氧化产物。[K　KI　$FeCl_2$　$SnCl_2$　Mg]

5. 试通过计算确定下列反应在 25℃ 时进行的程度。

$$5Fe^{2+} + MnO_4^- + 8H^+ = 5Fe^{3+} + Mn^{2+} + 4H_2O$$

6. 将铜片插入 $0.50 mol \cdot dm^{-3}$ $CuSO_4$ 溶液，银片插入 $0.50 mol \cdot dm^{-3}$ $AgNO_3$ 溶液中组成原电池。

(1) 写出原电池的符号。盐桥中应采用什么物质作为电解质？

(2) 写出原电池的负极和正极的电极反应式及原电池的总反应式。

(3) 计算该原电池的电动势。

(4) 计算该原电池反应的吉布斯函数变。

(5) 求 25℃ 时原电池上述总反应式的标准平衡常数。

(6) 若该原电池的 Ag^+ 浓度为 $0.60 mol \cdot dm^{-3}$，则原电池的电动势为多少（试与原来的电动势相比较）。

7. 有下列原电池

$(-)Zn \mid Zn^{2+}(1.0 mol \cdot dm^{-3}) \parallel H^+(x\ mol \cdot dm^{-3}) \mid H_2(100kPa) \mid Pt(+)$

测得其电动势 $E = 0.35V$，式计算氢电极中 H^+ 的浓度。

8. $KMnO_4$ 与 Na_2SO_3 在酸性介质和弱碱性介质中都能发生氧化还原反应，试描述反应发生时出现的现象并配平氧化还原方程式。

9. 已知电对：$\varphi^{\ominus}(H_3AsO_4/H_3AsO_3) = +0.559V$，$\varphi^{\ominus}(I_2/I^-) = +0.536V$，计算下列反应在 25℃ 时的标准平衡常数值：

$$H_3AsO_4 + 2I^- + 2H^+ = H_3AsO_3 + I_2 + H_2O$$

(1) 如果溶液的 pH=6，上述反应方向如何？

(2) 如果溶液中 $C(H^+) = 6 mol \cdot dm^{-3}$，上述反应方向如何？

10. 某电解质中含有浓度为 $1.0 mol \cdot dm^{-3}$ 的 Fe^{2+}。设 H_2 在 Fe 上的超电势为 0.4V，如果要在阴极使 Fe 析出而 H_2 不析出，且溶液不因 pH 值太大而产生 $Fe(OH)_2$ 沉淀，问 25℃ 时，溶液的 pH 值范围应是多少？($K_{sp}^{\ominus}(Fe(OH)_2) = 4.87 \times 10^{-17}$)

11. 将 Cu 片插入盛有 $0.5 mol \cdot L^{-1}$ 的 $CuSO_4$ 溶液的烧杯中，Ag 片插入盛有

0.5mol·L^{-1}的AgNO$_3$溶液烧杯中：

(1) 写出该原电池的电池符号；

(2) 写出电极反应式和原电池的电池反应方程式；

(3) 求该电池的电动势；

(4) 若加入氨水于CuSO$_4$溶液中,电池的电动势将如何变化？若加氨水于AgNO$_3$溶液中,情况又如何？(定性回答)

12. 由标准钴电极和标准氯电极组成原电池,并且测得其电动势为1.64V,此时,钴电极为负极,已知$\varphi^{\ominus}$(Cl/Cl$^-$)=1.36V,问：

(1) 此电池反应方向如何？

(2) $\varphi^{\ominus}$(Co^{2+}/Co)=?

(3) 当氯气分压增大或减小时,电池电动势将如何变化？

(4) 当Co^{2+}浓度降到0.01mol·L^{-1}时,电动势又将如何变化？

13. 以下二电极组成原电池：

(1) Zn | Zn^{2+}(1.0mol·L^{-1})

(2) Zn | Zn^{2+}(0.001mol·L^{-1})

判断此原电池的正负极,并计算电动势。

14. 试判断在H$^+$浓度为10^{-5}mol·L^{-1}溶液中下列反应进行的方向(假定除H$^+$外的其他物质均处于标准状态)。

$$2Mn^{2+} + 5Cl_2 + 8H_2O = 2MnO_4^- + 16H^+ + 10Cl^-$$

已知：$\varphi^{\ominus}$(MnO$_4^-$/Mn^{2+})=1.507V，$\varphi^{\ominus}$(Cl$_2$/Cl$^-$)=1.358V。

15. 用电化学方法计算反应Cu^{2+}+Fe=Cu+Fe^{2+}在25℃时的标准平衡常数。

16. 将下列反应设计成原电池,以电池符号表示,并写出正、负极反应(设各物质均处于标准状态)。

(1) 2Fe^{2+} + Cl$_2$ → 2Fe^{3+} + 2Cl$^-$

(2) 5Fe^{2+} + 8H$^+$ + MnO$_4^-$ → Mn^{2+} + 5Fe^{3+} + 4H$_2$O

17. 由标准氢电极和镍电极组成原电池,若c(Ni$_i^{2+}$)=0.010mol·dm^{-3}时,电池的电动势为0.316V,镍为负极,计算镍电极的标准电极电势。

18. 计算下列电池反应在298.15K时的E和$\Delta_r G_m$值,并指出反应是否自发。

$$Cu + 2H^+ \longrightarrow Cu^{2+} + H_2$$

已知：c(Cu^{2+})=0.10mol·dm^{-3}，c(H$^+$)=0.010mol·dm^{-3}，p(H$_2$)=90kPa。

19. 在 298.15K 和 pH=5 时,下列反应能否自发进行?计算说明之。
$$2MnO_4^- + 16H^+ + 10Cl^- \longrightarrow 5Cl_2 + 2Mn^{2+} + 8H_2O$$
已知:$c(MnO_4^-) = c(Mn^{2+}) = c(Cl^-) = 1mol \cdot dm^{-3}$,$p(Cl_2) = 100kPa$。

20. 计算下列反应:$Ag^+ + Fe^{2+} = Ag + Fe^{3+}$。

(1) 在 298.15K 时的标准平衡常数 $K^\ominus$。

(2) 若反应开始时 $c(Ag^+) = 1.0mol \cdot dm^{-3}$,$c(Fe^{2+}) = 0.010mol \cdot dm^{-3}$,求达到平衡时 $c(Fe^{3+}) = ?$

21. 已知某原电池的正极是氢电极,$p(H_2) = 100.00kPa$,负极的电极电势是恒定的。当氢电极中 pH=4.008 时,该电池的电动势是 0.412V。如果氢电极中所用的溶液改为一未知 $c(H^+)$ 的缓冲溶液,又重新测得原电池的电动势为 0.427V。计算该缓冲溶液的 $c(H^+)$ 和 pH。

22. 试以反应 $Sn + 2H^+ \rightleftharpoons Sn^{2+} + H_2$ 为电池反应,设计成一种原电池(用电池符号表示)。分别写出电极反应方程式和电池反应方程式,并计算该电池在 25℃ 时的标准电动势及电池反应的标准平衡常数 $K^\ominus$。

23. 根据下列反应及其热力学常数,计算银-氯化银电对的标准电极电势 $\varphi^\ominus(AgCl/Ag)$。

该电池反应为 $H_2 + 2AgCl = 2H^+ + 2Cl^- + 2Ag$。已知该反应在 25℃ 时的 $\Delta_r H_m^\ominus = -80.80kJ \cdot mol^{-1}$,$\Delta_r S_m^\ominus = -127.20J \cdot mol^{-1} \cdot K^{-1}$。

24. 半电池(A)是由镍片浸在 $1.0mol \cdot L^{-1}$ 的 Ni^{2+} 溶液中组成的,半电池(B)是由锌片浸在 $1.0mol \cdot L^{-1}$ 的 Zn^{2+} 溶液中组成的。当将半电池(A)和(B)分别与标准氢电极连接组成原电池,测得原电池的电动势分别为 $E(A-H_2) = 0.257V$,$E(B-H_2) = 0.762V$。试回答下面问题:

(1) 当半电池(A)和(B)分别与标准氢电极连接组成原电池时,发现金属电极溶解。试确定各半电池的电极电势符号是正还是负?

(2) Ni、Ni^{2+}、Zn、Zn^{2+} 中,哪一种物质是最强的氧化剂?

(3) 当将金属镍放入 $1.0mol \cdot L^{-1}$ 的 Zn^{2+} 溶液中,能否发生反应?将金属锌浸入 $1.0mol \cdot L^{-1}$ 的 Ni^{2+} 溶液中会发生什么反应?写出反应方程式。

(4) Zn^{2+} 与 OH^- 能反应生成 $[Zn(OH)_4]^{2-}$。如果在半电池(B)中加入 NaOH,其电极电势是变大、变小还是不变?

(5) 将半电池(A)和(B)组成原电池,何者为正极?电动势是多少?

25. 析氢腐蚀和吸氧腐蚀有什么不同?举例说明。

26. 氧浓差腐蚀是吸氧腐蚀的一种,腐蚀部位往往发生在氧浓度大的地方还是小的地方,为什么?

27. 作为金属防腐蚀的保护层,应具备哪些条件?

28. 常用缓蚀剂有无机缓蚀剂和有机缓蚀剂两种,各根据什么原理进行防腐的?举例说明。

29. 电镀是电解原理的实际应用,其操作工艺一般要经过哪些步骤?为什么?

30. 电铸和电镀有什么不同?

31. 什么叫化学蚀刻?在工程实际中有何应用?

32. 化学抛光和电解抛光有什么区别?举例说明。

33. 电解加工所用的电解液与电镀时所使用的有什么不同?电解加工为什么要使用大的电流密度?

第 5 章 化学与军事武器

▌ 本章基本要求 ▌

(1) 了解火炸药的种类、性质及相关应用,了解军事四弹的构造、原理及性能。

(2) 了解生化武器的概念、特点、分类、防护措施以及典型的生化战剂。

(3) 掌握核化学基础知识;了解原子弹、氢弹、中子弹的相关知识以及核武器损伤及防护。

(4) 了解新概念武器的定义及特点;了解失能武器、人道武器和地球环境武器等化学类新概念武器的原理与性能。

(5) 了解推进剂的发展史和液体推进剂、固体推进剂相关知识;了解主要的液体火箭氧化剂和燃烧剂的物理、化学性质及安全防护措施。

几乎任何人都不会认为战争是一种有价值的人类活动,但是一旦战争爆发,人人都希望取得胜利。因此,世界各国政府总是号召科学家们研制出更有效的武器或更好的防御物。化学在武器和防御物两方面都发挥了很大的作用。因此,美国西点军校要求其每一位学员都必须学习化学,而且美国军队的所有部门都规定要优先支持有关领域的化学研究。

5.1 火炸药与军事四弹

5.1.1 火炸药概述

火炸药被称为"武器的灵魂"。黑火药是人类最早使用的火药,在发明之初主要用于医药,从火药两字中的"药"字即可见一斑。公元 10 世纪后期,中国北宋的军事技术家和统兵将领,依据以往炼丹家在炼制丹药过程中曾经使用过的火药配方,经过调整和修正后,配制成最初的军用火药并制成火器用于作战,开创了人类战争史上火器与冷兵器并用的时代。从此以后,在刀光剑影的战场上,又出现了火器的声响与弥漫的硝烟。大约在公元 12 世纪,黑火药经由印度、阿拉伯传入欧洲,主要用于军事领域。军事上普遍使用的黑火药成分是:75%的硝酸钾+10%的硫+15%木炭。有时火药也呈褐色,故也称褐火药。黑火药极易剧烈燃烧:

$$2KNO_3 + S + 3C = K_2S + N_2\uparrow + 3CO_2\uparrow, \Delta_rH_m^\ominus = -572 kJ\cdot mol^{-1}$$

由上述反应式可见,固体反应物产生了大量气体,燃烧产生的热又使气体剧烈膨胀,于是就会发生爆炸。由于爆炸时有 K_2S 固体产生,故往往有很多浓烟冒出,黑火药之名便由此而来。据测算,大约 4g 黑火药燃烧时,可产生 280L 气体,体积可膨胀近万倍。火药在武器中的工作原理是通过燃烧将火药的化学能转化为热能,再通过高温高压气体的膨胀,将热能转化为弹丸或火箭的动能。图 5-1 为南宋人利用黑火药发明的梨花枪。

图 5-1 南宋人利用黑火药发明的梨花枪

随着军事化学的发展,出现了比黑火药爆炸威力更大的烈性炸药。一般是含硝基的有机化合物,最早出现的是苦味酸(三硝基苯酚,即黄色炸药),由苯酚制成,反应式为

硝化甘油是意大利人于 1847 年在一场化学实验室的偶然事故中发现的一种烈性炸药的主要成分(最初作为扩充血管的药物),它由甘油(丙三醇)硝化制得,反应式为

$$C_3H_5(OH)_3 + 3HONO_2 \xrightarrow{\text{浓}H_2SO_4} C_3H_5(ONO_2)_3 + 3H_2O$$

硝化甘油是一种非常不稳定的化合物,稍微振动都会发生猛烈的爆炸,诺贝尔将硝化甘油与硅藻土混合,获得了稳定、安全且威力强大的新式炸药。

图5-2 瑞典化学家诺贝尔

1863年,化学家J.维尔布兰德用甲苯、硫酸和硝酸首先制得了一种黄色的针状固体,并命名为梯恩梯,化学名称为三硝基甲苯(TNT),现在被广泛用作军事武器中的炸药,并作为炸药的当量标准。它是由甲苯硝化得到的,反应式为

TNT从1891年开始应用于军事,并很快取代了苦味酸,成为最经典的炸药。至今,TNT的地位仍然无可动摇,仍然是产量最大的炸药。在计算核武器的破坏效果时,常使用TNT作为标准,即一枚核弹爆炸释放的能量相当于多少吨TNT,称为核武器当量。

TNT的爆炸反应式为

$$2C_6H_2(NO_2)_3CH_3 \rightarrow 3N_2\uparrow + 5H_2O\uparrow + 7CO\uparrow + 7C$$

在合成炸药中,TNT的威力算是比较小的。撞击感度4%~8%(10kg,25cm高),摩擦感度4%~6%,枪弹贯穿一般不会爆炸。毒性大,毒力与农药敌百虫相当。TNT的生产成本低,工艺成熟,各国都有大量生产。TNT的熔点低,且熔点远低于分解温度,可以放心地将其熔化而不用担心发生危险。熔化的TNT是良好的溶剂和载体,许多不易熔化的粉状炸药都可以与其混熔后浇铸成型。片状的TNT及用片状物压成的药块易被起爆,浇铸成块的起爆较困难,必须用扩爆药柱。一般情况下,起爆TNT至少需要0.24g雷汞或0.16g叠氮化铅。点燃

TNT时只发生熔化和缓慢燃烧,发出黄色火焰,不会爆炸,因而,常用燃烧法销毁TNT。

硝化甘油开始大规模生产后,人们发现,吸入其蒸气可以引起头痛。经过研究,这种物质具有强烈的扩张心脑血管的作用。于是,药剂师开始用其作为一种治疗心绞痛的药物给心脏病患者服用,效果很好。经过研究,硝酸酯类有机物都具有这样的作用,其中比较长效的是1894年发明的季戊四醇四硝酸酯,其俄语音译为"太安",分子式为$C(CH_2ONO_2)_4$。军方科学家研究发现,太安是一种白色固体,威力大于后面将要介绍的黑索今,但安定性较差,所以,需要加入钝化剂才可用于装填炮弹、炸弹。其爆炸反应式为

$$C(CH_2ONO_2)_4 \rightarrow 2N_2\uparrow + 4H_2O\uparrow + 3CO_2\uparrow + 2CO\uparrow$$

太安又名膨梯儿(PETN),化学名称为季戊四醇四硝酸酯,是极猛烈的炸药,有文献报道其铅铸扩张值为$523cm^3/10g$,约为TNT的174%,猛度约为TNT的120%。PETN感度较高,易被起爆,因此被用于雷管及传爆药柱中。PETN的耐水性也不错,用火棉胶固结后可直接用在水中,在粉末含水30%时仍能被引爆。

PETN的用途非常多,几乎用于炸药应用的所有领域。把PETN用于手榴弹、地雷或添加于工业炸药中,或掺入推进剂、抛射药中,均能收到良好效果。还可将其用于制造爆炸桥丝雷管、导爆索和传爆剂。医学方面可用于治疗心绞痛,作用缓慢而持久,而且几乎无毒。

1899年,英国药物学家G. F. 亨宁用福尔马林和氨水作用,制得了一种弱碱性的白色固体,命名为乌洛托品,分子式为$(CH_2)_6N_4$。他利用各种酸处理,看看其盐的状态。当用硝酸处理时,得到了一种白色的粉状晶体,水溶性极差。经过研究,原来是生成了六元环状的硝酰胺类化合物。因为其分子呈六边形,所以命名为hexogon,中文音译为黑索今(RDX)。

1922年,化学家G. C. 赫尔茨发现这种六边形的物质竟然是一种性格猛烈的炸药,其威力不弱于梯恩梯,但其合成原料(氨水和福尔马林)却比甲苯价格更低,来源更为丰富。只是黑索今的性格有点暴烈,所以需要加入某些钝感剂才适用于炮弹、鱼雷和地雷等武器,另外,它还可以作为火箭推进剂的成分之一。第二次世界大战之后,黑索今已经成为军用炸药的主角之一,仅次于梯恩梯。

其爆炸反应式为

$$C_3H_6O_6N_6 \rightarrow 3N_2\uparrow + 3H_2O\uparrow + 3CO\uparrow$$

RDX威力强大,爆速$8620 \sim 8670m/s(\rho = 1.769g \cdot cm^{-3})$,做功能力为158%,猛度为150%。感度较高,撞击感度$36\% \pm 8\%$(2kg锤,25cm落高)或$7.5N \cdot m$,着火电压14950V(电容$0.3\mu F$)。RDX的毒性远小于TNT,但仍有毒,可以用做安全的杀鼠药。目前尚无特效解毒剂。

RDX 是当今最重要的炸药,因其综合性能优良,在许多地方,尤其是在导弹中得到广泛应用,用量仅次于 TNT。

1941 年,生产黑索今的一家化工厂发现,在黑索今中的一种杂质的含量可以决定黑索今的爆炸效果。这种杂质多,这批产品质量就好,否则就要差一些。经过提纯,发现这是黑索今的一种同系物,只不过是一个八元环,所以被命名为 octagon(八边形),音译为奥克托今(HMX)。

奥克托今的密度大于黑索今,爆速、爆热都高于黑索今,化学安定性甚至好于梯恩梯,是已知单质炸药中爆炸效果最好的一种。但是由于其生产工艺要求高,产品很难提纯,生产成本高,所以尚未作为常规装药应用于战争中,而是逐渐应用于导弹战斗部和反坦克武器装药。如果能够降低成本,提高产率,奥克托今一定会得到更为广泛的应用。

其爆炸反应式为

$$C_4H_8O_8N_8 \longrightarrow 4N_2\uparrow + 4H_2O\uparrow + 4CO\uparrow$$

常用单质炸药及其基本性质总结如表 5-1 所列。

表 5-1 常用单质炸药的基本性质

项目	学名	代号	分子式	外观	用途
黑索今	1,3,5-三硝基-1,3,5-三氮杂环己烷	RDX	$C_3H_6O_6N_6$	白色粉状结晶,钝化 RDX 为红色	传爆药,反装甲战斗部,导弹战斗部主装药。
奥克托今	1,3,5,7-四硝基-1,3,5,7-四氮杂环辛烷	HMX	$C_4H_8O_8N_8$	白色结晶	耐热炸药,比 RDX 用途更广。
太安	季戊四醇四硝酸酯	PETN	$C(CH_2ONO_2)_4$	白色结晶,钝化后为玫瑰色	与 RDX 类似
特屈尔	三硝基苯甲硝铵	CE	$C_6H_2(NO_2)_3NNO_2CH_2$	淡黄色晶体	传爆药柱
梯恩梯	三硝基甲苯	TNT	$C_6H_2(NO_2)_3CH_3$	淡黄色鳞片状结晶	各种弹药的战斗部,可与其他炸药混合使用。
硝化甘油	丙三醇三硝酸酯	NG	$C_3H_5(ONO_2)_3$	无色或淡黄色液体	威力最大,但不能单独使用,用于制造胶质混合炸药。
硝化棉	硝化纤维素	NC		白色纤维	发射药

5.1.2 现代炸药——混合炸药

在第一次和第二次世界大战中,大量使用了苦味酸、梯恩梯等单质炸药装填各种弹药。但随着现代武器的发展和防御能力的加强,如舰艇和坦克的装甲以及工事掩体结构等设施的不断改进,上述单质炸药的爆炸威力已明显不足,需要发展爆炸威力更高的新品种。另外,一些爆炸性能好的单质炸药如黑索今、奥克托今和太安等,由于机械感度高,装药加工不安全,不便单独使用,这就导致了以这类炸药为主的混合炸药的出现。

混合炸药也称爆炸混合物,是由两种以上的化学物质混合构成的猛炸药。混合炸药可以是可燃物和容易释放大量氧的氧化剂所组成的混合物,也可以是以一种单质炸药为基础,再加入其他组分的混合物。

将单质炸药与其他物质混合制成混合炸药使用,可改善其物理和化学性质以及爆炸性能和装药性能等。现在各种类型的弹药、战斗部和水下武器等的装药,绝大部分是混合炸药。工业炸药几乎全部是混合炸药。对混合炸药的要求主要是:

(1) 降低某些猛炸药的机械感度、提高装药性能和药柱的机械强度;
(2) 使高熔点的猛炸药与低熔点的猛炸药熔合,便于铸装;
(3) 改善和调整炸药的爆炸性能;
(4) 扩大炸药供应的来源,开拓利用来源广、价格低的原料。

1. 液体炸药

液体炸药是由液体或某些能溶于液体或者能悬浮于液体的物质所制成的混合炸药。液体炸药流动性好、密度均匀,可随容器任意改变形状,并可渗入至被爆炸物的缝隙中。液体炸药通常为氧化剂与可燃剂的混合物,如浓硝酸与硝基苯、浓硝酸与硝基甲烷、四硝基甲烷与硝基苯以及硝酸肼与肼等。它们的爆炸性能均较好,可应用于装填地雷、航弹、扫雷、开辟通道、挖掘工事和掩体。但也具有挥发性大、安定性差、腐蚀性强以及某些组分有毒等缺点。

在现代战争中,液体炸药被用于破坏坑道和深层掩体。

2. 高威力混合炸药

这类混合炸药中往往加有高热值的可燃剂,以提高炸药的爆热。这些物质为铝、镁、硼、铍、硅等,其中以铝用得最为普遍,因此,通常所说的高威力混合炸药就是指含铝的混合炸药。这类炸药的组分大致为黑索今、梯恩梯、铝粉以及少量的附加胶黏剂等。主要用于装填鱼雷、水雷、深水炸弹、高射炮弹、破甲弹和某些高爆炸弹。

3. 工程炸药

在修筑工事、掩体和铺设道路、拆除建筑物时,都需要爆破作业。然而,梯恩

梯、黑索今等炸药价格昂贵,不适合工程爆破使用。硝酸铵是一种中等威力的炸药,其爆炸反应式为

$$2NH_4NO_3 \longrightarrow 2N_2\uparrow + 4H_2O\uparrow + O_2\uparrow$$

由上式可知其产物中有氧。如果再在其中混入一些还原剂,就可以制成价格低廉、威力巨大的炸药。一般常用的为铵油炸药,即将硝酸铵与燃料油、木粉、沥青等可燃物混合。在拆除钢筋混凝土工事时,还需要加入少量梯恩梯和铝粉。

4. 枪炮发射药

无论是贯穿杀伤的子弹还是爆炸杀伤的炮弹,都需要有一个很大的初速度。这种初速度是由弹壳中的发射药提供的。

发射药也属于一种混合炸药,其要求是:提供大量高压气体,固体产物少;温度不能过高,否则,会烧蚀枪炮管;性质安定,便于保存;爆炸产物不能有过大的毒性。

最早的发射药就是黑火药。由于产生大量硫化钾烟尘污染枪膛、炮膛,所以那时枪炮必须经常擦拭。

现代发射药,可以根据其使用的火药类型,分为单基火药、双基火药和三基火药。

单基火药就是火棉。将火棉混合少量的稳定剂即可。优点是价格低廉,缺点是稳定剂都是易挥发的有机溶剂,容易变质,不能做大尺寸药体。

双基火药是火棉与爆炸性有机溶剂的混合物,一般用的是硝化甘油。由于硝化甘油爆炸时产生氧气,可以和火棉爆炸产生的 CO 继续作用,所以发射后气体毒性更小。调整两者的比例,可以适应不同武器对发射药的要求。缺点是爆炸温度高,减少枪炮的使用寿命。

三基火药是在双基火药的基础上加入不溶于有机溶剂的固体炸药制成的,如加入硝基胍、黑索今和奥克托今等。三基火药适合大口径榴弹炮、加农炮使用,其炮管烧蚀作用更低,但是价格相对昂贵。

现在正在研制的还有液体发射药,可以用控制装填液体量的方法调节炮弹的发射距离。

5. 火箭推进剂

火箭与炮弹不同,其初速度为零,动力来源于自身燃料的燃烧喷射。有关内容将在 5.4 节进行详细的论述。

5.1.3 军事四弹

"军事四弹"是指烟幕弹、照明弹、燃烧弹和信号弹,它们在军事上有着重要的作用。

1. 烟幕弹

烟和雾是分别由固体颗料和小液滴与空气所形成的分散系统。烟幕弹的原理就是通过化学反应在空气中造成大范围的化学烟雾。烟幕弹主要用于干扰敌方观察和射击,掩护己方的军事行动,是战场上经常使用的弹种之一。例如,装有白磷的烟幕弹引爆后,白磷迅速在空气中燃烧生成五氧化二磷:

$$4P + 5O_2 \xrightarrow{点燃} 2P_2O_5(S)$$

P_2O_5 会进一步与空气中的水蒸气反应生成偏磷酸和磷酸,其中,偏磷酸有毒,反应式为

$$P_2O_5 + H_2O \longrightarrow 2HPO_3$$
$$P_2O_5 + 6H_2O \longrightarrow 4H_3PO_4$$

这些酸性液滴与未反应的白色颗粒状 P_2O_5 悬浮在空气中,便构成了"恐怖的云海"。

同理,四氯化硅和四氯化锡等物质也可用作烟幕弹。因为它们都极易水解:

$$SiCl_4 + 4H_2O \longrightarrow H_4SiO_4 + 4HCl$$
$$SnCl_4 + 4H_2O \longrightarrow Sn(OH)_4 + 4HCl$$

水解后在空气中形成 HCl 酸雾。在第一次世界大战期间,英国海军就曾向自己的军舰投放含 $SnCl_4$ 和 $SiCl_4$ 的烟幕弹,从而巧妙地隐藏了军舰,避免了敌机轰炸。有些现代新式军用坦克所用的烟幕弹不仅可以隐蔽物理外形,而且烟雾还有躲避红外、激光和微波的功能,达到"隐身"的效果。

图 5-3 为解放军在烟幕弹掩护下演练步坦协同冲锋。

图 5-3 解放军在烟幕弹掩护下演习

2. 照明弹

夜战是战场上经常采用的一种作战方式。利用黑夜作掩护,夺取战场主动权,历来为指挥员所推崇。然而,要想在茫茫黑夜中克敌制胜,首先要解决

夜间观察和夜间射击的问题。在早期的战争中,主要依靠照明器材来解决这些问题。

照明弹是夜战中常用的照明器材,它是利用内装照明剂燃烧时的发光效果进行照明的。现代照明弹的光亮非常强,如同高悬空中的"太阳",可将大片的地面照得如同白昼。通常照明弹的发光强度为40万~200万 cd,发光时间为30~140s,照明半径达数百米。在夜间战场上,可借助照明弹的亮光迅速查明敌方的部署,观察我方的射击效果,及时修正射击偏差,以保证进攻的准确性;在防御时,可以及时监视敌方的活动。图5-4为巴以冲突中以军使用的镁光照明弹。

图5-4 巴以冲突中以军使用的镁光照明弹

照明弹中通常装有铝粉、镁粉、硝酸钠和硝酸钡等物质,引爆后,金属镁、铝在空气中迅速燃烧,产生几千度的高温,并放出含有紫外线的耀眼白光:

$$2Mg + O_2 \xrightarrow{\text{点燃}} 2MgO$$

$$4Al + 3O_2 \xrightarrow{\text{点燃}} 2Al_2O_3$$

反应放出的热量使硝酸盐立即分解:

$$2NaNO_3 \xrightarrow{\text{点燃}} 2NaNO_2 + O_2 \uparrow$$

$$Ba(NO_3)_2 \xrightarrow{\text{点燃}} Ba(NO_2)_2 + O_2 \uparrow$$

产生的氧气又加速了镁、铝的燃烧反应,使照明弹更加明亮夺目。

3. 燃烧弹

燃烧弹在现代坑道战、堑壕战中起到重要作用。由于汽油密度小,放出的热量高,价格便宜,所以被广泛用作燃烧弹的原料。用汽油与黏合剂黏合成胶状物,可制成凝固汽油弹。为了攻击水中目标,在凝固汽油弹里添加活泼的碱金属和碱土金属。钾、钙和钡一遇水就剧烈反应,产生易燃易爆的氢气:

$$2K + 2H_2O \longrightarrow 2KOH + H_2(g)$$

$$Ba + 2H_2O \longrightarrow Ba(OH)_2 + H_2(g)$$

从而提高了燃烧的威力。

对于有装甲的坦克,燃烧弹自有对付它的高招。由于铝粉和氧化铁能发生壮观的铝热反应:

$$2Al + Fe_2O_3 = Al_2O_3 + 2Fe, \Delta_r H_m^\ominus = -851.5 kJ \cdot mol^{-1}$$

该反应放出的热量足以使钢铁熔化成液态。所以用铝热剂制成的燃烧弹可熔掉坦克厚厚的装甲,使其望而生畏。另外,铝热剂燃烧弹在没有空气助燃时也可照样燃烧,大大扩展了它的应用范围。

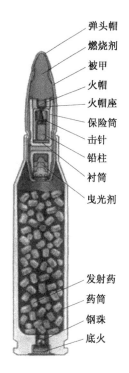

图 5-5　燃烧弹结构示意图

4. 信号弹

金属及其化合物灼烧时可呈现各种颜色的火焰,人们利用这一性质制造出信号弹。军事上利用信号弹的颜色和弹数传达指挥员的战斗号令。信号弹中的信号剂是用发光剂和发色剂胶合而成的。发光剂一般为铝粉或镁粉;发色剂为能在火焰中发出绚丽多彩颜色的金属盐类物质,如用硝酸锶和碳酸锶制造红色信号弹、用硝酸钡制造绿色信号弹、用硝酸钠制造黄色信号弹、用硫酸铜制造蓝色信号弹以及用硝酸钾制造葡萄紫色的信号弹等。

5.2 生化武器简介

5.2.1 概述

1. 生化武器的定义及特点

生物武器(旧称细菌武器)是生物战剂及其施放器材的总称。生物战剂是指能使人畜致病的微生物(细菌、病毒、立克次体等)、其他生物制剂或毒素。它的施放器材包括为此目的而专门设计的武器、设备或运载工具。使用生物武器杀伤人、畜及农作物的军事行动称为生物战。

化学武器是利用化学物质的毒性杀伤有生力量的各种武器和器材的总称,是一类大规模杀伤性武器。它由以下3部分组成:一是以其直接毒害作用干扰和破坏人体的正常生理功能,造成他们失能、永久伤害或死亡的毒剂(过去也称毒气);二是装填毒剂并把它分散成战斗状态的化学弹药或装置,如钢瓶、毒烟罐、气溶胶发生器、布洒器、各种炮弹、航弹、火箭弹及导弹弹头等;三是用以把化学弹药或装置投送到目标区的发射系统或运载工具,如大炮、飞机、火箭和导弹等。

与核武器一样,生化武器也属于大规模杀伤性武器,但生化武器又是另类特殊的大规模杀伤性武器,因为它们有着一些与核武器完全不同的特点。

生化武器的特殊性首先表现在其作用的特点上。生化武器区别于任何其他武器的一个基本特征是其使用目的纯粹是为了毁灭生命,而不是毁坏物质财富。其次,生化武器的特殊性还在于它始终受到来自道义方面的强大压力。由于生化武器巨大的杀伤力、受害者所遭受的难以忍受的痛苦以及使用这种武器所造成的无法控制的灾难性后果,人们普遍认为它是一种不人道、不文明的战争手段。最后,生化武器的特殊性还表现在它们是被国际公约所明确禁止的一类大规模杀伤性武器。1925年的日内瓦议定书就已经禁止了这类武器在战争中的"使用",而1972年的《禁止生物武器公约》和1993年的《禁止化学武器公约》又禁止这类武器的发展、生产和储存,并要求彻底销毁库存的武器,而核武器则没有类似的国际条约的限制。

2. 生化武器的发展简史

1) 生物武器的发展简史

现代生物武器的历史虽然不长,但利用毒物或传染病征服敌人的思想与行动却早已有之。人类历史上几次瘟疫大流行造成的灾难以及在历次战争中军队因传染病而战败的事例更促使将人为传染疾病的手段用于战争。随着微生物学与武器生产工艺的发展,大量生产致病微生物并装于弹药或布洒器制成生物武器成为现实。早期研制生物武器者是具有侵略性且细菌学与工业水平发达的德国。1917年,德国一改过去用人工秘密施放致病微生物的办法,用飞机在罗马尼亚的布加勒斯特上空撒布染有生物战剂的水果与玩具。20世纪30年代,德国进行生物武器的研究,在第二次世界大战期间,他们集中力量研究利用飞机布撒生物战剂的装置。侵华日军在我国东北建立了庞大的生物武器研制机构(731部队),以我同胞做试验,犯下了滔天罪行,并在我国长江以南的一些省份(如浙江、江西、湖南等地)进行细菌攻击。40年代开始,英、美相继研究生物武器,虽然美国当时并未使用,但第二次世界大战期间美国生物武器的研究水平远远超过其他国家。50年代,美国还进行了大量利用媒介昆虫传播生物战剂的研究。从1952年开始,美军对朝鲜民主主义人民共和国和我国东北地区进行了生物战,投下了多种多样的生物弹容器,媒介动物有蝇、蚊、人蚤,还有小田鼠、羽毛和树叶等。使用的微生物有炭疽菌、鼠疫菌、霍乱菌、伤寒菌和副伤寒菌等。在朝鲜和我国人民中出现了一些当地从未发生过的鼠疫、炭疽、霍乱和脑炎患者。60年代,美军也没有停止对生物武器进行研究。

随着科学技术的发展,特别是分子生物学和遗传工程技术的飞速进展,用人工合成具有生物活性的物质以及利用基因重组技术都可能获得新的生物战剂,如合成有毒的多肽和通过基因工程利用微生物产生生物毒素,使生物武器研究进入了新的"基因武器"阶段。而有毒多肽的合成为更多毒素的合成打下了基础,毒素毒剂成为化学战剂发展的一个方向——"生物-化学战剂"。

2) 化学武器的发展简史

化学武器一词始于近代,但在战争中使用有毒物质,却可追溯到公元前6世纪至公元前5世纪。在我国古代的公元前559年,晋、齐、鲁、宋等13国组成声势浩大的联合军团,共同讨伐秦国,并连克秦军。为扭转不利态势,秦军在泾河上游投放毒药,污染水源,致使晋、鲁等国军队因饮用河水而造成大量人马中毒,被迫退兵。在国外,大约是公元前600年的古希腊,斯巴达人在与雅典人的战争中首创了"希腊火"。在公元前431年至404年,他们在派娄邦尼亚(伯罗奔尼撒)的战役中,把掺杂硫磺和蘸有沥青的木片,在雅典人所占的普拉塔与戴莱两城下燃烧,强烈的带有刺激气味的有毒烟雾飘向城内,使守军深受其苦,但又无计可施。当然,古代人使用化学武器的方法是非常原始的,并且杀伤作用也极为有限。到了近代,随着科学技术的进步,化学武器才被大规模应用于战场。从第一次世界大战开始,化学武器便作为人类文明成果被加以野蛮滥用,造成了不计其数的人员伤亡,"毒气"让人谈之色变。

1915年,第一次世界大战进入了僵持阶段。4月22日,在比利时伊珀尔地区,德国军队与英法联军正在对峙。下午6时5分,沿着德军战壕升起了一道约一人高6m宽的不透明的黄白色气浪,被每秒2~3m的微风吹向英法联军阵地。紧接着,一种难以忍受的强烈刺激性怪味扑面而来,有人开始打喷嚏、咳嗽、流泪不止,有的窒息倒地。许多人丢下枪支、火炮,跑出战壕纷纷逃离战场。这就是世界上首次进行大规模化学攻击的著名的"伊珀尔毒气战"的情景。第二次世界大战期间,各主要交战国都准备了大量化学武器,储备达到50万t。德国组建了50个可发射毒剂弹的迫击炮团,共有4800门火炮,但德军因害怕遭到报复而未敢使用。然而,德国法西斯在纳粹集中营运用毒气屠杀了数以万计的民众,也是千真万确的事实。1937年至1945年,日本在侵华战争中,不仅在战场上大肆进行化学战,而且在占领区使用化学武器惨无人道地大量屠杀无辜民众。第二次世界大战结束后,苏、美两国争先接收德国生产化学武器的设施和专家,积极研制和储存各种新型毒剂。到20世纪50年代,苏、美等国已经研制出毒性更大的V类毒剂和失能剂。

3. 有关禁止生化武器的国际条约

1)涉及禁止化学、生物武器的早期国际条约

早在19世纪后期和20世纪初,随着科学技术的进步,特别是随着化学工业的发展,人们越来越意识到把化学物质用于战争的危险,并企图为预防和制止这种危险做出一些努力。后来,鉴于1870年至1871年间普法战争中普鲁士军队采用了各种野蛮的作战手段,俄、德、美、英、法、奥匈帝国等15个国家于1874年召开了布鲁塞尔会议。会议通过了《关于战争法规和惯例的国际宣言》(简称《布鲁塞尔宣言》)。这可以说是禁止化学武器的最早的尝试。

在此之后,在荷兰海牙分别于1899年和1907年召开了两次国际和平会议。第一次海牙会议是应俄国沙皇尼古拉二世的外交大臣米哈伊尔的邀请召开的。这次会议最重要的成果是签订了3个公约并发表了3个宣言。其中有一个就是《禁止使用专用于散布窒息性或有毒气体的投射物宣言》。这一宣言在国际社会禁止化学武器的努力中具有极为重要的意义,它是第一个正式生效的有关禁止化学武器的国际法律文书。

1907年召开了第二次海牙国际和平会议,会议签订的《陆战法规和惯例公约》(第四公约)重申了关于特别禁止"使用毒物或有毒武器"的规定。

第一次世界大战结束后不久,召开了著名的巴黎和会。和会最主要的收获是签订了举世闻名的《凡尔赛和约》,其中第171条对化学、生物武器进行了明确的限制。

2) 1925年的《日内瓦议定书》

1925年3月4日,在日内瓦举行的武器、弹药和战争工具国际贸易监控会

议上,特别讨论了禁止出口窒息性、有毒和有害气体的问题,最后,就《禁止在战争中使用窒息性、毒性或其他气体和细菌作战方法的议定书》达成了协议,这就是举世闻名的《日内瓦议定书》。

《日内瓦议定书》是历史上第一个在世界范围内禁止使用化学武器和细菌作战方法的国际法律文书,具有重要的历史意义和现实意义。中国政府于1929年8月24日加入了《日内瓦议定书》。中华人民共和国成立后,向法国政府交存了继承书,表示"中华人民共和国承诺在其他缔约国和加入国相互执行的前提下,执行该议定书"。

3) 1972年的《禁止生物武器公约》

第二次世界大战(二战)结束后,联合国开始关注生物武器问题。1971年12月16日,纽约的联合国大会一致通过了2826号决议,决定批准《禁止细菌(生物)及毒素武器的发展、生产和储存以及销毁这类武器的公约》,即《禁止生物武器公约》。

该公约于1972年4月10日在伦敦、莫斯科和华盛顿开放供各国签署,并于1975年3月26日正式生效。

4) 1993年的《禁止化学武器公约》

1993年1月13日,《禁止化学武器公约》的签约大会在巴黎的联合国教科文组织总部隆重举行。《禁止化学武器公约》的全称是《关于禁止发展、生产、储存和使用化学武器及销毁此种武器的公约》,公约的中文文本共151页,由序言、24条正文和3个附件组成。正文规定了缔约国应承担的义务、化学武器的定义和标准、禁止化学武器组织的组成和工作方式、销毁化学武器及生产设施的时限要求、违反此公约的制裁措施以及严格的核查机制等内容。3个附件分别是《关于化学品的附件》《关于执行和核查的附件》以及《关于保护机密资料的附件》,对受监控的化学品与检查程序做出了具体规定。

5.2.2 生化战剂的分类

1. 生物战剂的分类

生物战剂的分类方法较多,除按形态及病理特征分类外,一般还可根据生物战剂对人的危害程度、传染特性和潜伏期长短进行分类。

1) 按危害程度分类

根据生物战剂对人的危害程度,可分为失能性生物战剂和致死性生物战剂。一般把病死率在10%以下的生物战剂列为失能性生物战剂,如委内瑞拉马脑脊髓炎病毒、立克次体、葡萄球菌肠毒素等。这类战剂能使大批人员失去活动能力,迫使对方消耗大量的人力、物力。病死率超过10%的生物战剂列为致死性生物战剂,如肉毒毒素、黄热病毒、鼠疫杆菌等。这类生物战剂适用于攻击战略后方。

2) 按传染特性分类

根据生物战剂是否有传染性,可分为传染性生物战剂和非传染性生物战剂。传染性生物战剂,可通过患者的呼吸道、消化道等排出体外,引起健康人感染发病,如天花病毒、流感病毒、鼠疫杆菌、霍乱弧菌等微生物属于传染性生物战剂,可用于攻击敌人的战略后方。非传染性生物战剂,不能从患者体内排出传染他人,如布鲁氏杆菌、肉毒杆菌毒素等属于非传染性生物战剂,适用于攻击与己方距离较近的敌方部队、登陆或空降作战前的敌方阵地等战术目标。

3) 按潜伏期分类

生物战剂也可分为长潜伏期与短潜伏期两类,如 Q 热立克次体进入人体后,要经过 2~3 个星期方能发病,属于长潜伏期生物战剂。葡萄球菌毒素经呼吸道吸入中毒后,2~4h 即可发生症状,属于短潜伏期生物战剂。

2. 化学战剂的分类

按不同的军事目的,化学战剂有多种分类方法。常见的分类方法有以下两种。

1) 按战术作用分类

毒剂的战术作用包括产生毒效的快慢、对人畜的伤害程度和这些伤害持续的时间。

(1) 按毒剂产生毒效的快慢,可以将毒剂分为速效性毒剂和缓效性毒剂两类。前者中毒后很快就出现中毒症状,使对方迅速致死或暂时失能而丧失战斗力,如沙林、梭曼、维埃克斯、氢氰酸等;后者中毒后,其毒害症状通常要在 1h 或数小时后(这段时间称为潜伏期)才出现,如芥子气、路易氏剂、光气等。

(2) 按毒剂伤害作用的程度,可以将毒剂分为非致死性毒剂和致死性毒剂。前者除非在极高的浓度下,一般不会造成人员死亡,但能够引起躯体或神经失能,从而导致活动能力或战斗力的暂时丧失或降低。

(3) 按杀伤作用持续时间,可以将毒剂分为暂时性毒剂和持久性毒剂。前者通常被分散成气雾或烟状,主要用来使空气染毒,其杀伤作用持续时间很短,一般情况下不超过 1h,如沙林、氢氰酸、光气和分散成烟状的毕兹、苯氯乙酮、亚当氏气及西埃斯等。后者使用后通常呈液滴状和微粉状,主要使地面、物体、水源染毒,部分也可形成气雾状使空气染毒,其杀伤作用持续时间较长,一般在几昼夜以上,如梭曼、维埃克斯、芥子气和路易氏剂等。

2) 按毒害作用分类

按照毒剂的毒害作用,可以将毒剂分为以下 6 类。

(1) 神经性毒剂。这类毒剂是现今毒性最强的一类毒剂,因人员中毒后迅速出现一系列神经系统症状而得名,如图 5-6 所示,主要代表有沙林、塔崩、梭曼和维埃克斯等。因外军已装备的神经性毒剂都是含磷化学物质,所以又称为"含磷毒剂"。

（2）糜烂性毒剂。糜烂性毒剂又称为起疱剂,是一类接触后能引起皮肤、眼睛、呼吸道等局部损伤,吸收后出现不同程度全身反应的毒剂,如图 5-7 所示,主要代表有芥子气和路易氏剂等。

（3）全身中毒性毒剂。这类毒剂经呼吸道吸入后,能与细胞色素氧化酶结合,破坏细胞呼吸功能,导致组织缺氧,如图 5-8 所示。高浓度吸入可导致呼吸中枢麻痹,死亡极快,主要代表有氢氰酸、氯化氰等。

图 5-6　神经性毒剂

图 5-7　糜烂性毒剂

图 5-8　刺激性毒剂

（4）窒息性毒剂。窒息性毒剂又称为肺刺激剂,主要损伤呼吸系统,引起急性中毒性肺水肿,导致缺氧和窒息,主要代表有光气、双光气等。

(5) 失能性毒剂。这类毒剂可以引起思维、情感和运动机能障碍,使人员暂时丧失战斗能力。这类毒剂种类繁多,美军装备的只有毕兹。

(6) 刺激剂。接触这类毒剂后会对眼睛和上呼吸道有强烈的刺激作用,是能引起眼痛、流泪、喷嚏和胸痛的一类毒剂,主要代表有苯氯乙酮、亚当氏气、西埃斯和西阿尔。

此外,美军在侵越战争中还曾大量使用了在农业上用来清除田间杂草的"除莠剂"、"枯叶剂"和"土壤不孕剂"等来毁坏农作物和森林,军事上称为"植物杀伤剂"。使用这类毒剂的军事目的是毁灭对方生活基础、暴露对方目标和限制作战人员的行动。人和鸟类吸入、误食或皮肤大量接触,也会引起中毒。

5.2.3 典型的生化战剂

1. 可武器化的生物战剂

自然界中致病微生物种类有数百种,许多致病微生物曾作为生物战剂进行过研究,但其中大多数难以适应生产、武器化以及使用环境的必要要求,不能成为有效的生物战剂。据报道,美、苏等国重点研制的50余种生物战剂中,只有极少数的种类可以实现武器化,有实际军事价值。

武器化生物战剂亦称为标准化生物战剂,是指外军曾装备成生物弹药的生物战剂,如炭疽杆菌、鼠疫杆菌等。

1) 罕见的致命杀手——炭疽杆菌

20世纪40年代,英国在格林尼亚德岛上进行的炭疽杆菌试验揭示了炭疽炸弹的强大威力,并将其视为最有希望的生物武器填料。美军曾将其列为标准化生物战剂,代号为N(湿)、TR2(干)。1998年,美国国防部长科恩曾在电视上讲解有关炭疽杆菌作为生物武器的威胁,科恩手拿一袋2.25kg重的白糖说,要袭击一个大城市,需要同等质量的炭疽杆菌即可。

炭疽杆菌芽胞的抵抗力强,在外界环境中能长期生存,在特定条件下可以存活数十年。炭疽杆菌致病力较强,人的呼吸道半数感染量是8000~10000个芽胞,在无防护条件下,呼吸1min可引起人群50%发生吸入性炭疽病。它适合于大规模撒布,如撒布炭疽杆菌芽胞气溶胶、污染水源和食物或空投带菌昆虫和杂物,人、畜均可感染,并可造成疫源地。美国1999年发表的一份报告说,如果通过生物武器成功地向空中散播炭疽杆菌,炭疽杆菌孢子可在数小时、最多一天内扩散。炭疽杆菌孢子无色无味,可以传播数千米。图5-9为炭疽杆菌和被炭疽杆菌感染的患者。

炭疽是一种死亡率很高的急性传染病,尤其是吸入型炭疽杆菌的病死率高、病情急。吸入型炭疽,早期出现高热、胸痛、咳嗽、血痰、呼吸困难、脉搏急促、紫

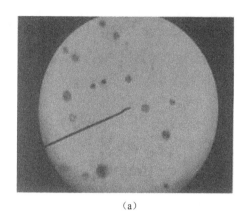 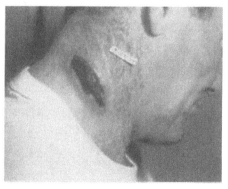

(a) (b)

图 5-9 炭疽杆菌和被炭疽杆菌感染的患者

(a)炭疽杆菌；(b)被炭疽杆菌感染的患者。

绀，迅速发生周围循环衰竭。患者可发展为炭疽脑膜炎，出现颈强直、昏迷等症状，脑脊液呈血性，多在第 2 天～第 3 天死亡。皮肤型炭疽，病原体侵入裸露的皮肤部位(脸、手、脚、颈、肩、臂等)，初为红色丘疹或斑疹，迅速变成浆液血性棕黑色血疱，数日后呈出血坏死性创口，形成黑色焦痂，创口不化脓、不痛，伴随有局部水肿扩大，附近淋巴结肿胀疼痛，常有高低不等的发热和轻重不同的毒血症。胃肠型炭疽，主要表现为腹部剧痛、呕吐、腹泻、便血及低热，呕吐物及粪便常带血，可迅速出现休克及脑膜炎症状，患者多死于休克或毒血症，全病程约 2 星期。

2) 黑死病祸根——鼠疫杆菌

鼠疫，特别是腺鼠疫，又称为黑死病，曾是最流行的疾病之一。据记载，公元 1334 年至 1351 年，世界范围内流行此病，使城市人口死亡大半。

鼠疫杆菌自 20 世纪 30 年代起就被日军选为战剂。日军在侵华战争中曾经使用过鼠疫杆菌进行生物战。鼠疫杆菌对人有高度感染性，估计吸入 2000～3000 个鼠疫杆菌即可使人感染发病。其感染能力与致死率均高于炭疽杆菌，并可通过多种途径传染，特别是肺鼠疫传播迅速，症状严重，死亡率高，属于烈性传染病。鼠疫杆菌可在许多实验介质中培养，如用鸡胚培养，但最好通过原宿主培养。可通过撒布鼠疫杆菌气溶胶或空投受感染的蚤类和啮齿动物造成疫源地。

鼠疫的临床症状由身体各部位的感染而表现出来，常见的有 3 种类型。腺鼠疫：发病急，有畏寒、高热、头痛和不安等症状。面部及眼结膜充血，走路不稳像醉酒，腋窝、颈部或腹股沟淋巴结肿大，同时有剧烈疼痛，肝脾肿大，脉搏速微，心音低弱，血压逐渐下降，常有严重的神经症状和皮肤、黏膜出血，全病程 7～10 天。肺鼠疫：除具有上述腺鼠疫的严重症状外，还有咳嗽、胸痛、血痰、呼吸困难、紫绀以及两肺出现轻重不等的实质性病变体征,此型鼠疫如不及时救治,患者多在1~4天内死亡。全病程2星期,病后可终身牢固免疫。败血型鼠疫:此型鼠疫无固定的病灶,然而,都有严重的全身中毒症状和皮下黏膜出血,以及极为严重的神经症状,多数病人可发生继发性肺鼠疫。

3) 肠道传染病菌——霍乱弧菌

霍乱是被霍乱弧菌污染的食物和水引起的肠道传染病。自1961年起,霍乱从它的地方性流行区——印度尼西亚的苏拉威西岛传出,先在东南亚地区,以后逐渐传到欧洲、非洲以及美洲,造成霍乱大流行,许多第三世界国家连续20年受霍乱之害。

霍乱弧菌致病力强,如不治疗病死率高。流行性强,易经水广泛传播,可通过空投带菌物品、食品及带菌苍蝇或污染水源造成疫源地。它在外界环境中能存活较长时间,如在井水中存活18~51天、牛奶中存活2~4星期、鲜肉中存活6~7天、蔬菜中存活3~8天。

感染霍乱弧菌后,起病突然,多无前期症状。一般可分3期。吐泻期,出现严重腹泻,大便初期为黄水样,后期为米泔样,没有臭味。排便次数增多,量大。呕吐多出现在腹泻之后,呈喷射状,随后出现腓肠肌痉挛,体温下降,脉搏细微,1天之内即进入脱水虚脱期。这一时期患者皮肤干燥,没有弹性,两颊深凹,两眼下陷无光,声音嘶哑,神志不安,全身出冷汗,口唇和四肢紫绀,腋下体温下降至34℃左右,失音、痉挛、心音微弱、血压下降、尿少或尿闭、血液浓缩、循环衰竭。最后进入恢复期,这一时期患者大部分在脱水纠正以后,症状很快消失,逐步恢复正常,但也有少部分患者出现发热反应,昏迷或钝性头痛、呃逆、深呼吸等尿毒症症状,病程1星期左右,病后有免疫力。

4) 高传染性生物战剂——土拉杆菌

由土拉杆菌引起的疾病称为兔热病。1911年,在美国土拉地区首次由发病黄鼠中分离出病原体。第二次世界大战期间,同盟国首先将它作为生物失能剂进行了研究,代号为UL,但没有装备部队。第二次世界大战后,所储备的UL被销毁。美军将其列为标准生物战剂,代号为UT1、TT(湿)、UT2、ZZ(干)。图5-10为土拉杆菌的显微图像和被土拉杆菌感染的患者。

土拉杆菌致病力强。感染途径多种多样,如肺、腺、肠、眼及全身。潜伏期3~4天,有时短至数小时,诊断困难。病原体能大量培养,浓缩培养物在储藏期间相当稳定,耐干燥,可长期生存在外界环境中。撒布该菌气溶胶或人工感染的昆虫,秘密污染水源,可造成持久的疫源地。啮齿动物(野兔、鼠类等)及吸血节肢动物(蜱为主、蚊)均为其自然媒介。感染土拉杆菌后,临床表现常见有5型。肺型:起病急,有高热、咳嗽、血痰、全身无力、胸痛、肌痛和背痛,严重者可出现肺

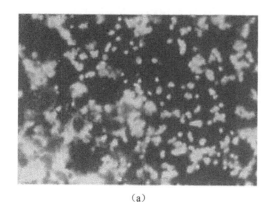 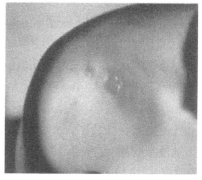

(a) (b)

图 5-10 土拉杆菌和被土拉杆菌感染的患者

(a)土拉杆菌显微图像;(b)被土拉杆菌感染的患者。

实质性坏死,形成空洞或胸腔积液。腺型:起病突然,有寒战发热及全身疼痛,在细菌侵入皮肤处可见丘疹,迅速变为脓疱,并穿破形成溃疡。所属淋巴结肿大,伴有压痛,淋巴结的病变有的可迁延数月不愈,但有的病例仅有淋巴结肿大而原发病灶不明显。胃肠型:有严重的阵发性腹痛、恶心、呕吐和腹涨,发热可达 4 星期,一般无功能障碍。眼型:原发病灶为眼结膜炎,伴有耳及颈部淋巴结肿大,眼结膜上有小结节形成,可成为溃疡。全身型:主要为高热、头痛和肌痛,有时出现神经症状。病程 2~4 星期,病后有稳固免疫力。

5) 失能性生物战剂——布鲁氏杆菌

第二次世界大战结束前,美国人认识到致死性生物战剂的局限性,开始研制非致死性或失能性生物战剂——布鲁氏杆菌。它的吸引力在于死亡率低,但给受害者带来极大的痛苦。它曾被美军列为标准生物战剂,代号为 US 剂。

布鲁氏杆菌致病力强,人类吸入约 1300 个菌即能患病。它对外界环境抵抗力较强。传播途径多样,可撒布微生物气溶胶或利用空投及特工人员污染食物和水源。慢性患者病程持久,治疗困难,可造成战斗力的丧失。

感染本菌后发病急,症状多样,开始很类似感冒。急性期表现为发热,典型的热型为波浪热型,也有呈弛张热,不规则热或持续性低热,但神志清醒,同时有寒战及大量出汗。全身关节痛,肌肉酸痛,睾丸肿痛,神经痛,肝、脾及淋巴结肿大等。发热一般持续 2~3 天,体温可逐渐下降,全身症状消失。但间隔数日可再度发热,全身症状也再度出现。如此可反复 2~3 次或更多。如经呼吸道感染时,可发生原发性布鲁氏菌肺炎,体检和 X 射线检查与结核病类似。可出现干性或渗出性胸膜炎和血痰,极易误诊。病程可迁延数月甚至数年。一般病程在 3 个月以内为急性期;病程在 3~12 个月为亚急性期;病程在 1 年以上转为慢性期,多为顽固性的关节或肌肉疼痛,并伴有神经症状等。病后可获得一定的免疫力。

6) 立克次体战剂——伯氏考克斯体

伯氏考克斯体所致疾病称为 Q 热。美国将其列为标准生物战剂。此种病原体在外界环境中存活时间久,对干燥、温度、日光等抵抗力很强,在玻璃、铁、木、纸、土壤、生水、牛乳中可存活数周至数年,能抵抗 22~70℃ 的温度变化 1h。传染性强,1 个 Q 热病原体即可使动物及人类经呼吸道受染。受染蜱体内的病原体可长期存活,并可经卵传递。通过撒布微生物气溶胶形成持久性疫源地。

感染 Q 热病原体后,多为突然起病,有畏寒及发热(2~3 天内体温可达 39~40℃,呈弛张型,持续 1~2 星期)。可伴有出汗、头痛(特别是额、枕部)、肌肉痛(腰部、背部肌肉和腓肠肌)、胸痛、全身倦乏及食欲不振,间或有恶心、呕吐。重症患者常出现颈背强直或神志不清,也可有肺炎、心内膜炎或心包炎等症状,肝、脾可肿大,肺部 X 射线检查,可见大小不等的单个或多发性的圆形或圆锥形病灶,肺门淋巴结肿大。在发病第 5 天~第 6 天时可有咳嗽(干咳或带有少量泡沫痰,有时带血)。

7) 最毒的天然毒素——肉毒杆菌毒素

肉毒杆菌毒素作为军用战剂研究是从 20 世纪 30 年代开始的。肉毒杆菌毒素是肉毒梭状芽胞杆菌产生的外毒素,毒素血清型分为 A~G7 型。其中 A、B、E、F 型对人有致病作用,美军曾将肉毒毒素列为标准致死性战剂,第二次世界大战后进行大量生产和储存。肉毒毒素的英国代号为 M16。英国间谍曾使用它暗杀德国保安机关头子海德里希,成为第二次世界大战期间特工人员使用细菌武器的最生动的例子。

肉毒毒素是目前生物毒素中毒性最强的,对人敏感的 4 型中,A 型最强。据报道,部分提纯的 A 型肉毒毒素干粉对人的呼吸道致死剂量约为 $0.3\mu g$。其化学成分为蛋白质,分子量为 150000。毒素中毒无传染性,潜伏期短,病情严重,如不及时治疗,病死率很高。毒素易大量生产,对热较稳定,煮沸 5~10min 才能完全破坏,毒素对乙醇稳定,但可被卤素灭活,毒素溶液在 pH=6.0、4℃ 保存,效价半年不变,冻干毒素在低温条件下可长期保存。毒素本身无嗅无味,识别困难。目前尚无特效治疗方法。可通过撒布毒素气溶胶或用各种方法污染水源和食物造成疫源地。

该病是食物中毒的一种,主要引起副交感神经系统和其他胆碱能支配的神经生理功能的损害,患者多死于呼吸麻痹。各型肉毒毒素所引起的临床症状相同。前期的症状有全身无力、严重口干、食欲减退及呕吐等。重要临床症状为双侧对称性的视力模糊、复视、瞳孔散大、对光反射消失、眼睑下垂、斜视和眼球固定。严重者有吞咽、咀嚼、发音、语言、呼吸困难,甚至失声,共济失调,呼吸浅表,心动过速,但所有患者体温均正常或稍低。病程中知觉正常,意识始终清楚,这和神经系统的其他传染病不同。病程1至数星期,病后可获得稳固的免疫力。

2. 典型的化学战剂

1) 神经性毒剂

神经性毒剂是破坏人体神经的一类毒剂。属于有机磷酸酯类衍生物,可以让神经肌肉间的连接传导失效,使肌肉持续强制痉挛,呼吸停止,最后死亡。

神经性毒剂分为G类和V类,G类神经毒剂是指甲氟膦酸烷酯或二烷氨基氰膦酸烷酯类毒剂,主要代表物有塔崩、沙林和棱曼。V类神经毒剂是指S-二烷氨基乙基甲基硫代膦酸烷酯类毒剂,主要代表物为维埃克斯(VX)。

G类神经毒剂的代表物沙林的化学名称为甲氟膦酸异丙酯,最早是由德国科学家在研制杀虫剂时发现的。由于这种物质挥发性强,毒性大,不适合做农药,于是便放弃了。但是,军方却发现了这种物质的新用途。沙林是一种无色易挥发液体,具有淡淡的苹果香味。其致死浓度很低,在战场上很难被察觉。由于其作用速度快,即使感到了它的存在而戴上防毒面具,往往也已经中毒了。图5-11为第二次世界大战中被沙林毒剂毒害的士兵。

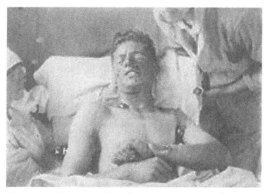

图5-11 第二次世界大战中被沙林毒剂毒害的士兵

VX、棱曼等神经性毒剂的毒性更强,致死速度更快。

神经性毒剂可通过呼吸道、眼睛、皮肤等进入人体,并迅速与胆碱酶结合使其丧失活性,引起神经系统功能紊乱,出现瞳孔缩小、恶心呕吐、呼吸困难和肌肉震颤等症状,重者可迅速致死。其解毒剂为阿托品。神经性毒剂的化学结构如表5-2所列,主要理化特性如表5-3所列。

表 5-2 神经性毒剂主要代表物的化学结构

毒剂名称	化学名	化学结构
塔崩(Tabum)	二甲胺基氰膦酸乙酯	$(H_3C)_2N-\overset{\overset{O}{\|}}{\underset{\underset{CN}{\|}}{P}}-OC_2H_5$
沙林(Sarin)	甲氟膦酸异丙酯	$H_3C-\overset{\overset{O}{\|}}{\underset{\underset{F}{\|}}{P}}-OCH(CH_3)_2$
梭曼(Soman)	甲氟膦酸特己酯	$H_3C-\overset{\overset{O}{\|}}{\underset{\underset{F}{\|}}{P}}-OCH\begin{smallmatrix}CH_3\\C(CH_3)_3\end{smallmatrix}$
维埃克斯(VX)	S-(2-二异丙基氨乙基)-甲基硫代膦酸乙酯	$H_3C-\overset{\overset{O}{\|}}{\underset{\underset{F}{\|}}{P}}\begin{smallmatrix}OC_2H_5\\SCH_2CH_2N(i-C_3H_7)_2\end{smallmatrix}$

表 5-3 神经性毒剂的主要理化特性

名称	塔崩	沙林	梭曼	VX
常温状态	无色水样液体,工业品呈红棕色	无色水样液体	无色水样液体	无色油状液体
气味	微果香味	无或微果香味	微果香味,工业品有樟脑味	无或有硫醇味
溶解度	微溶于水,易溶于有机溶剂	可与水及多种有机溶剂互溶	微溶于水,易溶于有机溶剂	微溶于水,易溶于有机溶剂
水解作用	缓慢生成HCN和无毒残留物,加碱和煮沸加快水解	慢,生成HF和无毒残留物,加碱和煮沸加快水解	很慢,生成HF和无毒残留物,加碱和煮沸加快水解	很慢,加碱煮沸加快水解
战争使用状态	蒸气态或气溶胶态	蒸气态或气滴态	蒸气态或气滴态	液滴态或气溶胶态

2）糜烂性毒剂

引起皮肤起泡糜烂的一类毒剂称为糜烂性毒剂，主要代表物为芥子气、氮芥和路易斯气，其化学结构及主要理化特征如表5-4所列。

表5-4　糜烂性毒剂主要代表物的化学结构及主要理化特征

名称	芥子气	氮芥	路易斯气
化学名	2,2-二氯乙硫醚	三氯三乙胺	氯乙烯氯胂
结构	$S\begin{array}{c}\diagup CH_2CH_2Cl\\ \diagdown CH_2CH_2Cl\end{array}$	$N\begin{array}{c}- CH_2CH_2Cl\\ - CH_2CH_2Cl\\ - CH_2CH_2Cl\end{array}$	$ClCH = CHAsCl_2$
常温状态	无色油状液体，工业品呈棕褐色	无色油状液体，工业品呈浅褐色	无色油状液体，工业品呈深褐色
气味	大蒜气味	微鱼腥味	天竺葵味
溶解性	难溶于水，易溶于有机溶剂	难溶于水，易溶于有机溶剂	难溶于水，易溶于有机溶剂
战争使用状态	液滴态或雾状	液滴态或雾状	液滴态或雾状

1886年，德国科学家在一次试验中制得了一种无色的油状液体。它具有强烈的大蒜芥末气味，命名为芥子气。当时，他不慎在皮肤上沾了一滴，随即擦掉了，被沾染的皮肤很快起泡溃烂，最后留下了巨大的疤痕。军方得知这一消息后，经过试验发现，芥子气的化学名称为2,2-二氯乙硫醚，它与蛋白质接触后，可以引起蛋白质巯基、羟基烷基化，使蛋白质永久失去活性，从而引起皮肤黏膜变性糜烂。图5-12为芥子气中毒症状的蜡像样本。

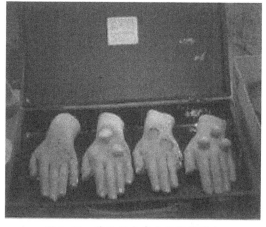

图5-12　芥子气中毒症状蜡像样本

芥子气在战场上被施放后,不仅可以渗透进普通的帆布军服,甚至可以透过薄橡胶防毒衣。吸入芥子气后,当时仅仅会感到皮肤发痒,流泪、咳嗽;4~6h以后,就开始出现皮肤溃烂、失明等症状。受害者往往在数天后死亡,或者留下终生残疾。吸入其蒸气,可以引起严重的肺损伤,死亡率几乎是100%。抗日战争期间,侵华日军先后在我国13个省78个地区使用化学毒剂2000次,其中大部分是芥子气。

糜烂性毒剂主要通过呼吸道、皮肤、眼睛等侵入人体,破坏肌体组织细胞,造成呼吸道粘膜坏死性炎症、皮肤糜烂、眼睛刺痛、畏光、甚至失明等。这类毒剂渗透力强,中毒后需长期治疗才能痊愈。

3)窒息性毒剂

窒息性毒剂是指损害呼吸器官、引起急性中毒而造成窒息的一类毒剂。其代表物有光气、氯气和双光气等。图5-13为第二次世界大战中美军的光气炸弹。

图5-13 第二次世界大战中美军的光气炸弹

1812年,英国科学家将氯气和一氧化碳混合,在强光照射下合成了这种物质。光气的化学名称为碳酰氯,分子式为$COCl_2$,其在常温下为无色气体,有烂干草或烂苹果味,难溶于水,易溶于有机溶剂。光气中毒时,人首先感到强烈刺激,然后产生肺水肿窒息而死。光气中毒有4~12h的潜伏期。中毒症状分为4期:刺激反应期、潜伏期、再发期、恢复期。

光气被吸入后,可以与肺泡中的水作用,生成浓度很大的盐酸。盐酸可以破坏肺泡组织,使肺泡表面活性物质失去作用,血浆即可渗入肺泡,使其失去气体交换能力,受害者最终死于窒息。最早应用的氯气也属于窒息性毒剂。窒息性毒剂最大的弱点就是怕水。所以,使呼吸气体通过碱性溶液就可以很好地破坏这种毒剂。

4) 全身中毒性毒剂

全身中毒性毒剂是一类破坏人体组织细胞氧化功能,引起组织急性缺氧,从而导致窒息死亡的一类毒剂。这是一类速杀性的毒剂,也称为血液性毒剂,其主要代表物有氢氰酸、氯化氢等。

氢氰酸(HCN)是氰化氢的水溶液,为一种无色易挥发液体,有苦杏仁味。可与水及有机物混溶,战争使用状态为蒸气状,其蒸气被吸入后,在血液中解离出氰根离子,随血液循环遍布全身,其症状表现为:恶心呕吐、头痛抽风、瞳孔散大和呼吸困难等,重者可迅速死亡。第二次世界大战期间,德国法西斯曾用氢氰酸一类毒剂残害了集中营里 250 万战俘和平民。

氯化氢(HCl)的毒性与氢氰酸类似。氢氰酸、氯化氢都是最常用的化工原料,生产工艺简单。但其防护也比较容易,不能持久染毒,这也限制了其在现代战场上的应用。

这两种毒剂极易使空气染毒,经过呼吸道进入人体,使人中毒。中毒后,舌尖麻木,严重时很快感到胸闷、呼吸困难、瞳孔散大、强烈抽筋而死。

5) 刺激性毒剂

刺激性毒剂是一类刺激眼睛和上呼吸道的毒剂。刺激性毒剂主要有苯氯乙酮和亚当斯气等,可以强烈地刺激人的眼睛和呼吸道,引起流泪、咳嗽和哮喘等刺激症状,使人员因此不能执行战斗任务,无法组织起抵抗。它的作用比较持久,中毒人员在脱离毒气环境数分钟甚至数天内都无法恢复正常,严重影响人员的战斗能力,但通常无致死的危险。这种毒剂一般不能引起远期伤害,中毒人员经休养基本可以恢复正常。

按毒性作用可将刺激性毒剂分为催泪性和喷嚏性两类。氯苯乙酮、西埃斯属于催泪性毒剂,而亚当氏气则属于喷嚏性毒剂。刺激性毒剂代表物的化学结构和主要物理特性如表 5-5 所列。

表 5-5 刺激性毒剂代表物的化学结构和主要物理特性

名称	西埃斯(CS)	CN	亚当氏气
化学名	邻-氯代苯亚甲基丙二腈	苯氯乙酮	盼砒嗪化氯
化学结构	CH=C(CN)$_2$ 苯环 Cl	苯环-C(=O)-CH$_2$Cl	Cl-As 吩噻嗪环 N
常态	白色晶体	无色晶体	金黄色晶体
气味	无味	荷花香味	无味

(续)

名称	西埃斯(CS)	CN	亚当氏气
溶解度	微溶于水,易溶于有机溶剂	微溶于水,易溶于有机溶剂	难溶于水,难溶于有机溶剂
战争使用状态	烟状	烟状	烟状

6) 失能性毒剂

失能性毒剂是一类暂时使人的思维和运动机能发生障碍从而丧失战斗力的化学毒剂。它是一类针对神经系统的药物,可以使神经传导发生错误,让中毒人员精神错乱,不会操纵手中武器,不辨敌友,失去抵抗能力。这种精神症状几天以后就可以消除,基本不会留下严重的后遗症。其中的主要代表物是1962年美国研制的毕兹(BZ)。毕兹中毒后,人产生幻觉,判断力和注意力减退,出现狂躁、激动、口干及皮肤潮红等症状。军方人士评价毕兹时说:"这是一种人道的化学武器。它可以让敌人失去战斗能力,不再对我们造成威胁,我们可以方便地俘获而不是杀死他们来解决战斗。"

毕兹的化学名称是二苯基羟乙酸-3-奎宁环酯,其化学式结构为

该毒剂为无嗅、白色或淡黄色结晶,不溶于水,微溶于乙醇。战争使用状态为烟状,主要通过呼吸道吸入中毒,中毒症状有:瞳孔散大、头痛幻觉、思维减慢和反应呆痴等。

7) 不针对人的化学武器——植物枯萎剂

越战当中,越南北方和南方之间的主要交通线是位于热带雨林当中的一条公路——胡志明小道。由于丛林密布,美军很难准确破坏这条交通线。于是,美军向越南农村的非军事区喷洒了4200万升俗称为"橙色剂"的脱叶剂,不久就引起植物大量枯萎死亡,爆发的山洪多次冲毁"胡志明小道",比空军的轰炸还要有效。

"橙色剂"实际上是一种高效除草剂,它是一种人工合成的植物激素,可以使植物迅速畸形生长,随即死亡。但其本身对人也有很大的毒性和致癌、致畸作用。"橙色剂"不但间接使100万越南人或死或病,也使参战的美军官兵身患各种后遗症。至今,喷洒过"橙色剂"地区居民和越战美军老兵中的癌症和畸形婴

儿的发生率还相当高。图 5-14 为受到美军落叶剂残害的越南妇女。

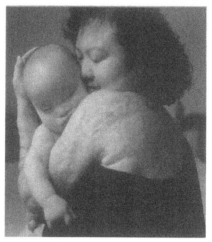

图 5-14 受到美军落叶剂残害的越南妇女

5.2.4 生化武器的防护

1. 化学侦察的基本原理和方法

化学侦查是军队侦查的重要组成部分,是化学观察、探测、侦毒、报警和化验等概念的总称。

1) 化学侦察的基本概念

(1) 侦毒。侦毒就是使用侦毒器材发现染毒,初步辨别毒剂种类,概略测定染毒程度的技术。该技术用于对遭受毒袭人员进行救护、消毒和为下风方向人员报知防护提供依据,一般包括初步判断、实施侦检和综合分析等过程。根据敌毒袭企图、方式、征候以及人员或动物中毒症状判断敌用毒种类;确定侦检点,应用侦毒器材,灵活选用侦检方法,对染毒区域实施侦检;按规定和要求对染毒区域实施侦验,按规定和要求收集染毒样品,以便化验确证;将侦检结果进行综合分析,得出正确结论。

(2) 化学观察。化学观察就是为发现敌人化学袭击、判明袭击等情况而组织的观察。用以保障受危害的部队迅速防护,以避免或减轻伤害,保持战斗力;获取估算化学袭击后果的资料,为组织实施防化保障提供依据。

(3) 化学监测。化学检测就是对目标染毒时间、染毒程度及其变化情况的监测。由防化侦察分队组织实施,或由化学观察哨担负。其内容包括:判断毒袭对下风地域的影响范围,预测和发现毒剂云团到达时间;监测毒剂浓度的变化情况,及时向被保障地域人员通报,确定人员解除防护的时机,为部队组织实施化学防护提供依据。实施化学监测可使用各类侦毒、报警、遥测器材与毒剂监测仪等组成临测网,根据部(分)队配置情况建立数道监测线,对重点地区可进行补充性的定点或巡回监测。

(4)化学警报。化学报警就是向上级、下级或友邻报知敌人使用化学武器的警报,通常分为化学预警和化学袭击警报两种。当发现敌人可能使用化学武器时预先发出的警报,称为化学预警;当发现敌人化学袭击明显征候时发出的警报,称为化学袭击警报。

2)化学侦察器材的基本原理

化学侦察器材的工作原理随器材类别而定。侦毒、化验器材主要采用化学方法,经采样或提取等步骤,富集空气或其他介质(如泥土、植物碎片、水等)样品中的毒剂,进行初步分离,经化学反应、电化学反应产生不同颜色或电流电压等变化。

通过观察颜色或测量电流电压等变化,即可测定毒剂的种类和概略浓度。化学观察、监测和报警器材主要采用物理方法或物理化学方法对毒剂进行检测。物理方法有光学方法、电离方法等。光学方法主要利用每种毒剂具有对特征波长光选择性吸收功能的原理,测定毒剂的种类和浓度。电离方法则是利用毒剂在一定的外界能源场的作用下产生电离的原理,通过对离子碎片或总离子流的测量检测毒剂等。还有利用氢火焰激发毒剂分子发射特征波长光检测的毒剂报警器,兼有光学方法和电离方法的特点。物理化学方法主要是利用毒剂的化学能转变为电能的原理,通过对电流的测量检测毒剂。化验器材除采用传统的化学分析方法外,已开始应用干法试剂显色、色谱、质谱、红外光谱等新技术。化学侦察器材还广泛应用压电晶体、半导体芯片、场效应管等制作毒剂传感器;利用含磷毒剂对胆碱酯酶的特殊抑制功能和单克隆抗体的特异性反应,制成适用于空气、水等各种样品的高灵敏侦毒、报警和化验器材。

3)化学侦察器材的分类

化学侦察器材可分为化学观察器材、报警器材、侦毒器材、监测器材和化验器材等。化学观察器材用于观测化学袭击情况和毒气扩散方向。报警器材用于及时发现化学袭击并报警。侦毒器材用于发现并查明毒袭区受染毒剂种类、空气中概略浓度、毒区范围和扩散界、标志毒区边界和采样。监测器材用于连续或间断测定受染空气、水源、地面或各种物体表面的染毒程度及其变化情况。化验器材用于对各种染毒样品进行化验、验证或确定毒剂种类、染毒密度,以及分析未知毒剂的化学结构。化学侦察器材的基本结构形式有袖珍式、便携式、固定式和机动式等,分别配备一般分队和专业分队。

2. 化学防护器材的防毒原理

化学防护是在使用化学武器条件下,军队为保障战斗力而实施的组织指挥、防护措施和使用各种防化装备技术器材的总称。化学防护及其防护器材的出现与发展是随着化学武器的出现与发展日臻完善并不断发展的。这里仅介绍呼吸道防护器材中的过滤部件的防毒原理。图5-15为过滤式防毒面具。

图 5-15　过滤式防毒面具

过滤式防毒面具的滤毒罐或过滤元件统称为过滤部件,它是由炭装填层和滤烟层两部分组成,前者过滤蒸气状的毒剂,而后者则是过滤气溶胶状的毒剂,其原理不同。

1) 防毒炭的防毒原理

防毒炭对染有毒剂蒸气的空气进行滤除起到了三种作用,即物理吸附作用、化学吸着作用及催化作用。

(1) 物理吸附作用。吸附是指蒸气或气体分子在固体表面凝聚或增稠的现象。被吸附物质的分子只是固定下来,并没有发生化学变化,所以称为物理吸附。蒸气或气体分子接近吸附剂的表面,几乎在瞬间发生吸附,且由于微孔对分子从多方面产生引力,所以吸附比在平面上容易得多。防毒炭对神经性、窒息性及糜烂性等大部分毒剂的蒸气都能通过物理吸附作用而可靠防护。防毒炭的吸附量,在蒸气浓度一定时,随温度的上升而减小。一般情况下,浓度相同,温度越低吸附量越大。由此可知,防毒面具对易吸附毒剂的防护能力,冬季要比夏季强得多。

(2) 化学吸着作用。氢氰酸、氯化氰、砷化氢等毒剂很难被活性炭吸附,但用活性炭作载体,把化学活性物质直接加到活性炭上,既提高了活性炭对难吸附毒剂的防护能力,又不致使其对易吸附毒剂的防护有多大程度的降低。化学吸着就是指吸着剂或多孔物质内附加的化学物质与蒸气或气体分子起化学反应而吸着的过程。如对氢氰酸,就是靠在炭上添加铜的氧化物与之作用而达到防护目的的。

$$2HCN + Cu_2O \longrightarrow 2CuCN + H_2O$$
$$2HCN + CuO \longrightarrow Cu(CN)_2 + H_2O$$

生成的氰化亚铜和氰化铜均为固体,被留在炭上。但产物可能分解,如:

$$2Cu(CN)_2 \longrightarrow 2CuCN + (CN)_2 \uparrow$$

铬离子能与有害的$(CN)_2$作用,生成铬的化合物,不致使其随气流溜出炭层伤害人体。

由于化学吸着作用是在炭上发生化学变化,所以滤毒罐在对氢氰酸之类的毒剂吸着以后,就不能用普通方法再生。

(3) 催化作用。催化剂能提高化学反应速率,而本身并不起化学变化。对一些难吸附的毒剂可利用催化作用弥补化学吸着的不足。如加在炭上的铬和铜的氧化物能催化氯化氰与空气中的水发生反应:

$$ClCN + H_2O \longrightarrow HCl + HOCN$$
$$HOCN + H_2O \longrightarrow NH_3 + CO_2$$
$$NH_3 + HCl \longrightarrow NH_4Cl$$

上述的物理吸附、化学吸着和催化三种作用,在对毒剂蒸气的防护中是相辅相成的。如对氢氰酸和氯化氰的吸着和物理吸附作用都是存在的,只不过在不同温度下有所不同罢了。

2) 滤烟层的防毒原理

炭装填层对毒烟的防护是无能为力的,这就要靠滤毒罐中的滤烟层来发挥作用。战场上使用的烟(固体微粒)雾(液体微粒)状毒剂,原子武器产生的放射性微粒,以及由含细菌物质配制成的气溶胶,统称为有害气溶胶。滤烟层为什么能过滤这种气溶胶呢?先来了解一下气溶胶的特点,从而可知滤烟层过滤气溶胶的原理。

气溶胶是由固态或液态微粒分散于空气中所构成的分散体系。其微粒的大小远远大于蒸气和气体分子,无论体积还是质量,差别都很悬殊,故运动特点也各有差异。核爆炸的放射性下落尘灰,其微粒呈圆形或椭圆形,地爆形成的放射性灰尘,微粒半径在几微米到几千微米;空爆时的灰尘从几微米到几十微米,小于$10\mu m$的占70%左右。战场上用各种方法造成的毒剂气溶胶,通常毒烟的微粒半径为$0.08 \sim 1.0 \mu m$,数量最多的是$0.1 \sim 0.5 \mu m$。毒雾的微粒比毒烟要大,通常遇到的是几十到几百微米。活的病菌大小是百分之几微米到数微米$(0.01 \sim 5\mu m)$。但病毒只能在配剂中生存,它们要造成气溶胶状态使用,此时,其微粒接近毒烟大小。

气溶胶微粒处在不断的无规则运动状态,这种运动是由于气溶胶微粒周围的空气分子呈不规则的热运动对微粒进行碰撞所引起的布朗运动。因此,气溶胶微粒是按照一般扩散规律扩散的,它在单位时间内扩散移动的距离与微粒的大小有直接关系。半径为 $0.1\sim0.5\mu m$ 的微粒,在与气流相垂直的方向上,每秒移动 $0.01\sim0.02mm$。这比过滤部件滤料间的空隙小得多。所以在气流通过装填层不足 1s 的时间内只有极少数微粒碰撞到炭粒上而被阻留,多数微粒将穿过装填层。这就是炭装填层不能防气溶胶的原因。

滤烟层过滤气溶胶不是机械的筛滤作用,要使气溶胶微粒被阻留在滤烟层上,必须具备两个条件:第一,微粒在气流中通过滤烟层的时间内,应来得及达到纤维的表面;第二,微粒接触到纤维后,应停留在纤维上不再被气流带走。那么,气溶胶微粒是怎样接近滤烟层表面的呢? 一是微粒靠布朗运动从气流中扩散到纤维表面。微粒越小,扩散迁移距离越大,就容易到达纤维表面。这种原因造成的阻留作用称为扩散沉积。二是气溶胶微粒是有一定重量的,比气体分子约重 1000 倍,在通过滤烟层时,要经过弯弯曲曲的孔道。此时,微粒就可能因惯性作用离开气流而接触到纤维表面被阻留。微粒越大其惯性越大,就难于随气流不断改变前进的方向,即越容易因惯性作用到达纤维表面上被阻留。这种阻留作用称为惯性沉积。

因此,滤烟层过滤气溶胶微粒是由于扩散沉积和惯性沉积作用,即扩散沉积作用对过滤较小的微粒起决定作用,惯性沉积对过滤较大的微粒起决定作用。铀的裂变产物中有金属、非金属和稀有气体。放射性稀有气体对空气直接沾染,它们占裂变产物的 45%。装填层吸附放射性稀有气体是极其困难的。但是,由于爆炸后产生的稀有气体绝大部分迅速上升到大气层的上层,仅有小部分留在近地面层的下层。实验证明,这些气体实际上不能造成对人员的危害。除放射性稀有气体外,大气中还有碘和溴的同位素以及它们的挥发性化合物,装填层对这些物质均能很好地吸附,而达到有效防护的目的。

3. 洗消原理与方法

洗消是指对受污染对象采取消毒、消除沾染(去污)和灭菌的措施。亦即从表面上去掉放射性物质,使毒剂变成无毒和消灭病原体。

洗消在化学战出现后就得到了各国的普遍重视,它与防护、侦查等防护手段共同筑成了核生化防御的坚固屏障,大大削弱了核生化武器的杀伤力,被喻为生化战剂的克星。

1)生物战剂的灭菌方法及处理

生物战剂可使人、畜感染致病,甚至死亡。生物战剂主要是通过呼吸系统进入体内,还能通过眼结膜、损伤的皮肤和黏膜传染,饮用污染的水、食物等经消化道侵入体内致病。战场环境下必须对受染对象实施及时的消毒灭菌处理,切断导致人员致病死亡的渠道,通常将对生物战剂的消毒措施统称为灭菌。但从整体上讲,与化学毒剂的洗消原理和方法类似,通常采用的灭菌方法有化学法和物理法。

(1) 化学灭菌法。化学灭菌法是通过向受沾染对象喷洒灭菌剂,灭菌剂能杀灭体外环境各类生物战剂。生物战剂的种类很多,有细菌、毒素、病毒、衣原体、立克次体和真菌等。由于种类不同,其耐受消毒剂的能力也有不同,炭疽杆菌芽胞的抵抗力是生物战剂中最强的一种,通常以能否杀灭炭疽杆菌芽胞为生物战剂灭菌剂的标准。氯化氧化型消毒剂、甲醛溶液、环氧乙烷等对生物战剂都有很好的灭菌效果,对于不同的染毒对象,可采用不同的消毒灭菌剂。

对于无防护或不可靠防护状态下,暴露于生物战剂气溶胶扩散、沉降区域的人员,灭菌方法是用个人消毒包擦拭,对于非芽胞生物战剂,可用3%~5%煤酚皂溶液或0.05%新吉尔灭擦拭;对肉毒毒素可用皮肤能耐受的碱性溶液擦拭;对于芽胞生物战剂,可使用0.5%次氯酸钠溶液冲洗,暴露部分使用该消毒液冲洗10~15min;对暴露于生物战剂气溶胶扩散、沉降区域的军马、军犬以及其他牲畜的洗消,使用的药剂、方法与人员相同,也可使用1%福尔马林溶液或1%氢氧化钠溶液进行喷雾或洗涮消毒,使用消毒液要防止进入眼和耳内。眼睛可用生理盐水、3%硼酸溶液冲洗。

对于武器装备则使用5%的次氯酸钙溶液,消毒时间人约为30min;也可用高压水或洗涤剂水将武器装备上的生物战剂冲洗下来,然后对收集的废液或地面上的污染进行处理。图5-16为对大型装备进行洗消作业的情景。

图5-16 大型装备的洗消作业

对于地面上的生物战剂消毒是非常耗时和昂贵的,迫不得已的情况下才进行消毒,可以使用1%~5%的漂粉精(三合二)或甲醛溶液喷洒。例如,格林纳达岛在1943年感染了炭疽杆菌,岛上土壤中的炭疽孢子一直保持着毒性,1987年采用每平方米喷洒50L的5%甲醛溶液成功实施了消毒。在大地震过后,为了防止瘟疫流行,也要向震区喷洒漂粉精干粉或溶液。

对于房间、室内、车辆内部、衣物等的消毒可采用甲醛、过氧乙酸和环氧乙烷薰蒸法。

（2）物理灭菌法。物理消毒灭菌包括加热、煮沸、通入热蒸汽以及紫外线照射等方法。热蒸汽比热空气消毒效果好，对于微生物完全消毒，用160℃干燥热空气消毒需2h，而用水蒸气在121℃、100kPa的外压下就可以把消毒时间降低到20min，这种方法也称为高压灭菌，需要使用特定的设备。对于大部分生物战剂（除了孢子真菌和病毒）沸水煮沸15min后就能被杀死，因此，一般用煮沸法处理沾染生物战剂的服装、防护器材。用80~85℃的含有合成洗涤剂的水洗涤纤维织物和衣服也是非常有效的消毒方法。紫外线辐射法是消除细菌的好方法，太阳光中的紫外线对生物战剂有一定的消毒作用，日常生活中的紫外线消毒柜就是这个原理。

2）化学战剂的洗消原理与方法

（1）化学战剂的消毒原理。根据毒剂分子结构在洗消过程中是否受到破坏与变化，可区分为化学反应型消毒原理和物理型消毒原理。

① 化学反应型消毒原理。消毒剂与毒剂发生化学反应，破坏毒剂的化学结构而使之失去或降低毒性，通常用于消毒的化学反应有亲核反应（如水解）、亲电子反应（如氧化、氯化）、热分解（如高温分解）、催化反应（如酶催化、金属离子催化）、光化学或辐射化学降解。

通过化学反应进行消毒一般都比较快速彻底。但化学反应受温度影响较大，温度越低，反应速率越慢，对于在严寒地区消毒，化学法往往因消毒剂冻结及反应速率慢而难于使用。

② 物理型消毒原理。消毒剂或其他消毒介质（如热空气、高压水）不与毒剂发生化学反应，即在洗消过程中不破坏毒剂的分子结构，只是通过溶洗、吸附、蒸发等作用，将毒剂从染毒表面除去，通过这种原理进行消毒一般都只能将毒剂从染毒表面转移，俗称"搬家"，对转移到地面上的毒剂需用化学反应型消毒剂进一步消毒处理。对毒剂的物理消毒简单而有效，突出特点是通用性好，消毒时可不考虑毒剂的化学结构；像吸附消毒，使用效果不受温度限制，在-30℃以下作用良好；对于精密装备，不能使用有腐蚀性的化学消毒剂，而热空气吹扫和有机溶剂冲洗等都是非常有效的物理方法，因而，物理消毒原理使用的更为普遍。

（2）毒剂的消毒方法。从受染对象上清除毒剂和生物战剂的措施称为消毒方法。消毒方法有多种，按其消毒原理可分为化学消毒法和物理消毒法。按其作业方式，分为喷刷消毒法、喷洒消毒法、擦拭消毒法、溶洗消毒法、吸附消毒法、煮沸消毒法、火烧消毒法、热空气消毒法、燃气射流消毒法、机械消毒法和自然消毒法等。具体采用哪种消毒方法，主要取决于染毒对象、作战环境和洗消装备的洗消能力。

5.3 核武器与化学

自 1938 年德国科学家哈恩发现中子能引起铀核裂变之后,人类就走上了将核能用于工业生产和核武器制造的道路。1945 年 7 月,美国进行了第一次核爆炸试验,此后,苏联、英国、法国和我国都相继成功地研制出了核武器。

核武器是利用能自持进行的核裂变或聚变反应瞬时释放的巨大能量,产生爆炸作用,并具有大规模杀伤破坏效应的武器的总称,它包括原子弹、氢弹和中子弹等。

核武器威力的大小,用 TNT 当量(简称当量)表示。当量是指武器爆炸时放出的能量相当于多少质量的 TNT 炸药爆炸时放出的能量。核武器的威力,按当量大小分为千吨级、万吨级、十万吨级、百万吨级和千万吨级。

核武器可制成弹头,装在火箭上射向目标,可以从陆上发射或从水面舰艇发射,也可以由潜艇在水下发射。核武器还可以制成炸弹由飞机空投,制成炮弹由火炮发射,或者制成地雷、鱼雷等。

5.3.1 核化学基础

核化学(又称原子核化学)是用化学与物理相结合的方法研究原子核性质、结构、核转变的化学效应及其规律的学科。它与放射化学、核物理密切相关。

1. 原子核

原子核是原子的核心,它集中了原子的全部正电荷和几乎全部质量,原子核的性质必然对原子的性质产生明显的影响。核反应是由具有一定能量的粒子(包括原子核)或 γ 射线轰击原子核(常称核靶),使核靶的组成或能量状态发生变化,并放出粒子(包括原子核)或 γ 射线。因此,原子核的性质及其在核反应中的转变过程在核武器的基础理论研究中是非常重要的。

人们对原子核的认识是从卢瑟福(E. Rutherford)的散射实验开始的,他建立的原子有核模型认为:原子是由带正电荷$+Ze$的核与核外 Z 个电子组成。原子序数 Z 也称为核电荷数。查德威克(J. Chadwick)在 1932 年发现了中子,揭示出原子核中不但有质子,还有中子,即原子核由质子和中子组成,原子核电荷数就是核中的质子数。

(1) 原子核的质量。原子核的体积很小,但几乎集中了原子的全部质量。在一般的核数据表中只标明原子质量。原子质量等于原子核的质量加上核外全部电子的质量,再减去与电子在原子中结合能相当的质量,所以原子核的质量可以表示为

$$m_N = m_a - Zm_e + \sum_{n=1}^{Z} \frac{\varepsilon_n}{c^2}$$

式中:m_N 为原子核的质量(kg);m_a 为原子的质量(kg);m_e 为电子的质量(kg);c 为真空中的光速,$c = 2.9979 \times 10^8 \text{km} \cdot \text{s}^{-1}$;$\varepsilon_n$ 为第 n 个电子的结合能(J)。

根据上式可以算出原子核的质量。在实际工作中,由于利用一般的试验方法测出的都是原子的质量,在一般核数据表中,通常给出的不是原子核的质量而是原子的质量。因此,在实际计算中可近似采用原子质量代替原子核质量进行计算,忽略与核外全部电子结合能相联系的质量。

(2) 原子核的大小。关于原子核的大小,目前有两种理解:一种是核物质或核电荷的分布范围;另一种是核力的作用范围。不过这两者之间的差别不是很大。由于原子核很小,无法直接观察。目前,表示原子核大小的数据都是通过实验间接测得的。测量原子核大小的方法有 α 粒子的核散射以及电子的核散射等。各种实验结果表明,原子核在一般情况下是接近球形的,故通常用核半径来描述原子核的大小。由实验得知,在原子核内部物质密度不是处处相等的。在核的中间部分密度基本上是一个常数 ρ,在核的表层密度逐渐下降到零。核半径就是指由核中心至密度降为 ρ 的一半处的距离。由各种实验方法的测量结果表明,原子核的半径为 $10^{-15} \sim 10^{-14}$m,并与原子核的质量数 A 之间近似存在以下关系:

$$R \approx r_0 A^{1/3}$$

式中:r_0 为常数,$r_0 \approx (1.1 - 1.5) \times 10^{-15}$m。

(3) 原子核的质量亏损和结合能。如果把原子核的质量与构成原子核的核子(Z 个质子和 N 个中子)的静止质量总和加以比较,发现原子核的质量都小于组成它的核子质量之和,这个差值称为原子核的质量亏损,用符号 B 表示,则原子核的质量亏损为

$$B = Zm_p + Nm_n - m_a$$

式中:B 为质量亏损(u,原子质量单位,1u 等于 ^{12}C 原子质量的 1/12);m_p、m_n、m_a 分别为质子、中子和 $_Z^A X$ 原子核的质量(u)。

与质量亏损 B 相联系的能量,表示这些处于自由状态的单个核子结合成原子核时所释放的能量,这个能量称为原子核的结合能,用符号 E_B 表示,单位为 J 或 eV。

E_B 的定义为

$$E_B = (Zm_p + Nm_n - m_a)c^2$$

E_B 也可以这样理解,如果将构成原子核的所有核子分离成自由状态的核

子,外界必须作数量等于 E_B 能量的功。

(4) 核力。原子核是由中子和质子构成的,中子不带电,质子带一个单位的正电荷,质子间存在着库仑斥力,那么,是一种什么力把中子和质子结合在一起的呢？通过实验观察和理论计算表明,在两个核子间的万有引力势能约为 3×10^{-36} MeV,质子间的平均静电势能为 1MeV 左右,质子与中子间的磁作用势能只有 0.03MeV。但是在原子核中,核子的平均结合能一般为 8MeV 左右。这说明,核子之间还存在着一种很强的短程力,人们把使核子(质子和中子)之间紧密结合的这种强相互作用力称为核力。尽管目前对核力的本质还不完全清楚,但对它的基本性质还是有所了解的。核力具有下列主要性质：

① 核力作用力程(距离)极短,仅为飞米(fm,1fm = 10^{-15} m)量级,核力比电磁力大 100 多倍；但当力程超过 4~5fm 时,核力便消失了。

② 质子-质子、中子-中子以及中子-质子之间的核力近似相等,即核力与电荷无关。

③ 核力是具有饱和性的交换力。

④ 核力与自旋有关,含有非有心力性质的张量力。

2. 原子核的转变

1) 核衰变

不稳定原子核自发放射出某些粒子后变为另一种核或能量较低核的过程称为核衰变。例如,某些核素的原子核自发地放出 α、β 等粒子而转变成另一种核素的原子核,或是原子核从它的激发态跃迁到基态时,放出光子(γ 线),这些过程都是核衰变。

2) 核衰变类型

(1) α 衰变。不稳定的原子核放射 α 粒子而变成另一种核素的原子核的过程为 α 衰变。α 粒子就是高速运动的氦原子核。α 粒子由 2 个质子和 2 个中子组成,所带正电荷为 2e,其质量为氦核的质量。通常把衰变前的核称为母核,衰变后的核称为子核。放射性核素的原子核发生 α 衰变后形成的子核较母核的原子序数(即核电荷数)减少 2,在周期表上前移 2 位(左移法则),而质量数较母核减少 4,可用下式表示。

$$_{Z}^{A}X \rightarrow {_{Z-2}^{A-2}Y} + \alpha + Q_\alpha$$

式中：Q_α 为子核与 α 粒子的动能,即衰变过程中释放的能量,称为衰变能。

α 衰变是重元素原子核的特点,发生 α 衰变的天然放射性核素绝大部分属于原子序数 $Z>82$ 的核素。

(2) β 衰变。不稳定的原子核自发耗散过剩能量,转变为电荷改变(增加或减少)一个单位,而质量数未变的过程称为 β 衰变。β 衰变分为三种类型,即 β⁻

衰变、β⁺衰变和 EC 衰变(轨道电子俘获)。

β⁻衰变过程中,从核内放射出一个负电子 e⁻和一个反中微子 v̄,子核的核电荷增加一个单位。

β⁺衰变过程中,发射一个正电子 e⁺和一个中微子 v̄,子核的核电荷减少一个单位。

EC 衰变,即轨道电子俘获过程中,原子核俘获一个轨道电子时放出一个中微子 v̄,原子核的核电荷减少一个单位。

由原子核发射的电子称为 β 粒子。β 衰变时,均伴有 Q 能量释放。

(3) γ 衰变。α 衰变和 β 衰变所生成的子核往往处于激发态,受快速粒子轰击或吸收光子也可以使原子核处于激发态。处于激发态的原子核是不稳定的,它可以直接退激返回到基态。放射性原子核从激发态(较高能级)向较低能态或基态跃迁时发射γ射线的过程,称为γ衰变,又称γ跃迁。γ射线与 X 射线的本质相同,都是电磁波。X 射线是原子的壳层电子由外层向内层空穴越迁时发射的,而γ射线是来自核内,是激发态原子核退激到基态时发射的,γ射线又称γ光子。

在 γ 衰变过程中,放出γ射线后,原子核的质量和原子序数都没有改变,仅仅是原子核的能量状态发生了改变,因而这种变化称为同质异能跃迁。

3) 衰变规律

放射性核素的衰变与周围环境的温度、压强等无关,它遵循指数衰减规律。即每秒内衰变的原子数与现存的放射性原子数量呈比例。例如,某种放射性核素最初共有 N_0 个原子,经过时间 t 以后,只剩下 N 个,则 N 和 N_0 之间的关系为

$$N = N_0 e^{-\lambda t}$$

式中:λ 为衰变常数,表示单位时间内一个放射性核发生衰变的概率,即每秒衰变的核数为原有放射性核数的几分之几。其单位是时间单位的倒数(1/s、1/min 等)。

4) 半衰期

放射性原子核的数目因衰变而减少到原来的一半所需要的时间称为半衰期,用 $T_{1/2}$ 表示。它与衰变常数 λ 有如下的关系:

$$T_{\frac{1}{2}} = \frac{\ln 2}{\lambda} = \frac{0.693}{\lambda}$$

由此可见,核衰变是一级反应。因此,T 与 λ 成反比。这也很好理解,因为在单位时间内发生衰变的概率越大,原子核的衰变就越快,原子核总数减少一半的时间就自然越短。一种原子核的半衰期和原子核数量的多少以及开始计算的时间是没有关系的,从任何时候开始算起这种原子核的数量减少一半的时间都

是一样的。

3. 核反应

若原子核由于外来的原因,如带电粒子的轰击、吸收中子或高能光子照射等,引起原子核的质量、电荷或能量状态改变的过程称为核反应。核裂变、核聚变和中子俘获等都是核反应。

1) 核裂变

核裂变是重原子核分裂成两个或两个以上的中等质量碎片原子核的反应。由于重核的核子平均结合能比中等质量的核的核子平均结合能小,因此,重核裂变成中等质量的核时,会有一部分核子结合能释放出来。如铀核裂变过程中,当中子打击铀235后,应形成处于激发状态的复核,复核裂变为质量差不多相等的碎片,同时放出 2~3 个中子和核子结合能,即

$$^{235}_{92}U + ^{1}_{0}n \rightarrow ^{139}_{54}Xe + ^{95}_{38}Sr + 2^{1}_{0}n + 200 MeV$$

这些中子如能再引起其他铀核裂变,就可使裂变反应不断地进行下去,这种反应称为链式反应,释放出大量的能量。原子弹和原子反应堆等装置就是利用 U 核裂变的原理制成的。链式反应要不断进行下去的一个重要条件是每个核裂变时产生的中子数要在一个以上。

2) 核聚变

轻的原子核聚合变成较重的原子核时,也会释放出更多的核子结合能。这种轻核聚合变成较重的核,同时释放大量核能的反应称为核聚变。例如:

$$^{2}_{1}H + ^{3}_{1}H \rightarrow ^{4}_{2}He + ^{1}_{0}n + 17.6 MeV$$

使核发生聚变,必须使它们接近到 10^{-15} m。一种办法是把核加热到很高的温度,使核热运动的动能足够大,能够克服相互间的库仑斥力,在互相碰撞中接近到可以发生聚变的程度,因此,这种反应又称为热核反应。氢弹就是根据核聚变的原理制成的。

4. 核燃料的浓缩与核废料的处理

1) 核燃料的浓缩

原子弹的裂变装料主要是铀235、钚239和铀233等。铀是最基本的裂变装料,是制造原子弹的基础,没有铀就很难制造出原子弹。

天然铀包含铀234、铀235和铀238三种同位素,分布在地球的地壳和水圈中。地壳中铀含量约为 0.0004%,少数富矿中铀含量为 1%~4%,以化合物成矿。

在天然铀中,铀234含量可以忽略,铀238占99.3%,而铀235仅占0.7%。用于核电站的铀燃料,铀235的丰度需达到3%左右,而核武器用的铀,铀235丰度需要达到90%以上。因此,需要从天然铀中对铀235进行富集(或称浓缩)。

铀的开采和冶炼都很困难。要得到铀235丰度在90%以上的武器级铀,最困难的是进行同位素分离。铀同位素之间除原子质量存在差别外,其物理性质也存在微小的差别,利用这些差异,采用某种物理或化学方法将某一同位素分离出来的过程叫同位素分离。从铀同位素中分离铀235主要有电磁分离法、气体扩散法、离心机分离法和激光分离法4种。

(1) 电磁分离法。其原理是用巨大的磁铁产生磁场,经过气化和电离的挥发性铀盐离子送入磁场后,铀235和铀238的质量不同,因而,在磁场中产生的动量不同,回转半径也不同,将它们分别收集到两个不同的容器中。铀238离子较重,回转半径大,进入磁场外圆的收集器;铀235离子轻些,回转半径小,则进入磁场内圆的收集器。这样就把铀235分离出来了。经过一次分离,内圆收集器里难免也有一些铀238。将内圆收集器里的同位素再进行分离,如此反复经过若干次的分离后,内圆收集器里的铀235就可以富集到要求的丰度。

(2) 气体扩散法。其原理是利用气体热运动平衡时,质量不同的分子平均动能相同而速度不同的特性进行分离。六氟化铀在65℃时就会气化,不断地将六氟化铀气体向有大量微孔(直径约为 $0.01\mu m$)的薄膜压送,让气体分子互不碰撞地自由通过这些微孔。由于含铀235的气体分子比含铀238的气体分子轻,热运动速度较大,容易通过薄膜。通过薄膜后的气体中,含铀235的气体分子比例高,铀235得到一定程度的富集而未通过薄膜的气体中,留下铀238的气体分子比例高,铀238得到一定程度的富集,从而实现两种同位素的分离。

通过一个扩散级铀235的相对丰度只提高百分之零点几,因此,必须把多个扩散级串联起来,构成级联装置。经过几千级的分离,最终可得到丰度90%以上的武器级铀。例如,美国橡树岭的铀浓缩厂就有4384个扩散级。

(3) 离心分离法。其原理是:根据质量不同的物体,作相同角速度的圆周运动时,所受到的离心力不同,因而抛撒的落点不同而进行分离。在高速旋转的离心机中,含铀238的六氟化铀分子较重,受到的离心力大,落点靠近外周;含铀235的六氟化铀分子较轻,受到的离心力小,则聚集在轴线附近。从外周和中心分别引出气流,就可实现同位素的初步分离。与气体扩散法一样,也必须将若干台离心机串联起来,经过若干次的分离,最后才可以得到武器级铀。一个大型的同位素离心机分离厂往往需要安装一二百万台离心机。

(4) 激光同位素分离。这是一种新的同位素分离技术。同位素的质量不同,其能级(原子核外层的电子运动的轨道)也不同,由低能级激发到高能级时的吸收光谱也有差异。用不同波长的激光激发其中的一种同位素,就可以利用激发态与非激发态同位素在物理和化学性质上的差异,用适当的方法将其分离。用激光将同位素激发,再用电磁法收集,效率可以大大提高。激光同位素分离只需要一个分离级,体积小,耗电少。

激光同位素分离有两种不同的工艺:一种是分子激光同位素分离;另一种是原子蒸气激光同位素分离。在分子激光同位素分离工艺中,在-220℃下,用氩稀释六氟化铀气体,用一台激光器激发这种气体(这种激光器对铀238不起作用),再用一台激光器(如铜蒸气激光器)分解已激发的分子,生成五氟化铀,以白色粉末单色形式被回收,用作进一步分离。

在原子蒸气分离工艺中,用聚焦电子束在真空中把铀锭加热到3000℃,使铀金属汽化成铀235和铀238的原子状态,用激光器将铀蒸气中的铀235原子电离(这种激光器对铀238不起作用),再用电磁分离法将电离了的铀235离子收集。

钚239的制备是在核反应堆中用中子轰击铀238制成的,钚239的生产工序也很复杂,主要有反应堆辐照、辐照冷却期、分离和还原成金属4步;铀233在自然界中也不存在,它是用钍232在核反应堆中经中子照射后制成,同样用化学方法把照射产物中的铀233分离出来。其化学分离工艺与钚的相同,只不过要选择和配制不同的萃取溶剂而已。限于篇幅,这里就不再一一赘述了。

2) 核废料的处理

核废料泛指在核燃料生产、加工和核反应堆用过的、不需要的并具有放射性的废料,也专指核反应堆用过的乏燃料,经后处理回收钚239等可利用的核燃料后,余下的不再需要的并具有放射性的废料。乏燃料是指核燃料在反应堆中发生裂变反应后的物质,即辐射达到计划卸料的燃耗后从堆中卸出,且不再在该堆中使用的核燃料。核废料的处理主要是指乏燃料的后处理和高放废物的处理。

(1) 乏燃料的后处理。对反应堆中用过的核燃料(乏燃料)进行化学处理,以除去裂变产物等杂质并回收易裂变核素和可转换核素以及一些其他可利用物质的过程,称为乏燃料(核燃料)后处理。其主要任务包括:回收铀和钚,作为核燃料重新使用;去除铀、钚中的放射性裂变产物和吸收中子的裂变产物;综合处理放射性废物,使其适合于长期安全储存。因此,乏燃料后处理厂主要的商业产品是铀和钚。

目前被各国广泛使用的回收铀和钚的乏燃料后处理流程就是PUREX(plutonium anduraniumrecoveryby extraction(萃取回收铀、钚))的缩写(昔雷克斯)流程。它是采用磷酸三丁酯为萃取剂,从乏燃料硝酸溶解液中分离回收铀、钚的溶剂萃取流程。PUREX流程的基本工艺构成如图5-17所示。

(2) 高放废物的处理。高放废物的全称为高水平放射性废物,是指含有放射性核素或被放射性核素污染后其放射性浓度或放射性比活度超过国家规定限值的废弃物。

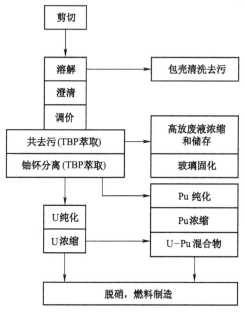

图 5-17 PUREX 流程的基本工艺构成

世界各国对高放废液主要采取浓缩减容后,用不锈钢槽暂时储存酸性高放废液或直接进行玻璃固化。放射性废液固化的目的是减少放射性向自然环境扩散污染的能力,从而增加储存的安全性。对低、中放废液的固化,因其废水量大,必须考虑经济效益,其固化方法有水泥、沥青和塑料固化;对高放废液的固化则采用玻璃固化、煅烧固化和陶瓷固化等。玻璃固化是将高放废液与玻璃原料以一定的配料比混合后,在高温(900~1200℃)下熔融,经退火处理后即可转化为稳定的玻璃固化体;煅烧固化是将高放废液在低温下蒸发、脱水、脱硝,将得到的残渣在高温下煅烧使金属盐分解成固体颗粒或稳定的氧化物颗粒;陶瓷固化的原理与玻璃固化原理相似,只是加入的固化剂为陶瓷原料而已。

由于高放废物含的核素半衰期长(24400 年),要让它们衰变到无害水平,需储存几十万年。所以,国外也把这类废物的永久储存称为"最终处置"。到目前为止,很难找到一种合适的处理方式保证在几十万年内这些放射性核素不会返回人类生物圈。各国科学家为了对放射性废物进行最终处置,做了大量的科研工作,提出许多处置方案,其中对于深地质层储存研究得较多,较为成功的是地下盐矿。设计处置场时,应先设计地面或地下临时储存高放废物的场地,经临时储存几十年,废物释热率明显下降后,再转移到深地质层作永久储存。处置场可分层布局储存库房,或以其他形式布局(平面或立体的)库房。高放废物置放在洞穴内,其空间需回填密封,一般要求回填材料对核素具有很好的吸附能力并控制进入洞穴的地下水的pH值和氧化还原电位,以防容器腐蚀和放射性核素的浸出。

5.3.2 原子弹

原子弹是利用链式裂变反应原理,在一个小的空间内瞬间释放出巨大能量,从而产生爆炸的核武器。具体来讲,它是利用铀或钚等易裂变的重原子核裂变反应瞬间释放出巨大能量的核武器,是一种裂变弹,其威力通常为几百至几万吨级TNT当量,它是第一代核武器。

在1939年,核物理学家就发现,当一个重原子核(如铀)被中子轰击后,可以发生裂变。裂变前后并没有发生质子、中子数量的变化,但是其质量却减轻了微不足道的一点。根据爱因斯坦能量方程 $E=mc^2$,这些消失的质量转化成为能量释放出来。可当这微不足道的一点质量若乘以光速的平方,就是一个相当大的数值了。据测算,1个铀原子核裂变仅能释放 $2.9×10^{11}$J,但是,1mol铀235g,就可以释放 $1.746×10^{33}$J的能量,这相当于数千吨TNT爆炸的效果。因为铀原子核在裂变时,可以同时释放2~3个中子,如果这些中子继续轰击其他的铀原子核,就可以形成雪崩式的裂变反应,把能量在0.01s内释放出来,我们称为链式反应。这样的瞬间能量释放可以形成破坏巨大的爆炸,完全能够制造出一种重量轻、破坏大的武器。

铀有两种同位素——铀235和铀238。铀235在吸收中子后可以立即发生裂变(图5-18),而铀238则几乎毫无变化。天然铀中铀235的比例很小,根本不可能维持链式反应。所以,将铀235提纯就成为原子弹成功的关键。铀235与铀238的化学性质完全相同,物理性质中也仅仅是密度稍有差异。科学家发现,铀与氟反应生成 UF_6,这是一种气体。铀235和铀238的氟化物密度有差异,如果让它们扩散通过多孔板,铀235氟化物就会比铀238氟化物略微快一点。经过很多次这种过程,铀235就被提纯了。另外,也可以利用超速离心的方法分离铀235和铀238。

根据核装料的不同,可分为铀弹和钚弹。以铀235作为核装料的称为铀弹,以钚239作为核装料的称为钚弹。1kg的铀235或钚239如果安全裂变,裂变和衰变过程中总共可释放约2万t TNT当量的能量。钚239与铀235性质相似,也可以发生链式反应。1945年,投放在长崎的"胖子"就是一枚钚弹。据统计,美军在日本投下的两枚原子弹共造成近30万人死亡,效果远远超过任何一种常规武器。

原子弹主要由引爆控制系统、炸药、中子反射体、核装料和弹壳等结构部件组成(图5-19)。

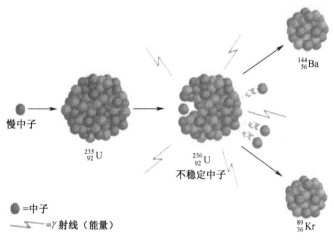

图 5-18　铀原子核的裂变

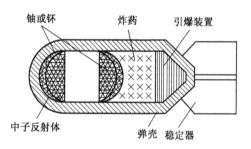

图 5-19　原子弹构造示意图

引爆控制系统用来适时引爆炸药;炸药是推动、压缩反射层和核部件的能源;中子反射体由铍或铀 238 构成,用来减少中子的漏失;核装料主要是铀 235 或钚 239。

原子弹爆炸的原理:在爆炸前将核原料装在弹体内分成几小块,每块质量都小于临界质量(原子弹中裂变材料的装量必须大于一定的质量才能使链式裂变反应自持进行下去,这一质量称为临界质量)。爆炸时,引爆控制系统发出引爆指令,使炸药起爆;炸药的爆炸产物推动并压缩反射体和核装料,使之达到超临界状态;核点火部件适时提供若干"点火"中子,使核装料内发生链式裂变反应。裂变反应产物的组成很复杂,如铀 235 裂变时可产生钡和氪,或氙和锶,或锑和铌等(图 5-20)。

连续核裂变释放出巨大的能量,瞬间产生几千万摄氏度的高温和几百万个大气压,从而引起猛烈的爆炸。爆炸产生的高温高压以及各种核反应产生的中子、γ射线和裂变碎片,最终形成冲击波、光辐射、贯穿辐射、放射性沾染和电磁脉

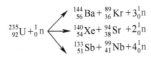

图 5-20　铀 235 裂变示意图

冲等杀伤破坏因素。图 5-21 为中国第一颗原子弹爆炸产生的蘑菇云。

图 5-21　中国第一颗原子弹爆炸的蘑菇云

5.3.3　氢弹

核裂变实现以后,科学家又把目光集中在了轻核的聚变反应。如果轻原子核,如氢的同位素氘、氚能靠近到一定距离,可以发生聚合成为质量稍大的氦核,其质量的衰减大于重核的裂变。太阳就是一个巨大的核聚变反应堆。

但是,原子核携带正电荷,要想让其靠近到可以聚合的距离,必须让其具有巨大的动能。达到这种动能的温度只存在于恒星内部,依靠常规方法是无法实现的。可是,原子弹爆炸时,其温度可以达到上千万摄氏度,完全满足了这种需求。一旦被引发,核聚变本身产生的能量就足以维持直到燃料用尽。

1942 年,美国科学家泰勒(E. Teller)提出,可以利用原子弹爆炸产生的高温引起核聚变来制造一种威力比原子弹更大的超级核弹。1952 年 11 月 1 日,在美国马绍尔群岛的一个珊瑚岛上爆炸了世界上第一颗氢弹。图 5-22 为氢弹爆炸升起的蘑菇云。

图 5-22 氢弹爆炸升起的蘑菇云

氢弹是利用氢的同位素氘、氚等轻原子核的聚变反应瞬时释放出巨大能量而实现爆炸的核武器,亦称聚变弹或热核弹。氢弹的杀伤破坏因素与原子弹相同,但威力比原子弹大得多。原子弹的威力通常为几百至几万吨 TNT 当量,氢弹的威力则可大至几千万吨。还可通过设计增强或减弱某些破坏因素,其战术技术性能比原子弹更好。

1. 氢弹的基本原理

在氘、氚原子核之间发生的聚变反应,主要是氘氚反应和氘氘反应。

当热核燃烧的温度为几百万至几亿摄氏度时,氘氚反应的速率约比氘氘反应快 100 倍,因此,氘氚混合物比纯氘的燃烧性能更好。有一种实用的热核装料是固态氘化锂-6(^{6}LiD)。利用裂变引爆装置产生的中子轰击氘化锂-6 气化电离产生的锂-6(^{6}Li)产生氚,然后发生氘氚热核反应,释放巨大的能量。在氢弹中,烧掉 1kg 氘化锂,释放的能量可达 4~5 万 t TNT 当量。

$$n+^6Li \rightarrow T+^4He+4.8MeV$$
$$D+D \rightarrow T+P+4.03MeV$$
$$D+D \rightarrow 3He+n+3.27MeV$$
$$D+T \rightarrow 4He+n+17.6MeV$$

发生热核反应的先决条件是高压。但要使热核装料燃烧充分,还必须使燃烧区的高温维持足够长的时间。为此,就需创造一种自持燃烧的条件,使燃烧区中能量释放的速率大于能量损失的速率。这种条件除与热核装料的性质、装量、密度及几何形状有关外,还与燃烧温度和系统的结构密切相关。氢弹中热核反应所必需的高温、高压等条件,是用原子弹爆炸提供的,因此,氢弹里装有一个专门设计用于引爆的原子弹,通常称为"扳机"或"雷管"。

氢弹的原料(氘)是氢的同位素,大量存在于自然界之中。氘与氧的化合物称为重水,其化学性质与水基本相同。但是,重水的沸点略高于水,在电解水时,重水也相对不容易被电解。所以,就可以采用反复蒸馏普通水和电解水的方法浓缩重水,最后利用电解的方式得到氘。氘化锂-6主要存在于海水、矿泉和锂辉石当中,天然储量也很大。所以,氢弹的原料更易得。

氢弹的结构如图5-23所示。中心部分是原子弹,周围是氘、氘化锂等热核原料,最外层是坚固的外壳。

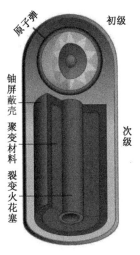

图5-23 氢弹结构示意图

引爆时,先使原子弹爆炸产生高温高压,同时放出大量中子;中子与氘化锂中的锂反应产生氚;氘和氚在高温高压下发生核聚变反应释放出更大的能量引起爆炸,如图5-24所示。

图5-24 氢弹爆炸示意图

在氘、氚原子核之间发生的聚变反应主要是氘氘反应和氘氚反应,其核反应

式为

$$_{1}^{2}H + _{1}^{3}H \rightarrow _{2}^{4}He + _{0}^{1}n$$
$$_{1}^{2}H + _{1}^{2}H \rightarrow _{1}^{3}H + _{1}^{1}H$$

2. 三相弹

氢弹爆炸成功后，人们发现，其爆炸时可以产生大量高速度的中子。如果用这种高速度的中子轰击铀238，可以引起它的裂变而释放能量。由于铀238裂变时不产生中子，所以不会维持链式核裂变反应，但是核聚变产生的高能中子已经是绰绰有余。于是，在氢弹的外边加上铀238外壳，就制成了聚变-裂变弹，也称为氢铀弹。由于同时发生原子弹"雷管"裂变、氘氚聚变和铀238裂变3种核反应，所以又称为三相弹。这种三相弹爆炸后的放射性产物污染严重，人们也称为"肮脏"氢弹。

由于氢弹不受核装药临界体积的限制，所以理论上讲可以做得无限大，上千万甚至上亿吨级的氢弹也可以制造出来。由于三相弹中应用的铀238是制造原子弹的废品，这种应用更是很好的废物利用。

5.3.4 中子弹

中子弹是以高能中子辐射为主要杀伤因素且相对减弱冲击波和光辐射效应的一种特殊设计的小型氢弹，也称弱冲击波强辐射弹或增强辐射弹。它实际上是一种靠微型原子弹引爆的特殊的超小型氢弹，是第三代核武器的代表。

一般氢弹由于加一层铀238外壳，氢核聚变时产生的中子被这层外壳大量吸收，产生了许多放射性沾染物。中子弹去掉了外壳，核聚变产生的大量中子就可能毫无阻碍地大量辐射出去，这就大大增加了核辐射的毁伤效应，从而对人员等有生力量造成巨大的打击。同时，却减少了光辐射、冲击波和放射性污染等因素。

中子弹的内部构造大体分四个部分。弹体上部是一个微型原子弹，上部分的中心是一个亚临界质量的钚[239]，周围是高能炸药。下部中心是核聚变的心脏部分，称为储氚器，内部装有含氘氚的混合物。储氚器外围是聚苯乙烯，弹的外层用铍反射层包着。引爆时，炸药给中心钚球以巨大压力，使钚的密度剧烈增加。这时，受压缩的钚球达到超临界而起爆，产生强γ射线和X射线及超高压。强射线以光速传播，比原子弹爆炸的裂变碎片膨胀速度快100倍。当下部的高密度聚苯乙烯吸收了强γ射线和X射线后，便很快变成高能等离子体，使储氚器里的氘氚混合物承受高温高压，引起氘和氚的聚变反应，放出大量高能中子。铍作为反射层，可以把瞬间产生的中子反射回去，使它充分发挥作用。同时，一个高能中子打中铍核后，会产生一个以上的中子，称为铍的中子增殖效应。这种铍反射层能使中子弹体积大为缩小,因而可使中子弹做得很小。

中子弹的核辐射是普通原子弹的10倍,一颗1000t当量的中子弹,杀伤坦克、装甲车乘员的能力相当于一颗5t吨级的原子弹。与原子弹相反,中子弹的光辐射、冲击波、放射性小,只有普通原子弹的1/10。1000t当量中子弹的破坏半径仅180m,污染很小。中子弹爆炸时所释放出来的高速中子流,可以毫不费力地穿透坦克装甲、掩体和砖墙。进入人体后,能破坏人体组织细胞和神经系统,从而杀伤包括坦克乘员在内的有生力量,但又不严重破坏坦克、装备物资以及地面建筑,从而可使装备和物资成为自己的战利品。

中子弹也可用于阻击来袭导弹和敌空军机群。中子弹爆炸产生的大量中子射向来袭导弹,可使核弹头的核装料发热、变形而失效;可以杀伤敌机飞行员而造成机毁人亡。由于中、高空大气的空气密度很小,对中子的衰减能力较弱,因此,中子在中、高空的作用距离很大。所以用中子弹来对付导弹和空军机群也是非常有效的。

鉴于中子弹具有的这一特性,如果广泛使用中子武器,那么,战后城市也许将不会像使用原子弹、氢弹那样成为一片废墟,但人员伤亡会更大。

5.3.5 核武器损伤及防护

1. 核武器杀伤破坏因素

核武器的杀伤破坏因素主要有冲击波、光辐射、早期核辐射、核电磁脉冲和放射性沾染。前四种杀伤破坏因素是在爆后几十秒内起杀伤破坏作用的,又称为瞬时杀伤因素。放射性沾染的作用时间长、作用范围广、伤害途径多,但是并不像瞬时杀伤破坏作用那样具有速效性。

1) 冲击波

冲击波就是核爆炸时形成的高速高压气浪。它由压缩区和稀散区组成,是核爆炸的主要杀伤破坏因素。

(1) 对人员的杀伤。

① 直接杀伤。冲击波的动压能将一定范围内的暴露人员抛出数米至数十米之远,造成皮肤损伤、骨折和肝脾破裂。超压作用能使肺、胃、肠和耳鼓膜等受到损伤。

② 间接杀伤。由于建筑物的倒塌,石块、门窗玻璃的飞散等而引起的杀伤。有时,间接杀伤作用的范围要比直接杀伤作用的范围大。

(2) 对物体的破坏。冲击波超压能使建筑物门窗和薄弱部位损坏,严重时,造成错位、裂缝、变形或倒塌。在冲击波作用下,机械、工事、装备器材的脆弱部位等易受到破坏,严重时会造成移位、变形和断裂。

2) 光辐射

光辐射就是核爆炸时的闪光和火球辐射出来的强光和热。

(1) 对人员的杀伤作用。

① 直接烧伤。直接烧伤是由于光辐射直接照射而造成的,烧伤多数发生在朝向爆心的暴露部位,如手、脸、颈等。轻者皮肤发红、灼痛;重者皮肤起泡、溃烂;更重者皮肤烧焦。人员直视火球,可能造成视网膜烧伤。

② 间接烧伤。它是光辐射引起服装、工事、建筑物或装备等着火而造成的烧伤。多数伤员往往同时发生直接烧伤和间接烧伤。

(2) 对物体的破坏作用。光辐射可以直接烧焦、烧坏各种物体,还可以由于建筑物、工事或其他易燃、易爆物着火、爆炸而引起物体的间接毁坏。

3) 早期核辐射

早期核辐射就是核爆炸在最初十几秒内从火球和烟云中放出的 γ 射线和中子流。

(1) 对人员的杀伤。早期核辐射穿入人体时,会引起肌体组织的原子电离,破坏机体组织的蛋白质和酶等具有生命功能的物质,导致细胞变异或死亡,从而引起机体生理机能改变和失调(如造血功能发生障碍、肠胃功能紊乱以至中枢神经系统紊乱等),产生一种全身性疾病,称为急性放射病。

(2) 对物体的破坏。早期核辐射会使某些物质改变性能或失效。照射量为 3~5R,就会使摄影胶卷感光;2000R 以上会使光学玻璃变暗;各种兵器的锰钢和铝合金部位,在中子的作用下,易产生较强的感生放射性,影响使用。

4) 核电磁脉冲

核电磁脉冲就是核爆炸时产生的电磁脉冲,它是早期核辐射的次级效应。核爆炸产生的大量 γ 射线,在沿着以爆心为原点的径向运动过程中,与空气中的分子发生康普顿效应,产生康普顿电子。具有较高能量的康普顿电子,在运动过程中,又与空气分子发生作用,产生更多的电子,在爆区空间形成一个环绕爆心的电离化区域。这个区域通常称为源区。在源区内,由于大量电子径向运动,于是形成径向电场,其场强可达 $1\times10^4 \sim 1\times10^5 \mathrm{V/m}$,这种径向电场不是对称的,会产生"净"电脉冲,导致向外辐射电磁脉冲。

核电磁脉冲的场强虽然很高,但由于它的作用时间极短,所以还没有发现对人、畜有杀伤作用。它对一般的物体如武器、被服、装具和房屋等没有破坏作用,但对电气、电子设备有破坏作用,它可导致电子系统暂时的工作紊乱和操作失灵,而且可使电子系统的某些敏感元件、器件,被强核电磁脉冲击穿或烧毁,从而导致整个系统不能继续工作。

5）放射性沾染

核爆炸会产生大量的放射性灰尘,放射性灰尘会污染空气、地面、水源、粮食和武器装备等物体,有些受到早期核辐射中子流作用的土壤和武器等还会产生感生放射性,这些都称为核爆炸的放射性沾染。

放射性沾染和早期核辐射一样,能使人员引起放射病。它比瞬时杀伤破坏因素的作用时间长、作用范围广、伤害途径多,但是并不像瞬时杀伤破坏作用那样具有速效性。

2. 核武器损伤的防护

核武器虽然具有巨大的杀伤破坏作用,但也具有局限性和可防性,只要掌握其致伤规律,做好防护工作,就能避免或减轻核武器损伤。

当遭到核袭击,特别是突然袭击时,核爆炸的闪光就是警报信号,应立即采取防护措施。

1）对核爆炸瞬时杀伤因素的防护

核爆炸瞬时杀伤因素的防护是指对核爆炸产生的冲击波、光辐射、早期核辐射及核电磁脉冲四种杀伤因素采取的防护措施,是核防护的主要内容。

（1）人员在开阔地上的防护。当发现核爆炸闪光时,应立即背向爆心卧倒,同时,应半张嘴、闭眼、收腹、两手交叉垫于胸下,两肘前伸,头自然下压于两臂之间,两腿伸直并拢,暂时憋气。人员卧倒后,能减少冲击波迎风面积的 1/5;闭眼、遮脸、压手、头部下压,能减轻光辐射对暴露部位的烧伤。

（2）利用地形地物的防护。

① 利用凸起地形地物。当发现核爆炸闪光时,应尽快利用就近凸起的地形地物,如土丘、土坎和山坡等,背向爆心紧靠遮挡一侧的下方立即卧倒(注意:利用就近地形时,应避免间接伤害)。

② 利用下凹的土坑、弹坑、沟渠、山洞、桥洞和涵洞等地形地物。当发现闪光时,应迅速跃(滚)入坑内,身体蜷缩,跪或坐于坑内,两手掩耳、闭眼、半张嘴,暂时停止呼吸。

③ 利用建筑物。坚固的建筑物对瞬时杀伤因素具有一定的防护作用。当发现核爆炸闪光时,室外人员尽量利用墙的拐角或紧靠背向爆心一面的墙根卧倒,室内人员应尽量利用屋角或床、桌卧倒或蹲下,也可以在较小的房间或门框处躲避。注意:不要利用不坚固或易倒塌的建筑物,还有避开窗、门等处和易燃、易爆物,以免受到间接伤害。

（3）利用工事防护。各类野战工事对核武器的瞬时效应都有较好的防护效果。

① 利用掩蔽所、避弹所。当接到核袭击警报信号或发现闪光时,不担负值

班任务的人员,应迅速有次序地进入工事,关好防护门,并视情况掩堵耳孔。

② 利用堑壕、交通壕、观察所、崖孔。当发现闪光时,应迅速进入壕、所,采取相应的措施,可避免光辐射、冲击波和早期核辐射的伤害。

崖孔(猫耳洞)有一定的自然防护层,对核袭击防护效果好,有拐弯或孔口有护板的防护效果更好。当发现核爆炸闪光时,应立即迅速向崖孔运动,曲身转体进入崖孔,关好护板或放下防护门帘;蹲(坐)下,用手掩耳。

（4）利用装具、服装进行防护。人员利用防护头盔、雨衣、防毒斗篷和衣物等防护措施,在一定距离可以避免或减轻光辐射和冲击波的伤害。一般是浅色衣物比深色衣物防护效果好,厚的比薄的好,密实比稀疏的好。

（5）乘车时的防护。正在行驶的车辆,突然遇到核爆炸闪光时,驾驶员应立即停车,将身体弯状或卧伏于驾驶室内;乘车人员尽量卧倒。

2) 对放射性沾染的防护

（1）对放射性烟云沉降的防护。当听到或看到防放射烟云沉降口令或信号时,人员应迅速进入有掩盖的工事。为防止放射性灰尘沉降时随呼吸道进入人体内和降落到人的皮肤上,要及时戴上防尘口罩或防毒面具,披上防毒斗篷或雨衣、塑料布,并扎好领口、袖口和裤口。室内人员应立即关好门窗、贴好密封条、堵住孔口,密封食品、饮水。为减轻照射和沾染的伤害,还应提前服用预防药物,如口服碘化钾等。

（2）通过沾染区的防护。在接近沾染区时,应首先检查武器装备、防护器材是否完好,个人着装和武器携带是否便于行动和防护;其次,口服抗辐射药物,如硫辛酸二乙胺基乙酯、雌三醇与某些硫氢化合物等;再次,利用制式或简易器材进行全身防护,并将粮食、蔬菜和食品等装袋,遮盖好。通过沾染区时,应尽量避开辐射水平高的地区,以减少吸收剂量。人员之间应保持适当距离,加快行进速度,并避免扬起灰尘。如有条件可乘车通过,尽量缩短停留时间。

（3）在沾染区内的防护。在不影响执行任务的前提下,充分利用有防护设施的工事进行防护。为减轻外照射和沾染,应尽量减少在工事外活动。暴露人员应带口罩或面具、扎三口、穿(披)雨衣或斗篷、带手套,并服用抗辐射药物。不接触受染物体,不准随地坐卧和吸烟,尽量不喝水和进食。

总之,对核武器损伤的防护,内容广泛,任务艰巨,必须做到军队防护与人民群众防护相结合,医学防护与其他各种防护相结合,群众性防护与专业技术分队防护相结合,使用制式装备防护与开展简易防护相结合。

5.3.6 《防止核武器扩散条约》的签署与实施

1968 年 7 月,美、苏、英三国签署了《防止核武器扩散条约》,条约规定:有核缔约国不得将核武器让给任何领受者；无核缔约国不得拥有核武器，并要接受国际原子能机构的检查。

《防止核武器扩散条约》对核大国的军备竞赛未作任何限制，也不禁止核技术的和平利用，却对无核国家作了严格的规定和限制。

1.《防止核武器扩散条约》的签署

在德国马克斯·普朗克和荷兰保罗·克鲁岭等科学家相继提出"核冬天"理论以及发生系列核事故(特别是切尔诺贝利电站核事故)之后，国际社会的反核舆论和反核行动日益高涨。美国、苏联等核大国，利用国际原子能机构，大力推行核控制，经过他们各种手段的威逼利诱，很多国家相继在《防止核武器扩散条约》上签字。目前，除以色列、印度和巴基斯坦3国外，联合国191个成员国中，已有188个国家在《防止核武器扩散条约》上签字。反核武器扩散及反对核走私成为国际间共同的声音。

但是，由于《防止核武器扩散条约》对核大国、有核国家和无核国家不是平等的，故仍有一些国家未在该条约上签字。有的虽签了字，但在实际行动上并不遵守该条约的规定，他们认为这是核大国强加于别国的。

2.《条约》的实施

《防止核武器扩散条约》于1970年3月5日开始生效。

《条约》不禁止核技术的和平利用。从字面上看，条约对无核国家研制核武器关上了大门，实际上，却给寓军于民的核技术发展开了后门。众所周知，核军备发展与核和平利用之间，没有不可逾越的鸿沟，核原料既可用于制作军用的核弹，又可用于其他各种民用核设备，只不过军用核原料往往比民用核原料要求高，需要进一步特殊加工。

今后，禁止与反禁止核扩散的斗争会时紧时松，方式方法也会不断地翻新，而且还会长期持续地进行下去。美国一定会抓住《防止核武器扩散条约》上的"核查"大做文章，对其怀疑的国家进行核查，而要发展核武器的国家也一定会使用各种办法对抗核查。

5.4 推进剂化学

5.4.1 推进剂概况

把航天器和导弹推送到目标以及把人送到宇宙空间的高能物质，称为推进剂。应用物质在火箭发动机中发生化学反应(燃烧)放出的能量为能源，利用化学反应(燃烧)的产物作为工质的一种推进方式，称为化学推进。在化学推进剂中,参加化学反应(燃烧)的全部组分统称为化学推进剂。根据参加化学反应(燃烧)的这些组分在通常条件下所呈现的物理状态,把化学推进剂分为液体推进剂、固体推进剂、固液推进剂和液固推进剂。固体推进剂又分为均质固体推进剂和复合固体推进剂。到目前为止,实际使用的主要是液体推进剂和固体推进剂。

1. 发展简史

火箭推进剂是火箭的能源,最早的火箭推进剂是黑火药,黑火药是中国发明的。早在宋太祖时代(公元969年)冯义升、岳义方就已发明了作为武器用的固体(火药)火箭。到成吉思汗西征(公元1249年至1280年)时,火箭才传到西方,由此可见,火箭是中国发明的。

尽管火药有如此悠久的历史,但发展甚为缓慢。到了18世纪末和19世纪初,随着化学科学的不断发展,火药和炸药的研究、制造和应用才有了空前的发展。1932年,研制出固体双基推进剂。从20世纪30年代初至第二次世界大战前,人们把主要精力用在研制液体火箭上。1944年,成功研制出了由过氯酸钾和沥青组成的复合推进剂。复合推进剂经历了沥青、聚酯、聚硫、聚氯乙烯、聚氨酯和聚丁二烯等阶段,其中,后两类推进剂得到了广泛使用。50年代末,由于铝粉的加入,使复合推进剂性能大大提高,不仅比冲增加,而且抑制了燃烧的不稳定性。60年代,在双基推进剂的基础上又发展出了复合改性双基推进剂,安全性能与双基推进剂相同,但能量得到进一步提高。70年代出现的端羟基聚丁二烯是能量和力学性能均优的复合推进剂。

但是,由固体推进剂火箭发展到液体推进剂火箭中间经历了1000多年,这是由于后来火炮的出现,取代了火箭,使火箭的发展长期处于停滞状态。直到1900年以后,液体火箭才正式开展研究。液体火箭的迅速发展是纳粹德国从第二次世界大战期间开始的,德国工程师布劳恩负责领导此项工作。1937年开始进行"A"系列火箭的研究,用液氧和酒精作推进剂,并用过氧化氢作涡轮工质。5年后(1942年),进行了A-4型火箭的首次飞行试验,射程为300km,这就是著名的V-2火箭。

第二次世界大战后,苏联、美国、英国及我国的第一代液体火箭,实际上都是在V-2的基础上发展起来的。从20世纪50年代到现在,各国对氟类、硼类、肼类、烃类及液氢等液体推进剂都先后展开了全面研究,给第二代、第三代液体火箭发动机的发展创造了良好条件,并促进了洲际导弹、人造卫星和宇宙飞船的飞跃发展。

目前,液体推进剂在进一步向高能发展的过程中,遇到了剧毒、强腐蚀、易燃易爆、环境污染、生产工艺及材料相容性的重重关卡,进展迟滞。过去曾一度发展缓慢的固体火箭,现在却取得了较大进展。虽然固体推进剂向高能发展也碰到和液体推进剂类似的障碍,但因其发动机结构简单、便于维护和保养以及起飞前准备时间短等优点,得到了人们较大的关注,尤其在军用火箭与导弹方面,似有取代液体火箭之势。

但是,在宇航领域,液体火箭有其独特的优越性,如比推力较大,推力可调节,能多次重复起动和关机等,这是固体火箭难以达到的。因此,目前有固体推进剂和液体推进剂并重、固体火箭和液体火箭并举的主张。

2. 液体推进剂

1) 液体推进剂的定义

(1) 液体推进剂。能给喷气发动机或火箭发动机提供能量使其产生推力的所有燃烧剂和氧化剂以及单元推进剂统称推进剂。进入发动机推力室前是液体者称为液体推进剂。

推进剂进入推力室前是一种能源,进入推力室后,产生燃烧、热分解或催化分解反应,形成高温高压气体产物,作为工质,它以超过声速若干倍的高速从发动机喷管喷出,使热化学能转变为功、产生推力。

(2) 氧化剂与燃烧剂。它们都是推进剂的组元,氧化剂能支持燃烧剂燃烧,故也称助燃剂,如氧、硝酸和四氧化二氮等;凡和氧化剂一起燃烧并产生能量的物质均称为燃烧剂,如偏二甲肼、酒精、混胺及氢等。

氧化剂与燃烧剂产生的燃烧反应,是两者剧烈的氧化还原反应,还原元素(燃烧剂)的电子转移给氧化元素(氧化剂),热化学能就是电子转移过程释放出来的。

(3) 单元液体推进剂。含有进行燃烧或分解过程必需的各种元素的一种单相液体化合物或混合物,如过氧化氢、无水肼、硝酸异丙酯等。由于仅需给推力室输送一种单元体,故称单元液体推进剂。

2) 液体推进剂分类

(1) 按化学组成分类,可分为双元液体推进剂和单元液体推进剂。

① 双元液体推进剂。氧化剂和燃烧剂是分开贮存的两种不同组元的液体,进入燃烧室前不相混合,需要两套输送系统和控制系统,故称双元液体推进剂。

② 单元液体推进剂。含有进行燃烧或分解过程必需的各种元素的一种单相液体化合物或混合物。

(2) 按使用条件分类。按使用条件可将液体推进剂分为可予包装推进剂(醇、烃、胺、肼类、硝酸和四氧化二氮等)、可储存推进剂(醇、烃、胺、肼类、硝酸丙酯、硝酸和四氧化二氮等)、半可储存(宇宙可储存)推进剂和不可储存(深冷)推进剂(液氧、液氢、液氟等)。

(3) 按点火方法分类。

① 非自燃液体推进剂。氧化剂和燃烧剂在火箭发动机推力室中接触不能自燃,需外加点火能源者称非自燃液体推进剂,如液氧和酒精、液氧和液氢等。通常,单元液体推进剂进入推力室后也需点火能源才可燃烧,如硝酸异丙酯、混酯等燃烧需火药点火;或需催化剂催化分解,如无水肼及过氧化氢。

② 自燃液体推进剂。氧化剂和燃烧剂在火箭发动机推力室中接触能瞬时自燃,不需外加点火能源者称自燃液体推进剂,如硝酸-27S 和偏二甲肼、四氧化二氮和偏二甲肼、硝酸-20S 和混胺-02 等。

3) 液体推进剂的性能要求

(1) 能量要求。

① 热值要求。液体火箭要求在最小的起飞质量(尽可能少载推进剂)下,能达到最大射程、最大高度和最大末速度(推进剂用完后火箭取得的最大速度)。在推进剂载荷量相同时,推进剂的热值越高,火箭的射程、高度和末速度就越大。

② 比推力(比冲)要大。比推力是指每秒消耗 1kg 推进剂时发动机产生的推力,其单位可写成 kg·s/kg 或 s。对推进剂的最根本要求是燃烧 1kg 推进剂产生的比推力越大越好。比推力与燃烧室温度的平方根成正比,与燃烧产物的平均分子量成反比。

为了获得高的比推力,液体推进剂应满足以下四个条件:一是要具有尽可能大的热值;二是要具有尽可能大的比容(单位重量推进剂燃烧后在标准状况下产生的燃气体积);三是燃烧产物的比热比 C_P/C_V 应当小(C_P 为恒压下燃气比热容,C_V 为恒容积下燃气比热容);四是推进剂密度尽可能大。

(2) 发动机对推进剂的要求。

① 良好的冷却性能。推进剂燃烧产生的高温,足以将燃烧室烧坏,故液体火箭发动机需用推进剂的一种组元作冷却剂(一般用流量较大的氧化剂),要求推进剂的吸热能力、传热能力和热安定性要好,要求冷却剂沸点高,汽化热、比热容和导热系数尽可能大,但沸点过高、汽化热和比热容太大会影响推进剂蒸发、汽化和混合的活化速度,不利于点火启动。

② 良好的输送性能。液体火箭发动机工作特点之一就是要求释放能量迅速而稳定。为了使燃烧室稳定燃烧,使发动机产生稳定的推力,进入发动机的推进剂流量必须按程序保持稳定,常采用泵压或气压把推进剂送入火箭发动机内。因此,对液体推进剂有如下要求:一是要具有适当的黏度;二是要具有较小的表面张力;三是密度随温度变化小。

③ 良好的燃烧性能。推进剂在燃烧室中燃烧,要求点火启动可靠,燃烧稳定、完全。因此,对推进剂有下列要求:一是闪点或燃点低,可燃浓度极限宽;二

是蒸气压高,易挥发;三是着火延迟时间或点火延迟时间短。

(3) 储存、运输和处理要求。

① 着火爆炸危险性小。一是要求推进剂的闪点、燃点高,可燃浓度极限窄,蒸气压低,不易在空气中形成易燃易爆混合物,不易发生火灾,但这些要求不利于火箭发动机的点火启动;二是要求推进剂对机械冲击、振动、摩擦、空气突然增压、枪击、雷管引爆等不敏感,不会产生爆炸;三是要求推进剂受热不分解、不爆炸,其热爆炸温度、热自燃温度越高越好。

② 材料相容性好。推进剂对金属或非金属材料的腐蚀性要尽可能小,材料本身对推进剂不发生反应,不引起推进剂变质,也就是说,推进剂对有关金属和非金属材料的相互适应性要好。

③ 毒性要小。由于推进剂的使用量大,要求它无毒或低毒,所形成的燃烧产物对人员和环境的毒害作用小。生产和使用过程中放出的废弃和排出的污水,不应严重污染环境。

④ 冰点、沸点范围要宽。为适应全天候使用,液体推进剂的冰点应在223K以下,沸点应在323K以上。

(4) 经济性。要求推进剂原材料来源广泛,生产工艺简单,价格便宜,以便降低总的飞行费用。应当指出的是,推进剂的经济性对大型运载火箭和重复使用的航天飞机显得更为重要。

4) 液体推进剂的应用

液体推进剂发展到今天,燃料、氧化剂和单组元推进剂共有数十种,但真正得到实际应用的推进剂为数不多。由于液体推进剂具有能量高、价格低、推力易于调节、氧化剂与燃料能接触自燃并能重复点火等特点,故在各种战术、战略导弹系统,尤其是在大型运载火箭、各种航天器的姿态控制系统中得到广泛使用。例如,液氧/酒精组合推进剂,因为它的燃烧温度低,容易组织发动机的冷却,所以最早被应用于V-2火箭。但液氧/酒精能量低,故随后发展了液氧/煤油组合推进剂,它们应用于美国的"雷神"、"大力神"及发射登月舱的大型运载火箭,也用于苏联的许多导弹及联盟号运载火箭上。但是液氧/酒精和液氧/煤油均不能储存,不能接触自燃,这给导弹使用带来不便,因而,为了提高导弹的作战性能,发展了能长期储存并能接触自燃的硝基氧化剂和肼类燃料。其中,四氧化二氮/混肼用于美国"大力神"-Ⅱ洲际导弹,硝酸/偏二甲肼用于苏联的SS-N、SS-9等导弹,肼单组元推进剂、四氧化二氮/甲级肼双组元姿控推进剂用于数十种航天器上。

液体推进剂今后的发展方向,使廉价、无毒的推进剂代替相对较为昂贵、有毒的推进剂,为此,廉价氢及各种碳氢燃料的制备技术将会得到重视和发展。

因固体发动机结构简单、使用性能好,在未来的火箭及导弹系统中固体推进剂将占优势。但在航天技术,尤其是大型空间运输系统和各种辅助推进系统,液体推进剂因其能量高、价格低而仍将占据支配及统治地位。

3. 固体推进剂

固体推进剂通常由氧化剂(过氯酸铵)、黏接剂(又可作为燃料,如聚丁二烯类橡胶)和金属燃料(如铝粉)等组成的固态混合物,按配方组分性质可分为单基推进剂、双基推进剂、复合推进剂和改性双基推进剂等;按质地的均匀性分为均质推进剂(如单基、双基推进剂)和异质推进剂(如复合推进剂和改性双基推进剂);按能量水平分为高能、中能和低能推进剂,比冲大于 $2450 \mathrm{N \cdot s \cdot kg^{-1}}$(即250s)为高能,2255(即230s)~$2450 \mathrm{N \cdot s \cdot kg^{-1}}$ 为中能,小于 $2255 \mathrm{N \cdot s \cdot kg^{-1}}$ 为低能;按特征信号分为有烟、微烟和无烟推进剂。

推进剂的作用是作为发动机的能源,推进剂被点火器点燃后,所产生的高温高压气体是推进剂的工质,同时,推进剂也是发动机中的主要结构部件之一。

我们通常把固体推进剂分为均质推进剂和复合固体推进剂两大类。

1) 均质固体推进剂

在固体推进剂中有可燃和氧化元素的称为均质固体推进剂。

(1) 单基推进剂。由单一化合物(如硝化纤维素,即硝化棉,简称 NC)组成,它的分子结构中包含可燃剂和氧化剂,溶于挥发性溶剂中,经过膨润、塑化和压伸成型,除去溶剂即可。单基推进剂由于能量水平太低,现代固体发动机不再使用。

(2) 双基推进剂。双基推进剂主要含有两种组分,如硝化纤维素和硝化甘油(NG)。两种主要成分的分子结构中都含有可燃剂和氧化剂。硝化纤维能在活性氧含量很高的硝化甘油中起胶凝作用,加入挥发性或不挥发溶剂及其他添加剂,经溶解塑化,成为均相物体,使用压伸成型(或称挤压成型)工艺即可制成不同形状药柱。如同复合固体推进剂一样,为了改善双基推进剂的各种性能,还要加入各种附加组分,如助溶剂、安定剂、增塑剂、弹道调节剂和工艺助剂等,故双基推进剂又称为胶质推进剂。

双基推进剂的优点是药柱质地均匀,结构均匀,再现性好;燃烧性能良好,燃烧速度压强指数(燃速压力指数)很小;工艺性能好;具有低特征信号,排气少烟或无烟;常温下有较好的安定性、力学性能和抗老化性能;原料来源广泛,经济性好。缺点是能量水平和密度偏低,高、低温下力学性能变差。双基推进剂主要用于小型固体燃气发生器。

(3) 改性双基推进剂。改性双基推进剂包括复合改性双基推进剂(CMDB)和交联改性双基推进剂(XLDB)两类。

在双基推进剂的基础上大幅降低基本组分硝化纤维素和硝化甘油的比例,加入高能量固体组分,包括氧化剂(高氯酸胺(AP)、高能炸药黑索今(RDX)或奥克托金(HMX)等)和可燃剂(铝粉等)。硝化纤维素(含氮量12%左右)被硝化甘油塑化作为黏接剂,或是硝化纤维素和硝化甘油双基母体作黏接剂。硝化甘油还作为增塑剂,再加入一些添加剂,混合后使用压伸成型或浇铸成型工艺制成药柱,这就是复合改性双基推进剂(CMDB)。

在CMDB配方基础上加入高分子化合物作为交联剂,它内含的活性基团与硝化纤维素上残留(未酯化)的羟基发生化学反应生成预聚物,预聚物的大分子主链间生成化学键,交联成网状结构,预聚物作为黏接剂可以大幅改善推进剂的力学性能,这类推进剂就称为交联改性双基推进剂。主要交联剂有异氰酸酯(如六亚甲基二异氰酸酯HDI、甲苯二异氰酸酯TDI)、聚酯(如聚乙交酯PGA)、聚氨酯(如聚乙二醇PEG)、端羟基聚丁二烯和丙烯酸酯等。

改性双基推进剂的能量水平高于复合推进剂,广泛用于各种战略、战术导弹。

美国的"三叉戟"C4潜射战略导弹的所有三级发动机都使用了XLDB推进剂,称为XLDB-70,它的配方中固体填料达到70%(其中43%HMX、8%AP、19%Al),理论比冲2646N·s·kg^{-1}。俄罗斯的SS-25所有三级发动机均采用四组元丁羟推进剂(黏接剂+铝粉+高氯酸铵+奥克托今),理论比冲2628N·s·kg^{-1};SS-27可能使用了更高能量(理论比冲大于2653N·s·kg^{-1})的推进剂。

硝酸酯增塑聚醚推进剂(NEPE)实质上还是属于交联改性双基推进剂,它用聚醚类(环氧乙烷-四氢呋喃共聚醚或聚乙二醇PEG)黏接剂系统代替前述改性双基推进剂的硝化纤维素黏接剂,用液态混合硝酸酯(硝化甘油NG、硝化1,2,4-丁三醇三硝酸酯(BTTN)等)取代单一的硝化甘油作为含能增塑剂,硝酸酯对聚醚类黏接剂增塑,黏接剂中的羟基基团与交联剂内含的活性基团发生交联反应生成具有三维网状结构的预聚物,这使得推进剂混合物更具弹性和流变性,可以加入更多的高能固体填料。这样,NEPE推进剂不仅能量水平高、密度大而且力学性能好,代表着现役固体推进剂的最高水准。

美国在80年代初研发成功NEPE推进剂,并应用到"和平卫士"的第三级发动机、"侏儒"小型洲际导弹的所有三级发动机和"三叉戟"D5潜射战略导弹的所有三级发动机,其中用于"三叉戟"D5的配方称为NEPE-75,表示固体填料(包括HMX/AP/Al)达到推进剂总重的75%。法国的M51也使用了NEPE。据公开资料分析,我国似乎已能生产NEPE,并应用到战略导弹中。

2) 复合固体推进剂

复合固体推进剂又称异质火药,它是以塑性高聚物或橡胶类高聚物黏接剂作为弹性母体,同时混入无机氧化剂、金属燃料以及其他一些组分组成一定形状、一定性能的药柱。复合固体推进剂按其固化的方式不同,又分为物理固化和化学固化两类。物理固化就是以塑溶胶、塑料为基的推进剂,在升温时高聚物为黏流态,进行混合加工,待浇铸成型后,降至室温(即为玻璃态)。这类推进剂有聚氯乙烯推进剂和改性双基推进剂等。化学固化就是以液态高分子预聚物为黏接剂,加以固化剂和其他组分,待混合均匀后浇铸到模具或发动机中,预聚物和固化剂进行化学反应而形成网状结构。这类推进剂包括聚硫橡胶推进剂、聚氨酯推进剂、端羧基聚丁二烯推进剂和端羟基聚丁二烯推进剂等。

复合固体推进剂的主要组分是黏接剂、氧化剂和金属燃料等,这三种组分占推进剂总量的95%以上。它们对推进剂工艺性能有很大的影响,并将最终影响到推进剂成品的各种性能。复合固体推进剂只有以上三种组分时,并不能满足发动机对推进剂各种性能的要求。因此,一般典型的复合固体推进剂还要添加一些其他组分,以改进推进剂的各种性能。例如,改进力学性能的组分有固化剂、交联剂(它们实际上是化学固化类型推进剂不可缺少的组分)、链延长剂、键合剂和增塑剂等;改进弹道性能的组分有弹道改良剂,它包括增燃速剂、降燃速剂、降低压强指数和温度敏感系数的添加剂等;提高能量特性的组分有高能添加剂(往往用一些高能的硝胺类炸药取代部分氧化剂,或选用能量高的金属粉和金属氢化物);改善储存性能的组分有防老剂(抗氧化剂等);改善工艺性能的组分有表面活性剂以及延长使用期的添加剂等。

复合推进剂使用单独的可燃剂和氧化剂材料,以液态高分子聚合物黏结剂作为燃料,添加结晶状的氧化剂固体填料和其他添加剂,融合凝固成多相物体。为提高能量和密度还可加入一些粉末状轻金属材料作为可燃剂,如铝粉(Al)。复合推进剂通常以黏接剂的化学名称命名。

氧化剂通常占推进剂总质量的60%~90%,许多无机化学品可作为氧化剂,如高氯酸盐类(如高氯酸钾、高氯酸胺和高氯酸锂等,也称过氯酸盐)和硝酸盐类(硝酸胺、硝酸钾、硝酸钠)。现在使用最多的是含氧量较高的高氯酸胺(AP,又称过氯酸胺)。高分子聚合物既用做可燃剂又作为黏接剂,常用的有聚硫橡胶、聚氨酯(PU)、聚丁二烯-丙烯腈(PBAN)、端羧基聚丁二烯(CTPB)、端羟基聚丁二烯(HTPB)、端羟基聚醚(HTPE)和聚氯乙烯等。

其他添加剂一般包括调节燃烧速度的燃速调节剂、改善燃烧性能的燃烧稳定剂、比用基本黏接剂还能更好改善力学性能的增塑剂、降低机械感度的安定剂、改善储存性能的防老化剂以及改善工艺性能的稀释剂、润湿剂、固化剂和固化催化剂等。

除具有热塑性的聚乙烯类推进剂可使用压伸成型工艺外,一般都使用浇铸法制造,工艺简单,适宜于制造各种尺寸的药柱。复合推进剂综合性能良好,使用温度范围较宽,能量较高,力学性能较好,广泛用于各种类型的固体火箭发动机,尤其是大型火箭发动机。

1942年,美国研制出了沥青高氯酸钾复合推进剂,20世纪40年代末,出现了第一代复合推进剂聚硫橡胶推进剂,现在常用的有PBAN和HTPB推进剂。"民兵"3和航天飞机固体助推器采用PBAN推进剂,"和平卫士"MX的一、二级使用HTPB推进剂,法国的M4使用CTPB推进剂,我国的"巨浪"-1也使用了CTPB复合推进剂。

3)固体推进剂选择原则及发展趋向

(1)推进剂组分的选择原则。

① 适用性,即应具有自己所起作用的优良性能。

② 相容性,即不与其他组分发生不利的物理和化学作用。

③ 经济性,即制备方便,来源充足,价格便宜。

④ 安全性,即生产、使用安全可靠。

(2)发展趋向。

① 提高能量水平。提高固体推进剂能量是永远不变的追求目标,技术路线主要有两条。

a. 研发高能量密度材料(HEDM)。正在研究用做高能氧化剂的新一代高能量密度材料主要有六硝基六氮杂异伍兹烷(CL-20,又称HNIW)、三硝基氮杂环丁烷(TNAZ)和二硝酰胺铵(AND)等。

b. 使用含能黏接剂和增塑剂及其他添加剂。目前,正在研发的以聚叠氮缩水甘油醚(GAP)为代表的叠氮类黏接剂、增塑剂作为组分的推进剂可望成为继NEPE之后新的高能推进剂。

② 致力于研发低特征信号推进剂、低易损推进剂和环保型推进剂。

③ 提高固体推进剂的可靠性和安全性,发展钝感固体推进剂。

④ 降低固体发动机的全寿期成本。

5.4.2 液体火箭的氧化剂

双组元液体推进剂由燃烧剂和氧化剂两个组元组成。两个组元分别储存在燃烧剂储箱和氧化剂储箱内,使用时泵至燃烧室,在燃烧室内点火燃烧,产生巨大的推力。常用的双组元推进剂由液氧/液氢、液氧/煤油、液氧/偏二甲肼、四氧化二氮/偏二甲肼、发烟硝酸/偏二甲肼和发烟硝酸/混肼等。常用的氧化剂主要是含氧的化合物,如液氧、浓度在90%以上的过氧化氢、发烟硝酸和四氧化二氮等。另外,还有含氟化合物,如液氟、二氟化氧和三氟化氯等。

1. 概述

硝酸与四氧化二氮都是目前常用的硝基氧化剂。硝基氧化剂都是强氧化剂。含四氧化二氮越高,氧化作用越强。它的盐类也是强氧化剂,因为其中的氮处于最高化合价(+5价),具有较强的获得电子的能力,含活性氧达到60%以上。

红烟硝酸和四氧化二氮具有刺鼻的窒息性臭味,具有中等毒性,可引起呼吸困难及皮肤化学灼伤。具有强腐蚀性,无水四氧化二氮和高浓度的红烟硝酸对金属的腐蚀性小,但随着含水量的增加,浓度降低,而腐蚀性却在增强。不易燃,对机械撞击不敏感,但是遇到金属粉末、电石、有机酸、各种可燃物和易燃物时,即可发生猛烈的燃烧。

2. 四氧化二氮的理化性质

1) 物理性质

纯四氧化二氮是无色透明的液体,性质极不稳定。常温下,可部分分解离成2个分子的二氧化氮($N_2O_4 \leftrightarrow 2NO_2$),故是二者的平衡混合物。常温下冒出红棕色的烟(二氧化氮),有强烈刺激臭味。因此,外观呈红棕色。火箭推进剂使用的四氧化二氮有两种规格:一种含量为99.5%;另一种含量为90%,其余10%是一氧化氮(NO),加入NO的目的是为了进一步降低N_2O_4的冰点。

2) 化学性质

二氧化氮是红棕色,故四氧化二氮液体的红棕色实际上是二氧化氮的颜色。随着温度下降,二氧化氮在四氧化二氮中的含量越少,四氧化二氮的颜色变浅,到凝固点时(-11.23℃),二氧化氮完全聚合成四氧化二氮,成为无色的晶体。温度升高,四氧化二氮吸热离解为二氧化氮,在一个大气压下,当温度升高到140℃时,四氧化二氮完全离解为二氧化氮气体。

温度继续升高到140℃以上,二氧化氮开始分解变成一氧化氮和氧。在环境压强下,当温度升高到620℃时,二氧化氮全部分解。其反应式如下:

$$N_2O_4 + 58.3 \text{kJ} \xrightarrow[\Delta]{140℃} 2NO_2 \xrightarrow[\Delta]{620℃} 2NO + O_2 + 113 \text{kJ}$$

四氧化二氮是强烈的氧化剂,和胺类、肼类、糠醇等接触能自燃,和碳、硫、磷等物质接触容易着火,和很多有机物蒸气的混合物易发生爆炸。它本身不自燃,仅可助燃。

四氧化二氮易吸收空气中水分,与水作用生成硝酸并放热:

$$3N_2O_4 + 2H_2O = 4HNO_3 + 2NO + 272.3 \text{kJ}$$

无水四氧化二氮对金属的腐蚀很小,腐蚀作用随水分含量增加而加剧。四氧化二氮可以连续吸收大气中水分使其本身水含量不断增加,加速其对金属的腐蚀。

四氧化二氮可溶解在硝酸中形成红烟硝酸。其在硝酸中的溶解度随温度升高而减小,常温下的最大溶解度为25%。

四氧化二氮与氢氧化钠或碳酸钠反应,生成硝酸钠和亚硝酸钠:

$$N_2O_4 + 2NaOH = NaNO_3 + NaNO_2 + H_2O$$

$$N_2O_4 + Na_2CO_3 = NaNO_3 + NaNO_2 + CO_2$$

上述反应可作为处理四氧化二氮废液的方法。必须指出,处理前应先把四氧化二氮缓慢地用水稀释,再慢慢倾入氢氧化钠或碳酸钠溶液中;否则,由于二者反应剧烈放热,液体沸腾溢出,溢出大量二氧化氮烟雾,易使人员被灼伤或中毒。

3. 红烟硝酸的理化性质

1) 物理性质

硝酸又称硝水,分子式为HNO_3,是5价氮的含氧酸。纯硝酸是无色透明的液体,密度为$1.5027g/cm^3$($25℃$),熔点$-42℃$,沸点$86℃$,一般情况下,硝酸带有微黄色,常见浓度为67.5%。发烟硝酸是指硝酸含量超过80%,在空气中发出淡黄色到棕红色烟雾的浓硝酸。发烟硝酸又分白色发烟硝酸和红色发烟硝酸,白色发烟硝酸外观为微黄色透明液体,红色发烟硝酸外观为红棕色液体,在空气中产生红棕色烟雾(具有强烈刺激性臭味),二者的根本差别在于所含红棕色二氧化氮(NO_2)量不同。白色发烟硝酸中,NO_2含量一般小于0.5%,故在空气中冒白色或淡黄色烟雾;红色发烟硝酸中NO_2含量高达14%左右,普通硝酸及发烟硝酸均不加缓蚀剂。

作为推进剂用的红色发烟硝酸添加一定量的四氧化二氮(质量%)和微量缓蚀剂。四氧化二氮极不稳定,易分解,其平衡分解产物为NO_2,故产生红棕色气体,得名红色发烟硝酸(也简称为红烟硝酸)。四氧化二氮含量越高,蒸气压越高,比推力越大。

红烟硝酸中的四氧化二氮,实际上是二氧化氮和四氧化二氮的平衡产物:

$$2NO_2 \rightleftharpoons N_2O_4 + 58.3kJ$$

温度升高,二氧化氮的含量增高,温度下降,四氧化二氮的含量增大。至$-11.23℃$时凝固,二氧化氮完全变为四氧化二氮的无色透明晶体。

2) 化学性质

红烟硝酸和纯硝酸(白发烟硝酸)不同,热稳定性较好,在$50℃$下储存不发生分解,故可密闭储存,避免外界杂质水份入侵;在$50℃$以上会分解,分解速度随温度升高而加快,其分解反应式如下:

$$2HNO_3 \longrightarrow 2NO_2 + H_2O + \frac{1}{2}O_2 \uparrow$$

反应产生的 NO_2 是二氧化氮和四氧化二氮的平衡混合物（$N_2O_4 \leftrightarrow 2NO_2$），由上述反应式可以看出，增加四氧化二氮的含量或水分，可以降低硝酸的分解速度。水分抑制硝酸分解速度的作用是四氧化二氮的 6 倍。由于增加水分会降低硝酸与燃烧剂组合的比推力，而增加四氧化二氮既可增加比推力，又可以提高硝酸的热稳定性。这就是增加红烟硝酸中四氧化二氮含量的原因。

红烟硝酸的主要化学反应如下。

（1）中和反应。碱性物质都可以和红烟硝酸发生反应，由于反应放热，逸出大量四氧化二氮。四氧化二氮和碱性物质反应，可以产生有毒的亚硝酸盐。故在中和处理红烟硝酸废液时，应先将红烟硝酸用水稀释，使 N_2O_4 与水作用生成不稳定的亚硝酸，接着分解成硝酸。稀释红烟硝酸过程中还可以使四氧化二氮氧化成硝酸。

下列中和反应可用于处理红烟硝酸废液：一是和氢氧化钠、碳酸钠、碳酸氢钠的反应；二是和石灰石或白云石的反应；三是和石灰水的反应。应该指出，红烟硝酸若与浓氨水进行中和反应，由于产生高热，有引起火灾危险；如用稀氨水中和，又会产生易分解的硝酸铵，故不宜用氨水处理红烟硝酸废液。

（2）氧化反应。红烟硝酸有强烈的氧化作用，普通物质与其接触都被破坏。与金属反应，先生成氧化物，随后溶解生成硝酸盐。

（3）取代反应（硝化反应）。红烟硝酸和浓硝酸一样，可与很多有机物发生取代反应，使有机物被硝化，如和甘油、纤维素作用，生成硝化甘油及硝化纤维。

4. 硝基氧化剂的主要危险性及其安全防护措施

1）主要危险性

（1）着火与爆炸。

① 红烟硝酸和四氧化二氮与各种可燃物接触，均可着火。与有机蒸汽接触，还可引起爆炸，危险性很大。

② 四氧化二氮和偏二甲肼经水稀释 1 倍后，二者接触仍可引起着火。

③ 四氧化二氮和多种卤化物、乙醇接触时，均可发生爆炸。

（2）腐蚀作用。

① 随着水分含量的增加，浓度降低，对绝大多数金属和有机物均可产生腐蚀性破坏。

② 因腐蚀作用，造成泄漏，从而引起着火、爆炸。

③ 对人和其他活体组织产生灼伤，使活体中的水分遭到破坏，产生腐蚀性化学变化。

(3) 毒害作用。毒害性主要来自于分解产物二氧化氮,属于三级中等毒性。氮氧化物和发烟硝酸主要通过呼吸道吸入中毒,损伤呼吸道,引起肺水肿和化学性肺炎。由于氮氧化物在水中溶解较慢,可达下呼吸道,引起支气管及肺泡上皮组织广泛性损伤,易并发细支气管闭塞症。皮肤、眼睛或黏膜吸收后会产生刺激性感觉,引起局部化学性灼伤。

(4) 对植物的损伤。植物叶片气孔吸收溶解二氧化氮,造成叶脉坏死,从而影响植物的生长发育,降低产量。对四氧化二氮敏感的植物有蚕豆、西红柿、瓜类、莴苣、芹菜和向日葵等。

(5) 对环境的污染。泄漏引起燃烧、爆炸和急性中毒外,还会造成环境污染。

2) 安全防护措施

(1) 强化管理、健全各项规章制度,加强现场浓度监测。管理主要从安全教育入手,加强专业技术培训;建立岗位责任制,制定运输、储存、加注、转注、废液处理、设备检修和罐体清洗等各项工作规范;健全安全消防、人员急救、防护用品使用等规定;对工作人员进行健康检查、卫生保健及不定期疗养等制度。

(2) 重视储存包装材料的选用。红烟硝酸和四氧化二氮可用不锈钢及铝合金容器储存。四氧化二氮还可用镀锌的45碳钢容器储存,红烟硝酸还可用高纯铝制的容器储存。这些材料与介质均有很好的相容性(1级),不会产生气相腐蚀和液体腐蚀。可用做密封垫圈的非金属材料包括聚四氟乙烯(F-4)、聚三氟氯乙烯(F-3)和F-46(四氟乙烯与六氟丙烯的共聚物)。这些材料与红烟硝酸和四氧化二氮的相容性为1级。

(3) 关注运输安全。红烟硝酸和四氧化二氮都属于化学危险品中氧化剂一类,运输时必须严格按照国务院颁发的"化学危险品安全管理规则"进行。铁路运输和公路运输要执行相关的"危险货物运输规则"有关条款。

(4) 做好个人防护。硝基氧化剂属于酸性物质,因此,防毒面具、滤毒罐必须选用防酸性材料。在缺氧环境或毒气浓度超过2%时,必须用隔绝式供氧防毒面具。必须穿戴耐酸的防毒手套和防毒靴,不准使用一般的乳胶手套或棉织劳动手套。

(5) 正确选用灭火剂。可选用沙土、二氧化碳、雾状水、干粉灭火剂和泡沫灭火剂,不能使用卤素灭火剂。

(6) 明确禁忌事项。禁止与易燃、易爆、碱类及氰化物类物质接触;禁止用有机溶剂,特别是卤化物作冲洗去污剂;禁止用木屑、棉丝擦拭;禁止阳光直射;少量废液禁止任意倾倒,特别是稀释时,应把硝酸倒入水中,严禁将水倒入硝酸中。

(7) 正确处理少量废液。集中收集,用专用容器收集后归入污水处理池,用碱性物质中和。可用的碱性物质包括 NaOH、$NaHCO_3$、$(NH_4)_2CO_3$、NH_4NO_3 以及 $CaCO_3$。

(8) 掌握急救措施。喷溅到身体任何部位,都尽快用大量水冲洗,然后采取相应措施救治。

① 染毒人员立即撤离现场。给氧或人工呼吸,卧床休息,进行 48h 医学观察,注意肺水肿的发生,高铁血红蛋白饱和度超过 20%~40% 时,可用维生素 C1g 或 1% 美兰 5mL 加 5% 葡萄糖 20mL,缓慢静注。

② 对肺水肿患者的处理要遵循以下原则:早期用脱水剂脱水,用 1% 的二甲基硅酮雾化吸入消泡,供氧,强心,控制并发感染,维持水电解质平衡及其他对症处理。

③ 吸入硝酸后,要令喝牛奶、鸡蛋清或大量温开水催吐。禁用碳酸氢钠溶液,以免与硝酸作用产生大量气体 CO_2,引起胃扩张破裂。

5.4.3 液体火箭的燃烧剂

1. 概述

常用的燃烧剂是含碳、氢、氮的化合物和某些轻金属及其氢化物。例如,煤油、醇类化合物及肼类化合物等。肼类燃料是目前使用最多的液体推进剂燃料。多与氧化剂红烟硝酸或四氧化二氮组成双组元液体推进剂,也可单独使用。主要用于大型运载火箭,如美国"大力神"系列火箭、我国"神州"系列火箭等;还用于各种战略、战术导弹、助推器火箭以及姿态控制与轨道调整火箭等。肼类推进剂包括无水肼、甲基肼、偏二甲肼和混肼等。作为火箭燃料,肼的能量最高。

广义地说,肼包括无水肼(N_2H_4)和水合肼($N_2H_4 \cdot H_2O$)两种。目前,作为火箭燃料的是无水肼(简称为肼)。

1887 年首次制备出肼,1907 年发现工业生产肼的方法,称为莱希法。目前,普遍采用的是莱希法的改型,即用尿素代替氨,与氢氧化钠和氯反应生成的次氯酸钠作用,可得水合肼,反应方程式如下:

$$NH_2CONH_2 + 2NaOH + NaOCl \rightarrow N_2H_4 \cdot H_2O + Na_2CO_3 + NaCl$$

然后,经除盐、用苯胺脱水浓缩以及用石蜡烃作防爆剂进行蒸馏,最后得合格的肼。若肼的需要量不大,也可直接用水合肼浓缩得到,三种肼及其衍生物都是强还原剂,当暴露在空气中时,会发生缓慢的氧化分解作用,使溶液颜色变深且黏度增加。它们与强氧化剂接触会立即发生燃烧。三种肼均为无色透明油状液体,具有特殊的鱼腥臭味,且都为极性物质,能溶于水,呈弱碱性,与各种酸及盐类可发生化学反应。

2. 肼类燃烧剂

1) 肼

(1) 物理性质。肼的分子式是 N_2H_4，它是具有类似氨臭味的无色透明液体。肼是吸湿性很强的物质，其蒸气在大气中与水蒸气结合而冒白烟，所以当打开盛肼的容器盖时，往往可以看到白色烟雾。肼还能与大气中的二氧化碳作用而生成盐。

肼的冰点较高(1.5℃)，结冰时体积收缩，这与水结冰时正好相反，因此，严冬肼结冰时不会导致导管破裂和容器损坏。在肼中加入硝酸肼、硼氢化肼或硼氢化锂可降低它的冰点。肼是极性物质，可溶于极性溶剂，如水、低级醇、氨和脂肪胺等，但不溶于非极性物质，微溶于极性小的物质，如烃类、多元醇、卤代烃和其他有机溶剂。

(2) 化学性质。肼是一种强还原剂，能与许多氧化性物质，如高锰酸钾、次氯酸钙等溶液发生猛烈反应。因此，常用这类反应处理肼的少量污水或废液。肼可与碘和碘酸盐反应。肼虽然是可燃液体，但是它的热稳定性尚好，对冲击、压缩、摩擦和振动等均不敏感。

肼与液氧、过氧化氢、硝基氧化剂(如红烟硝酸、四氧化二氮)、卤素(如液氟等)、卤间氧化剂(如三氟化氯、五氟化氯)等强氧化剂接触，能瞬时自燃；肼与某些金属(如铁、铜、钼等)及其合金和氧化物接触时将发生分解，并放出大量的热，由此可造成着火或爆炸。所以，使用肼时严禁与铁锈之类的物质接触；肼暴露于空气中发生氧化，其氧化产物主要有氮、氨和水。肼与大面积暴露在空气中的物质(如破布、棉纱头、木屑等)接触时，由于氧化作用放热，可以引起着火；肼具有较氨稍弱的碱性，与各种无机酸和有机酸作用生成盐。除硫酸盐和草酸盐外，其他盐均溶于水。

2) 偏二甲肼

(1) 物理性质。偏二甲肼分子式为 $(CH_3)_2NNH_2$。它是一种易燃、有毒且具有强烈鱼腥味的无色透明液体；偏二甲肼吸湿性较强，在大气中能与水蒸气结合而冒白烟；偏二甲肼在常温下能与极性和非极性液体(如水、乙醇、肼、二乙三胺、汽油及大多数石油产品)完全互溶。当偏二甲肼含水量很少时，它与煤油的互溶温度在-40℃以下。

(2) 化学性质。偏二甲肼是一种弱的有机碱，它与水作用生成共轭酸和碱，与多种有机酸反应生成盐，与二氧化碳作用生成白色的碳酸盐沉淀，因此，偏二甲肼暴露于空气中，有时会出现白色沉淀。偏二甲肼虽是易燃液体，但它对冲击、压缩、摩擦、枪击及振动等均不敏感，可安全储存和运输。

偏二甲肼是还原剂，其蒸气在室温下能被空气缓慢氧化，其氧化产物主要是甲醛二甲腙(即偏腙)、水和氮,另外还有少量的氨、二甲胺、亚硝基二甲胺、重氮甲烷、氧化亚氮、甲烷、二氧化碳和甲醛等。因此,偏二甲肼长期反复暴露于空气中,逐渐变成一种黏度较大的黄色液体。

偏二甲肼能与许多氧化物质(如高锰酸钾、次氯酸钙等)的水溶液发生猛烈反应,并放出热量。此类反应常用来处理偏二甲肼的废液;偏二甲肼与液氧、过氧化氢、硝基氧化剂、卤间氧化剂(如三氟化氯)及卤素等强氧化剂接触时立即自燃;偏二甲肼的热稳定性很好,即使在临界温度(248.2℃)下也是稳定的。它在催化分解和光分解时,分解产物有氢、氮、甲烷和乙烷等。气态偏二甲肼的热分解产物主要有甲烷、乙烷、丙烷及二甲胺等。

3) 甲基肼

(1) 物理性质。甲基肼的分子式为 CH_3NHNH_2,它是易燃、有毒、具有类似氨臭味的无色透明液体。

甲基肼的性质介于肼和偏二甲肼之间,其物理性质与偏二甲肼较相似,其化学性质与肼较相似。甲基肼的吸水性较强,在潮湿空气中能因吸收水蒸气而冒白烟。当它冻结时与水不同,其体积稍有收缩。

甲基肼与肼一样,是极性物质,它溶于水和低级醇中,但也能溶于某些碳氢化合物中。

(2) 化学性质。甲基肼是一种强还原剂,能与许多氧化性物质发生猛烈反应,与强氧化剂接触能瞬时自燃,与某些金属氧化物接触时将发生分解。甲基肼的热稳定性比肼好,对冲击、压缩、摩擦和振动等均不敏感。

甲基肼具有弱碱性,与酸作用生成盐,与醛与酮反应生成腙。它在空气中极易发生氧化反应,生成叠氮甲烷、氮和甲胺等。

4) 油肼

由 40%的偏二甲肼与 60%的 9 号煤油混合而成的燃料,称为油肼-40。在混合燃料中加有阻凝剂 2-乙基己醇(3%～4%)的燃料,则称为油肼-40C,而且可根据使用要求选择不同比例的组成,统称为油肼燃料。美国称为 JP-X,如 60%JP-4 与 40%偏二甲肼,称为 JP-XI;83%JP-4 与 17%偏二甲肼,称为 JP-XII。

9 号煤油是以煤焦油为原料,在压强为 $200kg/cm^2$ 和温度为 380～420℃ 条件下,通过催化加氢炼制而成的高密度煤油,它是以环烷烃为主的烃类。

(1) 物理性质。油肼的物理性质介于偏二甲肼和煤油之间,具有两者的物理性质。油肼燃料是一种无色透明(若受空气氧化后,则稍带黄色,氧化严重时则为橙红色)、易燃有毒且具有鱼腥臭味的油状液体。

油肼在低温下易分层,在空气中易吸湿。偏二甲肼与煤油的互溶性随水分和温度而变化；水分增加，互溶性变差，即浑浊或分层的温度升高。因此，为了严格控制油肼的水分，在储存、运输和转注过程中，应在密闭条件下进行，以避免吸收潮湿空气中的水汽。所以，在使用油肼燃料时，应同时注意分层性和吸湿性两个问题。

（2）化学性质。油肼的化学性质类似于偏二甲肼的化学特性。

油肼是一种易燃液体，它与强氧化剂（如硝基氧化剂等）接触时立即自燃，与高锰酸钾、漂白粉及过氧化氢等稀溶液接触时发生激烈反应，其蒸气与空气的混合物遇明火或电火花发生爆炸。油肼的热稳定性很好，对冲击、压缩、摩擦及振动等均不敏感。

油肼是一种有机弱酸，它能与二氧化碳作用，生成白色盐沉淀；油肼是一种还原剂，能被空气缓慢氧化。因此，当它与空气长期接触时，颜色逐渐变成黄色，甚至橙红色。

5）胺肼

胺肼燃料是二乙三胺和偏二甲肼以不同比例组成的混合物，国外称为混胺燃料，如50%二乙三胺+40%偏二甲肼+10%乙腈称为混胺燃料1号（MAF-1）、80%二乙三胺+20%偏二甲肼称为混胺燃料3号（MAF-3）、40%二乙三胺+60%偏二甲肼称为混胺燃料4号（MAF-4）。二乙三胺中含有10%或20%偏二甲肼和约1%六甲基二硅烷的燃料，分别称为胺肼-10和胺肼-20。根据使用要求可选择不同比例组成的胺肼燃料。

（1）物理性质。二乙三胺的分子式为$NH_2C_2H_4NHC_2H_4NH_2$，它是一种具有胺味稍带黏性的水白色液体。胺肼是具有胺和鱼腥味的水白色或浅琥珀色的液体。胺肼暴露于空气中，易被空气氧化而变为微带黄色的液体。胺肼具有吸湿性。它与水、丙酮及酒精等完全互溶，但是它与汽油和煤油的可溶性是有限的。

（2）化学性质。胺肼具有中等的碱性（比偏二甲肼强），与酸反应生成盐。胺肼具有还原性，其蒸气能被空气缓慢氧化，生成微量产物，但对于在环境湿度下的正常储存并无明显影响，没有发现胶质或其他固体产物的生成。胺肼的热稳定性很好，对冲击、压缩、摩擦和振动等均不敏感。

胺肼能与许多氧化物质，如高锰酸钾、重铬酸钾及次氯酸钙等水溶液发生激烈反应并放出热量。此类反应可用来处理胺肼的废液。胺肼与液氧、过氧化氢及硝基氧化剂等强氧化剂接触时，立即自燃。

3. 肼类推进剂的危险性及安全防护措施

肼类推进剂是指肼及其衍生物，通常包括肼、甲基肼、偏二甲肼、混肼、油肼和胺肼。三肼（肼、甲基肼、偏二甲肼）均为无色、透明的液体，具有鱼腥味，具有毒性。

1) 着火与爆炸

肼类虽属于三级可燃性液体,但它们的爆炸极限小于10%。因此,在没有隔绝空气的情况下遇到各种火花时仍有发生爆炸的危险。肼类推进剂可产生气相火焰和液相火焰,着火危险性很大。偏二甲肼爆炸温度极限为$-10.5 \sim 57.5$℃,沸点低,蒸气压高,因而,在空气中极易形成爆炸性混合物。爆炸与着火危险性主要是气相火焰传播造成的,属于二级爆炸物。各种肼及其混合物爆炸着火的危险性大小与各自的性质和混合比有关。各种催化剂存在时,可加速其分解,而发生着火爆炸。肼类燃料与氧化剂同时存在时,可加速其分解,而发生着火爆炸。

2) 毒害性

三种肼中甲基肼的毒性最大,它们的毒性大小顺序是:甲基肼>肼>偏二甲肼。它们都可通过注射、吸入、皮肤染毒和消化道吸入引起急性中毒。按照化学品急性毒性分级标准,甲基肼属于高毒性物质,肼、偏二甲肼属于中等毒性物质,但是无论是短期内反复染毒还是慢性染毒,三肼中以肼的蓄积毒性较高,甲基肼次之,偏二甲肼最小。

肼为确定的致突变和动物致癌物,而甲基肼和偏二甲肼未获得试验结论,不能肯定为致癌物,但为了安全起见,可视这两种推进剂为致癌物。

接触高浓度的肼、甲基肼和偏二甲肼蒸气,出现呼吸道和眼睛的刺激症状,随后出现流涎、恶心、呕吐、头痛、头晕、心慌、无力和步态蹒跚等症状。肼中毒还会出现呼吸减慢、表情淡漠和虚脱等症状。甲基肼中毒可出现紫绀和呼吸困难。中毒轻者症状不再继续发展,重者继续发展进入痉挛期。痉挛一旦发生,症状较危险,轻者发作一次或数次后逐渐进入恢复期,重者发作期越来越长,缓解期越来越短,进入持续癫痫状态,昏迷不醒,终因呼吸衰竭而死亡。部分呼吸道中毒病人可出现肺水肿和脑水肿。

3) 安全防护措施

(1) 强化管理、健全各项规章制度,加强现场浓度监测。管理主要从安全教育入手,加强专业技术培训;建立岗位责任制,制定运输、储存、加注、转注、废液处理、设备检修和罐体清洗等各项工作规范;健全安全消防、人员急救和防护用品使用等规定;对工作人员进行健康检查、卫生保健及不定期疗养等制度。

(2) 重视储存包装材料的选用。三种肼及大多数混肼的储存包装容器,可用不锈钢及铝合金容器。但要注意,金属对肼有明显的催化作用,因此,不锈钢材质的选用受到一定限制。金属对油肼、硝酸肼和水组成的混肼的催化作用更强,包装材料也就受到更加严格的限制。铝合金和不锈钢材质储存容器,只能限期使用。可用做储存包装容器且相容性最好的非金属材料包括聚四氟乙烯(F-4)、F-46(四氟乙烯与六氟丙烯的共聚物)、高压聚乙烯和乙丙橡胶(8101、8102)。

(3) 关注运输安全。运输时,必须严格按照国务院颁发的"化学危险品安全管理规则"进行。铁路运输和公路运输要执行相关的"危险货物运输规则"有关条款。运输车辆要挂贴危险警告标志,行驶中不得任意停靠。

(4) 做好个人防护。肼类推进剂属于碱性物质,因此,防毒面具、滤毒罐必须选用防有机溶剂蒸气并耐碱性的材料。在缺氧环境或毒气浓度超过2%时,必须用隔绝式供氧防毒面具。皮防器材可选用耐酸丁基防毒服、防毒手套和靴套,防毒服都要经过防静电处理。

(5) 正确选用灭火剂。可选用水、二氧化碳、干粉灭火剂和空气泡沫灭火剂;不能使用四氯化碳等卤素灭火剂,以免产生有毒的光气。

(6) 明确各项禁忌情况。发射场区严禁明火和电火花,工作人员不许穿戴钉鞋,不准带打火机等。现场处理泄漏的肼类燃料时,禁止用固体高锰酸钾或未完全溶解的高锰酸钾溶液,以免发生着火事故,或留下隐患。在没有通风和进行空气置换以及有害气体浓度未知的情况下,不准冒然进入储罐。

(7) 正确处理少量废液。集中收集,用专用容器收集后归入污水处理池,也可在远离发射场的地方,由专业人员引燃烧毁。数量很少的肼类燃料废液,可以采用焚烧法,在燃烧器皿内销毁,若纯度在50%以下,可加入少量酒精点燃烧尽。

(8) 掌握急救措施。喷溅到身体任何部位,都尽快用大量水冲洗,然后采取相应措施救治。染毒人员立即脱离染毒区,脱去被污染的衣服,用大量的清水或肥皂水清洗被污染的部位。维持呼吸道畅通,注意肺部病变发展,给氧,必要时进行人工呼吸。呼吸抑制时,用0.5g安息香酸咖啡因钠和30mg盐酸去氧麻黄碱进行静脉注射以兴奋呼吸。吞食中毒者,用橄榄油或牛奶、蛋白水洗胃,然后,饮用少量橄榄油或牛奶,以减轻消化道刺激症状。

5.5 阅读材料——化学类新概念武器

当今世界,计算机技术、新能源技术、航天技术、激光技术、核技术及红外技术领域的高技术成果,已经大踏步地走进了战场,并引起了军队武器装备的巨大变革,其直接结果之一便是诞生了新一代的武器装备。例如,核技术和航天技术的发展,导致了核武器、航天兵器的出现;微电子技术、新材料技术的发展,大大地推动了精确制导武器、隐身武器的发展和完善,并正使之向智能化发展。

另外,高技术的发展还为一些新概念武器的产生和应用奠定了基础。因此,在未来战争中起决定作用的将不再是有生力量,而是新概念武器。

5.5.1 新概念武器概述

新概念武器是指采用新原理、新技术,在杀伤破坏机理和作战效能上与传统武器有明显不同,在战争中能发挥潜在的特殊作用的高技术武器群体。

这类武器在设计思想、系统结构、总体优化、材料应用、高技术含量、部署方式、作战样式、作战使命以及毁伤效果等诸多方面都不同于传统武器,是可以在武器装备系统中起战斗力倍增器作用的创新性武器,如激光武器、动能武器、微波武器、非致命性武器、基因武器、气象武器、计算机病毒武器等。

需要指出的是,新概念武器是一种变化的、动态的概念,具有明显的阶段性。一旦新概念武器达到技术成熟、机理清楚,从研究、制造到使用都被人们熟悉和掌握时,新概念武器就会回归常规武器的范畴。

1. 新概念武器的特点

与传统武器相比,新概念武器具有以下特点。

(1) 创新性。与传统武器相比,新概念武器在设计思想、工作原理和杀伤机制等多方面都有显著的突破与创新,它是创新思维与高新技术相结合的产物。

(2) 奇效性。新概念武器具有独特的作战效能,能有效抑制、破坏、摧毁敌方传统武器装备,能别开新路地杀伤或暂时使人员失能,达到出奇制胜的效果。

(3) 时代性。新概念武器也是一个动态的、相对的武器概念。随着时代的发展和科技进步,尤其是高新科技的飞速发展,某一时代性的新概念武器日趋成熟并得到广泛应用后,就转化成为传统武器。也就是说,新概念武器不是固定的、一成不变的武器。

(4) 探索性。新概念武器的高科技含量远高于传统武器,探索性强,大部分涉及前沿学科,技术难度高、资金投入多,对武器装备发展乃至国民经济的发展都具有带动作用,研制工作又具有高风险性,其发展在技术、经济和需求等诸多方面具有较多的不确定性。

2. 新概念武器的分类

现今发展中的新概念武器的种类繁多,各种武器在使用的新技术、运用的新原理及新能源等方面相互交叉,对其进行分类较为困难。有人把目前研制发展中的新概念武器划分为以下四大类。

(1) 定向能武器。定向能武器也称为束能武器或射束武器,是将能量高度集中于极小的立体角内,并在瞬间释放能量以摧毁目标的一种高能武器,其特征是射束快且能量高度集中。这是一种远距离拦截高速运动目标的理想武器,主要包括激光武器、微波武器、粒子束武器和次声武器等。这类武器的特点是:光速传输,来去无踪,靠能量(电磁或其他能量)的高度聚积达到高毁伤效果,在理论上没有射程限制,根据到达目标的能量大小可以产生软(暂时性)、硬(永久性)两种杀伤效果。

(2) 动能武器。动能武器就是运用物体运动的能量杀伤、击毁目标的武器。它主要靠物体的高速撞击达到高毁伤效果。从投镖、箭弩到现代的枪炮,都是人类为追求动能杀伤力而制造的武器。新概念的动能武器有别于一般的动能武器:首先,获取动能的机理超出了传统的手段,是以更新的科学技术为依据;其次,作为动能武器关键因素的速度远远超过了一般武器;最后,动能武器的重点打击对象是超常的目标——导弹、卫星等高速飞行目标。动能武器主要包括电磁动能武器、电热动能武器、混合动能武器以及动能拦截武器等。

(3) 非致命性武器和其他新型软杀伤性武器。这类武器主要包括反装备和反人员类非致命武器、纳米武器、环境武器、激光全息投影心理战武器以及计算机和网络病毒武器等。其特点是非致命、软杀伤,但其破坏效果不可低估,尤其在未来的信息化战争中更是不容小视。

(4) 无人化武器。这类武器包括反辐射无人机、无人攻击机、无人潜航器、无人攻击机器人和其他空基、天基无人作战武器(如电子飘雷、卫星俘获机器人等)等。无人化武器的特点是效费比高、机动性高和隐身性好,并能执行多种任务。

由于篇幅限制,本节只要介绍新概念武器中运用化学原理实现作战目的的非致命性武器和地球环境武器(也称气象武器)。这些武器不同于传统的"化学武器",不对人员构成致命伤害,不会致人死亡,也不会污染环境。因此,不受国际《禁止化学武器公约》限制。

5.5.2 非致命性武器

孙子曰:"不战而屈人之兵,善之善者也。""非致命性武器"的出现使孙子的想法成为可能。非致命性武器是相对于杀伤性武器而言的。

非致命性武器是指利用物理、化学原理致使敌方人员在短时间内或永久丧失战斗力而不危及其生命,或者破坏敌方武器的使用条件,使其丧失战斗性能的一类武器的总称。因此,这类武器主要用来使人员和装备失去作用,把对人的致命性、永久性伤害以及对财产和环境的非故意破坏降至最低限度。与传统的致命性武器不同,非致命性武器不是通过爆震、穿透和碎片等方式来达到目的,而是利用其他破坏方式使目标失去作用,不造成野蛮的物理毁伤。其中,针对敌方装备的非致命性武器称为失能武器,针对敌方人员的非致命性武器称为人道武器。

1. 失能武器

失能武器也称为反装备非致命性化学武器,主要是通过破坏装备本身的材料结构或外部条件,使其无法正常发挥作用,通常以阻止装备快速实施机动为主要目的。

1) 坚不可摧的泡沫武器

过去由砖石垒砌的城墙可以抵抗外敌的入侵,现在的泡沫城墙同样可以挡住敌方的装甲部队、机械化部队甚至低空航空部队的进攻或撤退,而且这种泡沫城墙是无形的,机动性很大,筑起来又十分迅速。

泡沫城墙的材料是运用洗涤剂原理研制的一种特殊的、高浓缩的、黏性极强的混合物。例如,合成树脂就是这样一种黏性混合物。它通过高压管喷出,就像剃须泡沫。将这些特殊的、高浓缩且黏性极强的混合物装入类似于炮弹的容器中,在需要时发射出来就会迅速膨胀,增大到原来体积的 600 倍以上,堆积起来,就能变成障碍物,形成泡沫城墙。

如果人、武器装备碰到它,就会被它死死地粘住,动弹不得。1L 树脂可以粘住一名训练有素的运动员。不过,这种泡沫城墙只能保持 12h。但这短短的 12h 足以改变战斗的结果。美军在索马里维和行动中就曾使用了这种黏性泡沫剂。

2) 特种胶黏武器

特种胶黏剂弹中装有一种超黏性聚合物,一般使用改性丙烯酸系列聚合物、改性环氧树脂类黏接剂或聚氨基甲酸乙酯聚合物等。它可以通过飞机散布到敌方武器装备上,也可以通过炮弹发射到敌方阵地上,从而像胶水一样黏附在武器及其某个部位上。例如,胶黏剂反坦克弹在坦克周围或坦克上方爆炸后,产生一种不透光、固化快且黏接力很强的胶黏烟云。

该烟云的战术性能:一是部分胶雾随空气进入坦克发动机,在高温条件下迅速固化,使汽缸活塞运动受阻,导致发动机喘息停车,从而失去机动性能;二是部分胶雾直接黏附在光学窗口上,使车长无法监视敌情,炮手也无法瞄准射击,从而失去战斗力;三是当这种化学物质被抛撒在公路、铁路和机场上时,可使汽车、坦克、火车、飞机被粘在地面上,无法动弹,只好束手就擒(图 5-25)。

当然,这类武器也可用于攻击敌方人员。目前,美国已研制出两种称为"超级胶"的超黏性聚合物,几分钟就能把一个人牢牢粘住。一种黏接剂一接触空气立即变硬,当喷射到人体后,便立即把人凝固在里面,使之动弹不得;另一种黏接剂在发射出去后,便像雪崩一样埋住对方,使其看不见东西、听不见声音且无法活动,但仍可以呼吸保住性命。美军在索马里的摩加迪沙就使用了"太妃糖弹"和"肥皂泡喷枪",喷射出的"超级胶"将人员包裹起来并使其失去抵抗能力,如图 5-26 所示。它可作为军警双用途武器使用。目前,美国已经开发出了第

图 5-25　美军的坦克失能胶及其战术效果

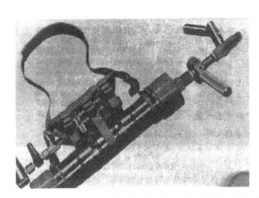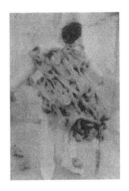

图 5-26　美军研制能发射泡沫胶的枪支及其战术效果

二代肩扛式黏性泡沫发射器。

3）超级润滑武器

超级润滑武器的工作原理是将摩擦力减至最低以使物体持续运动无法停止。因此,超级润滑武器人为地把摩擦力减小,使飞机不能起飞、汽车、坦克不能开动。它是一种类似特氟隆(聚四氟乙烯)及其衍生物的物质,采用含有聚合物微球、表面改性剂和无机润滑剂等作原料复配而成的一种化学物质,这种物质摩擦系数几乎为零,且附在物体上极难消除。主要用于攻击机场跑道、航空母舰甲板、铁轨、高速公路及桥梁等目标,使飞机难以起降、汽车难以行驶、火车行驶易脱轨,借以达到破坏敌方恐怖行动和军事部署的目的。还可以把超强润滑剂雾化喷入空气里,当坦克、飞机等的发动机吸入后,功率就会骤然下降,甚至熄火。

目前,美军正致力于开发一种撒在路上的人造冰(图 5-27)。这种用聚合材料制作的人造冰,其作用类似冬天在马路上结的冰,该冰呈黑色,所以更容易迷惑敌人,令其猝不及防。这种冰可以在任何气候下使用,包括炎热干旱的伊拉克和阿富汗。如果把这些人造冰铺设在马路上,驾车前来的敌人可能因人造冰而失控。美军的军靴和轮胎因使用了防滑材料,能够让他们在"冰"上信步如飞,美军通过铺设人造冰改变地形,可以把敌人局限于某一特定区域,削弱他们射击和追击的能力。

图 5-27　黑色人造冰

4) 石墨炸弹

石墨炸弹也称为碳纤维干扰弹,这种炸弹的战斗部装的不是烈性炸药或生化战剂,而是大量的碳纤维,这些纤维成丝条状,并卷曲成团。当弹体在发电厂、配电站或雷达站的上空引爆后,抛撒出大量经过金属镀膜等化学方法处理的导电纤维团,纤维丝团展开后形成导电纤维云团从空中飘落。由于导电纤维丝具有良好的导电性能,临近或搭接到露天变电站和输配电线路上时,造成引弧放电或短路放电,形成巨大的短路电流,使电力系统供电中断或瘫痪。同时,由于导电纤维丝数量多、散布面大、坠落时间长,会造成电路短路故障反复发生,且不易被彻底清除干净,从而造成电网长时间的供电中断或瘫痪。

5) 反坦克失能武器

(1) 乙炔弹。该弹的弹体分为两部分:一部分装水;另一部分装碳化钙。弹体爆炸时,水与碳化钙迅速作用产生大量乙炔并与空气混合,组成爆炸性混合物,即

$$CaC_2 + H_2O = CaO + C_2H_2 \uparrow$$

这样的混合物碰到坦克等战车后,很容易被其发动机吸入汽缸,从而在高压点火下造成大规模爆炸,这种爆炸足以彻底摧毁发动机。乙炔弹被散布在公路上,当坦克或装甲车经过时被引爆后,会产生大量的乙炔气体,乙炔被吸入坦克

或装机车的发动机内,会引起大规模爆炸,从而炸坏发动机。1枚0.5kg的乙炔弹就能破坏、阻止一辆坦克前进,而驾驶员和乘组人员不会发生危险。

另外,将这种乙炔炸弹发射到敌机通过的空中前方,预定时间引信点火,杀伤元就可从弹体喷出。这种杀伤元被飞机发动机吸入后,引燃油料,引起大规模爆轰,使敌机坠毁。

(2) 悬浮物。主要指悬浮雷、悬浮带、悬浮条或聚苯乙烯颗粒等。这些物质被填充在弹体内,发射到敌方坦克、装甲车或飞机要通过区域前方的空中,在空中形成悬浮物云团。它们很容易被发动机吸入,导致"喘振"和熄火。

(3) 吸氧武器。吸氧武器主要是利用一些燃点极低、燃烧时需要大量氧气的燃料制成的。其爆炸后形成一定范围的阻燃剂烟云("无氧"空气),这种烟云被发动机吸入后,会立即熄火;人员吸入后也会因缺氧窒息而失去战斗力。1985年,苏联在入侵阿富汗时就使用了一种燃料空气弹,曾使半径400m范围内的生物全部因缺氧而死于非命。这种燃料空气弹也称为"云爆弹"(或油气弹),就是一种吸氧武器。

(4) 窒息弹。窒息弹是将含阻燃剂的炸药填装在榴弹、火箭弹或航弹的弹体内制成的。它在预定目标上空引爆,阻燃剂与空气结合,很快形成气溶胶状云雾,可使飞机、坦克、装甲车和汽车等的发动机熄火,从而无法完成战斗任务或运输任务。据说,一颗550kg的窒息弹,在直径420m、高430m的空间内造成很大的杀伤力。新一代窒息弹的威力相当于小型核弹头。

(5) 改性燃烧弹。这种燃烧弹的弹体内填装的是一种化学添加剂,可污染燃料或改变燃料的黏滞性,可发射到机场、战场和港口上空引爆后,这种化学添加剂通过进气口进入敌方发动机内,使其失灵。

6) 军用化学战剂

(1) 超级腐蚀剂。这是一类利用腐蚀的原理达到破坏敌方装备的化学战剂。超级腐蚀剂分为两大类:一类是比氢氟酸还要强几百倍的超级酸,可破坏敌方的桥梁、铁柜、飞机、坦克等基础设施和装备,既能腐蚀金属又能腐蚀飞机的玻璃风挡和光学仪器,使它们受损而不能使用;另一类是专门腐蚀、溶化轮胎的超级碱,它可使非履带式战斗车辆、汽车和飞机的轮胎在很短时间内变形、漏气而报废,使其无法执行战斗和运输任务。超级酸可由浓硝酸和浓盐酸临时配制而成(1体积浓硝酸和3体积浓盐酸可配制成王水);超级碱包括氢氧化铯、氢氧化钾和氢氧化钠,可用于破坏橡胶、沥青和水泥,其中,氢氧化铯可腐蚀玻璃,破坏光学系统甚至光纤。超级腐蚀剂可制成液体、粉末、凝胶状或雾状,也可制成二元化合物以便安全使用,可由飞机投放、用炮弹布撒或由士兵释放到地面。

(2) 材料脆化剂。这是一些能引起金属结构材料、高分子材料和光学视窗材料等迅速解体或破坏分子间作用力的特殊化学物质。其中,金属脆化剂被涂刷、喷洒或泼溅到金属部件上,可对敌方装备的结构造成严重损伤并使其瘫痪,可以用来破坏敌方的飞机、坦克、车辆、舰艇及铁轨、桥梁等基础设施。金属脆化剂包括两种:一种是可使金属脆化的液体,典型的是用酸进行腐蚀的过程;另一种是液体金属(如汞、铯、镓、铷及铟镓合金等),当其被金属材料吸收时,就形成类似汞齐的合金,导致其材质强度变低,且变得非常脆,在加载时将会产生灾难性的后果。液态金属致脆剂毒性(汞、镓毒性都很大)很大,使用时要注意己方人员的安全。

(3) 特种细菌武器。这是一类不受国际公约限制的新式生物武器,其弹体内装填的是经过专门培养的细菌或微生物,虽然不传染、不伤人,但却本领非凡。例如,有一种细菌弹可起到油料凝结剂的作用,用于破坏敌人的油料。这种炸弹爆炸后,细菌可侵袭到飞机、坦克、车辆及舰船的燃料箱中,把油料中的烃转化为脂肪酸类化合物,并被自然界的其他微生物消化吸收,从而使油料变质、凝结成胶状物,发动机因燃料无法使用而熄火。还有一种细菌弹内含利用生物工程培养的专门肯吃塑料的细菌或虫子,从而使敌军装备中的某些部件(如电子设备中印刷电路板材料及其他聚合物材料等)成为细菌或虫子的攻击对象。

2. 人道武器

"人道武器"也称为反人员非致命性武器,它能以"不流血"的方式赢得战争,从而催生了一个全新的战争定义——人道战争。与工业时代的消耗战不同,人道武器着重使对手瘫痪,而不是摧毁,这也展示了信息时代战争的崭新前景。

1) 化学刺激剂

化学刺激剂是以刺激眼、鼻、喉和皮肤为特征的一类非致命的暂时失能性药剂,具有反应快速、对人体只产生暂时性失能而不造成永久性伤害,但又具有相当的威慑作用,而对使用方则相对安全的特点。警察部队称为"暴动控制剂"(控爆剂),不属于化学武器,也不受国际公约限制。

人员在短时间接触到这类物质便会出现流泪、呼吸不畅、打喷嚏和皮肤灼痛等中毒症状,从而失去战斗力。脱离接触后几分钟或几小时症状会自动消失,不需要特殊治疗。若长时间大量吸入可造成肺部损伤,严重的还可能导致死亡。

根据这些化学战剂的功效,可将刺激剂分为催泪剂、臭味剂、麻醉剂、致痒剂、催吐剂、致热剂和致冷剂等。

(1) 催泪剂。催泪武器是军警最常用的一种化学类非致命武器。这种武器中的催泪剂是一种从辣椒中提取出来的含有辣椒油树脂(OC)的化学战剂,并正在用 OC 取代 CN(苯氯乙酮)和 CS(西埃斯)催泪剂。它具有使人体黏膜发炎的功能,可有效对付高度亢奋者、精神病人、吸毒者及酗酒者等,而 CN 与 CS 催泪剂对这些人员是无效的,另一方面,OC 是一种生物降解物质,易于清洗,一般不会有后遗症。若皮肤沾上它,立刻会出现烧灼感;眼睛接触到会灼痛、流泪、肿胀和视力暂时受损;口鼻吸入后将导致呼吸道内黏膜充血肿胀,引起咳嗽,呼吸不畅。

（2）臭味剂。臭味弹也将成为军警常用的一种化学类非致命武器。与催泪弹类似,将臭味剂装填于弹体即可构成臭味弹,通过产生大量的恶臭气体,把怀有敌意的人群或战斗中的士兵熏得四处躲避,使其无法集中精力闹事和战斗。目前使用的臭味剂有的是从自然物质中提取的活性臭味成分,有的是人工合成。常用的臭味弹为硫化氢或多硫化钠和醋酸的混合物。如今还有奇臭无比的乙硫醇和正丁硫醇等。有专家测算,500g 正丁硫醇散布在空气中,足可以让纽约这样的大都市臭上 3 天。以色列研制的"臭鼬弹"的臭味极不易消散(持续 5 年)。图 5-28 为臭鼬及试验臭味弹的现场。

图 5-28　臭鼬及正在试验的臭味弹

（3）麻醉剂。麻醉剂可以通过枪械发射麻醉弹命中恐怖分子或对群体目标依靠气体喷射。麻醉弹是一种迅速使人进入睡眠状态的炸弹。这种炸弹以软质的材料为弹体,炸弹内装有高效催眠剂,能在很短时间内生效,使之失去抵抗能力,以利于展开进一步的行动。常用的麻醉剂有氯胺酮和甲苯错噻唑等。2002 年 10 月 26 日,俄罗斯特种部队使用强力麻醉剂芬太奴(Fentanyl)成功解救了被车臣叛匪绑架的人质。

（4）致痒剂。致痒弹中的致痒剂是由菲律宾研究人员从当地野生植物的果实中提炼的原料制成的。敌人被这种子弹射中后不会受伤、更不会致死,但却能使其全身产生一种难以忍受的瘙痒,从而失去抵抗能力。这种子弹成本低、效果好,已引起其他国家的兴趣,极有可能用于未来战场。

（5）催吐剂。催吐弹是由催吐警棍顶端的发射器射出的一个皮下注射器,击中对方后能给他注射一针催吐药物,使其在 3~5min 内开始呕吐不止,无力抵抗,而只能束手就擒。该武器目前已投入使用(图 5-29)。

图 5-29　能发射催吐弹的警棍

(6) 致热剂。致热枪能发射装有药剂的致热弹,子弹只要击中皮肤,使人体温度迅速升高,使其即刻"病倒",失去活动能力。过一段时间药性自行消失,体温又恢复正常,因而不至于毙命。这种枪械也称为"文明"武器。

(7) 致冷剂。制冷弹中使用的快速致冷剂能使局部气温骤然下降,将敌人在短时间内冻僵(最低可达-30℃),但不会冻死。还有一种速冻枪,用液氮致冷,近距离喷射,可立即将人员冻住,控制适当剂量不会造成伤亡。

2) 化学失能剂

化学失能剂是指能够造成人员精神障碍、躯体功能失调或使人昏昏入睡,从而使其暂时丧失战斗力但不会造成人员死亡的化学药剂。

目前,失能剂通常分为两大类:一类是精神失能剂,主要引起精神活动紊乱、出现幻觉、极度兴奋、不安和狂躁,如美军的 EA3834(抗胆碱能类化合物,有较强的神经抑制作用);另一类是躯体失能剂,主要引起运动功能障碍、瘫痪、痉挛、惊厥和视听觉失调等,如催泪剂 CN(苯氯乙酮)和 OC(辣椒油树脂)等。

这两类失能剂具有以下共同特点:

(1) 失能强度远远高于传统的化学战剂(如毕兹)等;
(2) 与添加剂配合使用,可增强中毒作用的效果;
(3) 合成方法更加简单;
(4) 未被国际公约列入禁用清单,在未来战争中将成为新的"化学恶魔";
(5) 投放方便,采用机械、人工乃至其他传统的投放手段均可实施。

5.5.3　地球环境武器

地球环境武器也称为气象武器,它是一类利用气象有害的一面生产出来的新概念武器。具体来讲,它是指运用现代科技手段,通过人工控制风云、雨雪和寒暑等天气变化改变战争环境,人为制造各种特殊气象,配合军事打击,达到干扰、伤害、破坏或摧毁敌方,以实现军事目的的一系列武器的总称。

与常规武器相比,此类武器具有以下特点。

(1) 威力巨大。据气象学家估计,一个强雷暴系统的能量相当于一枚250万t当量的核弹爆炸;一次台风从海洋吸收的能量相当于10亿t TNT当量。

(2) 隐蔽性好。由于人们对大气过程变化认识的局限性,自然发生的天气变化掩盖着人工影响天气所造成的异常变化,因而,气象武器可能使被攻击一方受害于不知不觉之中,从而可以达到"出其不意、攻其不备"的效果。

(3) 效费比高。气象武器主要是通过施放某些化学战剂和某种特殊吸收、辐射功能的物质,使大气层中的气体、光、热产生骤变而造成天气变化,它不需要消耗大量的弹药和其他作战物资,因此,具有物资消耗量小、使用方便和效果作用范围广等特点。

(4) 具有"双刃"性。大气是一个非常巨大的系统,一旦出现失误,或者对天气情况把握不准,就可能弄巧成拙,使天气发生逆转,向不利于己而有利于敌的方向转化。

运用地球环境武器的作战形式可分为气象伪装(人工制造雾、雪、雨天气,以隐蔽己方,破坏敌方侦查)、气象消障(消除雪、雨、风、雾等天气障碍,为己方行动提供气象保障)、气象侵袭(破坏敌方区域的战场环境,给敌方造成各种困难,如利用人工洪瀑,造成洪水泛滥、冲垮桥梁、阻断交通等)、气象攻击(制造恶劣天气或某种致伤因素直接攻击对方,如人工台风、人工寒冷、人工酷热和人造"紫外窗口"等)和气象干扰(制造恶劣天气和特殊天气,以干扰敌方的行动和武器运转)等。

1. 威力巨大的海洋环境武器

尽管目前海洋环境武器尚处于襁褓之中,但其广阔的发展前景已令世人为之震惊。

海洋环境武器是指利用海洋、岛屿、海岸以及相关环境中的某些不稳定因素(如巨浪、海啸等),同时借助各种物理或化学方法,从这些不稳定因素中诱发出巨大的能量,使被攻击的军舰、潜艇和岸上军事设施以及海空飞机丧失效能,从而达成某种作战目的的一类新概念武器。

(1) 巨浪武器。对于军舰和海洋设施以及登陆作战来说,风浪是不可小视的破坏性因素,巨大的风浪常常导致舰毁人亡,军事设施毁坏。

因而,军事科学家们设想出巨浪武器,利用风能或海洋内部的聚合能使洋面表层与深层产生海浪和潜潮,从而造成水面舰艇、潜艇以及其他军事设施的倾覆和人员死亡,同时巨浪武器还可以封锁海岸,达到遏制敌军舰出海进攻的目的。不过,到目前为止,真正能引发巨浪的方法尚未问世。

(2) 海啸武器。自然界中,海啸通常是由地震引发的。当地震发生时,地壳两面板块在海底移动并互相摩擦,上移板块上面的海水会突然隆起,下移板块上的海水则突然下沉,在短时间内会出现巨大的水位差,从而引发海啸。据有关资料,里氏6.75级以上的地震很容易引发海啸。

1965年夏天,美国在比基尼岛上进行核试验时,在距爆炸中心500m海域内突然掀起60m高的海浪,海浪在离开爆炸中心1500m之后,高度仍在15m以上。如果能够引导甚至制造出海啸,并将其作为武器使用的话,将能冲垮敌方海岸设施,使敌方舰毁人亡,所能造成的损害是难以想象的。随着地震武器技术的成熟和计算机模拟技术的发展,海啸武器必定会走上战争舞台。

2. 不可思议的地震武器

地震武器也称地球物理武器,是指利用地下核爆炸产生的定向声波和重力波,形成巨大摧毁力而杀伤目标的武器。

这种武器能以特定的方向引发地震、山崩和海啸等"自然"灾害,造成敌方军事设施瘫痪、武器装备毁坏和人员伤亡,是一种破坏力极强的大规模战略性杀伤武器。

地震武器具有以下特点。

(1) 隐蔽性。地震武器的作战手段——地下核爆炸一般距目标几百甚至几千千米之外,且由其引发的地震、海啸等灾难通常又在数天后才能发生,所以往往以为是自然灾害。这就决定了地震武器在投放地点、攻击目标和引发灾难的时间等方面都具隐蔽性,令人防不胜防。

(2) 可控性。地震武器不仅可在人工控制下攻击地球的任何一个区域,而且由其所造成的破坏性后果也可以由人工进行控制,如破坏形式、破坏范围及破坏力大小等都可通过相关技术手段进行有效控制。一方面,增加了地震武器的智能作用;另一方面,也提高了其战斗效率。

(3) 实用性。地震武器作为一种战略性杀伤武器,与核武器相比,具有较强的战场实用性。核武器爆炸后,一切目标都化为焦土,大面积土地不能生长生物,且造成辐射和污染,从而带来毁灭性的灾难。地震武器的作用效果则相当于一般的自然灾害,主要是造成破坏性后果,且后果也可进行有效控制。因此,地震武器作为一种战略武器,比核武器具有更强的战场实用性。

3. 横扫一切的台风弹

台风是一个巨大的能量库,破坏力极大。若能为我所用,攻击敌方,则威力无穷。目前,虽然还不能人为制造台风,但已能通过引导台风的风向,攻击敌方目标。

台风弹就是装有碘酸银的炸弹,它在台风经过的地方爆炸后,播撒的碘酸银在台风的风眼附近产生一个新的台风眼,并与原来的台风眼合并,进而改变台风的移动方向。图 5-30 显示的就是台风的风眼。

图 5-30　台风的风眼

1974 年 10 月,美国用人工控制台风的技术将一场即将在美国海岸登陆的强台风引向中南美的洪都拉斯和委内瑞拉等国。这场台风造成经济损失达数千万美元,人员伤亡逾万人。2005 年 8 月下旬,"卡特里娜"飓风在美国墨西哥湾沿岸登陆,几乎摧毁了整个新奥尔良市。事后,美国气象学家史蒂文斯向媒体发出惊天之语:从"卡特里娜"运动的轨迹看,自然形成的概率为零,是俄罗斯军方用实验设备人为制造的。目前,美国"麦金莱气候实验室"已经能够在 3min 内制造出 30m/s 的狂风。

4. 制造暴雨的"卷云"武器

人工降雨可在一定气象条件下,向云层撒布碘化银、碘化铅或干冰,使之成为水蒸气的凝结核,然后变成水滴。它在和平时期可以为人类造福,而在战争期间却能成为克敌制胜的武器。

越战期间,美国曾出动 26000 架次的飞机,在越南上空投放了大约 474 万余枚的降雨催化弹,向积雨云喷撒了大量的碘化银进行人工降雨,多次引发洪灾,冲垮桥梁、道路、堤坝甚至村庄,并使得道路泥泞难行,严重地破坏了越南的交通运输,给越南造成重大经济损失,同时也阻止了越南军队的调动,尤其是阻止了重型武器装备的运输。

据统计,美军人工降雨给越南带来的损失比整个越战期间飞机轰炸造成的损失还要大。

5. 神秘的化学雨武器

化学雨武器是从早先的气象武器演变过来的一种新型武器,在海战中的作战效能尤为明显。化学雨武器就是在人工降雨的化学物质中掺入强腐蚀性制剂,并将其撒布在敌方上空的云层中,造成化学雨磅沱的战场环境,削弱敌方的战斗力。

根据掺入制剂的种类不同,化学雨可有多种战术效果:可在短时间内加速敌武器装备的锈变、腐蚀和老化,以致无法修复和使用;可在一定时间内使人体器官遭受不可逆的伤害,最终失去作战能力;可直接致死敌方人员,也可使局部环境中的动植物不能生长乃至死亡,造成严重的生态灾难。

还有一种化学雨武器并不利用雷雨云,而是直接在敌战场上空撒布多种药剂,以缓缓而下的化学"药雨"来攻击敌方。它能使暴露在地表上的有生力量在一阵蒙蒙"毒雨"中全部丧生。

有资料称,当年,美军在越南战场上就用飞机撒布过植物杀除剂,导致受害地区的农作物大面积死亡,植被在数年内难于恢复。目前,也已研制出了防护化学雨的新型塑料涂层,它无色、无味、透明,使用后装甲并无明显变化,但当遭遇化学雨时,能够防止装甲不被腐蚀、破坏。

6. 高温高寒武器

高温武器通过在敌国或敌方战场上空发射或引爆激光炮弹、燃料空气炸弹及其它高温特种炸弹,使气候骤然升高,产生酷热,直接削弱敌人的战斗力。例如,发射激光炮弹可以使沙漠升温,热空气上升,产生人造旋风,使敌人坦克在沙暴中无法行驶,最终不战自败。高温武器的钢制弹壳内装有易燃易爆的化学燃料和高分子聚合物粒状粉末,以便提高武器系统的威力和安全性。它在爆炸发生时会产生超压、高温等综合杀伤和破坏效应。因此,它既可用歼击机、直升机、火箭炮和近程导弹等投射,打击战役战术目标,又可用中远程弹道导弹、巡航导弹和远程作战飞机等投射,打击战略目标。据称,这种高温武器炸弹在接近地面目标引爆后,可以将方圆 500m 左右的地区全部化为焦炭,且爆炸产生的震力可以在数千米之外感觉到。

高寒武器通过撒布反射阳光的制剂或撒布吸收阳光的物质,使敌方战场气温急剧下降,制造使人难以忍受的寒冷天气,以冻伤敌方的战场人员,损坏敌人的武器装备,并摧毁敌人的战斗力。据称,美国的"麦金莱气候实验室"现已能轻易制造出 80℃ 以上的高温、-40℃ 以下的严寒和类似非洲沙漠午时的闷热环境。

7. 人工造雾与消雾武器

人工造雾有两类。一是类非杀伤性的,即通过施放大量的造雾剂,人为地制造漫天大雾,以干扰敌方光电探测系统的正常工作,影响制导武器的精确命中,迟滞或阻断敌方的作战机动并给敌方人员造成视觉、声觉、心理和方向感的强烈不适,同时,云雾导致的低能见度还可保护己方目标,隐蔽己方的作战行动。另一类是杀伤性的,目前,英军开始研制一种利用热浪、压力和气雾打击目标的精确打击武器。这种武器运用的是先进的油气炸药原理。这种武器在撞击后弹体燃料会马上被点燃,从而产生大量的浓雾爆炸云团,通过热雾和压力摧毁建筑物内的目标,并且能够在很大范围内杀伤敌人,在目标区域内的敌人很快会被压力压死、气雾憋死。

人工消雾是指采用加热、加冷或播撒催化剂等方法,消除作战空域中的云层和浓雾,以提高和改善空气中的能见度,保证己方目视观察、飞机起飞、着陆和舰艇航行等作战行动的安全。人工消雾包括消过冷雾和消暖雾。消过冷雾的方法是通过播撒干冰和丙烷等,使空气局部冷却到-40℃以下,以形成消雾区;消暖雾通常采用直升机下搅混合和播撒吸湿性粒子等方法。

8. 探索中的臭氧武器

臭氧武器主要针对大气中的臭氧层,借助物理和化学方法改变敌方上空大气中的臭氧浓度,危害敌方的人和生物。

(1) 降低臭氧浓度。在敌方上空的臭氧层中投放能吸附臭氧的化学物质(如氯),或通过高空核爆炸形成能分解臭氧的化学物质(如氟利昂、氮氧化物等),从而形成臭氧层的局部破坏,形成臭氧层空洞。

臭氧层空洞使太阳光中过多的紫外线直射地方地面,对人员和生物造成危害。该方法见效慢,但破坏时间长,面积大,且难以弥补。

(2) 增加臭氧浓度。增加臭氧浓度的方法是在敌方上空引爆装有臭氧剂的"超级炸弹",使该地区的臭氧浓度大大增加,使人中毒。轻则胸部疼痛、唇喉发干,重则强烈咳嗽、脉搏加快、呼吸急促,甚至引起胃痉挛、肺水肿、心肺活动衰退,直至死亡。据测算,臭氧含量达1%的空气即可使人感到强烈不适,最终丧失战斗力。

本 章 小 结

本章重点讲述了火炸药与军事四弹、生化武器、核武器和化学推进剂等相关内容,并且将化学类新概念武器作为阅读材料进行了简单介绍。

1. 火炸药与军事四弹

首先介绍了黑火药的出现与传播以及几种典型炸药的组成、结构和性能;然后介绍了液体炸药、高威力混合炸药、工程炸药、枪炮发射药和火箭推进剂等几种典型的混合炸药的性能和用途;最后对军事四弹(烟幕弹、照明弹、燃烧弹和信号弹)的构造、性能和用途进行了简单介绍。

2. 生化武器简介

一是从总体上对生化武器的概念、特点发展简史和禁用国际公约进行了简要介绍;二是介绍了生化战剂的分类;三是介绍了炭疽杆菌、鼠疫杆菌、霍乱杆菌、土拉杆菌、布鲁氏杆菌、伯氏考克斯体和肉毒杆菌毒素等典型生物战剂以及神经性毒剂、糜烂性毒剂、窒息性毒剂、全身中毒性毒剂、刺激性毒剂、失能性毒剂和植物枯萎剂等典型化学武器的性能及毒害作用;四是简要介绍了生化武器的防护措施。

3. 核武器与化学

首先简要介绍了核化学的基础知识;然后分别介绍了原子弹、氢弹和中子弹的工作原理及战术性能;接下来介绍了核武器的损伤及防护方面的知识;最后对《防止核武器扩散条约》的签署与实施情况进行了简要介绍。

4. 推进剂化学

首先介绍了推进剂的发展简史、液体推进剂和固体推进剂的发展概况;然后介绍了作为液体火箭氧化剂的硝基氧化剂的理化性质、危险性及其安全防护措施;最后介绍了作为液体火箭燃烧剂的肼类燃烧剂的理化性质、危险性及其安全防护措施。

5. 阅读材料——化学类新概念武器

本节以"化学"为关键词介绍了新概念武器。具体内容包括新概念武器概述、非致命性武器和地球环境武器(气象武器)。

习　　题

1. 填空题

(1) 火药在武器内的工作过程是,通过火药燃烧将其_____转化为_____,再通过高温高压气体的_____,最后将_____转化为弹丸或火箭的_____。

(2) 军事上黑火药的成分是75%的_____,10%的_____,15%的_____;"军事四弹"是指_____弹、_____弹、_____弹和_____弹。

(3) 按化学毒剂的毒害作用,通常把化学武器分为_____性毒剂、_____性毒剂、_____性毒剂、_____性毒剂、_____性毒剂、_____性毒剂和_____性毒剂。

(4) 核武器的主要杀伤因素为_____、_____、_____、_____。

(5) 原子弹是利用_____释放出的巨大能量以达到杀伤破坏作用的一种爆炸性核武器。

(6) 氢弹是利用_____在高温下的_____反应放出巨大能量而产生杀

伤破坏作用的一种爆炸性核武器。

(7) 以化学物质为主的反装备武器是一类对_____不造成杀伤,专门用于对付敌方_____的新概念武器。

(8) 化学物质为主的反装备武器,主要包括_____、_____、_____、_____、_____、_____等。

2. 针对一种火炸药详细讨论它的成分、性质及应用范围。

3. 什么是混合炸药？相比单质炸药,混合炸药有何优越性？对混合炸药的主要要求有哪些？

4. 简述3种火箭推进剂性能之间的异同点。

5. 简单讨论烟火剂在战争中的具体应用。

6. 烟幕弹形成"烟幕""云海"的原理是什么？

7. 燃烧弹中铝剂的作用是什么？

8. 什么是生化武器？生化武器有什么特点？

9. 有关禁止生化武器的国际条约有哪些？

10. 生物武器有哪些使用方式？

11. 化学武器有哪些使用特点？

12. 生物战剂有哪些特点？生物战剂侵入机体的途径有哪些？

13. 生化战剂的分类如何？

14. 可武器化的生物战剂有哪些？典型的化学战剂有哪些？

15. 化学侦察器材的基本原理及分类如何？

16. 如何理解在国际上禁用生化武器的同时,各国又要研究生化武器？

17. 简述化学推进剂的概念及其作用。

18. 对液体推进剂的性能有哪些具体要求？

19. 改性双基推进剂的特点是什么？简述它的应用范围。

20. 复合推进剂的组分有哪些？其性能有哪些优点？

21. 固体推进剂的发展趋势有哪些？

22. 什么是发烟硝酸？白色发烟硝酸和红色发烟硝酸在性质上有哪些区别？

23. 四氧化二氮的化学性质如何？如何处理其废液？

24. 硝基氧化剂有哪些安全隐患？如何防护？

25. 简述偏二甲肼、甲基肼、油肼、胺肼性质上的异同点。

26. 肼类推进剂有何危险性？简述其防护方法。

27. 简述核武器的分类,并讨论其各自的释能机理。

28. 铀235和铀238的性质几乎完全相同,为何核武器中必须选用铀235？

如何从天然铀中提纯铀235？

29. 简述中子弹的特点及其危害。
30. 核武器的杀伤破坏因素主要有哪些？简述一般所采用的防护方法。
31. 简述核武器的使用对环境的危害。
32. 冲击波是怎样造成杀伤破坏的？
33. 核爆炸的光辐射是怎样造成杀伤破坏的？
34. 简述原子弹、氢弹、中子弹的爆炸原理。
35. 如何理解核能的两面性？
36. 简单讨论气象武器在战争中所起的重要性。
37. 什么是新概念武器？与常规武器相比，它有什么特点？
38. 什么是非致命性新概念武器？它有什么特点？
39. 什么是地球环境武器？它有什么特点？

第6章 实验部分

6.1 热力学实验

实验一：锌与硫酸铜置换反应热效应的测定（验证性）

【实验目的】

(1) 学会测定化学反应热效应的一般原理及方法，并测定锌与硫酸铜反应的热效应。

(2) 学会准确配制规定浓度的溶液的方法。

(3) 掌握利用外推法校正温度改变值的基本方法。

【实验原理】

对某一化学反应，当生成物的温度与反应物的温度相同，且在反应过程中不做非体积功时，该化学反应所吸收或放出的热量，称为化学反应的热效应。若反应是在恒压条件下进行的，则反应的热效应称为恒压热效应 Q_p，此时，热效应全部用来增加体系的焓(ΔH)，因此有

$$\Delta H = Q_p \tag{6-1}$$

式中：ΔH 为该反应的焓变。对于放热反应，ΔH 为负值；对于吸热反应，ΔH 为正值。

例如，在恒压条件下 1mol 锌置换硫酸铜溶液中的铜离子时，放出 216.8kJ 的热量，则反应 $Zn+CuSO_4=ZnSO_4+Cu$ 的 $\Delta_r H_m = -216.8 \text{kJ} \cdot \text{mol}^{-1}$。测定化学反应热效应的基本原理是利用能量守恒定律，即反应所放出的热量等于体系所吸收的热量，放热反应促使反应体系温度升高。因此对上面的反应，其热效应与溶液的质量(m)，溶液的比热容(c)和反应前后体系温度的变化(ΔT)有如下关系：

$$Q_p = -(cm\Delta T + K\Delta T) \tag{6-2}$$

式中：K 为热量计的热容，即热量计温度每升高 1K 所吸收的热量。

由溶液的密度 ρ 及体积 V 可得溶液的质量，即

$$m = \rho V \tag{6-3}$$

若上述反应以每摩尔锌置换铜离子时所放出的热量以 kJ 为单位表示，综合式(6-1)~式(6-3)，可得

$$\Delta_r H_m = \frac{Q_p}{n} = \frac{-(c\rho V + K)\Delta T}{1000n} \tag{6-4}$$

式中：n 为 VL 溶液中所含硫酸铜的物质的量。

热量计的热容量可由如下方法求得：在热量计中首先加入温度为 T_1、质量为 W_1 的冷水，再加入温度为 T_2、质量为 W_2 的热水，二者混合后，水温为 T，则

热量计得到的热量： $\quad q_0 = (T - T_1)K \tag{6-5}$

冷水得到的热量： $\quad q_1 = (T - T_1)W_1 c_水 \tag{6-6}$

热水失去的热量： $\quad q_2 = (T_2 - T)W_2 c_水 \tag{6-7}$

$$q_2 = q_0 + q_1 \tag{6-8}$$

综合式(6-5)~式(6-8)可得热量计的热容为

$$K = \frac{(T_2 - T)W_2 c_水}{T - T_1} - W_1 c_水 \tag{6-9}$$

若热量计本身所吸收的热量很小，可以忽略不计，则式(6-4)可简化为

$$\Delta_r H_m = \frac{Q_p}{n} = \frac{-c\rho V \Delta T}{1000n} \tag{6-10}$$

由此可见，本实验的关键在于能否测得准确的温度值。为了获得准确的温度变化，还要对影响 ΔT 的因素进行校正。其校正方法是：在反应过程中，每隔 30s 记录一次温度，然后，以温度(T)对时间(t)作图，绘制 T-t 曲线，如图 6-1 所示。利用外推作图法获得校准的 ΔT 值，即

$$\Delta T = T'_m - T_0$$

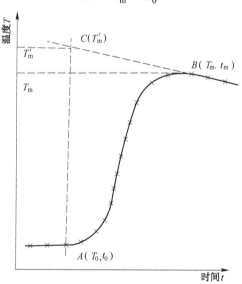

图 6-1　体系温度随时间变化的曲线

【仪器与试剂】

(1) 仪器:保温杯热量计、精密温度计、容量瓶(250mL)、量筒(50mL)、玻璃棒、移液管(50mL)、分析天平(0.1mg)、台秤、秒表。

(2) 试剂。

① 0.2000mol·L^{-1}的硫酸铜溶液:在分析天平上精确秤取12.484g$CuSO_4$·$5H_2O$于洁净小烧杯中,加少量水溶解,移入250mL容量瓶中,加水稀释至标线,摇匀备用。

② 锌粉(分析纯)。

③ $NH_3·H_2O$。

【实验步骤】

(1) 热量计热容量的测定。用台秤称量干燥的热量计(图6-2)的质量(包括胶塞、温度计、搅拌棒),然后用量筒量取50mL自来水加入,再次秤重,计算加入冷水的质量W_1。慢慢搅拌几分钟,待体系温度稳定后,记录冷水的温度T_1。

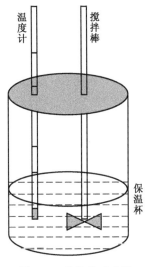

图6-2 量热计示意图

另准备50mL热水(质量为W_2),温度比热量计中的冷水高20~25℃,准确测定水温T_2后,迅速倒入热量计中,加塞并不断搅拌,同时记录温度变化,当温度升至最高点后,记录此时的温度读数T。依据相关数据计算热量计的热容K。

(2) 锌与硫酸铜反应热效应的测定。用移液管移取100.00mL、0.2000mol·L^{-1}的硫酸铜溶液,放入清洁干燥的热量计中,盖好盖子,在不断搅拌下,每隔30s记录一次温度读数,待温度读数稳定后,再记录5~8个温度读数。

(3) 将事先在台秤上称好的3g锌粉一次性快速加入热量计中,迅速盖紧盖子不断搅拌,与此同时开始记录时间及温度变化,每隔15s记录一次温度读数,至温度上升至最高点后,再记录3~4min,直至温度保持恒定即可停止记录。

(4)打开热量计,取少量上清液于试管中,加入过量$NH_3 \cdot H_2O$,观察溶液颜色变化,判断反应是否进行完全。

【数据记录与处理】

(1)热量计热容量的测定。

冷水质量W_1/g	冷水温度/℃	热水质量W_1/g	热水温度/℃	混合水温度/℃

(2)锌与硫酸铜反应热效应的测定。

硫酸铜溶液浓度/$(mol \cdot L^{-1})$:_____   加入硫酸铜溶液体积/mL:_____

时间/s									
温度/℃									
时间/s									
温度/℃									
时间/s									
温度/℃									
时间/s									
温度/℃									
时间/s									
温度/℃									
时间/s									
温度/℃									

(3)根据测量数据,按照式(6-4)计算锌粉与硫酸铜反应的化学反应热效应。

【思考题】

1. 本实验中所用硫酸铜溶液的浓度和体积都要求非常精确,为什么锌粉的质量不必用分析天平精确称量?

2. 本实验的误差主要来源于哪里?

3. 为什么要使用外推作图法来求温度变化值 ΔT?

实验二：萘的燃烧热的测定(验证性)

【实验目的】

(1) 了解氧弹量热仪的原理、构造和使用方法。
(2) 熟悉恒压燃烧热与恒容燃烧热的关系。
(3) 掌握用氧弹量热仪测定物质燃烧热的方法。

【实验原理】

燃烧热的定义：在指定温度和压力下，1mol 物质完全燃烧生成指定产物所放出的热量。完全燃烧，即组成反应物的各元素，在经过燃烧反应后，必须呈现本元素的最高化合价。如 C 经燃烧反应后，变成 CO 不能认为是完全燃烧，只有在变成 CO_2 时，方可认为是完全燃烧。

物质燃烧热的测定通常是在氧弹量热仪(也称弹式量热计)中进行的(即恒容条件下)，基本原理也是利用能量守恒定律。一定量的被测物质样品在氧弹中完全燃烧时，所释放的热量使氧弹本身及其周围的介质和量热仪的附件温度升高，测量介质在燃烧前后温度的变化值 ΔT，就能计算出该样品的燃烧热，此时测得的是该燃烧反应的恒容燃烧热 Q_v (kJ·mol^{-1})，若要求得恒压燃烧热 Q_p，可根据下式求得。

根据热力学第一定律推导出

$$Q_p = Q_v + \Delta nRT \tag{6-11}$$

式中：Δn 为反应前后生成物和反应物中气体的物质的量之差；R 为气体常数。

在氧弹量热仪(图6-3)中放入装有 W g 样品和氧气的密闭氧弹，使样品完全

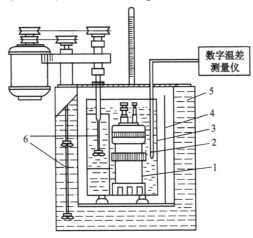

图6-3 氧弹量热仪装置图

1—弹头；2—数字温度计；3—内桶；4—空气夹层；5—外桶；6—搅拌。

燃烧,放出的热量引起体系温度的上升。根据能量守恒原理,可由下式求得 Q_v,即

$$\frac{W_{样品}}{M}Q_v = (C_水 W_水 + C_总)(T_2 - T_1) \tag{6-12}$$

式中:$W_{样品}$、M 分别为样品的质量和摩尔质量;Q_v 样品的恒容燃烧热;$C_水$、$W_水$ 分别为水的比热容和水的质量;$C_总$ 为量热仪的总比热容(氧弹、弹筒、附件等每升高 1K 所需要的总热量);T_2、T_1 分别为反应前后体系的温度。

若每次实验用水量相等,对于同一台仪器 $C_总$ 不变,则 $(C_水 W_水 + C_总)$ 可视为定值 K,称为量热仪的水当量。

水当量 K 的求法是:用已知燃烧热的标准物质(本实验用苯甲酸)放在量热仪中燃烧,测其始末温度,求出 ΔT,便可根据上式求出 K,再用求得的 K 值求出待测物质的燃烧热。

【仪器与试剂】

(1) 仪器:氧弹量热仪 1 台、压片机 1 台、充氧器 1 台、氧气钢瓶 1 个、分析天平 1 台。

(2) 试剂:苯甲酸(标准物质)、萘(分析纯)。

【实验步骤】

(1) 量热仪的水当量 K 的测定。

① 压片。用分析天平精确称量压好片(约 1g)的苯甲酸标准物质的质量,精确至 0.0001g。

② 装氧弹:将上述已称重的苯甲酸片放入坩埚内,将燃烧丝两端分别固定在弹头中的两根电极上,将一小段棉线一端绑在燃烧丝中央,另外一端置于坩埚底部用苯甲酸片压住,以确保棉线能够引燃苯甲酸片,保证点火质量,在氧弹中装入 10mL 蒸馏水,将弹头竖直放入弹杯中,用手拧紧。

③ 充氧。将氧弹与充氧器连接好,充入 2.8~3.0MPa 的氧气约 30s。

④ 将已充好氧气的氧弹放入氧弹量热仪中,盖好仪器盖子。

⑤ 在与仪器相连接的计算机上打开应用程序,在热容量测试模式下,输入苯甲酸标准物质的质量及其他参数,点击"开始"按钮,进行测定,测试完毕后,仪器自动计算出氧弹量热仪(包括附件及冷却水)的总热容,即量热仪的水当量 K,并自动记录在仪器中。

⑥ 测试完毕,取出氧弹,松开排气阀排出废气后,旋开弹盖,放于弹架上,检查燃烧情况,如未留下任何残渣,表示燃烧完全,否则,实验失败。

(2) 样品萘的燃烧热的测量。

以样品萘(约 0.6g)代替苯甲酸标准物质,用压片机压好片再精确称重后,

在量热仪应用程序中的发热量测试模式下,按照上述相同的方法测定样品萘的燃烧热,测试完毕,仪器自动计算出萘的恒容燃烧热。

【数据记录与处理】

由测量得到的恒容燃烧热 Q_v 根据式(6-11)计算出的恒压燃烧热值 Q_p。

【注意事项】

(1) 待测样品必须干燥,否则,不易燃烧,而且称量误差较大。

(2) 样品压片松紧应适当,不可太紧,否则,燃烧不充分,也不可太松,否则会引起爆燃。

(3) 装氧弹时,燃烧丝不得与坩埚壁接触。

【思考题】

1. 在氧弹里加 10mL 蒸馏水起什么作用?
2. 固体样品为什么要压成片状?
3. 该仪器能否测量液体燃料的燃烧热?

6.2 动力学实验

实验三:"碘钟"反应(综合性)

【实验目的】

(1) 了解浓度、温度、催化剂对化学反应速率的影响。

(2) 测定过二硫酸铵氧化碘化钾的反应速率常数,并计算在一定温度下的反应速率常数和反应级数。

【实验原理】

在水溶液中过二硫酸铵与碘化钾发生如下反应:

$$S_2O_8^{2-} + 2I^- \Longrightarrow 2SO_4^{2-} + I_3^- \tag{6-13}$$

实验证明此反应的反应速率与反应物浓度的关系可用下式表示:

$$\bar{r} = \frac{\Delta c(S_2O_8^{2-})}{\Delta t} = kc^m(S_2O_8^{2-})c^n(I^-)$$

式中:$\Delta c(S_2O_8^{2-})$ 为 $S_2O_8^{2-}$ 在 Δt 时间内浓度的减少量;$c(S_2O_8^{2-})$ 和 $c(I^-)$ 分别为 $S_2O_8^{2-}$ 和 I^- 的起始浓度;Δt 为反应开始到溶液刚出现蓝色的时间;k 为反应速率常数。

为了能测出在一定时间 Δt 内 $S_2O_8^{2-}$ 的浓度变化,在 $(NH_4)_2S_2O_8$ 溶液和 KI 溶液混合的同时,加入一定体积已知浓度的 $Na_2S_2O_3$ 溶液和作为指示剂的淀粉溶液,因此,在反应式(6-13)进行的同时,还进行以下反应:

$$2S_2O_3^{2-} + I_3^- = S_4O_6^{2-} + 3I^- \tag{6-14}$$

反应式(6-14)进行得非常快,几乎瞬时可完成,而反应式(6-13)比反应式(6-14)慢得多,所以由反应式(6-13)生成的碘立即与 $S_2O_3^{2-}$ 作用,生成无色的 $S_4O_6^{2-}$ 和 I^-。因此,在反应开始时看不到碘与淀粉作用显示的蓝色,但是一旦 $Na_2S_2O_3$ 耗尽,反应式(6-13)生成的碘很快就与淀粉作用而显示出蓝色。

从反应式(6-13)和反应式(6-14)可以看出,$S_2O_8^{2-}$ 减少的量是 $S_2O_3^{2-}$ 减少量的 1/2,即

$$\Delta c(S_2O_8^{2-}) = \frac{1}{2}\Delta c(S_2O_3^{2-})$$

由于在 Δt 时间内 $S_2O_3^{2-}$ 几乎耗尽,其浓度可视为零,所以 $\Delta c(S_2O_3^{2-})$ 实际是开始的 $Na_2S_2O_3$ 浓度。

由 Δt 和 $\Delta c(S_2O_8^{2-})$ 可得到反应速率。再由不同浓度下测得的反应速率计算该反应的反应级数 $m+n$,具体推导如下:

$$\frac{r_1}{r_2} = \frac{kc_1^m(S_2O_8^{2-})c_1^n(I^-)}{kc_2^m(S_2O_8^{2-})c_2^n(I^-)}$$

若 $c_1(I^-) = c_2(I^-)$,则

$$\frac{r_1}{r_2} = \frac{c_1^m(S_2O_8^{2-})}{c_2^m(S_2O_8^{2-})}$$

r_1、r_2、$c_1(S_2O_8^{2-})$、$c_2(S_2O_8^{2-})$ 均为已知,因此可求出 m。

同理,若 $c_1(S_2O_8^{2-}) = c_3(S_2O_8^{2-})$ 时,有

$$\frac{r_1}{r_3} = \frac{c_1^n(I^-)}{c_3^n(I^-)}$$

r_1、r_3、$c_1(I^-)$、$c_3(I^-)$ 均为已知,可求出 n,即可得到反应级数 $m+n$。

由下式可得到反应速率常数,即

$$\frac{\Delta c(S_2O_8^{2-})}{\Delta t} = kc^m(S_2O_8^{2-})c^n(I^-)$$

根据 Arrhenius 公式,反应速率常数与反应温度间有如下关系:

$$\lg k = -\frac{E_a}{2.303RT} + C$$

式中:E_a 为反应活化能;R 为摩尔气体常数(8.314J·mol·K^{-1});C 为经验常数($C = 2.303\lg A$,这里的 A 就是指在式(1-30)中提到的 A),只要通过实验测出不同温度 T 时反应速率常数 k 值,再以 $\lg k$ 对 $\frac{1}{T}$ 作图,就可以通过直线的斜率

$-\dfrac{E_a}{2.303R}$ 计算出反应的活化能 E_a，也可直接利用下式求出，即

$$\lg \dfrac{k_2}{k_1} = \dfrac{E_a}{2.303R}\left(\dfrac{T_2 - T_1}{T_2 T_1}\right)$$

【仪器与试剂】

(1) 仪器：温度计(0~100℃)、烧杯(100mL)、秒表、恒温水浴锅、量筒(25mL、10mL)。

(2) 试剂。

试剂名称	浓度	试剂名称	浓度
$(NH_4)_2S_2O_8$(新近配制)	$0.20 mol \cdot L^{-1}$	KNO_3	$0.20 mol \cdot L^{-1}$
KI	$0.20 mol \cdot L^{-1}$	$(NH_4)_2SO_4$	$0.20 mol \cdot L^{-1}$
$Na_2S_2O_3$	$0.010 mol \cdot L^{-1}$	$Cu(NO_3)_2$	$0.02 mol \cdot L^{-1}$
淀粉溶液	0.2%		

【实验步骤】

(1) 浓度对反应速率的影响。在室温下用量筒量取 20mL、$0.20 mol \cdot L^{-1}$ 的碘化钾溶液，8mL、$0.010 mol \cdot L^{-1}$ 的硫代硫酸钠，4mL、0.2% 的淀粉溶液，加入到 100mL 烧杯中混合均匀。然后，用量筒取 20mL 的 $0.20 mol \cdot L^{-1}$ 的过硫酸铵溶液，迅速加到烧杯中，同时记录时间，并不断搅拌，当溶液恰好出现蓝色时，停止计时。

用同样方法按照表 6-1 中实验序号 2 及 3 的用量进行另外两次实验。为了使每次实验的溶液总离子强度保持不变，不足的量分别用 $0.20 mol \cdot L^{-1}$ 的硝酸钾溶液和 $0.20 mol \cdot L^{-1}$ 的硫酸铵溶液补充。将实验结果填入表 6-1 中。

表 6-1 浓度对化学反应速率的影响数据记录表

室温：_____℃

	实 验 序 号	1	2	3
试剂用量/mL	$0.20 mol \cdot L^{-1}$ 的 $(NH_4)_2S_2O_8$ 溶液	20	10	20
	$0.20 mol \cdot L^{-1}$ 的 KI 溶液	20	20	10
	$0.010 mol \cdot L^{-1}$ 的 $Na_2S_2O_3$ 溶液	8	8	8
	0.2% 的淀粉溶液	4	4	4
	$0.20 mol \cdot L^{-1}$ 的 KNO_3 溶液	/	/	10
	$0.20 mol \cdot L^{-1}$ 的 $(NH_4)_2SO_4$ 溶液	/	10	/
52mL 溶液中各试剂起始浓度 /$(mol \cdot L^{-1})$	$(NH_4)_2S_2O_8$ 溶液			
	KI 溶液			
	$Na_2S_2O_3$ 溶液			

(续)

实 验 序 号	1	2	3
反应时间 $\Delta t/s$			
反应速率/$(mol \cdot L^{-1} \cdot s^{-1})$			
速率常数			
反应级数	$m=$	$n=$	$m+n=$

（2）温度对反应速率的影响。按照表6-1实验序号3的用量,将KI、$Na_2S_2O_3$、KNO_3、淀粉加入100mL烧杯中混合均匀,$(NH_4)_2S_2O_8$溶液放入另外一个小烧杯中。将两烧杯同时放入比室温高10℃的恒温水浴中,待烧杯中溶液的温度与水浴温度相同时,将$(NH_4)_2S_2O_8$溶液迅速加到碘化钾等混合溶液的烧杯中,同时计时并不断搅动,当溶液刚出现蓝色时,停止计时,此实验编号记为4。

用同样方法在热水浴中进行高于室温20℃及30℃的实验,此实验编号分别记为5和6,将实验结果填入表6-2中。

表6-2 温度对化学反应速率的影响数据记录表

实 验 编 号	3	4	5	6
反应温度/℃	室温			
反应时间/s				
反应速率/$(mol \cdot L^{-1} \cdot s^{-1})$				
反应速率常数 k				
$\lg k$				
$1/T$				
反应的活化能/$(kJ \cdot mol^{-1})$				

（3）催化剂对化学反应速率的影响。按表6-1实验序号3的用量,在室温下把KI、$Na_2S_2O_3$、KNO_3、淀粉溶液加到100mL烧杯中,再加入2滴0.02mol·$L^{-1}Cu(NO_3)_2$溶液,搅匀,然后,迅速加入$(NH_4)_2S_2O_8$溶液,不断搅拌直至溶液刚出现蓝色为止,记录所用时间,此实验编号为7,将实验结果填入表6-3中。将此反应时间与表6-1中实验3的反应时间进行比较,得出定性结论。

表6-3 催化剂对化学反应速率的影响数据记录表

室温:_____℃

实 验 编 号	3	7
加入0.02mol·$L^{-1}Cu(NO_3)_2$溶液的量	未加入	2滴
反应时间/s		

【注意事项】

(1) 本实验为两人一组进行实验,两人要分工明确,密切配合。对溶液的量取、混合、搅拌、观察现象、计时都要仔细。

(2) 取用 KI、$Na_2S_2O_3$、淀粉溶液、KNO_3、$(NH_4)_2SO_4$ 溶液的量筒与取用 $(NH_4)_2S_2O_8$ 的量筒一定要分开,以避免溶液在混合前就已发生反应。

(3) 反应后溶液刚出现蓝色时,应立即停表。

(4) 进行温度对反应速率的影响实验时,若用一支温度计进行测温,在测定 KI、$Na_2S_2O_3$、淀粉溶液、KNO_3 等混合溶液后,温度计必须清洗干净,用滤纸擦干后,才能测定装 $(NH_4)_2S_2O_8$ 溶液的小烧杯的温度。

(5) 在 KI、$Na_2S_2O_3$、淀粉等混合溶液中加入 $(NH_4)_2S_2O_8$ 时,应迅速全部加入。

(6) 本实验中,反应的溶液因 $S_2O_3^{2-}$ 消耗完毕立即变蓝,而实验所用 $S_2O_3^{2-}$ 的量又特别小,因此取用 $Na_2S_2O_3$ 溶液时一定要特别准确,最好用吸量管进行取液。

(7) 取用 KI 溶液时,应观察溶液是否为无色透明溶液。若溶液出现浅黄色,则表明有 I_2 析出,该溶液不能使用。

【思考题】

1. 什么是化学反应速率?如何表示?本实验所测得的是平均速率还是瞬时速率?

2. 影响反应速率的因素有哪些?

3. 实验中向 KI、淀粉、$Na_2S_2O_3$ 混合液中加入 $(NH_4)_2S_2O_8$ 时为什么要迅速?加 $Na_2S_2O_3$ 的目的是什么?$Na_2S_2O_3$ 的用量过多或者过少,对实验结果有何影响?

4. 为什么可以由反应溶液出现蓝色的时间长短计算反应速度?溶液出现蓝色后,反应是否终止了?

实验四:乙酸乙酯皂化反应的速率常数及反应活化能的测定(综合性)

【实验目的】

(1) 学会电导法测定乙酸乙酯皂化反应速率常数的方法。
(2) 学会用图解法求二级反应的速率常数,并计算该反应的活化能。
(3) 学会使用电导率仪和恒温水浴。

【实验原理】

乙酸乙酯皂化反应是个二级反应,其反应方程式为

$$CH_3COOC_2H_5 + OH^- = CH_3COO^- + C_2H_5OH$$

设在时间 t 时生成物的浓度为 x,则该反应的动力学方程式为

$$\frac{\mathrm{d}x}{\mathrm{d}t} = k(a-x)(b-x)$$

式中:a 为乙酸乙酯的起始浓度;b 为氢氧化钠溶液的起始浓度;k 为反应速率常数。

当乙酸乙酯与氢氧化钠溶液的起始浓度相同时,如均为 a,则反应速率表示为

$$\frac{\mathrm{d}x}{\mathrm{d}t} = k(a-x)^2 \tag{6-15}$$

将上式积分得

$$\frac{x}{a(a-x)} = kt \tag{6-16}$$

起始浓度 a 为已知,因此,只要由实验测得不同时间 t 时的 x 值,以 $\frac{x}{a-x}$ 对 t 作图,若所得为一直线,证明是二级反应,并可以从直线的斜率求出 k 值。

乙酸乙酯皂化反应中,参加导电的离子有 OH^-、Na^+ 和 CH_3COO^-。由于反应体系是很稀的水溶液,可认为 CH_3COONa 是全部电离的。因此,反应前后 Na^+ 的浓度不变。随着反应的进行,仅仅是电导率很强的 OH^- 离子逐渐被电导率很弱的 CH_3COO^- 离子所取代,致使溶液的电导率逐渐减小。稀溶液中强电解质的电导率与其浓度成正比,溶液的总电导率等于组成溶液的电解质的电导率之和。因此,溶液的电导率减小量和反应掉的 OH^- 量成正比,可用电导率仪测量皂化反应进程中电导率随时间的变化,从而达到跟踪反应物浓度随时间变化的目的。

令 κ_0 为 $t=0$ 时溶液的电导率,κ_t 为时间 t 时溶液的电导率,κ_∞ 为 $t=\infty$(反应完毕)时溶液的电导率。稀溶液中,电导率的减少量与 CH_3COO^- 浓度成正比,设 K 为比例常数,则

$$t=t \text{ 时}, x=x, \ x=k(\kappa_0-\kappa_t)$$
$$t=\infty \text{ 时}, x=a, \ a=k(\kappa_0-\kappa_\infty)$$

由此可得

$$a-x = k(\kappa_t-\kappa_\infty)$$

将其代入式(6-16)得

$$\frac{1}{a}\frac{k_0-k_t}{k_t-k_\infty} = kt$$

重新排列得

$$k_t = \frac{1}{ak} \cdot \frac{k_0 - k_t}{t} + k_\infty \qquad (6\text{-}17)$$

因此,只要测出不同时间溶液的电导率值 κ_t 和起始溶液的电导率值 κ_0,然后,κ_t 以对 $\frac{k_0 - k_t}{t}$ 作图应得一直线,直线的斜率为 $\frac{1}{ak}$,由此便求出某温度下的反应速率常数 k 值。如果知道不同温度下的反应速率常数 k_2 和 k_1,根据 Arrhenius 公式,可计算出该反应的活化能 E_a,即

$$\lg \frac{k_2}{k_1} = \frac{E_a}{2.303R}\left(\frac{T_2 - T_1}{T_1 \cdot T_2}\right) \qquad (6\text{-}18)$$

【仪器与试剂】

(1) 仪器:电导率仪、恒温槽、秒表、移液管(50mL)、烧杯(200mL)、磨口三角瓶。

(2) 药品:NaOH(新配制 $0.0200 \text{mol} \cdot \text{L}^{-1}$)、乙酸乙酯(新配制 $0.0200 \text{mol} \cdot \text{L}^{-1}$)。

【实验步骤】

(1) 溶液起始电导率 κ_0 的测定。将恒温槽的温度调至 25.0℃ 或 (30.0±0.1)℃。在干燥的 200mL 磨口三角瓶中,用移液管加入 50mL、$0.0200 \text{mol} \cdot \text{L}^{-1}$ 的 NaOH 溶液和等体积的电导水现在也叫去离子水,是实验中用于测定溶液电导时所用的一种纯净水,除含 H^+ 和 OH^- 外不含其他物质,电导率应为 $10^{-6}\text{S} \cdot \text{cm}^{-1}$,混合均匀后,倒出少许溶液洗涤烧杯和电极,然后,将剩余溶液倒入烧杯,恒温约 15min,将电极插入溶液,测定溶液电导率,直至不变为止,此数值即为 κ_0。

(2) 反应时电导率 κ_t 的测定。用移液管移取 50mL、$0.0200 \text{mol} \cdot \text{L}^{-1}$ 的乙酸乙酯溶液于干燥的 200mL 磨口三角瓶中,用另一只移液管移取 50mL、$0.0200 \text{mol} \cdot \text{L}^{-1}$ 的 NaOH 溶液于另一干燥的 200mL 磨口三角瓶中。将两个三角瓶置于恒温槽中恒温 15min。将恒温好的 NaOH 溶液迅速倒入盛有乙酸乙酯溶液的三角瓶中混合均匀,同时按下秒表立即计时并插入电极,测定溶液的电导率 κ_t。开始每隔 2min 测电导率一次,10min 后每隔 5min 测电导率一次,共需测定 1h。

(3) 不同温度时溶液电导率的测定。调节温度,将恒温槽的温度调至 35℃。重复上述实验步骤测定该温度下的 κ_0 和 κ_t。

【数据记录与处理】

(1) 将 t、κ_t、$(\kappa_0-\kappa_t)/t$ 数据列表。

(2) 以两个温度下的 κ_t 对 $(\kappa_0-\kappa_t)/t$ 作图,分别得一直线。由直线的斜率计算各温度下的速率常数 k。

（3）由两温度下的速率常数，根据 Arrhenius 公式计算该反应的活化能。

【注意事项】

（1）本实验需用电导水，并避免接触空气及灰尘杂质落入。
（2）配好的 NaOH 溶液要防止空气中的 CO_2 气体进入。
（3）乙酸乙酯溶液和 NaOH 溶液浓度必须相同。
（4）乙酸乙酯溶液需临时配制，配制时动作要迅速，以减少挥发损失。

【思考题】

1. 为什么由 $0.0100 mol \cdot L^{-1}$ 的 NaOH 溶液和 $0.0100 mol \cdot L^{-1}$ 的 CH_3COONa 溶液测得的电导率可以认为是 κ_0、κ_∞？
2. 如果两种反应物起始浓度不相等，试问应怎样计算 k 值？
3. 如果 NaOH 和乙酸乙酯溶液为浓溶液时，能否用此法求 k 值？为什么？

实验五：化学反应速率常数的测定（综合性）

【实验目的】

（1）掌握测定化学反应速率常数 k 与活化能 E_a 的基本原理。
（2）掌握电导率法测定化学反应速率常数 k 与活化能 E_a 的实验方法。
（3）通过数据处理，得到化学反应速率常数 k 与活化能 E_a，加深对动力学理论的理解。

【实验原理】

金属镁能与稀硫酸发生反应，产生氢气。

假设硫酸的起始浓度为 c_0，反应时间 t 时，硫酸的浓度为 c_t，则

$$Mg(s) + H_2SO_4(aq) = MgSO_4(aq) + H_2(g)$$

t_0		c_0	0
t		c_t	$c_0 - c_t$
$t_{终}$		0	c_0

已知该反应是一级反应，则

$$\ln \frac{c_0}{c_t} = kt$$

即

$$\ln c_t = -kt + \ln c_0 \qquad (6-19)$$

因此，只要测得不同时间 t 时硫酸的浓度，以 $\ln c_t$ 对时间 t 作图，根据拟合曲线的斜率即可求出该反应的速率常数 k。

在此反应中，参加导电的电解质有 H_2SO_4 和 $MgSO_4$，强电解质的稀溶液的电导率与浓度呈线性关系。假如 α 为基底（实验用水）的电导率，β、γ 分别为

H_2SO_4 和 $MgSO_4$ 电导率与浓度的线性关系系数，则

$$\sigma_{H_2SO_4} = \alpha + \beta C_{H_2SO_4}$$

$$\sigma_{Mg_2SO_4} = \alpha + \gamma C_{Mg_2SO_4}$$

反应溶液总的电导率为

$$\sigma = \alpha + \beta C_{H_2SO_4} + \gamma C_{Mg_2SO_4}$$

$$Mg(S) + H_2SO_4(aq) \rightleftharpoons MgSO_4(aq) + H_2(g)$$

t_0	c_0	0
t	c_t	c_0-c_t
t_{end}	0	c_0

$$\begin{cases} t_0 & \sigma_0 = \alpha + \beta c_0 \\ t & \sigma_t = \alpha + \beta c_t + \gamma(c_0 - c_t) \\ t_{end} & \sigma_{end} = \alpha + \gamma c_0 \end{cases} \Rightarrow \begin{cases} c_0 = \dfrac{\sigma_0 - \sigma_{end}}{\beta - \gamma} \\ c_t = \dfrac{\sigma_t - \sigma_{end}}{\beta - \gamma} \end{cases}$$

代入式(6-19)得

$$\ln(\sigma_t - \sigma_{end}) = -kt + \ln(\sigma_0 - \sigma_{end})$$

因此，只要测得了不同反应时间 t 及反应前后溶液的电导率 σ_t、σ_0、σ_{end}，以 $\ln(\sigma_t - \sigma_{end})$ 对反应时间 t 作图，根据拟合曲线的斜率即可求出反应速率常数 k。

根据 Arrhenius 公式，反应速率常数与反应温度间有如下关系，即

$$\lg k = -\frac{E_a}{2.303RT} + C$$

式中：E_a 为反应活化能；R 为摩尔气体常数($8.314 J \cdot mol \cdot K^{-1}$)；$C$ 为经验常数($C = 2.303 \lg A$，这里的 A 就是指式(1-30)中提到的 A)，只要通过实验测出不同温度 T 时的反应速率常数 k 值，再以 $\lg k$ 对 $\dfrac{1}{T}$ 做图就可以通过直线的斜率 $-\dfrac{E_a}{2.303RT}$ 计算出反应的活化能 E_a，当然，也可直接利用下式求出，即

$$\lg \frac{k_2}{k_1} = \frac{E_a}{2.303RT}\left(\frac{T_2 - T_1}{T_1 T_2}\right)$$

【仪器与试剂】

(1) 仪器：电导率仪、恒温槽、磁力搅拌器、秒表、量筒、烧杯(100mL)。

(2) 试剂：镁条、稀硫酸。

【实验步骤】

(1) 反应速率常数的测定。将恒温槽的温度调至(30.0±0.1)℃，在洁净干燥的 100mL 烧杯中，加入 25mL 稀硫酸溶液，将烧杯放入恒温槽中预热，将电导

率仪电极插入稀硫酸溶液中并固定好,开启磁力搅拌。将打磨、清洁、卷曲好的镁条投入已恒温的稀硫酸溶液中同时按下秒表计时,每隔30s记录一次溶液的电导率值,直至电导率基本保持恒定为止。

根据不同时间溶液的电导率值及体系初始和最终的电导率值作图,计算该温度下镁与稀硫酸反应的速率常数。

(2)反应活化能的测定。

将恒温槽的温度分别调整至35℃和40℃,重复上述实验,得到不同温度下的反应速率常数,计算反应活化能和指前因子。

【数据记录与处理】

(1)将t、σ_t、$\sigma_t-\sigma_{end}$数据列表。

(2)以$\ln(\sigma_t-\sigma_{end})$对反应时间$t$作图,根据拟合曲线的斜率求不同温度下的反应速率常数k。

(3)根据不同温度T时反应速率常数k值,以$\lg k$对$\frac{1}{T}$作图,通过直线的斜率$\frac{-E_a}{2.303RT}$计算出反应的活化能E_a。

【思考题】

1. 影响反应速率的因素有哪些?
2. 以下因素对实验结果有什么影响?
(1)镁条未打磨干净,残留氧化镁。
(2)稀硫酸的浓度和体积不准确。
(3)电导电极表面有气泡。

6.3　化学平衡实验

实验六:污水的处理及水质检测(设计性)

【实验背景】

水是生命之源。随着现代工农业的发展和城市化进程的推进,水资源紧缺、水资源浪费以及水体污染已成为人类面临的最重要的环境问题之一。工业、农业、生活污水大量排入水体,军事活动、军工生产、军品的使用、报废处理过程中同样会产生大量的有害废水,造成了水体的严重污染。因此,污水的处理及回用成为解决水资源问题的重要手段。

野外活动作业时,需要方便快捷地得到可供饮用的净水,野营多功能净水车、单兵净水器等净水装置就显得极为重要,其原理是利用微滤膜或超滤膜过滤掉水体中的微生物和悬浮物,并过滤掉绝大多数(微滤)或几乎全部(超滤)的其他离子,得到可满足不同需求的、较为纯净的水。

污水中所含的污染物质主要包括固体悬浮物、致病微生物、无机污染物和有机污染物几大类。污水的处理方法包括化学法、物理法和生物法等,化学法包括中和法、氧化还原法、萃取法、吸附过滤法和离子交换法等。本实验拟通过化学法对污水进行处理,进而探索化学平衡原理在污水处理中的应用。

【目的和要求】

(1) 学员查阅相关文献资料,了解污水的成分及其净化处理方法。

(2) 结合实验室现有仪器设备条件,设计切实可行的污水处理方案以及水质检测方案。

(3) 配制模拟污水样品,按照方案对模拟污水进行处理,对处理水的纯度和杂质离子进行检测,评价方案的可行性。

方案应该包括以下几方面:
① 实验原理及注意事项。
② 所需仪器试剂。
③ 操作步骤(包括所需物品的前处理、试剂的配制方法等)。
④ 数据记录及误差分析。

实验七:纯水的制备及检验(设计性)

【实验背景】

天然水因含有多种杂质,一般在科学实验及工业生产中应用较少。天然水经初步处理后得到的自来水,较为纯净,但含有较多的可溶性杂质。自来水中的主要杂质离子为 Ca^{2+} 和 Mg^{2+} 离子,另外还有微量的 Fe^{3+}、Al^{3+} 等离子,Ca^{2+}、Mg^{2+} 离子含量远比其他几种离子的含量高,通常把 Ca^{2+}、Mg^{2+} 离子含量较多的水称为硬水,将 Ca^{2+}、Mg^{2+} 离子含量很低或几乎不含的水称为软水。工业生产及科学研究对水质要求较高,因此,通常要采用物理或化学方法对自来水中的杂质离子进行去除。纯水的制备方法有蒸馏法、离子交换法、电渗析法和反渗透法等,本实验拟利用市供自来水制备纯净水,同时研究化学平衡原理在纯水制备中的应用。

【目的和要求】

(1) 学员查阅相关文献资料,了解纯水的多种制备方法。

(2) 结合实验室现有仪器设备条件,设计切实可行的纯水制备方案以及纯水水质检测方案。

(3) 按照方案制备出纯水,对所制备纯水的纯度和杂质离子进行检测,评价方案的可行性。

方案应该包括以下几方面:
(1) 实验原理及注意事项。
(2) 所需仪器试剂。
(3) 操作步骤(包括所需物品的前处理、试剂的配制方法等)。
(4) 数据记录及误差分析。

6.4 电化学实验

实验八:金属的电化学防腐及极化曲线的绘制(综合性)

【实验目的】
(1) 了解金属腐蚀的原理及腐蚀电池的形成。
(2) 掌握三电极体系测量的基本原理和恒电位仪的使用方法。
(3) 绘制腐蚀极化曲线(电压-电流关系曲线),掌握极化曲线在金属防护中的应用。

【实验原理】
当金属与周围介质相接触时,由于发生了化学作用或电化学作用而引起破坏,这种现象称为金属的腐蚀。金属的腐蚀分为化学腐蚀和电化学腐蚀两大类,金属与周围介质直接发生化学反应,单纯由化学作用引起的腐蚀称为化学腐蚀,这是金属与周围介质直接发生的化学反应,其特点是腐蚀过程中无电流产生,这类腐蚀可采用覆盖层保护法加以防护;当金属与电解质溶液接触,发生电化学作用而引起的腐蚀称为电化学腐蚀,其特点是形成了具有腐蚀性的原电池,在腐蚀过程中有电流产生,这类腐蚀可采用阴极保护法或阳极保护法加以防护。

阴极保护法是使被保护的金属作为腐蚀电池的阴极,可通过两种方式实现:一种是用较活泼的金属与被保护金属连接,较活泼金属作为腐蚀电池的阳极而被腐蚀,阴极得到保护(牺牲阳极的阴极保护法);另一种方法是利用外加电流,将被保护的金属与外电源的负极相连,变为阴极,废钢等作阳极,阴极得到保护,称为外加电流的阴极保护法。

阳极保护法一般采用电化学钝化的方式进行,将被保护金属作为电解池的阳极,插入一定的介质中使之氧化,随着阳极电势的不断提高,电流密度逐步攀升,极化越来越严重,当电势增加到一定程度时,电流密度突然下降为零,这时金属进入钝化区,耐腐蚀性能得到很大的提高。

1. 极化现象与极化曲线

为了探索电极过程机理及影响电极过程的各种因素,必须对电极过程进行研究,其中极化曲线的测定是重要方法之一。在研究可逆电池的电动势和电池反应时,电极上几乎没有电流通过,每个电极反应都是在接近于平衡状态下进行的,因此,电极反应是可逆的。但当有电流明显的通过电极时,电极的平衡状态被破坏,电极电势偏离平衡值,电极反应处于不可逆状态,而且随着电极上电流密度的增加,电极反应的不可逆程度也随之增大。由于电流通过电极而导致电极电势偏离平衡值的现象称为电极的极化,描述电流密度与电极电势之间的关系曲线称为极化曲线,如图6-4所示。

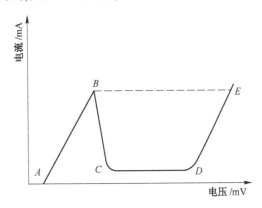

图 6-4 极化曲线

A-B—活性溶解区;B—临界钝化点;
B-C—过度钝化区;C-D—稳定钝化区;D-E—超钝化区。

金属的阳极过程是指金属作为阳极时在一定的外电势下发生的阳极溶解过程,即

$$M \longrightarrow M^{n+} + ne^-$$

此过程只有在电极电势正于其热力学电势时才能发生。阳极的溶解速度随电势变正而逐渐增大,这是正常的阳极溶出,但当阳极电势正到某一数值时,其溶解速度达到最大值,此后阳极溶解速度随电势变正而大幅度降低,这种现象称为金属的钝化现象。

图 6-4 中曲线表明,从 A 点开始,随着电势向正方向移动,电流密度随之增加,电势超过 B 点后,电流密度随电势增加迅速减至最小,这是因为在金属表面产生了一层电阻高、耐腐蚀的钝化膜。B 点对应的电势称为临界钝化电势,对应的电流称为临界钝化电流。电势达到 C 点以后,随着电势的继续增加,电流却保持在一个基本不变的很小数值上,该电流称为维钝电流,直至电势升至 D 点,

电流才又随着电势的上升而增大,表示阳极又发生了氧化过程,可能是高价离子产生,也可能是水分子放电析出氧气,DE 段称为超钝化区。

2. 极化曲线的测定

(1) 恒电位法。恒电位法就是将研究电极依次恒定在不同的电位数值上,然后,测定对应于各电位下的电流。极化曲线的测量应尽可能接近体系稳态。在实际测量中,常用的控制电位测量方法有以下两种:

① 静态法。将电极电势恒定在某一数值,测定相应的稳定电流值。如此逐点地测量一系列各个电极电势下的稳定电流值,以获得完整的极化曲线。对某些体系,达到稳态可能需要很长时间,为了节省时间,提高测量重现性,往往人们自行规定每次电势恒定时间。

② 动态法。控制电极电势以较慢的速度连续地改变(扫描),并测量对应电位下的瞬时电流值,以瞬时电流与对应的电极电势作图,获得整个的极化曲线。一般来说,电极表面建立稳态的速度越慢,则电位扫描速度也应该越慢。因此对不同的电极体系,扫描速度也不相同。为测得稳态极化曲线,通常依次减小扫描速度测定若干条极化曲线,当测至极化曲线不再有明显变化时,可确定此扫描速度下测得的极化曲线即为稳态极化曲线。

(2) 恒电流法。恒电流法就是控制研究电极上的电流密度依次恒定在不同的数值下,同时测定相应的稳定电极电势。采用恒电流法测定极化曲线时,由于种种原因,给定电流后,电极电势往往不能立即达到稳态,不同的体系,电势趋于稳态所需要的时间也不相同,因此,在实际测量时,一般电势接近稳定即可读数。

【仪器与试剂】

(1) 仪器:恒电位仪、饱和甘汞电极、碳钢电极、铂电极、三室电解槽。

(2) 试剂:$(NH_4)_2CO_3(2mol \cdot L^{-1})$、丙酮溶液。

【实验步骤】

(1) 碳钢预处理。分别用 6# 和 2# 金相砂纸将碳钢研究电极打磨至镜面光亮,面积固定为 $1cm^2$,然后在丙酮中除油。打磨时,工作电极一定要平磨。

(2) 线性电位扫描法测定极化曲线。仪器开启前,"工作电源"置于"关"状态。插上电源,打开恒电位仪电源开关,开启计算机,单击"打开电化学工作站"按钮。在电解池中,倒入约 40mL 的碳酸铵电解溶液,依次将处理好的碳钢电极、饱和甘汞电极(参比电极)和铂电极按照仪器上的指示依次连接好。

在电化学工作站的界面上选择实验技术为线性电位扫描,设定参数,扫描线性范围设定为 0.2~1V。单击"开始"按钮,仪器自动记录电流-电势曲线。

实验完成,依次拆除电极,洗净电解池和各个电极。将仪器中记录的电流-

电极电势曲线转化为文本格式后导出,用于进行数据处理。

【数据记录与处理】

(1) 对线性电位扫描法测试的数据进行处理。

(2) 以电极电势为横坐标、电流密度为纵坐标作图,得到极化曲线。

(3) 讨论所得实验结果及曲线的意义,指出钝化曲线中的活性溶解区,过度钝化区,稳定钝化区,超钝化区。

【注意事项】

(1) 按照实验要求,严格进行电极处理。

(2) 将研究电极置于电解槽时,要注意工作电极与参比电极之间的距离每次应保持一致,研究电极与参比电极应尽量靠近。

【思考题】

1. 用线性电位扫描法测定极化曲线时,为什么要使用比较慢的扫描速度,说明原因。

2. 测定阳极钝化曲线为什么要用恒电位法?

实验九:原电池电动势的测定(综合性)

【实验目的】

(1) 掌握电位差计的测量原理和测定电池电动势的方法。

(2) 了解可逆电池、可逆电极、盐桥等概念。

(3) 测定 Cu-Zn 原电池的电动势及 Cu/Cu^{2+}、Zn/Zn^{2+} 电极的标准电极电势。

【实验原理】

1. 对消法测电动势的原理

电池电动势不能直接用伏特计测量,因为电池与伏特计连接后有电流通过,就会在电极上发生电极极化,结果使电极偏离平衡状态。另外,电池本身有内阻,所以伏特计所量得的仅是不可逆电池的端电压。测量电池电动势只能在无电流通过电池的情况下进行,因此,需用对消法(又称补偿法)测定电动势。对消法的原理是在待测电池上并联一个大小相等、方向相反的外加电势差,这样待测电池中没有电流通过,外加电势差的大小即等于待测电池的电动势。对消法测电动势常用的仪器为电位差计,其简单原理如图 6-5 所示。电位差计由 3 个回路组成:工作电流回路、标准回路和测量回路。

(1) 工作电流回路。ac 为均匀滑线电阻,通过可变电阻 R 与工作电源 E 构成回路,其作用是调节可变电阻 R,使流过回路的电流成为某一定值。这样 ac 上有一定的电位降低产生,工作电源 E 可用蓄电池或稳压电源,其输出电压必

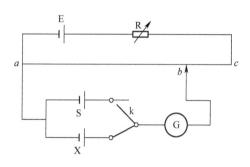

图 6-5 对消法测电动势图

须大于待测电池的电动势。

(2) 标准回路。S 为电动势精确已知的标准电池,b 是可在 ac 上移动的接触点,k 是双向开关,kb 间有一灵敏度很高的检流计 G,当 k 扳向 S 一方时,ab_1GS 回路的作用是校准工作回路以标定 ac 上的电位降。如标准电池 S 的电动势为 1.01865V,则先将 b 点移动到 ac 上标记 1.01865 伏的 b_1 处,迅速调节 R 直至 G 中无电流通过。这时,S 的电动势与 ab_1 之间的电位降大小相等、方向相反而对消。

(3) 测量回路。当双向开关 k 换向 X 的一方时,用 ab_2GX 回路根据校正好的 ac 上的电位降测量未知电池的电动势。在保证校准工作电流不变的情况下,在 ac 上迅速移动到 b_2 点,使 G 中无电流通过,这时,X 的电动势与 ab_2 间的电位的电位降大小相等、方向相反而对消,于是,b_2 点所标记的电位降为 X 的电动势。由于使用过程中电流的电压会有所变化,要求每次测量前均重新校准工作回路的电流。

2. 电极电势的测定原理

电池是由 2 个半电池组成的。电池电动势是两电极的代数和。当电势都以还原电势表示时,$E = \varphi_+ - \varphi_-$。

以丹尼尔电池为例,有
$$Zn|Zn^{2+}(c_1)||Cu^{2+}(c_2)|Cu$$

负极反应为
$$Zn \longrightarrow Zn^{2+} + 2e^-$$
$$\varphi_- = \varphi^{\ominus}(Zn^{2+}/Zn) - \frac{RT}{2F}\ln\frac{1}{c(Zn^{2+})}$$

正极反应为
$$Cu^{2+} + 2e^- \longrightarrow Cu$$
$$\varphi_+ = \varphi^{\ominus}(Cu^{2+}/Cu) - \frac{RT}{2F}\ln\frac{1}{c(Cu^{2+})}$$

电池反应为

$$Zn + Cu^{2+} \longrightarrow Cu + Zn^{2+}$$

$$E = E^{\ominus} - \frac{RT}{2F}\ln\frac{c(Zn^{2+})}{c(Cu^{2+})}$$

在电化学中,电极电势的绝对值至今无法测定,在实际测测量中是以某一电极的电极电势作为零标准,然后将其他的电极(被研究电极)与它组成电池,测量其间的电动势,则该电动势即为该被测电极的电极电动势。通常将氢电极在氢气压力为101325Pa,溶液中氢离子浓度为1mol·L^{-1}时的电极电势规定为0V,即$\varphi^{\ominus}_{H^+/H_2}$,称为标准氢电极,然后与其他被测电极进行比较。

由于氢电极使用不方便,常用另外一些易制备、电极电势稳定的电极作为参比电极,常用的参比电极有甘汞电极。

【仪器与试剂】

(1) 仪器:SDC-Ⅲ电位差计、电镀装置、标准电池、精密温差仪、饱和甘汞电极、锌电极、铜电极、电极管、电极架、小烧杯、导线。

(2) 试剂:0.1000mol·L^{-1} ZnSO$_4$、0.1000mol·L^{-1} CuSO$_4$、0.0100mol·L^{-1} CuSO$_4$、饱和KCl溶液(盐桥)、饱和硝酸亚汞溶液、6mol·L^{-1}的硝酸溶液、镀铜溶液。

【实验步骤】

1. 电极的制备

(1) 锌电极的制备。用抛光砂纸将锌电极表面打磨光滑,然后用自来水冲洗,用滤纸擦干,再浸入饱和硝酸亚汞溶液中3~5 s,使锌电极表面有一层均匀的汞齐,取出后用蒸馏水洗净,滤纸擦拭。

(2) 铜电极的制备。将铜电极在6mol·L^{-1}的硝酸溶液中浸泡片刻,取出洗净,擦干,打磨干净,将铜电极置于电镀烧杯中作为阴极,另取一个未经清洁处理的铜棒(简单打磨,除掉表面的铜绿后)作阳极,进行电镀,电流密度控制在20mA·cm^{-2}为宜。其电镀装置如图6-6所示。电镀半小时,使铜电极表面有一层均匀的新鲜铜,洗净后放入0.1000mol·L^{-1}CuSO$_4$中备用。

2. 电池组合

将饱和KCl溶液注入50mL的小烧杯内,制盐桥,再将制备的锌电极和铜电极置于小烧杯内,即成Cu-Zn电池,即

$(-)Zn(s)|ZnSO_4(0.1000mol·L^{-1})||CuSO_4(0.1000mol·L^{-1})|Cu(s)(+)$

电池装置如图6-7所示。

同法组成下列电池,即

$(-)Cu(s)|CuSO_4(0.01000mol·L^{-1})||CuSO_4(0.1000mol·L^{-1})|Cu(s)(+)$

$(-)Zn(s)|ZnSO_4(0.1000mol·L^{-1})||KCl(饱和)|Hg_2Cl_2(s)|Hg(l)(+)$

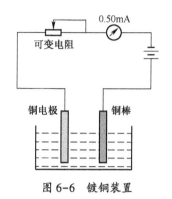

图 6-6 镀铜装置

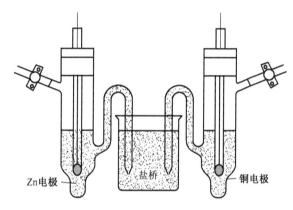

图 6-7 铜锌电池装置示意图

$(-)\mathrm{Hg}(l)|\mathrm{Hg}_2\mathrm{Cl}_2(s)|\mathrm{KCl}(饱和)||\mathrm{CuSO}_4(0.1000\mathrm{mol\cdot L}^{-1})|\mathrm{Cu}(s)(+)$

3. 电动势的测定

按照电位差计电路图(图6-5),接好电动势测量线路。根据标准电池的温度系数,计算实验温度下的标准电池电动势,以此对电位差计进行标定,分别测定以上电池的电动势。

4. 电位差计的使用方法

(1) 开机。用电源线将仪表后面板的电源插座与~220V电源连接,打开电源开关(ON),预热15min。

(2) 以内标或外标为基准进行测量。

① 将被测电池按"+、-"极性与测量端子对应连接好。

② 采用"内标"校验时,将"测量选择"置于"内标"位置,将100位旋置于1,其余旋钮和补偿旋钮逆时针旋到底,此时,"电位指标"显示为"1.00000V",待检零指示数值稳定后,按下"采零"键,此时,检零指示应显示为"0000"。

③ 采用"外标"检验时,将外标电池的"+、-"极性按极性与"外标"端子接

好,将"测量选择"置于"外标",调节"100~10⁻⁴"和补偿电位器,使"电位指示"数值与外标电池数值相同,待"检零指示"数值稳定之后,按下"采零"键,此时,"检零指示"为"0000"。

④ 仪器用"内标"或"外标",检验完毕后将被测电池按"+、-"极性与"测量"端子接好,将"测量选择"置于"测量",将"补偿"电位器逆时针旋到底,调节"100~10⁻⁴"5个旋钮,使"检零指示"为"—",且绝对值最小时,再调节补偿电位器,使"检零指示"为"0000",此时,"电位指示"数值即为被测电动势的大小。

(3) 关机。首先关闭电源开关(OFF),然后拔下电源线。

【数据记录与处理】

(1) 记录各电池电动势的测量值

电 池 符 号	电动势值/V			
	1	2	3	平均
$(-)Zn(s)\|ZnSO_4(0.1000mol \cdot L^{-1})\|\|CuSO_4(0.1000mol \cdot L^{-1})\|Cu(s)(+)$				
$(-)Cu(s)\|CuSO_4(0.01000mol \cdot L^{-1})\|\|CuSO_4(0.1000mol \cdot L^{-1})\|Cu(s)(+)$				
$(-)Zn(s)\|ZnSO_4(0.1000mol \cdot L^{-1})\|\|KCl(饱和)\|Hg_2Cl_2(s)\|Hg(l)(+)$				
$(-)Hg(l)\|Hg_2Cl_2(s)\|KCl(饱和)\|\|CuSO_4(0.1000mol \cdot L^{-1})\|Cu(s)(+)$				

(2) 根据饱和甘汞电极的电极电势温度校正公式,计算实验温度时饱和甘汞电极的电极电势,即

$$\varphi_{饱和甘汞} = 0.2415 - 7.61 \times 10^{-4}(T - 298)$$

(3) 计算铜、锌电极的标准电极电势并与理论值比较,计算相对误差。

【注意事项】

(1) 半电池管和小烧杯必须清洗干净,实验前先检查半电池管是否漏气。

(2) 制作半电池以及将半电池插入盐桥时,注意不要进入气泡。

(3) 甘汞电极使用时请将电极帽取下,用完后用氯化钾溶液浸泡。

【思考题】

1. 对消法测定电池电动势的原理是什么?

2. 盐桥的选择原则和作用是什么?

3. 参比电极应具备什么条件?它有什么作用?

附　　录

附表1　本书常用的符号[①]

符　号	意　义	符　号	意　义
g	气体或蒸气	$\Delta_r H_m^\ominus$	反应的标准摩尔焓变
l	液体	$\Delta_f G_m^\ominus$	物质的标准摩尔生成吉布斯自由能(标准生成吉布斯函数)
s	固体		
aq	水溶液		
r	一般化学反应	$\Delta_r G_m^\ominus$	反应的标准摩尔吉布斯自由能变(标准摩尔吉布斯函数变)
$S_m^\ominus$	物质的标准摩尔熵		
$\Delta_r S_m^\ominus$	反应的标准摩尔熵变		
$\Delta_f H_m^\ominus$	物质的标准摩尔生成焓	$\varphi_m^\ominus$	标准电极电势
		$E_m^\ominus = -\Delta_r G_m^\ominus/zF$ $= (RT/zF)\ln K^\ominus$	标准电动势,电化学电池反应的标准电势

[①] 根据国际纯粹与应用化学协会(IUPAC)推荐

附表2　国际单位制的基本单位

量 的 名 称	单 位 名 称	单 位 符 号
长度	米	m
质量	千克(公斤)	kg
时间	秒	s
电流	安[培]	A
热力学温度	开[尔文]	K
物质的量	摩[尔]	mol
发光强度	坎[德拉]	cd

附表3 国际单位制中具有专门名称的导出单位

量的名称	单位名称	单位符号	其他表示示例
频率	赫[兹]	Hz	s^{-1}
力;重力	牛[顿]	N	$kg \cdot m \cdot s^{-2}$
压力,压强;应力	帕[斯卡]	Pa	$N \cdot m^{-2}$
能量;功;热	焦[耳]	J	$N \cdot m$
功率;辐射通量	瓦[特]	W	$J \cdot s^{-1}$
电荷量	库[仑]	C	$A \cdot s$
电位;电压;电动势	伏[特]	V	$W \cdot A^{-1}$
电容	法[拉]	F	$C \cdot V^{-1}$
电阻	欧[姆]	Ω	$V \cdot A^{-1}$
电导	西[门子]	S	$A \cdot V^{-1}$
磁通量	韦[伯]	Wb	$V \cdot s$
磁通量密度,磁感应强度	特[斯拉]	T	$Wb \cdot m^{-2}$
电感	亨[利]	H	$Wb \cdot A^{-1}$
摄氏温度	摄氏度	℃	
光通量	流[明]	lm	$cd \cdot sr$
光照度	勒[克斯]	lx	$lm \cdot m^{-2}$
放射性活度	贝可[勒尔]	Bq	s^{-1}
吸收剂量	戈[瑞]	Gy	$J \cdot kg^{-1}$
剂量当量	希[沃特]	Sv	$J \cdot kg^{-1}$

附表4 用于构成十进倍数和分数单位的词头

所表示的因数	词头名称	词头符号
10^{18}	艾[可萨]	E
10^{15}	拍[它]	P
10^{12}	太[拉]	T
10^{9}	吉[咖]	G

(续)

所表示的因数	词 头 名 称	词 头 符 号
10^6	兆	M
10^3	千	k
10^2	百	h
10^1	十	da
10^{-1}	分	d
10^{-2}	厘	c
10^{-3}	毫	m
10^{-5}	微	μ
10^{-9}	纳[诺]	n
10^{-12}	皮[可]	p
10^{-15}	飞[母托]	f
10^{-18}	阿[托]	a

附表5 一些基本物理常数

物 理 量	符号	值
真空中的光速	C_0	299792458 m·s^{-1}(准确值)
元电荷	E	$1.60217733(49) \times 10^{-19}$ C
原子质量常数(统一的原子质量单位)	$m_u = 1u$	$1.6605402(10) \times 10^{-27}$ kg
质子静止质量	m_p	$1.6726231(10) \times 10^{-27}$ kg
中子静止质量	m_n	$1.6749286(10) \times 10^{-27}$ kg
电子静止质量	m_e	$9.1093897(54) \times 10^{-31}$ kg
玻尔(Bohr)半径	a_o	$5.29177249(24) \times 10^{-11}$ m
理想气体的摩尔体积($P=100$ kPa, $t=0$ ℃)		$22.71108(19)$ L·mol^{-1}
摩尔体积①	V_m	在 273.15K 和 101.325kPa 时,理想气体的摩尔体积为 $0.02241440 \pm 0.000000191$ m^3·mol^{-1}
摩尔气体常数	R	$8.314510(70)$ J·K^{-1}·mol^{-1}
摄氏温标的零点		273.15K(准确值)
标准大气压	atm	101325Pa(准确值)

(续)

物 理 量	符号	值
阿伏伽德罗(Avogadro)常数	L, N_A	$6.0221367(36) \times 10^{23} \text{mol}^{-1}$
法拉第(Faraday)常数	F	$9.6485309(29) \times 10^4 \text{C} \cdot \text{mol}^{-1}$
玻尔兹曼(Boltzmannn)常数	k	$1.380658(12) \times 10^{-23} \text{J} \cdot \text{K}^{-1}$
普朗克(Planck)常数	h	$6.6260755(40) \times 10^{-34} \text{J} \cdot \text{S}$
里得堡(Pydberg)常数	R_∞	$1.0973731534(13) \times 10^7 \text{m}^{-1}$
真空电容率	ε_0	$8.854187816\cdots \times 10^{-12} \text{F} \cdot \text{m}^{-1}$
玻尔(Bohr)磁子	μ_B	$9.2740154(31) \times 10^{-24} \text{J} \cdot \text{T}^{-1}$

① 来自 GB 3102.8—93,《物理化学和分子物理学的量和单位》。
注:本表的数据来自国际纯粹与应用化学联合会(IUPAC)《物理化学中的量单位和符号》,刘天和译,1992年9月,中国标准出版社

附表6 常用单位换算

$1\text{Å} = 10^{-10}\text{m}$	$1\text{mL} = 1\text{cm}^3 = 10^{-3}\text{dm}^3 = 10^{-6}\text{m}^3$
$1\text{atm} = 1.01325 \times 10^5 \text{Pa}$	$1\text{L} \cdot \text{atm} = 101.325\text{J}$
$760\text{mmHg} = 1.01325 \times 10^5 \text{Pa}(0\text{℃})$	$1\text{mol} \cdot \text{L}^{-1} = 10^3 \text{mol} \cdot \text{m}^{-3}$
$1\text{cal} = 4.184\text{J}$	$0.08206 \text{atm} \cdot \text{L} \cdot \text{mol}^{-1} \cdot \text{K}^{-1} = 8.315 \text{J} \cdot \text{mol}^{-1} \cdot \text{K}^{-1}$
$0\text{℃} = 273.15\text{K}$	$1\text{eV} = 1.60218 \times 10^{-19} \text{J}$

附表7 不同温度下水的蒸汽压(p^*/Pa)

$t/℃$	0	0.2	0.4	0.6	0.8	$t/℃$	0	0.2	0.4	0.6	0.8
-13	225.45	221.98	218.25	214.78	211.32	-6	390.77	384.90	379.03	373.30	367.57
-12	244.51	240.51	236.78	233.05	229.31	-5	421.70	415.30	409.17	402.90	396.77
-11	264.91	260.64	256.51	252.38	248.38	-4	454.63	447.83	441.16	434.50	428.10
-10	286.51	282.11	277.84	273.31	269.04	-3	489.69	482.63	475.56	468.49	461.43
-9	310.11	305.17	300.51	295.84	291.18	-2	527.42	519.69	512.09	504.62	497.29
-8	335.17	329.97	324.91	319.84	314.91	-1	567.69	559.42	551.29	543.29	535.42
-7	361.97	356.50	351.04	345.70	340.37	0	610.48	601.68	593.02	584.62	575.95

(续)

t/℃	0	0.2	0.4	0.6	0.8	t/℃	0	0.2	0.4	0.6	0.8
0	610.48	619.35	628.61	637.95	647.28	32	4754.66	4808.66	4863.19	4918.38	4973.98
1	656.74	666.34	675.94	685.81	685.81	33	5030.11	5086.90	5144.10	5201.96	5260.49
2	705.81	716.94	726.20	736.60	747.27	34	5319.28	5378.74	5439.00	5499.67	5560.86
3	757.94	768.73	779.67	790.73	801.93	35	5622.86	5685.38	5748.44	5812.17	5876.57
4	713.40	824.86	836.46	848.33	860.33	36	5941.23	6006.69	6072.68	6139.48	6206.94
5	872.33	884.59	896.99	909.52	922.19	37	6275.07	6343.73	6413.05	6483.05	6553.71
6	934.99	948.05	961.12	974.45	988.05	38	6625.04	6696.90	6769.29	6842.49	6916.61
7	1001.65	1015.51	1029.51	1043.64	1058.04	39	6991.67	7067.22	7143.39	7220.19	7297.65
8	1072.58	1087.24	1102.17	1117.24	1132.44	40	7375.91	7454.0	7534.0	7614.0	7695.3
9	1147.77	1163.50	1179.23	1195.23	1211.36	41	7778.0	7860.7	7943.3	8028.7	8114.0
10	1227.76	1244.29	1260.96	1277.89	1295.09	42	8199.3	8284.6	8372.6	8460.6	8548.6
11	1312.42	1330.02	1347.75	1365.75	1383.88	43	8639.3	8729.9	8820.6	8913.9	9007.2
12	1402.28	1420.95	1439.74	1458.68	1477.87	44	9100.6	9195.2	9291.2	9387.2	9484.5
13	1497.34	1517.07	1536.94	1557.20	1577.60	45	9583.2	9681.8	9780.5	9881.8	9983.2
14	1598.13	1619.06	1640.13	1661.46	1683.06	46	10085.8	10189.8	10293.8	10399.1	10505.8
15	1704.92	1726.92	1749.32	1771.85	1794.65	47	10612.4	10720.4	10829.7	10939.1	11048.4
16	1817.71	1841.04	1864.77	1888.64	1912.77	48	11160.4	11273.7	11388.4	11503.0	11617.7
17	1937.17	1961.83	1986.90	2012.10	2037.69	49	11735.0	11852.3	11971.0	12091.0	12211.0
18	2063.42	2089.56	2115.95	2142.62	2169.42	50	12333.6	12465.6	12585.6	12705.6	12838.9
19	2196.75	2224.48	2252.34	2280.47	2309.00	51	12958.9	13092.2	13212.2	13345.5	13478.9
20	2337.80	2366.87	2396.33	2426.06	2456.06	52	13610.8	13745.5	13878.8	14012.1	14158.8
21	2486.46	2517.12	2548.18	2579.65	2611.38	53	14292.1	14425.4	14572.1	14718.7	14852.1
22	2643.38	2675.77	2708.57	2741.77	2775.10	54	15000.1	15145.4	15292.0	15438.7	15585.3
23	2808.83	2842.96	2877.49	2912.42	2947.75	55	15737.3	15878.7	16038.6	16198.6	16345.3
24	2983.35	3019.48	3056.01	3092.80	3129.37	56	16505.3	16665.3	16825.2	16985.2	17145.2
25	3167.20	3204.93	3243.19	3281.99	3321.32	57	17307.9	17465.2	17638.5	17798.5	17958.5
26	3360.91	3400.91	3441.31	3481.97	3523.27	58	18142.5	18305.1	18465.1	18651.7	18825.1
27	2564.90	3607.03	3649.56	3629.49	3735.82	59	19011.7	19185.0	19358.4	19545.0	19731.7
28	3779.55	3823.67	3868.34	3913.53	3959.26	60	19915.6	20091.6	20278.5	20464.9	20664.9
29	4005.39	4051.92	4098.98	4146.58	4194.44	61	20855.6	21038.2	21238.2	21438.2	21638.2
30	4242.84	4291.77	4341.10	4390.83	4441.22	62	21834.1	22024.8	22238.1	22438.1	22638.1
31	4492.28	4544.28	4595.74	4648.14	4701.07	63	22848.7	23051.4	23264.7	23478.0	23691.3

(续)

t/℃	0	0.2	0.4	0.6	0.8	t/℃	0	0.2	0.4	0.6	0.8
64	23906.0	24117.9	24331.3	24557.9	24771.2	83	53408.8	53835.4	54262.1	54688.7	55142.0
65	25003.2	25224.5	25451.2	25677.8	25904.5	84	55568.6	56021.9	56475.2	56901.8	57355.1
66	26143.1	26371.1	26597.7	26837.7	27077.7	85	57808.4	58261.7	58715.0	59195.0	59661.6
67	27325.7	27571.0	27811.0	28064.3	28304.3	86	60114.9	60581.5	61061.5	61541.4	62021.4
68	28553.6	28797.6	29064.2	29317.5	29570.8	87	62488.0	62981.3	63461.3	63967.9	64447.9
69	29328.1	30090.8	30357.4	30624.1	30890.7	88	64941.1	65461.1	65954.4	66461.0	66954.3
70	31157.4	31424.0	31690.6	31957.3	32237.3	89	67474.3	67994.2	68514.2	69034.1	69567.4
71	32517.2	32797.2	33090.5	33370.5	33650.5	90	70095.4	70630.0	71167.5	71708.0	72253.9
72	33943.8	34237.1	34580.4	34823.7	35117.0	91	72800.5	73351.1	73907.1	74464.3	75027.0
73	35423.7	35730.3	36023.6	36343.6	36636.9	92	75592.2	76161.5	76733.5	77309.4	77889.4
74	36956.9	37250.2	37570.1	37890.1	38210.1	93	78473.3	79059.9	79650.6	80245.2	80843.8
75	38543.4	38863.4	39196.7	39516.6	39836.6	94	81446.4	82051.7	82661.0	83274.3	83891.5
76	40183.3	40503.2	40849.9	41183.2	41516.5	95	84512.8	85138.1	85766.0	86399.3	87035.3
77	41876.4	42209.7	42556.4	42929.7	43276.3	96	87675.2	88319.2	88967.1	89619.0	90275.0
78	43636.3	43996.3	44369.0	44742.9	45089.6	97	90934.9	91597.5	92265.5	92938.8	93614.7
79	45462.8	45836.1	46209.4	46582.7	46956.0	98	94294.7	94978.6	95666.5	96358.5	97055.7
80	47342.6	47729.3	48129.2	48502.5	48902.5	99	97757.0	98462.3	99171.6	99884.8	100602.1
81	49289.1	49675.8	50075.7	50502.4	50902.3	100	101324.7	102051.3	102781.9	103516.5	104257.8
82	51315.6	51728.9	52155.6	52582.2	52982.2	101	105000.4	105748.3	106500.3	107257.5	108018.8

注:摘自:印永嘉主编.物理化学简明手册.北京:高等教育出版社,1988.132

附表8 某些物质的标准摩尔生成焓、标准摩尔生成吉布斯函数和标准摩尔熵

(标准态压强 $p^\ominus = 100\text{kPa}, 25℃$)

物 质	$\dfrac{\Delta_f H_m^\ominus}{(\text{kJ} \cdot \text{mol}^{-1})}$	$\dfrac{\Delta_f G_m^\ominus}{(\text{kJ} \cdot \text{mol}^{-1})}$	$\dfrac{S_m^\ominus}{(\text{J} \cdot \text{mol}^{-1} \cdot \text{K}^{-1})}$
Ag(s)	0	0	42.5
AgCl(s)	−127.07	−109.78	96.2
Ag$_2$O(s)	−31.0	−11.2	121
Al(s)	0	0	28.3

(续)

物　　质	$\Delta_f H_m^\ominus$ / (kJ·mol^{-1})	$\Delta_f G_m^\ominus$ / (kJ·mol^{-1})	$S_m^\ominus$ / (J·mol^{-1}·K^{-1})
Al_2O_3(α,刚玉)	-1676	-1582	50.92
Br_2(l)	0	0	152.23
Br_2(g)	30.91	3.11	245.46
HBr(g)	-36.4	53.45	198.70
Ca(s)	0	0	41.6
CaC_2(s)	-62.8	-67.8	70.3
$CaCO_3$(方解石)	-1206.8	-1128.8	92.9
CaO(s)	-635.09	-604.2	40
$Ca(OH)_2$(s)	-986.59	-896.69	76.1
C(石墨)	0	0	5.740
C(金刚石)	1.897	2.900	2.38
CO(g)	-110.52	-137.17	197.67
CO_2(g)	-393.51	-394.36	213.7
CS_2(l)	89.70	65.27	151.3
CS_2(g)	117.4	67.12	237.4
CCl_4(l)	-135.4	-65.20	216.4
CCl_4(g)	-103	-60.60	309.8
HCN(l)	108.9	124.9	112.8
HCN(g)	135	125	201.8
Cl_2(g)	0	0	223.07
Cl(g)	121.67	105.68	165.20
HCl(g)	-92.307	-95.299	186.91
Cu(s)	0	0	33.15
CuO(s)	-157	-130	42.63
Cu_2O(s)	-169	-146	93.14
F_2(g)	0	0	202.3
HF(g)	-271	-273	173.78
Fe(α)	0	0	27.3
$FeCl_2$(s)	-341.8	-302.3	117.9
$FeCl_3$(s)	-399.5	-334.1	142

(续)

物　　质	$\dfrac{\Delta_f H_m^\ominus}{(kJ \cdot mol^{-1})}$	$\dfrac{\Delta_f G_m^\ominus}{(kJ \cdot mol^{-1})}$	$\dfrac{S_m^\ominus}{(J \cdot mol^{-1} \cdot K^{-1})}$
FeO(s)	−272	—	—
Fe_2O_3(赤铁矿)	−824.2	−742.2	87.40
Fe_3O_4(磁铁矿)	−1118	−1015	146
$FeSO_4$(s)	−928.4	−820.8	108
H_2(g)	0	0	130.68
H(g)	217.97	203.24	114.71
H_2O(l)	−285.83	−237.18	69.91
H_2O(g)	−241.82	−228.57	188.83
I_2(s)	0	0	116.14
I_2(g)	62.438	19.33	260.7
I(g)	106.84	70.267	180.79
HI(g)	26.5	1.7	206.59
Mg(s)	0	0	32.5
$MgCl_2$(g)	−641.83	−592.3	89.5
MgO(s)	−601.83	−569.55	27
$Mg(OH)_2$(s)	−924.66	−833.68	63.14
Na(s)	0	0	51.0
Na_2CO_3(s)	−1131	−1048	136
$NaHCO_3$(s)	−947.7	−851.8	102
NaCl(s)	−411.0	−384.0	72.38
$NaNO_3$(s)	−466.68	−365.8	116
Na_2O(s)	−416	−377	72.8
NaOH(s)	−426.73	−379.1	—
Na_2SO_4(s)	−1384.5	−1266.7	149.5
N_2(g)	0	0	191.6
NH_3(g)	−46.11	−16.5	192.4
N_2H_4(l)	50.63	149.3	121.2
NO(g)	90.25	86.57	210.76
NO_2(g)	33.2	51.32	240.1

(续)

物　质	$\Delta_f H_m^\ominus$ /(kJ·mol^{-1})	$\Delta_f G_m^\ominus$ /(kJ·mol^{-1})	$S_m^\ominus$ /(J·mol^{-1}·K^{-1})
N$_2$O(g)	82.05	104.2	219.8
N$_2$O$_3$(g)	83.72	139.4	312.3
N$_2$O$_4$(g)	9.16	97.89	304.3
N$_2$O$_5$(g)	11	115	356
HNO$_3$(g)	-135.1	-74.72	266.4
HNO$_3$(l)	-173.2	-79.83	155.6
NH$_4$HCO$_3$(s)	-849.4	-666.0	121
O$_2$(g)	0	0	205.14
O(g)	249.17	231.73	161.06
O$_3$(g)	143	163	238.9
P(α,白磷)	0	0	41.1
P(红磷,三斜)	-18	-12	22.8
P$_4$(g)	58.91	24.5	280.0
PCl$_3$(g)	-287	-268	311.8
PCl$_5$(g)	-375	-305	364.6
POCl$_3$(g)	-588.48	-512.93	325.4
H$_3$PO$_4$(s)	-1279	-1119	110.5
S(正交)	0	0	31.8
S(g)	278.81	238.25	167.82
S$_8$(g)	102.3	49.63	430.98
H$_2$S(g)	-20.6	-33.6	205.8
SO$_2$(g)	-296.83	-300.19	248.2
SO$_3$(g)	-395.7	-371.1	256.7
H$_2$SO$_4$(l)	-813.989	-690.003	156.09
Si(s)	0	0	18.8
SiCl$_4$(l)	-687.0	619.83	240
SiCl$_4$(g)	-657.01	-616.98	330.7
SiH$_4$(g)	34	56.9	204.6
SiO$_2$(石英)	-910.94	-856.64	41.84

(续)

物 质	$\Delta_f H_m^\ominus$ (kJ·mol^{-1})	$\Delta_f G_m^\ominus$ (kJ·mol^{-1})	$S_m^\ominus$ (J·mol^{-1}·K^{-1})
SiO$_2$(s,无定形)	-903.49	-850.79	46.9
Zn(s)	0	0	41.6
ZnCO$_3$(s)	-394.4	-731.52	82.4
ZnCl$_2$(s)	-415.1	369.40	111.5
ZnO(s)	-348.3	-318.3	43.64
CH$_4$(g)甲烷	-74.81	-50.72	188.0
C$_2$H$_6$(g)乙烷	-84.68	-32.8	299.6
C$_3$H$_8$(g)丙烷	-103.8	-23.4	270.0
C$_4$H$_{10}$(g)正丁烷	-124.7	-15.6	310.1
C$_2$H$_4$(g)乙烯	52.26	68.15	219.6
C$_3$H$_6$(g)丙烯	20.4	62.79	267.0
C$_4$H$_8$(g)1-丁烯	1.17	72.15	307.5
C$_2$H$_2$(g)乙炔	226.7	209.2	200.9
C$_6$H$_6$(l)苯	48.66	123.1	—
C$_6$H$_6$(g)苯	82.93	129.8	269.3
C$_6$H$_5$CH$_3$(g)甲苯	50.00	122.4	319.8
CH$_3$OH(l)甲醇	-238.7	-166.3	127
CH$_3$OH(g)甲醇	-200.7	162.0	239.8
C$_2$H$_5$OH(l)乙醇	-277.7	-174.8	161
C$_2$H$_5$OH(g)乙醇	-235.1	-168.5	282.7
C$_4$H$_9$OH(l)正丁醇	-327.1	-163.0	228
C$_4$H$_9$OH(g)正丁醇	-274.7	-151.0	363.7
(CH$_3$)$_2$O(g)二甲醚	-184.1	-112.6	266.4
HCHO(g)甲醛	-117	-113	218.8
CH$_3$CHO(l)乙醛	-192.3	128.1	160
CH$_3$CHO(g)乙醛	-166.2	128.9	250
(CH$_3$)$_2$CO(l)丙酮	-248.2	-155.6	—
(CH$_3$)$_2$CO(g)丙酮	-216.7	-152.6	—
HCOOH(l)甲酸	-424.7	361.3	129.0

(续)

物　质	$\Delta_f H_m^\ominus$ / (kJ·mol^{-1})	$\Delta_f G_m^\ominus$ / (kJ·mol^{-1})	$S_m^\ominus$ / (J·mol^{-1}·K^{-1})
CH$_3$COOH(l) 乙酸	−484.5	−390	160
CH$_3$COOH(g) 乙酸	−432.2	−374	282
(CH$_2$)$_2$O(l) 环氧乙烷	−77.82	−11.7	153.8
(CH$_2$)$_2$O(g) 环氧乙烷	−52.63	−13.1	242.5
CHCl$_2$CH$_3$(l) 1,1-二氯乙烷	−160	−75.6	211.8
CHCl$_2$CH$_3$(g) 1,1-二氯乙烷	−129.4	−72.52	305.1
CH$_2$ClCH$_2$Cl(l) 1,2-二氯乙烷	−165.2	−79.52	208.5
CH$_2$ClCH$_2$Cl(g) 1,2-二氯乙烷	−129.8	−73.86	308.4
CCl$_2$=CH$_2$(l) 1,2-二氯乙烯	−24	24.5	201.5
CCl$_2$=CH$_2$(g) 1,1-二氯乙烯	2.4	25.1	289.0
CH$_3$NH$_2$(l) 甲胺	−47.3	36	150.2
CH$_3$NH$_2$(g) 甲胺	−23.0	32.2	243.4
(NH$_2$)$_2$CO(s) 尿素	−322.9	−196.7	104.6

附表 9　一些常见弱电解质在水溶液中的电离常数

电解质	电　离　平　衡	温度 $t/℃$	$K_a^\ominus$ 或 $K_b^\ominus$	p$K_a^\ominus$ 或 p$K_b^\ominus$
醋酸	HAc $\rightleftharpoons$ H$^+$+Ac$^-$	25	1.76×10^{-5}	4.75
硼酸	H$_3$BO$_3$+H$_2$O $\rightleftharpoons$ B(OH)$_4^-$+H$^+$	20	7.3×10^{-10}	9.14
碳酸	H$_2$CO$_3$ $\rightleftharpoons$ H$^+$+HCO$_3^-$	25	(K_1)4.30×10^{-7}	6.37
	HCO$_3^-$ $\rightleftharpoons$ H$^+$+CO$_3^{2-}$	25	(K_2)5.61×10^{-11}	10.25
氢氰酸	HCN $\rightleftharpoons$ H$^+$+CN$^-$	25	4.93×10^{-10}	9.31
氢硫酸	H$_2$S $\rightleftharpoons$ H$^+$+HS$^-$	18	(K_1)9.1×10^{-8}	7.04
	HS$^-$ $\rightleftharpoons$ H$^+$+S^{2-}	18	($K_2$1.1×10^{-12})	11.96
草酸	H$_2$C$_2$O$_4$ $\rightleftharpoons$ H$^+$+HC$_2$O$_4^-$	25	(K_1)5.90×10^{-2}	1.23
	HC$_2$O$_4^-$ $\rightleftharpoons$ H$^+$+C$_2$O$_4^{2-}$	25	(K_2)6.40×10^{-5}	4.19
蚁酸	HCOOH $\rightleftharpoons$ H$^+$+HCOO$^-$	20	1.77×10^{-4}	3.75

(续)

电解质	电离平衡	温度 $t/℃$	$K_a^\ominus$ 或 $K_b^\ominus$	$pK_a^\ominus$ 或 $pK_b^\ominus$
磷酸	$H_3PO_4 \rightleftharpoons H^+ + H_2PO_4^-$	25	$(K_1)7.52\times10^{-8}$	2.12
	$H_2PO_4^- \rightleftharpoons H^+ + HPO_4^{2-}$	25	$(K_2)6.23\times10^{-8}$	7.21
	$HPO_4^{2-} \rightleftharpoons H^+ + PO_4^{3-}$	25	$(K_3)2.2\times10^{-13}$	12.67
亚硫酸	$H_2SO_3 \rightleftharpoons H^+ + HSO_3^-$	18	$(K_1)1.54\times10^{-2}$	1.81
	$HSO_3^- \rightleftharpoons H^+ + SO_3^{2-}$	18	$(K_2)1.02\times10^{-7}$	6.91
亚硝酸	$HNO_2 \rightleftharpoons H^+ + NO_2^-$	12.5	4.6×10^{-4}	3.37
氢氟酸	$HF \rightleftharpoons H^+ + F^-$	25	3.53×10^{-4}	3.45
硅酸	$H_2SiO_3 \rightleftharpoons H^+ + HSiO_3^-$	（常温）	$(K_1)2\times10^{-10}$	9.70
	$HSiO_3^- \rightleftharpoons H^+ + SiO_3^{2-}$	（常温）	$(K_2)1\times10^{-12}$	12.00
氨水	$NH_3 + H_2O \rightleftharpoons NH_4^+ + OH^-$	25	1.77×10^{-5}	4.75

注：数据主要录自 David R. Lide. CRC Handbook of Chemistry and Physics. 71 th ed. 1990−1991, $pK_a = -\lg K_a$, $pK_b = -\lg K_b$。

附表 10 一些常见难溶物质的溶度积（298.15K）

难溶物质	分子式	温度 $t/℃$	$K_{sp}^\ominus$
氯化银	AgCl	25	1.77×10^{-10}
溴化银	AgBr	25	5.35×10^{-1}
碘化银	AgI	25	8.51×10^{-17}
氢氧化银	AgOH	20	1.52×10^{-8}
铬酸银	Ag_2CrO_4	14.8	1.12×10^{-12}
		25	9.0×10^{-12}
硫化银	Ag_2S	18	$6.69\times10^{-50}(\alpha 型)$
硫酸钡	$BaSO_4$	25	1.07×10^{-10}
碳酸钡	$BaCO_3$	25	2.58×10^{-9}
铬酸钡	$BaCrO_4$	18	1.17×10^{-10}
碳酸钙	$CaCO_3$	25	4.96×10^{-9}
硫酸钙	$CaSO_4$	25	7.10×10^{-9}
磷酸钙	$Ca_3(PO_4)_2$	25	2.07×10^{-33}

(续)

难溶物质	分子式	温度 $t/°C$	$K_{sp}^{\ominus}$
氢氧化铜	$Cu(OH)_2$	25	5.6×10^{-20}
硫化铜	CuS	18	1.27×10^{-36}
氢氧化铁	$Fe(OH)_3$	18	2.64×10^{-39}
氢氧化亚铁	$Fe(OH)_2$	18	4.87×10^{-17}
硫化亚铁	FeS	18	1.59×10^{-19}
碳酸镁	$MgCO_3$	12	6.82×10^{-6}
氢氧化镁	$Mg(OH)_2$	18	5.61×10^{-12}
二氢氧化锰	$Mn(OH)_2$	18	2.06×10^{-13}
硫化锰	MnS	18	4.65×10^{-14}
硫酸铅	$PbSO_4$	18	1.82×10^{-8}
硫化铅	PbS	18	9.04×10^{-27}
碘化铅	PbI_2	25	8.49×10^{-7}
碳酸铅	$PbCO_3$	18	1.46×10^{-13}
铬酸铅	$PbCrO_4$	18	1.77×10^{-14}
碳酸锌	$ZnCO_3$	18	1.19×10^{-10}
硫化锌	ZnS	18	2.93×10^{-29}
硫化镉	CdS	18	1.40×10^{-29}
硫化钴	CoS	18	3×10^{-26}
硫化汞	HgS	18	$4 \times 10^{-53} \sim 2 \times 10^{-49}$

注：数据主要录自 David R. Lide. CRC Handbook of Chemistry and Physics. 71 th ed. 1990–1991

附表 11　常见配离子的稳定常数

配离子	$K_f^{\ominus}$	配离子	$K_f^{\ominus}$
$[Cd(NH_3)_6]^{2+}$	1.4×10^5	$[Fe(C_2O_4)_3]^{4-}$	1.6×10^{20}
$[Co(NH_3)_6]^{2+}$	1.29×10^5	$[Ni(C_2O_4)_3]^{4-}$	约 3.2×10^8
$[Co(NH_3)_6]^{3+}$	1.59×10^{35}	$[CuI_2]^-$	7.08×10^8
$[Cu(NH_3)_2]^+$	7.24×10^{10}	$[PbI_4]^{2-}$	2.95×10^4
$[Cu(NH_3)_4]^{2+}$	2.09×10^{13}	$[HgI_4]^{2-}$	6.76×10^{29}

(续)

配离子	$K_f^\ominus$	配离子	$K_f^\ominus$
$[Ni(NH_3)_6]^{2+}$	$5.5×10^8$	$[AgI_2]^-$	$5.50×10^{11}$
$[Pt(NH_3)_6]^{2+}$	$1.59×10^{35}$	$[AlF_6]^{3-}$	$6.92×10^{19}$
$[Ag(NH_3)_2]^{2+}$	$1.1×10^7$	$[FeF_3]$	$1.15×10^{12}$
$[Zn(NH_3)_4]^{2+}$	$2.88×10^9$	$[Al(OH)_4]^-$	$1.07×10^{33}$
$[HgCl_4]^{2-}$	$1.17×10^{15}$	$[Cr(OH)_4]^-$	$7.9×10^{29}$
$[PtCl_4]^{2-}$	$1.0×10^{16}$	$[Cu(OH)_4]^{2-}$	$3.2×10^{18}$
$[AgCl_2]^-$	$1.1×10^5$	$[Zn(OH)_4]^{2-}$	$4.57×10^{17}$
$[Cd(CN)_4]^{2-}$	$5.75×10^{18}$	$[Cu(SCN)_2]^-$	$1.51×10^5$
$[Cu(CN)_4]^{2-}$	$2.00×10^{30}$	$[Hg(SCN)_4]^{2-}$	$1.70×10^{21}$
$[Hg(CN)_4]^{2-}$	$2.5×10^{41}$	$[Ag(SCN)_2]^-$	$1.20×10^9$
$[Ni(CN)_4]^{2-}$	$2.0×10^{31}$	$[Ag(py)_2]^+$	$2.24×10^4$
$[Ag(CN)_2]^-$	$5.01×10^{21}$	$[Cu(py)_2]^{2+}$	$3.47×10^6$
$[Fe(CN)_6]^{4-}$	$1×10^{35}$	$[Cu(S_2O_3)_2]^{3-}$	$1.66×10^{12}$
$[Fe(CN)_6]^{3-}$	$1.0×10^{42}$	$[Ag(S_2O_3)_2]^{3-}$	$2.89×10^{13}$
$[Zn(CN)_4]^{2-}$	$5.01×10^{16}$	$[Cu(P_2O_7)_2]^{6-}$	$1.0×10^9$
$[Ag(gly)_2]^+$	$7.76×10^6$	$[Ni(P_2O_7)_2]^{6-}$	$2.5×10^7$
$[Al(C_2O_4)_3]^{3-}$	$2.0×10^{16}$	$[Cu(acac)_2]^{2+}$	$2.19×10^{16}$
$[Co(C_2O_4)_3]^{4-}$	$5.10×10^9$	$[Zn(acac)_2]^{2+}$	$6.5×10^8$ (303K)

注: 数据摘自 J. A. Dean. Lange's Handbook of Chemistry - Tab 5-14, 5-15 13 th ed. 1985. 温度 293~298K;

2. 配体:gly—甘氨酸,py—吡啶,acac—乙酰丙酮

附表12 水溶液中一些常见氧化还原电对的标准电极电势

(标准态压强 $p^\ominus = 100kPa$)

电 对	电对平衡式 $A^{n+}+ze^- \rightleftharpoons A$	$\varphi^\ominus/V$
Li^+/Li	$Li^+(aq)+e^- \rightleftharpoons Li(s)$	-3.0401
K^+/K	$K^+(aq)+e^- \rightleftharpoons K(s)$	-2.931
Ba^{2+}/Ba	$Ba^{2+}(aq)+2e^- \rightleftharpoons Ba(s)$	-2.912
Ca^{2+}/Ca	$Ca^{2+}(aq)+2e^- \rightleftharpoons Ca(s)$	-2.868

(续)

电　　对	电对平衡式 $A^{n+}+ze^-\rightleftharpoons A$	$\varphi^{\ominus}/V$
Na^+/Na	$Na^+(aq)+e^-\rightleftharpoons Na(s)$	-2.71
Mg^{2+}/Mg	$Mg^{2+}(aq)+2e^-\rightleftharpoons Mg(s)$	-2.372
Al^{3+}/Al	$Al^{3+}(aq)+3e^-\rightleftharpoons Al(s)$	-1.662
Ti^{2+}/Ti	$Ti^{2+}(aq)+2e^-\rightleftharpoons Ti(s)$	-1.630
Mn^{2+}/Mn	$Mn^{2+}(aq)+2e^-\rightleftharpoons Mn(s)$	-1.185
Zn^{2+}/Zn	$Zn^{2+}(aq)+2e^-\rightleftharpoons Zn(s)$	-0.7618
Cr^{3+}/Cr	$Cr^{3+}(aq)+3e^-\rightleftharpoons Cr(s)$	-0.744
$Fe(OH)_3/Fe(OH)_2$	$Fe(OH)_3(s)+e^-\rightleftharpoons Fe(OH)_2(s)+OH^-(aq)$	-0.56
S/S^{2-}	$S(s)+2e^-\rightleftharpoons S^{2-}(aq)$	-0.4763
Cd^{2+}/Cd	$Cd^{2+}(aq)+2e^-\rightleftharpoons Cd(s)$	-0.403
$PbSO_4/Pb$	$PbSO_4(s)+2e^-\rightleftharpoons Pb(s)+SO_4^{2-}(aq)$	-0.3588
Co^{2+}/Co	$Co^{2+}(aq)+2e^-\rightleftharpoons Co(s)$	-0.28
H_3PO_4/H_3PO_3	$H_3PO_4(aq)+2H^+(aq)+2e^-\rightleftharpoons H_3PO_3(aq)+H_2O(l)$	-0.276
Ni^{2+}/Ni	$Ni^{2+}(aq)+2e^-\rightleftharpoons Ni(s)$	-0.257
AgI/Ag	$AgI(s)+e^-\rightleftharpoons Ag(s)+I^-(aq)$	-0.1522
Sn^{2+}/Sn	$Sn^{2+}(aq)+2e^-\rightleftharpoons Sn(s)$	-0.1375
Pb^{2+}/Pb	$Pb^{2+}(aq)+2e^-\rightleftharpoons Pb(s)$	-0.1262
H^+/H_2	$2H^+(aq)+2e^-\rightleftharpoons H_2(g)$	0
$AgBr/Ag$	$AgBr(s)+e^-\rightleftharpoons Ag(s)+Br^-(aq)$	0.071
Sn^{4+}/Sn^{2+}	$Sn^{4+}(aq)+2e^-\rightleftharpoons Sn^{2+}(aq)$	0.151
Cu^{2+}/Cu^+	$Cu^{2+}(aq)+e^-\rightleftharpoons Cu^+(aq)$	0.153
$AgCl/Ag$	$AgCl(s)+e^-\rightleftharpoons Ag(s)+Cl^-(aq)$	0.222
Hg_2Cl_2/Hg	$Hg_2Cl_2(s)+2e^-\rightleftharpoons 2Hg(l)+2Cl^-(aq)$	0.268
Cu^{2+}/Cu	$Cu^{2+}(aq)+2e^-\rightleftharpoons Cu(s)$	0.3419
$[Fe(CN)_6]^{3-}/[Fe(CN)_6]^{4-}$	$[Fe(CN)_6]^{3-}(aq)+e^-\rightleftharpoons [Fe(CN)_6]^{4-}(aq)$	0.36
O_2/OH^-	$O_2(g)+2H_2O(l)+4e^-\rightleftharpoons 4OH^-(aq)$	0.401
Cu^+/Cu	$Cu^+(aq)+e^-\rightleftharpoons Cu(s)$	0.521
I_2/I^-	$I_2(s)+2e^-\rightleftharpoons 2I^-(aq)$	0.5355
MnO_4^-/MnO_4^{2-}	$MnO_4^-(aq)+e^-\rightleftharpoons MnO_4^{2-}(aq)$	0.558

(续)

电 对	电对平衡式 $A^{n+} + ze^- \rightleftharpoons A$	$\varphi^{\ominus}/V$
MnO_4^-/MnO_2	$MnO_4^-(aq) + 2H_2O(l) + 3e^- \rightleftharpoons MnO_2(s) + 4OH^-(aq)$	0.595
BrO_3^-/Br^-	$BrO_3^-(aq) + 3H_2O(l) + 6e^- \rightleftharpoons Br^-(aq) + 6OH^-(aq)$	0.61
O_2/H_2O_2	$O_2(g) + 2H^+(aq) + 2e^- \rightleftharpoons H_2O_2(aq)$	0.695
Fe^{3+}/Fe^{2+}	$Fe^{3+}(aq) + e^- \rightleftharpoons Fe^{2+}(aq)$	0.771
Ag^+/Ag	$Ag^+(aq) + e^- \rightleftharpoons Ag(s)$	0.7996
ClO^-/Cl^-	$ClO^-(aq) + H_2O(l) + 2e^- \rightleftharpoons Cl^-(aq) + 2OH^-(aq)$	0.841
NO_3^-/NO	$NO_3^-(aq) + 4H^+(aq) + 3e^- \rightleftharpoons NO(g) + 2H_2O(l)$	0.957
Br_2/Br^-	$Br_2(l) + 2e^- \rightleftharpoons 2Br^-(aq)$	1.066
IO_3^-/I_2	$2IO_3^-(aq) + 12H^+(aq) + 10e^- \rightleftharpoons I_2(s) + 6H_2O(l)$	1.20
MnO_2/Mn^{2+}	$MnO_2(s) + 4H^+(aq) + 2e^- \rightleftharpoons Mn^{2+}(aq) + 2H_2O(l)$	1.224
O_2/H_2O	$O_2(g) + 4H^+(aq) + 4e^- \rightleftharpoons 2H_2O(l)$	1.229
$Cr_2O_7^{2-}/Cr^{3+}$	$Cr_2O_7^{2-}(aq) + 14H^+(aq) + 6e^- \rightleftharpoons 2Cr^{3+}(aq) + 7H_2O(l)$	1.232
O_3/OH^-	$O_3(g) + H_2O(l) + 2e^- \rightleftharpoons O_2(g) + 2OH^-(aq)$	1.24
Cl_2/Cl^-	$Cl_2(g) + 2e^- \rightleftharpoons 2Cl^-(aq)$	1.358
PbO_2/Pb^{2+}	$PbO_2(s) + 4H^+(aq) + 2e^- \rightleftharpoons Pb^{2+}(aq) + 2H_2O(l)$	1.455
MnO_4^-/Mn^{2+}	$MnO_4^-(aq) + 8H^+(aq) + 5e^- \rightleftharpoons Mn^{2+} + 4H_2O(l)$	1.507
$HBrO/Br_2$	$2HBrO(aq) + 2H^+(aq) + 2e^- \rightleftharpoons Br_2(l) + 2H_2O(l)$	1.596
$HClO/Cl_2$	$2HClO(aq) + 2H^+(aq) + 2e^- \rightleftharpoons Cl_2(g) + 2H_2O(l)$	1.611
H_2O_2/H_2O	$H_2O_2(aq) + 2H^+(aq) + 2e^- \rightleftharpoons 2H_2O(l)$	1.776
$S_2O_8^{2-}/S_2O_4^{2-}$	$S_2O_8^{2-}(aq) + 2e^- \rightleftharpoons 2S_2O_4^{2-}(aq)$	2.010
O_3/H_2O	$O_3(g) + 2H^+(aq) + 2e^- \rightleftharpoons O_2(g) + H_2O(l)$	2.076
F_2/F^-	$F_2(g) + 2e^- \rightleftharpoons 2F^-(aq)$	2.866

参 考 文 献

[1] 陈林根,方文军. 工程化学基础[M]. 第2版. 北京:高等教育出版社,2005.
[2] 金韶华,松全才. 炸药理论[M]. 西安:西北工业大学出版社,2010.
[3] 游首先,李福平,等. 兵器工业科学技术辞典·火药与炸药[M]. 北京:国防工业出版社,1991.
[4] 程景才. 炸药毒性与防护[M]. 北京:兵器工业出版社,1994.
[5] 蒋俭等. 火箭推进剂监测防护与污染治理[M]. 长沙:国防科技大学出版社,1993.
[6] 林道萃. 工程化学[M]. 西安:空军导弹学院,1995.
[7] 姚秉华. 工科现代化学[M]. 西安:陕西科学技术出版社,2002.
[8] 高思秘. 液体推进剂[M]. 北京:宇航出版社,1989.
[9] 王泽山. 火炸药科学技术[M]. 北京:北京理工大学出版社,2002.
[10] 欧育湘. 炸药学[M]. 北京:北京理工大学出版社,2006.
[11] 侯林法. 复合固体推进剂[M]. 北京:宇航出版社,1994.
[12] 草保榆. 核生化事件的防范与处置[M]. 北京:国防工业出版社,2004.
[13] 陈冀胜. 反化学恐怖对策与技术[M]. 北京:科学出版社,2005.
[14] 彭艳萍. 军用新材料的应用现状及发展趋势[J]. 材料导报,2000,14:13—16.
[15] 张炜. 大学化学[M]. 北京:化学工业出版社,2008.
[16] 曲保中,朱炳林,周伟红. 新大学化学[M]. 第3版. 北京:科学出版社,2012.
[17] 周公度. 化学辞典[M]. 北京:化学工业出版社,2004.
[18] 姚虎卿. 化工辞典[M]. 第5版. 北京:化学工业出版社,2014.
[19] 曹瑞军. 大学化学[M]. 第2版. 北京:高等教育出版社,2008.
[20] 金继红. 大学化学[M]. 北京:化学工业出版社,2009.
[21] 李新年. 大学化学[M]. 北京:中国石化出版社,2014.
[22] 倪哲明,陈爱民,干宁,等. 新编大学化学[M]. 杭州:浙江大学出版社,2014.
[23] 王兆春. 世界火器史[M]. 北京:军事科学出版社,2007.
[24] 张恒志,王天宏. 火炸药应用技术[M]. 北京:北京理工大学出版社,2010.
[25]《杀人恶魔:生化武器》编写组. 杀人恶魔:生化武器[M]. 广州:广东世界图书出版公司,2011.
[26] 周学志. 超级杀手:核生化武器探秘[M]. 北京:中国经济出版社,2005.
[27] 王少龙,罗相杰. 核武器原理与发展[M]. 北京:兵器工业出版社,2005.
[28] 王祥云,刘元方. 核化学与放射化学[M]. 北京:北京大学出版社,2012.
[29] 路自平. 核武器与核战略[M]. 北京:兵器工业出版社,2009.

[30] 《新概念武器》编委会. 新概念武器[M]. 北京:航空工业出版社,2009.
[31] 肖占中,宋效军. 新概念常规武器[M]. 北京:海潮出版社,2003.
[32] 《空军装备系列丛书》编审委员会. 新概念武器[M]. 北京:航空工业出版社,2008.
[33] 肖占中. 新军事丛书——新机理武器[M]. 沈阳:白山出版社,2008.
[34] 禚法宝,张蜀平,王祖文,等. 新概念武器与信息化战争[M]. 北京:国防工业出版社,2008.
[35] 张振山,赵俊严,王国辉. 新概念武器概论[M]. 北京:中国人民解放军装甲兵工程学院,2005.
[36] 韦悦周,吴艳,李辉波. 最新核燃料循环[M]. 上海:上海交通大学出版社,2016.
[37] 周贤玉. 核燃料后处理工程[M]. 哈尔滨:哈尔滨工程大学出版社,2009.
[38] 王文明,闫红亮,李新学,等. 普通化学简明教程[M]. 北京:科学出版社,2014.
[39] 杨秋华,曲建强. 大学化学[M]. 天津:天津大学出版社,2011.
[40] 天津大学无机化学教研室. 无机化学[M]. 北京:高等教育出版社,2010.
[41] 崔爱莉,沈光球,寇会忠,等. 现代化学基础[M]. 北京:清华大学出版社,2008.
[42] 高鸿宾. 有机化学[M]. 北京:高等教育出版社,1999.
[43] 强亮生,徐崇泉. 工科大学化学[M]. 2版. 北京:高等教育出版社,2009.
[44] 钱旭红,高建宝,焦家俊,等. 有机化学[M]. 北京:化学工业出版社,1999.
[45] 国家自然科学基金委员会及中国科学院. 中国学科发展战略·能源化学[M]. 北京:科学出版社,2018.
[46] 杨善中,王华林,吴晓静,等. 基础化学实验[M]. 北京:化学工业出版社,2017.
[47] 贾瑛,吴婉额,许国根,等. 大学化学实验[M]. 西安:西北工业大学出版社,2010.
[48] 吴婉娥,张剑,李舒艳,等. 无机及分析化学实验[M]. 西安:西北工业大学出版社,2015.
[49] 马伟,曾敏,张持,等. 反应速率常数和活化能测定实验的改进[J]. 实验室科学,2015,18(6):45-47.
[50] 刘长久,李延伟,尚伟. 电化学实验[M]. 北京:化学工业出版社,2016.
[51] 丁益民,张小平. 物理化学实验[M]. 北京:化学工业出版社,2018.
[52] 谢祖芳,晏全,李冬青,等. 物理化学实验及数据处理. 成都:西南交通大学出版社,2014.
[53] 李正群. 军事高技术理化基础[M]. 北京:北京理工大学出版社,2017.

图2-7 第一过渡系金属离子颜色

图2-29 非晶硅太阳能电池板

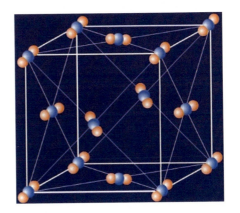

图2-32 干冰晶体结构

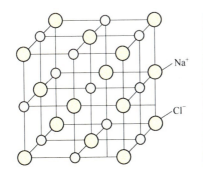

图2-31 NaCl晶体结构

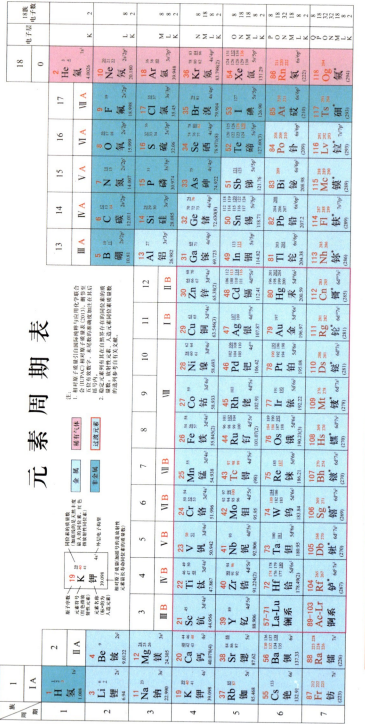